园林树木

（第3版）

邱国金　石进朝　主编

中国林业出版社
China Forestry Publishing House

内容简介

本教材采用"理实一体化"的项目式教学法,以强调学生的实践动手能力培养为宗旨,实现实践与理论的融合。全书共分成园林树木基础知识、裸子植物识别与应用、双子叶植物识别与应用、单子叶植物识别与应用4个单元及园林树木识别与应用综合技能实训。其中,单元1至单元4的内容通过课堂教学和现场教学完成,配以拓展知识、思考题等加以强化。

本教材内容层次清晰、深入浅出、实用性强。适用于职业教育本科及高职院校园林工程、园林技术、园艺技术、花卉生产与花艺、园林绿化等专业使用,也可供园林相关专业技术人员参考。

图书在版编目(CIP)数据

园林树木 / 邱国金,石进朝主编. — 3版. — 北京:中国林业出版社,2024.11. — ISBN 978-7-5219-3014-6

Ⅰ. S68

中国国家版本馆CIP数据核字第2024NQ2677号

策划编辑:田　苗　曾琬淋　康红梅
责任编辑:曾琬淋
责任校对:苏　梅
封面设计:北京钧鼎文化传媒有限公司

出版发行　中国林业出版社
　　　　　(100009,北京市西城区刘海胡同7号,电话010-83143630)
电子邮箱　jiaocaipublic@163.com
网　　址　www.cfph.net
印　　刷　河北京平诚乾印刷有限公司
版　　次　2005年8月第1版(共印6次)
　　　　　2014年12月第2版(共印5次)
　　　　　2024年11月第3版
印　　次　2024年11月第1次印刷
开　　本　787mm×1092mm　1/16
印　　张　23.75
字　　数　563千字
定　　价　56.00元

《园林树木》（第3版）

编写人员

主　　编　邱国金　石进朝

副 主 编　张　莹

编写人员　（按姓名拼音排序）

　　　　　　陈天国（江苏省常州市农业综合技术推广中心）

　　　　　　邱国金（江苏农林职业技术学院）

　　　　　　石进朝（北京农业职业学院）

　　　　　　张甲雄（甘肃林业职业技术大学）

　　　　　　张　莹（徐州生物工程职业技术学院）

主　　审　臧德奎（山东农业大学）

　　　　　　姚锁坤（江苏山水建设集团有限公司）

《园林树木》（第2版）
编写人员

主　　编　邱国金　石进朝
编写人员　（按姓名拼音排序）
　　　　　　顾立新（江苏农林职业技术学院）
　　　　　　胡卫霞（江苏农林职业技术学院）
　　　　　　邱国金（江苏农林职业技术学院）
　　　　　　石进朝（北京农业职业学院）
　　　　　　杨兴芳（潍坊职业学院）
主　　审　邓莉兰（西南林业大学）
　　　　　　姚锁坤（江苏山水建设集团有限公司）

《园林树木》（第1版）

编写人员

主　　编　邱国金

副 主 编　方　彦

编写人员　（按姓名拼音排序）

　　　　　方　彦（南京森林公安高等专科学校）

　　　　　齐秀兰（辽宁林业职业技术学院）

　　　　　邱国金（江苏农林职业技术学院）

　　　　　孙居文（山东农业大学科学技术学院）

　　　　　徐绒娣（宁波大学职业教育学院）

主　　审　汤庚国（南京林业大学）

第3版前言

  本教材根据《国家教育事业发展"十三五"规划》及《国家职业教育改革实施方案》等文件精神，在中国林业出版社教育分社的组织下修订。教材力求层次清晰、深入浅出，注重理论知识与实践操作的融合，满足我国高等职业院校培养园林类专业人才的需要。

  本教材将原来的园林树木基础知识、园林树木识别与应用单项技能、园林树木识别与应用综合技能3个模块，调整为园林树木基础知识、裸子植物识别与应用、双子叶植物识别与应用、单子叶植物识别与应用4个单元和园林树木识别与应用综合技能实训，并对每个树种的图片、学名和叙述文字进行一一核定。由于我国幅员辽阔，树种资源丰富，气候、土壤条件差别很大，因此各院校在使用本教材时，可根据当地实际情况，选择相关树种组织教学，并补充当地园林生产所需要的相关知识和技术。

  本教材由邱国金和石进朝担任主编，修订分工如下：单元1园林树木基础知识、单元2裸子植物识别与应用和园林树木识别与应用综合技能实训由邱国金教授修订；单元3双子叶植物识别与应用中木兰科至忍冬科由石进朝教授修订，金缕梅科至柿树科由张莹讲师修订，芸香科至玄参科由张甲雄副教授修订；单元4单子叶植物识别与应用由陈天国正高级工程师修订。山东农业大学臧德奎教授和江苏山水建设集团有限公司姚锁坤董事长对本教材进行了审定。

  限于编者水平，错误和疏漏之处在所难免，敬请指正。

编 者
2024年9月

第2版前言

本教材根据教育部《关于加强高职高专教育人才培养工作的意见》《关于全面提高高等职业教育教学质量的若干意见》等文件精神，在中国林业出版社教育出版分社的组织下编写，主要作为高职高专园林类专业学生的教材。教材力求层次清晰、深入浅出，注重理论知识与实践操作的融合，尽可能满足我国高等职业院校培养园林类专业人才的需要。

本教材分园林树木基础知识、园林树木识别与应用单项技能、园林树木识别与应用综合技能3个模块。每一模块由若干个单元组成，每一个单元下有若干个工作任务和相应的技能。以工作任务为主线，实践知识和理论知识相结合，让学生在职业实践的基础上掌握知识，增强了课程与职业岗位能力要求的相关性。

我国幅员辽阔，树种资源丰富，气候、土壤条件差别很大。因此，各院校在使用本教材时，可根据当地实际情况，选择相关树种组织教学，并补充当地园林生产所需要的园林树木新知识和新技术。

本教材由邱国金和石进朝担任主编，具体编写分工如下：模块1园林树木基础知识和模块2的单元6裸子植物识别与应用由邱国金教授编写；模块2的单元7双子叶植物识别与应用木兰科至忍冬科由杨兴芳副教授编写，金缕梅科至柿科由顾立新副教授编写，芸香科至玄参科和单元8单子叶植物识别与应用由石进朝教授编写；模块3园林树木识别与应用综合技能由胡卫霞老师编写。西南林业大学邓莉兰教授和江苏山水建设集团有限公司姚锁坤董事长对本教材进行了审定。

本教材围绕工学结合人才培养的要求，在编写形式上做了一些创新。限于编者水平，加之编写时间仓促，错误和疏漏之处在所难免，敬请予以指正。

编　者

2014年5月

第1版前言

　　园林树木是园林专业主要的专业课程之一。在进行园林规划设计、绿化工程、园林建筑、城市园林的管理和养护等方面的工作中，都要具备园林树木的知识，也就是必须能够识别和鉴定各类树木，了解其形态、分布、习性、观赏特性和用途等，才能为园林事业做贡献。

　　本书主要分为总论和各论两大部分。总论着重理论论述；各论以树种为重点，裸子植物部分按郑万钧系统（1978年）编写，被子植物部分按哈钦松（Hutchinson）系统编写。编写的内容及方式力求简明，分清主次。对园林中常见的主要树种和代表性树种，编写内容较为全面，对相近树种和地区性树种，编写时适当照顾。编写中注意反映最新科技成果，联系生产实际。

　　由于我国幅员辽阔，树种资源丰富，为了适应全国各地园林教学的需要，在编列树种时，将大纲中所列树种全部编入，同时兼顾地区性的代表树种，以提高教材利用率。共编列82科515种及常见变种、栽培品种和变型180多个。本书除作为全国高职高专园林专业教材外，还可供高职高专农、林、城建、师范等有关专业师生和园林工作者参考。

　　本书在编写时，各论部分的参考书籍为《中国树木志》《中国高等植物图鉴》《中国植物志》《辽宁植物志》《山东植物志》《江苏植物志》《浙江植物志》《树木学》和《园林树木学》等。插图除自绘外，部分采用上述书籍中的插图和附图，在此一并致谢！

　　本书的绪论、总论、醉鱼草科至禾本科、实验实训和附录由江苏农林职业技术学院邱国金副教授编写，裸子植物由辽宁林业职业技术学院齐秀兰副教授编写，木兰科至黄杨科由宁波大学职业教育学院徐绒娣副教授编写，杨柳科至海桐科由南京森林公安高等专科学校方彦副教授编写，柽柳科至紫葳科由山东农业大学科学技术学院孙居文副教授编写。

本书由南京林业大学汤庚国教授主审，并在编写过程中给予关怀和具体指导，特此致谢！

由于编写人员水平有限，错误之处在所难免，敬请批评指正。

编　者
2004 年 10 月

目 录

第3版前言
第2版前言
第1版前言

单元1 园林树木基础知识 ·· 1
   1.1 园林树木概述 ··· 1
   1.2 园林树木分类 ··· 4
   1.3 园林树木的作用 ·· 10
   1.4 园林树木的习性 ·· 18
   1.5 园林树木的分布、选择与配置 ··· 23

单元2 裸子植物识别与应用 ·· 30
   [1]苏铁科 Cycadaceae　　　　30　　　[6]柏科 Cupressaceae　　　　56
   [2]银杏科 Ginkgoaceae　　　　31　　　[7]罗汉松科(竹柏科) Podocarpaceae　64
   [3]南洋杉科 Araucariaceae　　32　　　[8]三尖杉科 Cephalotaxaceae　　66
   [4]松科 Pinaceae　　　　　　33　　　[9]红豆杉科(紫杉科) Taxaceae　　66
   [5]杉科 Taxodiaceae　　　　　52　　　[10]麻黄科 Ephedraceae　　　　69

单元3 双子叶植物识别与应用 ·· 75
   [11]木兰科 Magnoliaceae　　　75　　　[17]蝶形花科 Fabaceae　　　　129
   [12]樟科 Lauraceae　　　　　84　　　[18]虎耳草科 Saxifragaceae　　139
   [13]蔷薇科 Rosaceae　　　　　91　　　[19]山茱萸科(四照花科) Cornaceae　143
   [14]蜡梅科 Calycanthaceae　　119　　　[20]珙桐科(蓝果树科) Nyssaceae　148
   [15]苏木科(云实科) Caesalpiniaceae　　　[21]五加科 Araliaceae　　　　150
   　　　　　　　　　　　　　　121　　　[22]忍冬科 Caprifoliaceae　　　153
   [16]含羞草科 Mimosaceae　　126　　　[23]金缕梅科 Hamamelidaceae　163

目录

[24]悬铃木科 Platanaceae 166
[25]黄杨科 Buxaceae 167
[26]杨柳科 Salicaceae 169
[27]杨梅科 Myricaceae 175
[28]桦木科 Betulaceae 175
[29]壳斗科(山毛榉科)Fagaceae 177
[30]胡桃科 Juglandaceae 185
[31]榆科 Ulmaceae 189
[32]紫茉莉科 Nyctaginaceae 196
[33]桑科 Moraceae 200
[34]杜仲科 Eucommiaceae 203
[35]瑞香科 Thymelaeaceae 204
[36]海桐科 Pittosporaceae 206
[37]柽柳科 Tamaricaceae 207
[38]椴树科 Tiliaceae 208
[39]杜英科 Elaeocarpaceae 209
[40]梧桐科 Sterculiaceae 210
[41]锦葵科 Malvaceae 211
[42]大戟科 Euphorbiaceae 213
[43]山茶科 Theaceae 217
[44]猕猴桃科 Actinidiaceae 221
[45]杜鹃花科 Ericaceae 222
[46]金丝桃科 Hypericaceae 223
[47]石榴科 Punicaceae 225
[48]冬青科 Aquifoliaceae 226
[49]卫矛科 Celastraceae 228
[50]胡颓子科 Elaeagnaceae 231
[51]鼠李科 Rhamnaceae 233
[52]葡萄科 Vitaceae 235
[53]柿树科 Ebenaceae 237
[54]芸香科 Rutaceae 242
[55]苦木科 Simaroubaceae 247
[56]楝科 Meliaceae 248
[57]无患子科 Sapindaceae 250
[58]漆树科 Anacardiaceae 254
[59]槭树科 Aceraceae 260
[60]七叶树科 Hippocastanaceae 264
[61]木樨科 Oleaceae 266
[62]夹竹桃科 Apocynaceae 277
[63]茜草科 Rubiaceae 281
[64]紫葳科 Bignoniaceae 284
[65]马鞭草科 Verbenaceae 288
[66]小檗科 Berberidaceae 294
[67]千屈菜科 Lythraceae 297
[68]茄科 Solanaceae 298
[69]玄参科 Scrophulariaceae 300

单元4 单子叶植物识别与应用 ... 324

[70]棕榈科 Palmaceae 324
[71]龙舌兰科 Agavaceae 330
[72]禾本科 Poaceae 332

实训 园林树木识别与应用综合技能 ... 348

实训1 园林树木标本采集与制作 ... 348
实训2 园林树木物候期观测 ... 351
实训3 园林树木形态及立地条件观测 ... 354
实训4 园林树木检索表编制及利用 ... 355
实训5 园林树木应用调查 ... 358

参考文献 ... 361
中文名索引 ... 362
学名索引 ... 365

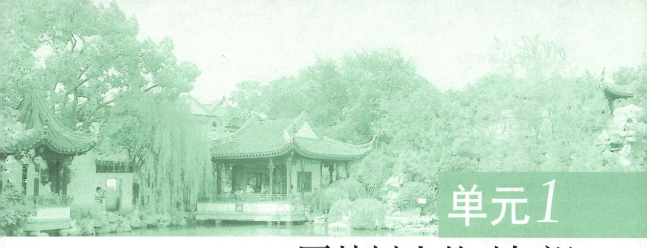

单元 1
园林树木基础知识

学习目标

【知识目标】
(1) 掌握园林树木的概念、课程内容和学习方法。
(2) 熟悉我国园林树木种质资源的特点。
(3) 了解我国园林树木的引种驯化状况。
(4) 掌握园林树木系统分类的分类历史、分类系统、分类单位、学名和分类检索表的编制与使用方法。
(5) 掌握园林树木在园林绿化中的美化作用、改善环境和保护环境的作用、生产作用。
(6) 掌握园林树木的生命周期和年生长周期。
(7) 掌握园林树木在生长周期中对气候、土壤、地形和生物等因素的要求和适应能力。
(8) 掌握园林树木分布区的概念及形成、分布区的类型。
(9) 掌握园林树木的选择与配置原则、配置方式。

【技能目标】
能够按生长习性、观赏性状和园林用途对园林树木进行分类。

1.1 园林树木概述

1.1.1 园林树木的相关概念、课程内容与学习方法

1.1.1.1 园林树木的相关概念

(1) 园林

狭义的园林是指一般的公园、花园、庭园等；广义的园林除包括公园、庭园以外，还包括各种专类园、风景区、旅游区、城市绿化乃至机关、学校、厂矿的绿化和家庭的装饰，甚至自然保护区。园林是以一定的地块，利用山石、水体、建筑和植物等物质要素，遵循科学和艺术的原则创作而成的优美空间环境，是供人们游憩的场所。园林主要

由植物、山水和建筑3个要素构成，并且3个要素呈有机的组合状态，构成完整的缺一不可的空间艺术境界。

（2）树木

树木是木本植物的统称，包括乔木、灌木和木质藤本。乔木是指具有明显直立的主干而上部有分枝的树木，通常主干高度在3m以上，如雪松、悬铃木等。乔木又分大乔木、中乔木和小乔木。灌木是指不具明显主干而由地面分出多数枝条，或虽具主干但高度不超过3m的树木，如石榴、'千头'柏、大叶黄杨等。木质藤本是指茎干柔软，只能依附其他支持物支撑而上的树木，如紫藤、凌霄等。

（3）园林树木

园林植物是指园林建设中所需的一切植物材料，包括木本植物和草本植物。园林树木是指在城市各类园林绿地及风景区栽植应用的各种木本植物。凡适合城乡各类型园林绿地、风景名胜区、休疗养胜地、森林公园等应用，以绿化美化、改善和保护环境为目的木本植物，统称园林树木。园林中若没有园林植物，就不能称为真正的园林，而园林植物又以园林树木在园林绿地中占有较大的比重。园林树木是构成园林风景的主要素材，也是发挥园林绿化效益的主要植物群体。我国古代园林很讲究树木的特色和栽植地点。如苏州留园多白皮松，怡园多松、梅，沧浪亭遍植箬竹，拙政园栽植枫杨，网师园栽植古柏，各具风貌。

园林树木在园林绿化中是骨干材料。有人比喻乔木是园林风景中的"骨架"或主体，灌木是园林风景中的"肌肉"或副体，木质藤本是园林风景中的"筋络"或支体，配以花卉与草坪、地被植物等"血肉"，浑然一体，形成相对稳定的人工群落。从平面美化到立体构图，营造各种引人入胜的风景，具有各异的情趣。因此，园林树木是优良环境的创造者，是园林美的构成者。

1.1.1.2 园林树木课程内容

园林树木课程内容包括园林树木基础知识、园林树木识别与应用单项技能和园林树木综合技能。园林树木基础知识主要内容包括园林树木的分类、作用、习性、分布、树种选择与配置等；园林树木识别与应用单项技能主要内容包括裸子植物、双子叶植物和单子叶植物500多种重要园林树木的学名、常用中文名、识别要点、分布、习性、繁殖、观赏特性及其在园林中的应用；园林树木综合技能主要内容包括园林树木标本的采集与制作、鉴定及园林树木的应用。

熟练掌握植物学的形态术语，识别园林树木形态特征，是正确识别和鉴定园林树木种类的基础；认识园林树木生态学和生物学特性，是合理配置和栽培园林树木的依据；根据园林绿化的综合功能要求，对各类园林绿地的树种进行选择、搭配和布置，是学习园林树木课程的目的。

1.1.1.3 园林树木课程学习方法

园林树木课程是一门实践性、季节性及分类理论较强的课程，在学习过程中存在着理论知识烦琐、难记、易忘等现象，必须理论联系实际，注意观察和比较，多看、多闻、多问、勤思考，同时还应善于类比和归纳，在同中求异，在异中求同，反复实践，反复认识，举一反三，培养自学能力。

1.1.2　我国园林树木种质资源的特点

我国具有"世界园林之母"的美称。目前，世界很多地区都有原产于中国的树木。例如，北美从我国引种的乔木及灌木有1500种以上，且多见于庭园之中。被欧洲人誉为"活化石"的银杏、水杉、银杉等都是我国特有种。银杏早在南宋（1127—1279）传入日本，18世纪初再传至欧洲，1730年传入美洲，现遍及全世界。1941年才在我国发现的水杉，1948年成功引入美国后，很快传遍世界，现已有近100个国家和地区有栽培。"世界五大庭园树种"之一的金钱松也是我国特有种，1853年引至英国，次年又引入美国。我国园林树木种质资源具有以下特点：

(1) 种类丰富

我国从南到北的多纬度变化、从东到西的多经度变化和从低海拔到高海拔的多阶梯变化，造就了我国复杂多样的自然地理与气候条件。同时，由于我国受地质历史变迁的影响较小，特别是没有遭受第四纪冰期冰盖的破坏，很多第三纪以前的孑遗植物得以保留下来。据统计，我国木本植物逾8000种，其中乔木3000种左右，这些乔木和灌木经过引种驯化，均能在各种园林中加以应用。如在园林中占有极其重要地位的裸子植物，全世界共有15科80属约800种，我国原产的有11科41属250余种。在园林中广泛应用的有苏铁属和松属的多数种类，以及银杏、水杉、落羽杉、水松、池杉、柳杉、翠柏、侧柏、圆柏、刺柏、金钱松、罗汉松等。

(2) 分布集中

我国是许多植物科、属的世界分布中心，其中有些科、属又在国内一定的区域内集中分布，形成中国分布中心。如杜鹃花属、槭属、蜡梅属、含笑属、油杉属、木樨属、泡桐属、四照花属、蜡瓣花属、李属、椴树属等均以我国为分布中心。以我国为分布中心的园林树木类群有利于形成具有我国不同区域或地方特色的风景园林景观。

(3) 特有科、属、种众多

我国地形地貌复杂多样，气候带变化明显，在地质历史演变中形成了特殊的植物生境，使得我国特有植物科、属、种较多，如银杏科、珙桐科、杜仲科、马尾树科，金钱松属、水杉属、银杉属、福建柏属、金钱槭属，梅花、桂花、牡丹等，表现出了明显的特有现象，并培育出了较多的品种，广泛应用于风景园林中。

(4) 品种培育潜力巨大

我国是一个花木栽培历史悠久的国家，如桃、梅花的栽培历史逾3000年，牡丹也有1400多年的栽培历史。悠久的栽培历史与实践，培育了众多的园林树木品种，如早在宋代，牡丹的品种就有六七个之多，梅花品种有300多个，山茶品种有300多个，为世界园林树木品种资源的培育做出了重要的贡献。

1.1.3　我国园林树木的引种驯化历史及现状

引种是把单种栽培或野生植物突破原有的分布区引进到新地区种植的过程。驯化是把当地野生或从外地引种的植物经过人工培育，使之在新环境条件下生长发育的过程。

我国在引种和驯化国外树种方面有着悠久的历史。最早的文献记载见于周代。目前在我国广泛种植的石榴和葡萄,是在西汉时期(公元前114年)从西域引入我国的。我国古代从国外引进的树种大都来自东南亚、马来群岛、中亚和西亚地区,如菩提树等是从印度引入的。19世纪中叶以后,我国引进树木的种类和数量得到了很大的发展,其中不少是由华侨、留学生、外国传教士、外国使节和外国商人传入的,绝大多数是城市绿化树种、果树和其他经济树种。引种地区主要为沿海地区或通商城市,过去的教会学校校园往往成为国外树种的标本园。20世纪80年代以来,我国引进的树木种类更加丰富,如加拿列海枣、瓶子树等。仅棕榈科就引进了200多种。树木种质资源的引进,更加丰富了我国园林树木种质资源,使得园林景观更加多样化,同时也为下一步选种、育种提供了良好而丰富的亲本材料。

随着我国经济建设和城市绿化建设的迅猛发展,近年来从国外引入了许多新的树木种类和栽培品种,大大丰富了我国各城市的园林景观。然而,虽然我国树木种质资源丰富,但乡土树种的驯化研究比较薄弱,许多具有较高观赏价值的种类仍处于野生状态。"谁占有资源,谁就占有未来。"把丰富多彩的园林树木种质资源充分发掘和利用起来,在充分发挥本地资源优势的基础上,合理引入外来树种,营造幽雅、健康和生态平衡的城市景观,是当前城市园林建设的重要课题。

1.2　园林树木分类

1.2.1　园林树木的系统分类

植物系统分类法是依据植物亲缘关系的远近和进化过程进行分类的方法,着重反映植物界的亲缘关系和由低级到高级的系统演化关系。其不仅要识别物种、鉴定名称,而且要阐明物种之间的亲缘关系和分类系统,进而研究物种的起源、分布中心、演化过程和演化趋势。

1.2.1.1　系统分类历史

地球上种子植物约20万种,其分类历史可分为以下几个时期:

(1) 萌芽分类期

萌芽分类期指从史前先民开始认识周围植物并加以利用到公元300年左右,这一时期将植物区分为乔木、灌木、草本等。

(2) 草本分类期

草本分类期指约300—1600年(显微镜发明前),这一时期从研究民间医药发展到形成"草本学"。在明朝(16世纪),我国著名的医学家李时珍历尽千辛万苦,走遍各地,花了27年时间,写了一部闻名世界的《本草纲目》,共52卷,包含1195种植物,依据植物的外表形态、生活习性和药用价值分为草、谷、果、木、菜5个部。Caspar Bauhin 还创立了双名法,成为林奈双名法的先驱。

(3) 人为分类期

这一时期指1600—1860年(达尔文的《物种起源》发表以前),由于显微镜的发明和应用,形态观察发展到显微水平,人们获得了大量的解剖学、胚胎学、孢粉学等方面的知识,进一步充实并改进了植物类群的划分。瑞典植物分类学家林奈1753年根据雄蕊的有无、数目及着生情况将植物分为24纲，其中1~23纲为显花植物（如一雄蕊纲、二雄蕊纲），第24纲为隐花植物，当时林奈自称是采用自然分类系统，其实是采用人为的机械分类系统。

（4）系统分类期

系统分类期指1860—1900年（达尔文的《物种起源》发表至孟德尔的遗传学论文重新被发现），举世闻名的英国博物学家、进化论的创始人达尔文经过长期艰苦的野外考察、采集标本和科研实践，其进化论思想开始形成。达尔文从生物与环境互相作用的观点出发，认为生物的变异、遗传和自然选择能导致生物适应性的改变。恩格斯高度评价了进化论，把它同能量守恒定律和细胞学说并列为19世纪自然科学的三大发现。

自达尔文的进化论提出后，各家学说很多，目前我国和世界上较通用的是两个自然分类系统，即恩格勒系统和哈钦松系统，前者又称假花学说，后者又称真花学说。

1.2.1.2 植物的分类系统

目前，在中国的植物分类系统中，裸子植物是根据郑万钧编著的《中国植物志》第七卷系统排列，被子植物（双子叶植物和单子叶植物）常采用恩格勒系统和哈钦松系统。

（1）恩格勒（Adolf Engel，1844—1930）系统的特点

①被子植物门分为单子叶植物和双子叶植物两个纲，单子叶植物纲在前（1964年新系统为双子叶植物纲在前）。

②双子叶植物纲分为离瓣花和合瓣花两个亚纲，离瓣花亚纲在前。

③离瓣花亚纲按无被花、单被花、异被花的次序排列，因此把柔荑花序类作为原始的双子叶植物处理，放在最前面。

④在各类植物中，又大致按子房上位、子房半下位、子房下位的次序排列。

由于恩格勒系统极其丰富，且较为稳定、实用，所以世界各国及我国北方多采用。例如，《中国树木分类学》和《中国高等植物图鉴》等均采用该系统。

（2）哈钦松（John Hutchinson，1884—1972）系统的特点

①认为单子叶植物起源于毛茛科，比双子叶植物进化程度更高，故排在双子叶植物之后。

②在双子叶植物中将木本与草本分开，并认为木本为原始性状，草本为进化性状。

③认为花的各部分呈离生状态、各部呈螺旋状排列、具有多数离生雄蕊、两性花等性状为原始性状，而花的各部分呈合生或附生、合生雄蕊、单性花等性状为进化性状。

④认为单叶、互生是原始性状，复叶、对生为进化性状。

目前，很多人认为哈钦松系统较为合理，我国南方广泛采用哈钦松系统，如《广州植物志》《海南植物志》等就是按哈钦松系统编写的，但该分类系统未包括裸子植物。此外，对于被子植物，学术界越来越多地使用APG Ⅳ系统。本教材中被子植物采用哈钦松系统。

1.2.1.3 植物分类单位和植物学名

1）植物分类单位

界、门、纲、目、科、属、种是分类系统中的各级分类单位。有时在某一等级中不

能确切而完全地包括其性状或系统关系，可加设亚门、亚纲、亚目、亚科、亚属、亚种、变种、变型或栽培品种等进行细分。

物种简称种，是具有一定的形态和生理特征以及一定的自然分布区的生物种，物种之间在生殖上是隔离的。种是分类的基本单位，集相近的种成属，由类似的属构成科，科并为目，目集成纲，纲汇成门，最后由门合成界。这样循序定级，构成了植物界的自然分类单位。

亚种和变种两者均是种内变异类型，但亚种除了在形态、构造上有显著的变化特点外，还有一定范围的地域性分布区；而变种仅在形态、构造上有显著变化，没有明显的地域性分布区。变型是指在形态特征上变异比较小的类型，如花色不同、花的重瓣或单瓣，毛的有无，叶面上有无色斑等。

2) 植物学名

植物学名是用拉丁文表示的植物名称，它在国际上是统一的，应用于各方面的学术交流。地球上有植物约 50 万种，其中高等植物约 35 万种。由于种类繁多，产地不同，生长和利用状况不同，往往出现同物异名和同名异物的现象。例如，胡桃科的 *Pterocarya stenoptera*，其中文名为枫杨、枫柳、燕子树、鬼头杨等。而中文为酸枣的植物有两种：一种是在北方干旱的石灰岩山坡上常见的酸枣，它是鼠李科的一种小灌木，学名为 *Zizyphus jujuba*；另一种是南方速生喜光树种，它是漆树科的大乔木，学名为 *Choerospondias axillaris*。这种同名异物和同物异名的现象，不仅使人们分辨植物种类时容易混淆，而且使人们在利用植物方面受到阻碍，特别是在药用植物利用方面表现尤为突出。直到德堪多在1912年提出《国际植物学命名法规》，1961年蒙特利在德堪多的基础上重新进行修改，植物学命名才有了共同的章程和规则。这为植物的正确鉴定和利用及国际沟通提供了极大的方便，有利于科学的发展和国际学术交流。

植物学命名均采用双名法，即每一学名由属名和种名两个部分组成，属名多为名词，第一个字母必须大写，种名多为形容词，种名后附以命名人姓氏。如银杏的学名为 *Ginkgo biloba* L.，其属名 *Ginkgo* 为中国广东话"金果"的拉丁文拼音；种名 *biloba* 为形容词，意为二裂的，形容银杏的叶片先端二裂状；最后的"L."为命名人姓氏 Linnaeus（即林奈，Linn.）的缩写。

(1) 科名

科名由该科中具有代表性的属的属名去掉词尾后，加科名的词尾 aceae 组成。如松属 *Pinus*，松科 Pinaceae；桦木属 *Betula*，桦木科 Betulaceae。

(2) 属名

属名多为古拉丁或古希腊对该属的称呼，也有表示植物的特征或产地的，用斜体字表示。如松属 *Pinus* 为古拉丁名称，枫香属 *Liquidambar* 表示枫香体内含琥珀酸，杜鹃花属 *Rhododendron* 意为玫瑰色树木，台湾杉属 *Taiwania* 表示产于台湾。也有以人名或神话中的人物命名的，如杉木属 *Cunninghamia* 是为了纪念英国人 Cunnigham，他在1702年发现了杉木。

(3) 种加词

种加词（种名）通常表示植物的形态特征、产地、用途和特性，也有的用人的姓氏作为种名表示纪念，还有少数种名是拉丁化的原产地俗名，用斜体字表示。如 *lanceolata*

表示叶披针形，*officinalis* 表示药用，*chinensis* 表示原产于中国。不同植物可能种加词相同，但这些植物的属名绝不会重复。如毛白杨 *Populus tomentosa* Carr.，毛泡桐 *Paulownia tomentosa* (Thunb.) Steud.。

(4) 变种名、变型名和栽培品种名

①变种名　变种是种以下的分类等级。在种名之后加上 var.（varietas 的缩写）及变种名，并附命名人姓氏。如凹叶厚朴 *Magnolia officinalis* var. *biloba* Rehd et Wils。

②变型名　变型是变种以下的分类等级。在种名后加 f.（forma 的缩写）及变型名，同时列命名人姓氏于后。如无刺刺槐 *Robinia pseudoacacia* L. f. *inermis* Rehd。

③栽培品种名　第一个字母大写，外加''符号*，后不附命名人姓氏。如'龙柏' *Sabina chinensis* (Linn.) Ant. 'Kaizuca'。

(5) 命名人

根据《国际植物学命名法规》的规定，植物各级分类单位之后均有命名人，命名人通常以缩写形式出现，如柏木属 *Cupressus* L.。一种植物由两个人合作命名时，则在两个命名人姓氏之间加 et（"和"的意思），如水杉 *Metasequoia glyptostroboides* Hu et Cheng 是由胡先骕和郑万钧合作研究发表的。如果命名人并未公开发表，由别人代为发表，则在命名人之后加 ex（"由"的意思），再加上代为发表人的姓氏，如榛子 *Corylus heterophylla* Fisch ex Bess 表示由 Bess 代 Fisch 发表这种新植物。当命名人发表的名称属名错误而由别人改正时，则将原定名人姓氏加括号附于种名后，如丽江云杉 *Picea likiangensis* (Franch) Pritz 表示 Franch 开始命名时把丽江云杉放在冷杉属 *Abies*，后来 Pritz 研究发现它是云杉属而不是冷杉属。又如杉木 *Cunninghamia lanceolata* (Lamb) Hook 表示 Lamb 在命名时把它放在松属 *Pinus*，后来 Hook 研究并发现了错误，把它移到了杉木属 *Cunnighamia*。

1.2.1.4　植物分类检索表

植物分类检索表是鉴定植物种类的重要工具之一。通常植物志、植物分类手册等都附有植物分类检索表。要学会查检索表和编检索表的方法。通过检索表，查出科、属、种的名称，从而鉴定植物。

在检索表的编制过程中，首先要大量采集植物标本，熟悉植物标本的各部分特征，然后进行对比，找出区别特征，再依次做更细小特征的区别。常用的植物分类检索表有定距检索表和平行检索表两种形式，这里介绍常用的定距检索表。

定距检索表

1. 茎不分枝，叶大型羽状复叶 ················· 苏铁科 Cycadaceae
1. 茎正常分枝，单叶。
　2. 叶扇形，落叶乔木 ························· 银杏科 Ginkgoaceae
　2. 叶非扇形，常为鳞片状、线形、鳞形。
　　3. 球果种鳞和苞鳞分离，2 个倒生胚珠 ········· 松科 Pinaceae
　　3. 球果种鳞和苞鳞愈合，2~9 个直立胚珠 ······· 杉科 Taxodiaceae

---

* 外国品种加[ ]符号，国内自育品种加''符号，因部分品种不易考证来源，本教材中品种名统一加''符号。

1.2.2 园林树木的人为分类

人为分类法是以植物系统分类法中的种为基础,根据园林树木的生长习性、观赏特性、园林用途等方面的差异及其综合特性,将各种园林树木主观地划归为不同的类型。人为分类法具有简单明了、操作性和实用性强等优点,在园林生产上普遍采用。

1.2.2.1 按生长习性分类

园林树木按照生长习性大致可分为以下几类:

(1) 乔木类

乔木类指树高在 5m 以上,有明显主干(3m 以上),分枝点距地面较高的树木。可分为:常绿针叶乔木,如黑松、雪松、柳杉等;落叶针叶乔木,如金钱松、水杉、水松等;常绿阔叶乔木,如樟树、榕树、冬青等;落叶阔叶乔木,如槐树、毛白杨、七叶树等。

(2) 灌木类

灌木类指树体矮小(通常在 5m 以下),没有明显的主干,多数呈丛生状或分枝较低的树木,如南天竹、桃叶珊瑚、月季、金钟花等。灌木类常作观花、观叶、观果以及基础种植、盆栽观赏树种。

(3) 木质藤本

这类园林树木地上部分不能直立生长,常借助茎蔓、吸盘、吸附根、卷须、钩刺等攀附在其他支持物上生长。按攀附特性,可分为缠绕攀缘类、钩刺攀缘类、卷须与叶攀缘类及吸附攀缘类等。藤蔓类主要用于园林垂直绿化,如地锦、凌霄、络石、常春藤等。

1.2.2.2 按观赏特性分类

园林树木按照观赏特性大致可分为以下几类:

(1) 观叶树木类

凡叶色、叶形具有较高观赏价值的树木,均为观叶树木类。如红乌桕、红背桂、花叶榕、黄榕、金连翘、银杏、鹅掌楸、鸡爪槭、黄栌、'紫叶'李、八角金盘、日本五针松等。

(2) 观姿树木类

观姿树木类指树冠形状和姿态有较高观赏价值的树木。如苏铁、南洋杉、雪松、龙爪槐、榕树、假槟榔、椰子、棕竹、垂柳等。

(3) 观花树木类

观花树木类指在花色、花形、花香上有突出表现的树木。如玉兰、含笑、米兰、牡丹、蜡梅、珙桐、梅花、月季、山茶、杜鹃花等。

(4) 观果树木类

这指果实显著、丰满且挂果时间长的一类树木。如南天竹、火棘、金橘、石榴、柿树、木瓜、山楂、杨梅等。

(5) 观枝干树木类

这指枝、干具有独特风姿或有奇特色泽、附属物等的一类树木。如木棉、柠檬桉、龙爪槐、梧桐、悬铃木、白皮松、白桦、椰榆、红瑞木等。

(6) 观根树木类

如落羽杉具有曲膝根,桑科榕属树种常有气生根等。

1.2.2.3　按在园林绿化中的用途分类

园林树木按照在园林绿化中的用途大致可分为以下几类：

(1) 风景林木类

多以丛植、群植、林植等方式配置在建筑物、广场、草地周围，也可用于湖滨、山坡营建风景林，或开辟森林公园，或建设疗养院、度假村、乡村花园等的一类乔木树种。

风景林木类树种以适应性强，耐粗放管理，栽植成活率高，种苗供给充足，少病虫危害，生长快，寿命长，以及对区域环境改善、保护效果显著者为好。应用上，应优先选用乡土树种，并根据习性、功能等方面的差异性，进行树种间的搭配。

(2) 防护林类

这是指能从空气中吸收有毒气体、阻滞尘埃、削弱噪声、防风固沙、保持水土的一类树木。根据功能，可分防护林带类和城市绿化林带类。如我国的三北防护林工程，就是营造一条巨型的防护林带。近年来，天津、上海、合肥等城市结合城区建设种植的宽500m的城市外围环状林带，就是城市绿化林带，这种城市绿化林带可以与农田、果园、农田防护林等融为一体。

(3) 行道树类

行道树类指栽植在道路系统，如公路、街道、园路、铁路等两侧，整齐排列，以遮阴、美化为目的的乔木树种。行道树为城乡绿化的骨干树，能统一、组合城市景观，体现城市与道路特色，创造宜人的空间环境。

公路、街道的行道树要求树冠整齐，冠幅大，树姿优美，树干下部及根部不萌生新枝，抗逆性强，根系发达，抗倒伏，生长迅速，寿命长，耐修剪，落叶整齐，无恶臭或其他凋落物污染环境，以及大苗栽种容易成活。

我国树种资源丰富，适宜作公路、街道行道树的种类多，常见种类包括水杉、银杏、朴树、广玉兰、樟树、桉树、小叶榕、黄葛榕、木棉、重阳木、羊蹄甲、女贞、椰子、大王椰子、鹅掌楸、椴树、悬铃木、七叶树等。适宜在园路两侧种植的花木和色叶木有夹竹桃、黄槐、'紫叶'李、合欢、鸡爪槭、紫薇、朱槿、桂花等。

(4) 孤植类

孤植类指以单株形式布置在花坛、广场、草地中央、道路交叉点、河流曲线转折处外侧、水池岸边、缓坡山冈、庭院角落、假山、登山道旁及园林建筑旁等处，起主景、局部点缀或遮阴作用的一类树木。

孤植类表现的是树木的个体美，可以独立成为景物供观赏。以姿态优美、开花结果繁茂、四季常绿、叶色秀丽、抗逆性强的喜光树种较为适宜，如苏铁、落羽杉、池杉、南洋杉、雪松、黄葛榕、小叶榕、广玉兰、悬铃木、樟树、木棉、凤凰木、紫薇、枫香、假槟榔、棕竹、蒲葵及其他造型类树木等。

(5) 垂直绿化类

垂直绿化类指用于绿化墙面、栏杆、山石、棚架等的木质藤本植物。如墙面绿化可选用地锦、蛇葡萄、络石、薜荔、常春藤等具有吸盘或不定根的种类；棚架绿化宜用紫藤、葡萄、凌霄、叶子花、买麻藤等种类；陡岩绿化可用蔷薇和地锦等种类。

(6) 绿篱类

绿篱类指园林中通过密集列植代替篱笆、栏杆、围墙等，起隔离、防护和美化作用的一类树木。通常以耐密植、耐修剪、养护管理简便且有一定观赏价值的种类为主。绿篱种类不同，选用的树种也会有一定差异。依绿篱高度可分3类：

①高篱类　篱高2m左右，起围墙作用，多不修剪。应以生长旺、高大的种类为主，如侧柏、罗汉松、厚皮香、桂花、'红叶'石楠、丛生竹类等。

②中篱类　篱高1m左右，多配置在建筑物旁和路边，起联系与分割作用，常轻度修剪。多选用小蜡、福建茶、日本珊瑚树、假连翘、六月雪、女贞等。

③矮篱类　篱高50cm以内，主要植于规则式花坛、水池边缘，起装饰作用，需强度修剪。应选用萌芽力强的树种如瓜子黄杨、'金叶'女贞、'紫叶'小檗、大叶黄杨等。

(7)造型类及树桩盆景、盆栽类

造型类是指经过人工整形制成各种物像的单株或绿篱，故也称为球形类树木。园林中对这类树木的要求与绿篱类基本一致，但以常绿种类、生长较慢者更佳，如罗汉松、叶子花、六月雪、瓜子黄杨、日本五针松等。

树桩盆景是在盆中再现大自然风貌或表达特定意境的艺术品，对树种的选用要求与盆栽类有相似之处，均以适应性强，根系分布浅，耐干旱瘠薄，耐粗放管理，生长速度适中，耐阴，寿命长，以及花、果、叶有较高观赏价值的种类为宜。树桩盆景多要进行修剪与艺术造型，故材料选择应较盆栽类更严格，要求树种耐修剪盘扎，萌芽力强，节间短缩，枝叶细小。比较常见的种类有银杏、金钱松、短叶罗汉松、榔榆、朴树、六月雪、紫藤、南天竹、紫薇等。

(8)木本地被类

木本地被类指高度在50cm以内，铺展力强，处于园林绿地底层的一类树木。地被植物可以避免地表裸露，防止尘土飞扬和水土流失，调节小气候，丰富园林景观。木本地被类以耐阴、耐践踏、适应能力强的常绿种类为主，如蔓马缨丹、金连翘、铺地柏等。

1.3　园林树木的作用

1.3.1　园林树木的美化作用

无论是乔木、灌木还是藤木，孤植或丛植、列植、成片或成林、成林带种植，园林树木都能发挥其美化作用。树木之美除其固有的色彩、形态、风韵外，还能随着季节和年龄的变化而有所丰富和发展，而且随着光线、气温、气流、雨、霜、雪、雾等气象上的复杂变化而形成四时各异、朝夕不同、丰富多彩、千变万化的景色变化，使人们感受到动态美和生命的节奏。

1.3.1.1　园林树木的色彩美

园林树木的各个部分如花、果、树干、树冠、树皮等，具有各种不同的色彩，并且随着季节和年龄的变化而呈现多种多样的色彩变化。群花开放时节，争芳竞秀；果实成熟季节，绿树红果，点缀林间，为园林增色不浅。

(1)花色

花朵是色彩的来源，是季节变化的标志，它既能反映大自然的天然美，又能反映出人类匠心的艺术美。以观花为主的树木有其独具的优越性，在园林中常以之为主景，或孤植，或团状群植，每当花季，群芳争艳，芬芳袭人。若配置得当，可四季花开不绝。根据花的不同色彩举例如下：

①红色系花　如山茶、红牡丹、海棠花、桃花、梅花、蔷薇、红月季、红玫瑰、垂丝海棠、皱皮木瓜、绯红晚樱、石榴、红花夹竹桃、杜鹃花、木棉、合欢、木本象牙红等。红色能营造热情、兴奋的气氛。

②黄色系花　如迎春花、金钟花、连翘、棣棠、金桂、蜡梅、瑞香、黄杜鹃花、黄木香、黄月季、黄花夹竹桃、金丝桃、金缕梅、黄蝉等。黄色象征高贵。

③白色系花　如玉兰、广玉兰、白兰花、白丁香、白牡丹、刺槐、六月雪、珍珠花、喷雪花、麻叶绣线菊、白木香、白桃、梨、白鹃梅、溲疏、山梅花、白梓树、白花夹竹桃、八角金盘、络石等，与其他色彩的树木配置在一起，能够起到强烈的对比作用，把其他花色烘托出来。同时，也显示了自己的恬静和优雅的风姿，给人以清新的感受。白色象征纯洁。

④蓝色系花　如紫藤、木槿、紫丁香、紫玉兰、醉鱼草、毛泡桐、八仙花、牡荆等。蓝色或紫色给人以安宁和静穆之感，蓝色还象征幽静。

(2) 果色

一般果实的色彩以红、紫为贵，黄色次之。在园林中适当配置一些观果树木，果实成熟多在盛夏和凉秋，在夏季浓绿、秋季黄绿的叶片中，有红紫、淡红、黄等色的果实点缀其中，可以给人丰富、繁荣的感受。尤其在秋季，园林花卉渐少，树叶也将凋落，美果盈枝，可打破园景的萧条之感。根据果实的不同色彩，举例如下：

①红色或紫色果实　如天竺桂、冬青、葡萄、石榴、榆叶梅、枸骨、南天竹、花椒、杨梅、樱桃、花红、苹果、山楂、枣、火棘、黄连木、荚蒾、金银忍冬、小檗类等。

②橙黄色果实　如银杏、杏、枇杷、梨、木瓜、番木瓜、柚、柑橘类、无患子、栾树、柿树等。

③蓝黑色果实　如八角金盘、女贞、樟树、桂花、野葡萄、毛梾、十大功劳、君迁子、五加、常春藤等。

果实除色彩外，其果面花纹、光泽、透明度、浆汁含量、挂果时间等也会影响园林景色。

(3) 叶色

叶色不但随树种不同而异，而且随着季节的交替而变化。如早春新绿，夏季浓绿，秋季红叶、黄叶，变化极为丰富，若能充分掌握，精巧安排，则可组成色彩斑斓的自然景观。根据叶色特点，举例如下：

①常绿类　绿色为叶的基本颜色，可以进一步分为淡绿和浓绿。叶色淡绿的有悬铃木、刺槐、槭类、竹类、水杉、金钱松等；叶色浓绿的有松类、圆柏、柳杉、雪松、云杉、冬青、枸骨、厚皮香、女贞、桂花、黄杨、八角金盘、榕树、广玉兰、枇杷、棕榈等。绿色象征和平。

②春色叶类　春季新发的嫩叶有显著变化的树种称为春色叶树。如石栎、樟树入春新叶黄色，远望如黄花朵朵，幽然如画；石楠、山麻杆、卫矛、臭椿、五角枫、茶条槭早春嫩叶鲜红，艳丽夺目，给早春的园林带来勃勃生机。

③秋色叶类　秋季叶色有显著变化的树种称为秋色叶树。秋季观叶树种的选择至关

重要,如果树种选择与搭配得当,可以营造出优美的景色,给人以层林尽染、"不似春光,胜似春光"之感。秋色叶树以红叶树种最多,观赏价值最大,如槭类、枫香、火炬树、盐肤木、黄栌、黄连木、卫矛、榉树、地锦等。秋季叶呈黄色的有银杏、鹅掌楸、栾树、悬铃木、水杉、落羽杉、金钱松等。

④异色叶类　有些树种的变种、变型,其叶常年均为异色,这类树种称为异色叶树。全年叶呈紫红色的有'紫叶'李、'紫叶'桃、'紫叶'小檗等。全年叶为金黄色的有'金叶'鸡爪槭、'金叶'雪松、'金叶'圆柏等。

⑤双色叶类　凡叶片两面颜色显著不同的树种,称为双色叶树。如银白杨、胡颓子、红背桂等。

(4) 树皮颜色

树皮的颜色也具有一定的观赏价值,特别在冬季,观赏价值更大。如白桦树皮洁白雅致,斑叶稠李树皮褐色发亮,山桃树皮红褐色而有光泽。还有树皮紫色的紫竹,树皮红色的红瑞木,树皮绿色的梧桐,树皮具斑驳色彩的黄金嵌碧玉竹等,均很美丽。如果将枝条绿色的棣棠、枝条终年鲜红色的红瑞木配置在一起,或植为绿篱,或丛植在常绿树间,在冬季衬以白雪,可相映成趣,色彩更为显著。

1.3.1.2　园林树木的形态美

形态美又称形体美。园林树木种类繁多,形态各异。如松树苍劲挺拔,毛白杨高大雄伟,牡丹娇艳,碧桃妩媚,各有其独特之美。园林树木的千姿百态是设计构景的基本因素,不同形态的树木经过艺术配置可以产生丰富的层次感和韵律感,对园林意境的创造起着巨大的作用。

(1) 树干的主要形态

①直立干　又称独立干。高耸直立,给人以挺拔雄伟之感。如毛白杨、桉树、假槟榔、鱼尾葵、落羽杉、水杉、梧桐、泡桐、悬铃木等。

②并生干　又称对立干或双株干。两干从下部分枝而对立生长。如栎、刺槐、臭椿、楝、泡桐等萌生性强的树种。

③丛生干　由根部产生多数干。如'千头'柏、南天竹、金钟花、迎春花、珍珠梅、李叶绣线菊、麻叶绣线菊等。

④匍匐干　树干向水平方向发展,匍匐于地面。如铺地柏及一些木质藤本。

此外,还有侧枝干、横曲干、光秃干、悬岩干、半悬岩干等各种形态。

(2) 树冠的主要形态(图1-1)

①圆柱形　如钻天杨等。

②笔形　如铅笔柏等。

③尖塔形　如雪松、'塔柏'等。

④圆锥形　如毛白杨、圆柏等。

⑤卵形　如'球柏'、加杨等。

⑥广卵形　如侧柏等。

⑦钟形　如欧洲山毛榉等。

⑧球形　如五角枫等。

⑨扁球形　如榆叶梅等。

⑩倒钟形　如槐树等。

⑪倒卵形　如刺槐、'千头'柏等。

⑫馒头形　如'馒头'柳等。

⑬伞形　如龙爪槐等。

⑭风致形　由于自然环境因子而形成的各种富于艺术风格的体形。

⑮棕榈形　如棕榈、椰子等。

⑯芭蕉形　如芭蕉等。

⑰垂枝形　如垂柳等。

⑱龙枝形　如'龙爪'柳等。

⑲半球形　如金露梅等。

⑳丛生形　如翠柏等。

㉑拱枝形　如迎春花等。

㉒偃形　如'鹿角'柏等。

㉓匍匐形　如铺地柏等。

㉔悬崖形　如生于高山岩石中的松树。

㉕扯旗形　如在山脊多风区生长的树木。

树冠的形态是相对稳定的，并非绝对的，它随着环境条件以及树龄的变化而不断变化，形成各种富于艺术风格的体形。如不规则形的老柿树，枝条苍劲古雅的松、柏。总的来说，凡具有尖塔状及圆锥状树形者，多有严肃、端庄的效果；具有柱状较狭窄树冠者，多有高耸、静谧的效果；具有圆钝、卵形树冠者，多有雄伟、浑厚的效果；丛生者多有朴素、浑美之感；拱枝及垂枝类型者，常营

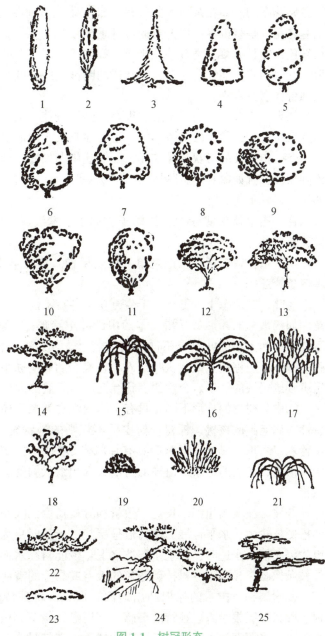

图1-1　树冠形态

1. 圆柱形　2. 笔形　3. 尖塔形　4. 圆锥形　5. 卵形　6. 广卵形
7. 钟形　8. 球形　9. 扁球形　10. 倒钟形　11. 倒卵形　12. 馒头形
13. 伞形　14. 风致形　15. 棕榈形　16. 芭蕉形　17. 垂枝形
18. 龙枝形　19. 半球形　20. 丛生形　21. 拱枝形　22. 偃形
23. 匍匐形　24. 悬崖形　25. 扯旗形

造优雅、和平的气氛，且多有潇洒的姿态；匍匐生长者，有清新开阔、生机盎然之感，可创造大面积的平面美；大型缠绕的木质藤本，给人以苍劲有力之感。

(3) 树木的花、果、叶、皮、枝以及附属物等的形态

①花　除了具有丰富的色彩外，还有各式各样的形状和大小。有单花的，有排成式

样各异花序的。如花朵硕大的牡丹,雍容华贵。梅花的花朵虽小,"一树独先天下春"。玉兰之花,亭亭玉立,似古典的宫灯垂于枝叶间。合欢的头状花序呈伞房状排列,花丝粉红色,细长如缨。络石的花排成右旋的风车形。龙吐珠的花未开放时,花瓣抱若圆球形,红白相映,如蟠龙吐珠。七叶树的圆锥花序呈圆柱状竖立于叶簇中,似一个华丽的大烛台,堪称奇观。

②果　许多树木的果实既有很高的经济价值,又有突出的美化作用。在园林中,选择观果树种时,除了果实色彩外,还要注意果实的形状,一般以奇、巨、丰为佳。

奇　指果实的形状奇异有趣。如铜钱树的果实形似铜钱。象耳豆的荚果弯曲,两端浑圆相接,犹如象耳。腊肠树的果实似香肠。秤锤树的果实形如秤锤。梓树的蒴果细长如筷,经冬不落。

巨　指单体果实较大,如椰子、柚子、木波罗;或果实虽小,但果穗较大,如油棕、鱼尾葵等。

丰　指全树而言,无论是单果还是果穗,均有丰盛的数量。如石榴、枣、南天竹、鸡树条荚蒾等。

③叶　其形态十分复杂,千变万化,各有不同。奇特的叶形往往容易引起人们的注意。如鹅掌楸的叶形似马褂,羊蹄甲的叶羊蹄形,变叶木的叶戟形,银杏的叶扇形等。不同形态和大小的叶具有不同的观赏特性。如棕榈、蒲葵的大型掌状叶给人以朴素之感。椰子、王棕的大型羽状叶给人以轻快、洒脱的联想,具有热带的情调。鸡爪槭的叶形可营造轻快的气氛。合欢的羽状叶会产生轻盈的效果。

④皮　树皮的外形不同,具有不同的观赏效果,还可随树龄的变化呈现不同的观赏特性。如老龄的核桃、栎树,树皮呈不规则的沟状裂,给人以雄劲有力之感。白皮松、悬铃木、木瓜、榔榆、青檀等具有片状剥落的树皮,斑驳可爱。紫薇的树皮细腻光滑,给人清洁、亮丽的印象。白桦的树皮大面积纸状剥落。还有"大腹便便"的佛肚竹,别具风格。

⑤枝　枝条的粗细、长短、数量和分枝角度的大小,都与树木的形态密切相关。如油松侧枝轮生、水平伸展,使树冠呈层状,老龄时更为苍劲。垂柳的小枝轻盈婀娜、摇曳生姿,植于水边时,低垂于碧波之上,最能衬托水面的优美。在冬季,一些落叶树种的枝条像画一样清晰,衬托蔚蓝色的天空或晶莹的雪地,极具观赏价值。

⑥附属物　树木的裸根凸出地面,形成一种独特的景观。如水杉、落羽杉的板状根、膝状呼吸根给人以独特的美感。榕树盘根错节,树上布满气生根,倒挂下来犹如珠帘下垂,当落至地面又可生长成粗大树干,奇特异常,给人以新奇的感受。很多树木的刺、毛也有一定的观赏价值。如黄榆、卫矛的木栓翅,枸橘的枝条绿色而多刺,刺楸具粗大皮刺等,均富有野趣。楤木属被刺与毛;红毛悬钩子的小枝密生红褐色刺毛,紫红色的皮刺基部常膨大,尤为可观。另外,花器和附属物的变化,也形成了许多观赏上的奇趣。如长柱金丝桃,花朵上的金黄色雄蕊长长地伸出花冠之外。叶子花的叶状苞片紫红色,似盛开的美丽花朵。珙桐(鸽子树)开花时,两枚白色的大苞片宛若群鸽栖于枝梢,蔚为奇观。

1.3.1.3　园林树木的风韵美

风韵美又称内容美、象征美,是指除了色彩美、形态美之外的抽象美,多为历史形成的传统美,是极富于思想感情的联想美。它与各国、各民族的历史发展,以及各地区的风俗习惯和文化教育水平等密切相关。在我国的诗词、神话、歌赋及风俗习惯中,人们往往以某一种树种为对象,将其作为一种事物的象征,广为传颂,使树木"人格化"。

如四季常青的松柏类象征坚贞不屈的精神,《荀子》中有"松柏经隆冬而不凋,蒙霜雪而不变,可谓其'贞'矣"。花大艳丽的牡丹称为"国色天香",象征繁荣兴旺、富丽堂皇。花色艳丽、姿态娇美的山茶象征友情、坚强、优雅和协调。花香袭人的桂花象征庭桂流芳。春花满园的桃、李象征"桃李满天下"。松、竹、梅三者配置在一起称为"岁寒三友",象征文雅、高尚。玉兰、海棠花、牡丹、桂花配置在一起象征"玉堂富贵"。

以上这些园林树木美化作用的艺术效果形成并不是孤立的,而是要全面地考虑和安排。作为园林工作者,必须深刻体会和全面掌握不同树种各个部位的观赏特性,进行细致搭配,才能创造出优美的园林景色。

1.3.2 园林树木的生态作用

1.3.2.1 园林树木改善环境的作用

园林树木改善环境的作用表现在以下两个方面:

(1)净化空气

园林树木能制造 O_2,对各种有害气体有吸收积累的能力,且能吸滞烟尘。因此,在城市和工矿区周围造林绿化,可以起到净化空气的作用。

①制造 O_2 城市人口比较稠密,不仅人的呼吸吸收 O_2,排出 CO_2,燃料燃烧时也消耗大量 O_2 并排出大量 CO_2,所以有时城市空气中的 CO_2 含量可达 0.05%~0.07%。CO_2 虽是无毒气体,但是当其在空气中的含量达 0.05%时,人的呼吸已感不适,当含量达到 0.3%~0.6%时,人就会感到头痛,出现呕吐、脉搏缓慢、血压增高等现象。园林树木能通过光合作用吸收 CO_2,放出 O_2,并通过呼吸作用吸收 O_2,放出 CO_2。一般光合作用吸收的 CO_2 要比呼吸作用排出的 CO_2 多 20 倍,因此园林树木能减少空气中的 CO_2,增加空气中的 O_2。试验证明:$1hm^2$ 的阔叶林在生长季节一天可以消耗 1000kg 的 CO_2,放出 730kg 的 O_2。绿化造林的面积越大,制造的 O_2 就越多。因此,为保持空气清新,应在城市工矿区多植树造林绿化。

②吸滞烟灰和粉尘 空气中的灰尘和工厂里飞出的粉尘都是污染环境的有害物质。这些微尘颗粒重量虽小,但在大气中的总量却是惊人的。一些工业城市每年每平方千米平均降尘量约 500t,在一些工业集中的城市有时甚至高达 1000t。在城市,每燃烧 1t 煤,就要排放 11kg 粉尘。除了煤烟尘沙,还有许多金属粉尘、矿物粉尘、植物性粉尘及动物性粉尘。粉尘中不仅含有碳、铅等微粒,有时还含有病原菌,进入人的鼻腔和气管中容易引起鼻炎、气管炎和哮喘等疾病。有些微尘进入肺部,还会引起硅肺、肺炎等严重疾病。

植树后,树木能大量减少空气中的灰尘和粉尘。根据我国对一般工业区的初步测定,绿化地区上空的粉尘体积分数较非绿化地区少 10%~50%。因此,树木是空气的天然过滤器。树木吸滞和过滤灰尘的作用表现在两个方面:一方面,树林林冠茂密,具有强大的降低风速的作用,随着风速的降低,气流中携带的大粒灰尘下降;另一方面,有些树木叶片表面粗糙不平，多茸毛，或分泌黏性油脂（或汁液），能吸附空气中的大量飘尘，且吸尘的树木经过雨水冲洗，又能恢复其滞尘作用。

防尘类树木以树冠浓密，叶片密集，叶面粗糙、多毛、能分泌黏性油脂，总叶面积大及气孔抗尘埃堵塞能力强者为佳。如马尾松、湿地松、火炬松、柳杉、侧柏、圆柏、广玉兰、樟树、厚皮香、枫香、枇杷、盐肤木、黄杨、紫薇、桉树、红千层等。

③吸收有害气体　工业生产过程中会产生有毒气体，如SO_2是冶炼企业产生的主要有害气体，数量多，分布广，危害大。当空气中SO_2体积分数达到0.001%时，人会呼吸困难，不能久工作；当达到0.04%时，人就会迅速死亡。HF则是磷肥厂和玻璃加工厂等产生的剧毒气体，这种气体对人体的危害比SO_2大20倍。很多树木可以吸收有害气体，如1hm^2的柳杉每年可以吸收SO_2 720kg。有研究发现，臭椿、夹竹桃不仅抗SO_2的能力强，并且吸收SO_2的能力也很强。臭椿在SO_2污染的情况下，叶中含硫量可达正常含硫量的29.8倍，夹竹桃可达8倍。对几种大气有害气体具有较强抗性及吸收能力的树种见表1-1所列。

表1-1　对几种大气有害气体具有较强抗性及吸收能力的树种

有害气体	抗性树种
SO_2	苏铁、银杏、圆柏、罗汉松、木麻黄、垂柳、桉树、构树、无花果、高山榕、印度榕、粗叶榕、黄葛榕、广玉兰、樟树、十大功劳、厚皮香、山茶、海桐、台湾相思、九里香、乌桕、无患子、黄杨、梧桐、紫薇、蒲桃、石榴、柿树、女贞、夹竹桃、棕榈等
HF	侧柏、圆柏、罗汉松、朴树、桑树、悬铃木、海桐、乌桕、梧桐、石榴、小叶女贞、夹竹桃、泡桐、金银花、棕榈等
Cl_2	侧柏、圆柏、木麻黄、板栗、朴树、无花果、印度榕、榕树、黄葛榕、构树、樟树、枫香、海桐、柿树、紫藤、樟叶槭、栀子、梧桐、怪柳、紫薇、蒲桃、夹竹桃、蒲葵等
HCl	侧柏、'龙柏'、罗汉松、桑树、海桐、紫藤、南酸枣、梧桐、怪柳、小蜡、夹竹桃、棕榈、木槿、合欢等
O_3	银杏、柳杉、樟树、海桐、女贞、夹竹桃、刺槐、悬铃木等

（2）调节气候

树木具有吸热、遮阴和增加空气湿度的作用。因此，城市绿地有"城市之肺""天然空调"和"空气清洁器"之称。

①提高空气湿度　树木能蒸腾水分，提高空气湿度。树木在生长过程中，每形成1kg干物质，需要蒸腾300~400kg水。1hm^2阔叶林，在夏季能蒸腾2500t的水，相当于一个同等面积的水库蒸发量，比同等面积的土地蒸发量高20倍。据调查，油松林每日蒸腾量为43.6~50.2t/hm^2，加杨林的每日蒸腾量为51.2t/hm^2。由于树木强大的蒸腾作用，绿化区内水汽增多，空气湿润，空气湿度比非绿化区大。研究表明，森林中空气湿度比城市高38%，公园的空气湿度比城市中其他地方高27%。

②调节气温　绿化地区的气温常比建筑地区低，尤其在夏季，绿地内的气温比非绿地低3~5℃，比建筑物地区低10℃左右，森林公园或浓密成荫的行道树下效果更为显著。这是由于树木可以减少阳光对地面的直射，能吸收许多热量用于蒸腾从根部吸收的

水分和制造养分。

此外，树木的防风效果也很显著。冬季，绿地不但能降低风速，而且有提高防风效果的作用。春季多风，绿地降低风速的效应随风速的增大而增加，这是因为风速大时，枝叶的摆动和摩擦也大，同时气流穿过绿地时，受树木的阻截、摩擦和过筛作用，消耗了气流的能量。秋季，绿地能降低风速70%~80%，静风时间长于非绿化区。

1.3.2.2 园林树木保护环境的作用

园林树木保护环境的作用表现在以下3个方面：

(1) 减弱噪声

茂密的树木能吸收和隔挡噪声。据测定，40m宽的林带可以降低噪声10~15dB，公园中成片的树林可降低噪声26~43dB，绿化的街道比不绿化的街道噪声可降低8~10dB。据报道，3kg的三硝基甲苯炸药爆炸时，声音在空气中可传播4km，而在森林中则只能传播约400m。这是由于树木对声波有散射作用，声波通过时，枝叶摆动，使声波减弱并逐渐消失。同时，树叶表面的气孔和粗糙的毛就像多孔纤维吸音板一样，能把噪声吸收掉。防噪声类树木以叶面大而坚硬或叶片呈鳞片状重叠排列，树体自上至下枝叶密集的常绿树为主，如柳杉、圆柏、柏木、栎类、榕树、樟树、海桐、桂花、交让木等。

(2) 杀死细菌

树木可以减少空气中的细菌数量，一方面是由于绿化地区空气中的灰尘减少，从而减少了细菌量，另一方面是由于树木本身有杀菌作用。如榆树根的水浸液能在1min内杀死伤寒、副伤寒A和B的病原菌及痢疾的杆菌。1hm^{2}圆柏林每天能分泌出30kg杀菌素，可以杀死白喉、肺结核、伤寒、痢疾等的病原菌。有些树木能产生丁香酚、天竺葵油、肉桂油、柠檬油等挥发性油。松树、柏树及樟树的灭菌能力较强，可能与它们的叶子能散发某些挥发性物质有关。杀菌类树木以常绿针叶树及其他能挥发芳香性物质的树种为主，如马尾松、雪松、湿地松、火炬松、柳杉、侧柏、圆柏、柏木、广玉兰、樟树、天竺桂、木姜子、厚皮香、枫香、盐肤木、黄杨、木槿、紫薇、桉树、蒲桃、红千层等。

(3) 监测环境

有些植物对污染物质比较敏感，当其受到毒害时，会以各种形式表现出来。这种反应就是环境污染的"信号"，人们可以根据植物所发出的"信号"来分析、鉴别环境污染的状况。这类对污染敏感而发出"信号"的植物称为环境污染指示植物或监测植物。利用敏感植物监测环境污染，既经济便利，又简单易行，便于群众参与协助监测工作，故敏感植物有"报警器""绿色哨兵""监视'三废'的眼睛"之美誉。

各种敏感性树木可用于监测环境污染，如雪松对有害气体十分敏感，特别是春季长新梢时，一旦受到H_2S或HF的危害，便会出现针叶发黄、变枯的现象。在春季，凡是雪松针叶出现发黄、枯焦的地方，在其周围一般可找到排放HF或H_2S的污染源。因此，雪松有"大气污染报警器"之称。另外，月季、苹果、油松、落叶松、马尾松、枫杨、加杨、杜仲对H_2S敏感，樱花、葡萄、杏、李等对HF较敏感，悬铃木对CO_2敏感，女贞、樟树、皂荚对O_3敏感。

1.3.3 园林树木的生产作用

园林树木的生产作用有直接生产作用和结合生产作用。直接生产作用是指作为苗木、桩景、大树、木材出售而产生的商品价值，也指作为风景区、园林绿地主要题材而产生的风景游览价值。园林树木的结合生产作用则是在发挥其园林绿化多种功能的前提下，因地制宜、实事求是地结合生产，恰当地提供一些副产品。如樟树、乌桕、油茶的种子可以榨油，柠檬桉、月季可提供香精原料；银杏、柿树、梨、枇杷、葡萄、杧果和荔枝的果实可供食用及制酒、制罐头；桉树、松树、竹类等可提供造纸原料；青皮竹和粉单竹可以编筐；绝大部分树木的新叶、花、果实、种子、树皮可供药用。其他作用，如桑叶可养蚕，漆树可割漆，杜仲可提制硬橡胶，松树可取树脂，这些树种都可为工业提供重要的原料。

1.4 园林树木的习性

1.4.1 园林树木的生物学习性

树木是多年生植物，从繁殖开始，经过或长或短的生长发育过程进入开花结实阶段，最后衰老死亡，完成其生命过程。树木存在着两个生长发育周期，即生命周期和年生长周期。研究树木生长发育规律，对于正确地选用树种、制订栽培和养护方案、有预见性地调控树木生长发育、充分发挥树木的园林功能具有重要意义。

1.4.1.1 树木的生命周期

树木的生命周期指树木从繁殖开始，经过幼年、成年、老年直到个体生命结束为止的全部生活史。不同树木的生命周期中，存在着相似的生长与衰亡变化规律。

(1) 离心生长与离心秃裸

树木自播种发芽或营养繁殖成活后，直至形成最大的树冠为止，以根颈为中心，根和茎总是以离心的方式进行生长。根在土壤中逐年形成各级骨干根和侧生根，茎干不断向上和四周生长形成各级骨干枝和侧生枝，占据越来越大的空间。根系和茎干的这种生长方式称为离心生长。由于受遗传特性和树体生理以及环境条件的影响，树木的离心生长总是有限的，任何树种都只能达到一定的大小和范围。

在根系离心生长的过程中，骨干根上最早形成的须根由基部至根端出现逐步衰亡，称为自疏；同样，地上部分由于离心生长，外围生长点不断增多，枝叶茂密，使内膛光照不良，同时因壮枝竞争养分的能力强而使内膛早年形成的侧生小枝得到的养分减少，长势减弱，逐年由骨干枝基部向枝端方向出现枯落，这种现象称为自然打枝。在树木离心生长的过程中，以离心方式出现的根系自疏和树冠自然打枝统称为离心秃裸。

(2) 向心更新与向心枯亡

随着树龄的增加，由于离心生长和离心秃裸，地上部分大量的枝芽生长点及其产生的叶、花、果都集中在树冠的外围，枝端重心外移，骨干枝角度变大，甚至弯曲下垂。这时，地下远处的吸收根与树冠外围枝叶间的运输距离增大，使端枝生长势减弱。当树木生长至接近在该地能达到的最大树体时,某些中心干明显的树种其中心干延长枝发生分叉或弯曲,这种现象称为截顶或结顶。

当离心生长日趋衰弱,具有长寿潜伏芽的树种常于主枝弯曲高位处萌生直立旺盛的徒长枝,开始进行树冠的更新。徒长枝仍按照离心生长和离心秃裸的方式形成新的小树冠,俗称"树上长树"。随着徒长枝的扩展,主枝和中心干的先端加速出现枯梢,全树由许多徒长枝形成新的树冠,逐渐代替原来衰亡的树冠。当新树冠达到最大限度后,同样会出现先端衰弱,从而萌发新的徒长枝。

这种枯亡和更新的发生,一般都是由冠外向内膛、由顶部向下部而进行的,因而称为向心枯亡和向心更新。

不同树种的更新方式和能力各不相同。一般而言,离心生长和离心秃裸几乎所有树种均出现,而向心枯亡和向心更新只有具有长寿潜伏芽的种类才出现,其中乔木种类尤为明显,如槐树常常出现向心更新。潜伏芽寿命短的树种则较难更新,如桃;无潜伏芽的树种难以向心更新,如棕榈。此外,有些树种还可以靠萌蘖更新。

(3) 实生树和营养繁殖树的生命周期

同一树种,繁殖方式不同,生命周期会有差异。

以种子繁殖形成的实生树,其生命周期一般可以划分为幼年和成年(成熟)两个阶段。从种子萌发到具有开花潜能(具有形成花芽的生理条件,但不一定开花)之前的一个时期,称为幼年阶段。中国民谚"桃三杏四梨五年",指的就是这些树种的幼年期。不同树种的幼年阶段差别很大,如矮石榴、紫薇的播种苗当年或翌年就可开花,牡丹要5~6年,而银杏则需15~20年。幼年阶段后,树木具备了形成花芽的能力。开花是树木进入性成熟的最明显的特征,多年开花结实后,树木逐渐出现衰老和死亡现象。

实生大树尽管已经进入了成年阶段,但同一株树的不同部位所处的阶段并不一致。树冠外围的枝能开花结果,显然处于成年阶段,而树干基部萌发的枝条常常还处在幼年阶段,即"干龄老,阶段幼;枝龄小,阶段老"。这在对观赏树木或果树进行修剪整形以及扦插繁殖时均应注意。

营养繁殖树一般已通过了幼年阶段,因此没有性成熟过程。只要生长正常,有成花诱导条件,就能成花。有些树种由于长期采用无性繁殖,非常容易衰老,也与此有关,如垂柳。

1.4.1.2　树木的年生长周期

在一年中,树木的生命活动会随着季节变化而发生有规律的变化,出现萌芽、抽枝、展叶、开花、果实成熟、落叶等物候现象。树木这种每年随季节周期性变化而出现的形态和生理机能的规律性变化,称为树木的年生长周期。

由于温带地区的气候在一年中有明显的四季,所以温带落叶树的物候季相变化最为明显。落叶树的年生长周期可以分为生长期和休眠期,在二者之间又各有一个过渡时期。从春季萌芽生长至秋季落叶前,为生长期;落叶后至翌年萌芽前,树木为了适应冬季低温等不良环境条件,处于休眠状态,这个时期为休眠期。

(1) 休眠转入生长期

这一时期从树木将要萌芽到芽膨大待萌时止。树木休眠的解除,通常以芽的萌发作为形态指标,而生理活动则更早。如在温带地区,当日平均气温稳定在3℃时(有些树木是0℃),树木的生命活动加速,树液流动,芽逐渐膨大直至萌发,树木从休眠转入生长期。

树木在此期抗寒能力降低，若遇突然降温，萌动的芽和枝干西南面易受冻害，在干旱地区还易出现枯梢现象。

(2) 生长期

这一时期从树木萌芽生长至落叶，即包括整个生长季节。这一时期在一年中所占的时间较长。在此期间，树木会随季节变化发生极为明显的变化，出现各种物候现象，如萌芽、抽枝展叶、开花、结实，并形成新器官如叶芽、花芽。生长期的长短因树种和树龄不同而不同，叶芽萌发是茎生长开始的标志，但根系的生长比茎的萌芽要早。

树木萌芽后，抗寒力显著下降，对低温变得敏感。

(3) 生长转入休眠期

秋季叶片自然脱落是落叶树木进入休眠的重要标志。在正常落叶前，新梢必须经过组织成熟过程才能顺利越冬。树木的不同器官和组织进入休眠的早晚不同。某些芽的休眠较早，在落叶前就已发生，皮层和木质部进入休眠也早，而形成层进入休眠晚，故初冬遇寒流时形成层易受冻。地上部分主枝、主干进入休眠较晚，而以根颈最晚，故易受冻害。

刚进入休眠的树木，处在初休眠（浅休眠）状态，耐寒力还不强，遇间断回暖会使休眠逆转，若再遇突然降温常遭冻害。

(4) 相对休眠期

秋季正常落叶后到翌春树木开始生长前是落叶树木的休眠期。在休眠期，树木短期内虽然看不出有生长现象，但体内仍进行着各种生命活动，如呼吸作用、蒸腾作用、芽的分化、根的吸收、养分的合成和转化等。休眠是温带落叶树在进化过程中对冬季低温环境形成的一种适应性。另外，有些树木必须通过一定的低温阶段才能萌发生长。一般原产于温带的落叶树，休眠期要求一定的 $0 \sim 10℃$ 的累计时数，原产于暖温带的树木则要求一定的 $5 \sim 15℃$ 的累计时数，冬季低温不足会影响翌年萌芽和开花。

常绿树并非周年不落叶，而是叶的寿命较长，多在一年以上，如松属为 $2 \sim 5$ 年，冷杉属为 $3 \sim 10$ 年，红豆杉属可达 $6 \sim 10$ 年。这类树木每年仅脱落部分老叶（一般在春季与新叶展开同时进行），并增生新叶，因此全树终年有绿叶存在，其物候动态比较复杂，尤其是热带地区的常绿阔叶树。如有些树木在一年内能多次抽梢、多次开花结实，甚至在同一植株上可以看到抽梢、开花、结实等多个物候重叠交错的现象。

1.4.2 园林树木的生态学习性

园林树木的生态学习性是指园林树木对环境条件的要求和适应能力。凡是对树木生长发育有影响的环境因素，均称为生态因素，大致可分为气候、土壤、地形和生物四大类。

1.4.2.1 气候因素

气候因素包括温度、光照、水分、空气和风。

(1) 温度

各种树木的萌芽发叶、开花、结果、休眠等生长发育过程均要求一定的温度条件（即有一定的温度范围），超过极限高温与极限低温，树木就难以生长。不同的树木对温度的要求是不同的，根据对温度的要求和适应范围，树木分最喜温树种、喜温树种、耐寒树种和最耐寒树种 4 类。

①最喜温树种　如橡胶树、椰子、木棉、红树等。橡胶树在年平均气温 20~30℃ 范围内都正常生长，低于 10℃ 幼嫩组织会受到轻微寒害，低于 5℃ 出现枯梢、黑斑，低于 0℃ 严重冻寒。

②喜温树种　如杉木、马尾松、毛竹、油茶等，只能在温暖地区生长。

③耐寒树种　如油松、刺槐、毛白杨、苹果等能忍受低温的树种。

④最耐寒树种　如落叶松、樟子松、红松等耐寒力极强的树种。

不同的树种都有其温度适应范围，树木对于温度的要求和适应范围决定了树种的分布范围。有些树种既能耐寒，又能耐高温，如麻栎、桑树等，因此全国各地都有分布；而有些树种对温度的适应范围很小，这就造成了这些树种仅具有较小的分布区，如橡胶树的分布范围必定在绝对最低温度大于 10℃ 的地区。当然，橡胶树受冻害程度除绝对低温外，与降温的性质、低温持续时间、橡胶树的品种也有关。有些耐寒树种在南移时，由于温度过高和缺乏必要的低温阶段或者湿度过大而生长不良，如东北的红松移至南京栽培，虽然不至死亡，但生长极差，呈灌木状。

同一树种，对温度的要求和适应范围随树龄和所处的环境条件不同而异。在通常情况下，树木随年龄的增加而适应性加强，在幼苗和幼树阶段则适应性较弱。

(2) 光照

树种根据喜光程度可分为喜光树种、耐阴树种和中性树种 3 类。

①喜光树种　是指在壮龄和壮龄以后不能在其他树木的树冠下正常生长的树种，如马尾松、落叶松、合欢等。

②耐阴树种　是指在壮龄和壮龄以后能在其他树木的树冠下正常生长的树种，如桃叶珊瑚、紫金牛、女贞等。

③中性树种　是对光照的需求介于喜光树种和耐阴树种之间的树种，如杉木、柳杉、苦楮、樟树等。

同一树种，对光照的需要随生长环境、自身的生长发育阶段和年龄的不同而异。一般情况下，树木在干旱瘠薄环境中比在肥沃湿润环境中的需光量要大。有些树种在幼苗阶段需要一定的庇荫条件，随年龄的增长，需光量逐渐增加。

了解树种的需光性和所能忍耐的庇荫条件，对于园林树种的选择和配置是十分重要的。

(3) 水分

树木的生长发育离不开水分，因此水分是决定树木的生存、影响树木的分布和生长发育的重要条件之一。不同树木对水分的要求及适应能力是不同的。树木根据对水分的需要和适应能力可分耐旱树种、喜湿树种和中生树种 3 类。

①耐旱树种　是指能在土壤干燥、空气干燥的条件下正常生长的树种，如相思树、梭梭树、木麻黄、马尾松等。这类树木由于长期生长在极为干旱的环境条件下，形成了适应这种环境条件的一些形态特征，如根系发达，叶常退化为膜质，或针刺形，或者叶面具有厚的角质层、蜡质及茸毛等。

②喜湿树种　是指能在低湿环境中生长的树种，在干旱条件下常致死或生长不良，如红树、水松、垂柳等。这类树木根系短而浅，在长期水淹条件下，树干膨大，具有呼吸根。

③中生树种　是指介于耐旱树种和喜湿树种二者之间，既不耐干旱，又不耐低湿的树种，多生长于湿润的土壤上。大多数树木都属此类，如杉木、毛竹。

许多树木对水分条件的适应性很强，在干旱和低湿条件下均能生长，有时在间歇性水淹的条件下也能生长，如旱柳、柽柳、紫穗槐等；一些树木则对水分的适应能力较小，既不耐干旱，也不耐水湿，如玉兰等。

了解树木对水分的需要和适应性，对于在不同条件下选择不同树木造园是很重要的。如合欢能耐干旱瘠薄，但不耐水湿，在选择立地的时候，应该注意不要栽植在地势低洼容易积水或地下水位较高的地方。

(4) 空气

近年来，由于工业的迅速发展，大气污染日趋严重。不同树木对大气污染的抵抗能力是不同的，了解树木对烟尘、有害气体的抗性，将可以帮助我们正确地选择城市和工矿企业的绿化树种。特别是一些化工厂和排放有害气体较多的工厂，必须选择抗性强的树种，如臭椿、冷杉、悬铃木等，而不能选择抗性弱的树种，如雪松、梅等。

(5) 风

风对于树木的直接影响主要表现在风对树木的机械损伤，如吹折主干。长期生长在风口上的树木，会形成偏冠、偏心材。风对树木有利的方面表现在：风媒树种以风为传粉的媒介，还有一些树种的果实靠风力传播。风对树木的影响主要是通过间接的方式进行的，如长时间的旱风使空气变得干燥，增强蒸腾作用，使树木枯萎等。

一些树种在孤立的状态下抗风力是很差的，但成片种植可增强抗风力，如浅根性树种刺槐。

1.4.2.2　土壤因素

土壤的水分、肥力、通气、温度、酸碱度及微生物等条件，都影响着树木的分布及其生长发育。土壤的酸碱度以 pH 值表示，pH 值等于 7 为中性，小于 7 为酸性；大于 7 则为碱性。一些树木生长于酸性土壤上，以 pH 值小于 6.8 为宜，如马尾松、杜鹃花、茶、油茶等，这些树木为酸性土壤的指示植物，在盐碱土或钙质土上生长不良或不能生长。而有些树木则在钙质土上生长最佳，成为石灰岩山地的主要造林树种，如侧柏、青檀、柏木等。有些树木对土壤酸碱度的适应范围较大，既能在酸性土上生长，也能在中性土、钙质土及轻盐碱土上生长，如刺槐、楝树、黄连木等。还有的树木能在盐碱土上生长，如柽柳、紫穗槐、梭梭树等。

1.4.2.3　地形因素

地形的变化影响气候、土壤及生物等因素，特别是在地形复杂的山区尤为明显。地形因素包括海拔、坡向、坡位、坡度等。在这些因素中，海拔和坡向对树木的分布影响最大，南坡(阳坡)日照时间长，温度高，湿度较低，常分布喜光旱生树种，而北坡(阴坡)日照时间短，温度相对较低，常分布耐阴湿的树种。

1.4.2.4　生物因素

在自然界中，树木和其他动植物生长在一起，相互间关系密切。不同种类的动植物之间既有有益的影响，也有不利的影响，如同为喜光树种，彼此间便因争夺光照而发生激烈的竞争。因此，在利用树木造景时，应充分考虑树木对环境的需求。

1.5 园林树木的分布、选择与配置

1.5.1 园林树木的分布

1.5.1.1 园林树木分布区的概念及其形成

每一个树种都有一定的适宜生长地区,即在自然界里占有一定范围的分布区域,这就是该树种的分布区。树种的分布区是受气候、土壤、地形、生物及人类活动等因子的综合影响而形成的。它反映着树种的历史、散布能力及其对各种生态因素的要求和适应能力。如银杏、水杉等孑遗树种在第四纪冰川时,由于所处的地形、地势优越,而得以在我国保存,继续繁衍生长,并通过引种驯化扩大了栽培区域。其中,水杉自1941年在湖北利川被发现,目前已在全国20多个省(自治区、直辖市)栽培,世界各国竞相引种,已达近百个国家。

1.5.1.2 园林树木分布区的类型

(1) 天然分布区

依靠自身繁殖、迁移和适应环境的能力而形成的分布区称为树种的天然分布区,又称为原产地。如宝华玉兰天然分布区(原产地)在江苏句容宝华山。天然分布区又分水平分布区和垂直分布区两种。

①水平分布区 是指树种在地球表面依经度和纬度所占有的分布范围,一般用植被带来表示。我国植被带由南向北为:热带雨林、季雨林—亚热带常绿阔叶林—暖温带落叶阔叶林—温带针阔混交林—寒温带针叶林。由东向西为:湿润森林区—半干旱草原区—干旱荒漠区。也可以按行政区划(省份)、地形(河流、山脉、平原、沙漠)或经纬度来表示。

②垂直分布区 是指树种在山地自低海拔至高海拔所占有的分布范围。它与自低纬度至高纬度水平分布的植被带在外貌上大致相似。一般以海拔或垂直分布带(热带雨林带—常绿阔叶林带—落叶阔叶林带—针叶林带—灌丛带—高山苔原带)来表示。如马尾松在华东、华中的垂直分布区在海拔800m以下山地。油松的水平分布区在北纬33°~41°、东经102°~118°,即以华北为分布的中心;其垂直分布是在东北南部(辽宁)海拔500m以下,在华北北部海拔1500m以下,在华北南部则海拔1900m以下。

(2) 栽培分布区

由于科学研究和生产的需要,自国外或国内其他地区引入树种,在新地区进行栽培而形成的分布区,称为栽培分布区。如原产于江苏句容宝华山的宝华玉兰目前在浙江杭州植物园、江西庐山植物园等地有引种栽培。又如刺槐原产于北美,我国自19世纪末引种以来,在北纬23°~46°、东经124°~86°的广大区域内都有栽培,尤以黄淮流域最盛,多栽植于平原及低山丘陵。了解园林树种的栽培分布区域,对开发利用树种和进一步规划本地区园林树种具有现实意义。

1.5.2 园林树木的选择与配置

园林树木的选择是指根据园林绿地的立地条件,选择相适应的树种。园林树木的配置是指园林树木在园林中栽植时的组合和搭配方式,即通过人为手段将园林树木进行科

学组合，以满足园林各种功能，创造出生机盎然的园林景观。

1.5.2.1 园林树木的选择与配置原则

在园林工作中，如何正确地选择树种并合理地加以配置，成功地组织和建立园景，是一个十分重要的问题。在一个公园或风景区里，树木的栽培绝不是简单地罗列、任意拼凑，而是要从园林树木的审美要求和实用性出发，充分发挥园林树木的综合功能，把树木布置得主次分明，构成一幅疏密相间、错落有致的美丽图景。在构图上，要能与各种环境条件相适应、相调和，使人们感到合情合理、美观大方，不致产生生硬做作、枯寂无味的感觉。因此，在树种的选择与配置上，应遵循以下几项原则。

(1) 满足功能要求

园林树木的配置要从园林的性质和主要功能出发。城乡有各种各样的园林绿地，因其功能不同，树种选择和配置方式也不一样。如以提供绿荫为主的行道树地段，应选择冠大荫浓、生长快的树种，并按列植的方式配置在行道两侧，形成林荫路；以美化为主的地段，则应选择树冠、叶、花或果实具有较高观赏价值的种类，以丛植或列植的方式在行道两侧形成带状花坛；在公园的娱乐区，树木配置以孤植树为主，使各类游乐设施掩映在绿荫中，为游人营造良好的游玩环境；在公园的安静休息区，应以配置利于游人休息和野餐的自然式疏林草地、树丛和孤植树为主。

(2) 与环境条件协调

必须根据当地生态条件选择树种，因地制宜，适地适树。例如，东北地区不宜选择常绿阔叶树作行道树，因其不耐东北的严寒气候。又如，对于一个特定的绿化小区，要分析具体地段的小环境条件，如在楼南、楼北、河边、山腰等位置，应选择与其生境相适应的树种。当周围都是规则的建筑物而建筑物又严格中轴对称时，树木的配置也要选择规则式；当在自然山水之中配置观赏树木时，则要采用自然式。

(3) 美观、实用、经济相结合

园林建设的主要目的是美化、保护和改善环境，为人们创造一个优美、宁静、舒适的环境。因此，园林树木的选择与配置应该考虑美观。所谓实用，即在发挥园林综合功能时，应重点满足该树种在配置时的主要目的，如固碳减排。此外，许多树种具有各种经济用途，应适当选择生长快、材质好的速生、珍贵、优质树种，以及其他一些能提供贵重林副产品的树种。

1.5.2.2 园林树木的配置方式

配置方式是指在园林中树木搭配的样式。园林树木的配置方式要根据具体绿化环境条件而定，一般可分为规则式配置和自然式配置两大类，前者排列整齐，有固定的形式，有一定的株行距；后者自然灵活，参差有致，没有一定的株行距。两者应用于不同的场合，树种选择也各有差异。

(1) 规则式配置

树木按几何形式栽植，即按照一定的株行距和角度有规律地栽植。多应用于建筑群的正前面、中间或周围，配置的树木要呈庄重、端正的形象，使之与建筑物协调。

① 中心植　栽植于广场、树坛、花坛等构图中心位置，以强调视线的交点。选用树形整齐、轮廓线鲜明、生长慢的常绿树种为宜，如铅笔柏、云杉、雪松、苏铁等。

②对植 两株或两丛同种、同龄的树种左右对称栽植在中轴线的两侧。常运用于建筑物前、大门或门庭的入口处，以强调主景。要求树木形态整齐、美观，大小一致，多用常绿树种，如'龙柏'、云杉、冷杉、柳杉、广玉兰等。

③列植 树木按一定几何形式行列式栽植，有单行列植、双行列植、多行列植等方式。一般采用同种、同龄树种。多应用于行道树、防护林带、绿篱及水边等。

④三角形栽植 按等边三角形或等腰三角形栽植。每株树冠前后错开，故在单位面积内栽植株数比正方形栽植多，可经济利用土地面积，但通风透光性较差，机械化操作不及正方形栽植便利。

⑤正方形栽植 按方格网在交叉点种植树木，株行距相等。优点是通风透光良好，便于管理和机械化操作。

⑥长方形栽植 是正方形栽植的一种变形，特点为行距大于株距。

⑦环植 按一定株距把树木栽成圆环。有环形、半圆形、弧形、单星形、复星形、多角星形等形式，可使园林构图富于变化。

以上 7 种规则式配置方式如图 1-2 所示。

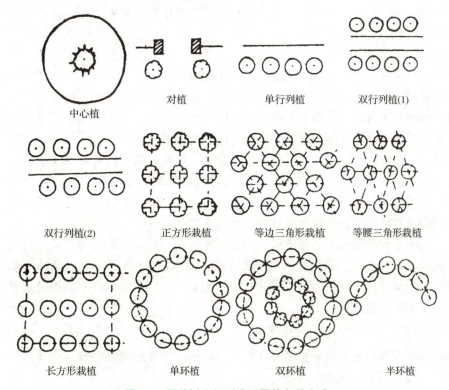

图 1-2 园林树木规则式配置的各种方式

（2）自然式配置

自然式配置是仿效树木自然群落构图的配置方式。采用的树种以树姿生动、叶色富于变化、有鲜艳花果者为好。就其配置形式而言，不是直线的、对称的，而是三五成群，有远有近，有疏有密，有大有小，相互掩映，生动活泼，宛如天生。

①孤植 一株树单独栽植，称为孤植。这种方式最能显现树木个体的自然美。栽植的位置突出，常是园景构图的中心焦点和主体。因此，在选择孤植树时要求姿态丰富，富含

轮廓线。有苍翠欲滴的枝叶，体型要巨大，树冠要开展，可以形成绿荫，在夏季供游人纳凉休息。或色彩要丰富，随季相的变化而呈现美丽的红叶或黄叶。最好具有香花或美果。

②对植　在规则式构图的园林中，对植要求严格对称，布置在中轴线的两侧。而在自然式园林中，对植是不均衡的对称。在道路入口、桥头、石级两旁、河流入口等处，可采用自然式对植。一般采用同一树种，但其大小、姿态必须不同；也可在一侧种一株大树，在另一侧种同树种的两株小树；还可是两个树丛或树群的对植，但树丛或树群的树种必须相近。

③丛植　两株以上至10余株树栽植在一起，称为丛植。树丛在园景构图上是以群体来考虑的，主要表现的是群体美，但同时还要表现出个体的美。树丛和孤植树是园林中华丽的装饰部分，它们的功能是作主景、配景和用于遮阴。用作主景的树丛其配置手法与孤植树相同。

④群植　比树丛更大的群体称为树群。一般组成树木应在20株以上。群植不同于丛植，它在构图上只表现群体美，而不表现个体美，而且树群内部各植株之间的关系比树丛更加密切。树群又不同于森林，它对于小环境的影响没有森林显著，不能像森林那样形成自己独特的环境条件。树群有单纯树群和混交树群两种类型。

单纯树群　是指以同一树种组成的单纯树群，如圆柏、松树、水杉等，给人以壮观、雄伟的感觉。多以常绿树种为主，林相单纯，显得单调呆板，而且生物学上的稳定性小于混交树群。

混交树群　在一个树群中有多种树种，由乔木、灌木等组成。在配置时，如果用常绿树和落叶树混交，常绿树应为背景，落叶树在前面；高的树在后面，矮的树在前面；矮的常绿树可以在前面或后面；具有华丽叶片、花色的树在外缘，组成有层次的垂直构图。树群的树种不宜过多，最多5种，通常以1~2种为主，作为基调。要注意每种树种的生长速度尽量一致，以使树群有一个相对稳定的理想外形。

⑤林植　是指较大面积的多数植株成片栽植。如城乡周围的林带、工矿区的防护林带、自然风景区的风景林等。其形成独特的环境条件和对小气候的影响方面与森林相似。可以组成单纯片林或混交片林。在自然风景林区，应配置色彩丰富、随季相变化的树种，还应注意林冠线的变化、疏林和密林的变化。

在一块大面积的绿地上，孤植树、树丛、树群、片林应协调分布，逐渐过渡，使人产生深远的感觉。例如，以风景林或树群为背景，配上颜色不同而和谐的树丛和孤植树，就可以形成各种不同的局部风景。巧妙的配置，可以使游人在不同的方向眺望，看到许多风景不同的优美画面。

1.5.2.3　园林树木配置的艺术效果

园林树木配置的艺术效果是多方面的、复杂的，需要细致观察和体会才能领会到其奥妙之处。可以从下面几点来考虑。

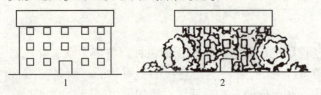

图1-3　建筑物配置
1. 配置前　2. 配置后

(1) 丰富感

图1-3所示为建筑物在配置前后的外貌对比。配置前，建筑物的立面简单枯燥；配置后则变得优美丰富。

(2) 平衡感

平衡分为对称的平衡和不对

称的平衡两类，前者是用体量上相等或相近的树木以相等的距离进行配置而产生的效果，后者是用不同体量的树木以不同距离进行配置而产生的效果。

(3) 稳定感

在园林中，常可见到一些设施的稳定感是由于配置产生的。如图1-4所示园林中桥头的植物配置，配置前桥头有生硬、不稳定感，配置之后则具有稳定感。

图1-4　园林中桥头的植物配置
1. 配置前　2. 配置后

(4) 严肃与轻快感

应用常绿针叶树尤其是尖塔形的树种可营造庄严肃穆的气氛。杭州西子湖畔的垂柳则形成柔和、轻快的气氛。

(5) 强调

运用树木的体形、色彩特点可加强某个景物，使其突出显现。具体配置时常用对比、烘托、陪衬及透视线等手法。

(6) 缓解

对于过分突出的景物，用配置的手法可使之变得柔和。景物经过缓解，可与周围环境更为协调，并增加层次感。

(7) 韵味

配置上的韵味效果，颇有"只可意会，不可言传"的意味，每个用心领悟者都能领略一二。

总之，欲充分发挥树木配置的艺术效果，除应考虑美学构图上的原则外，还必须了解树木是具有生命的有机体，它有特定的生长发育规律和生态习性要求。在掌握有机体自身及其与环境因子相互影响规律的基础上，还应具备较多的栽培管理知识，并有较深的文学、艺术修养，才能使配置艺术达到较高的水平。

 现场教学

园林树木基础知识现场教学

现场教学安排	内　　容
教学目标	通过现场教学，使学生学会观察园林树木的习性，了解园林树木的配置
教学地点	校园各园林绿化点
教学组织	1. 教师介绍学校的绿化历史、绿化理念、绿化现状、主要优点及存在的问题。 2. 学生观察并讨论学校绿化状况。 3. 教师总结并布置作业
教学内容	1. 总结"园林树木"基础知识要点。 2. 介绍学校的绿化历史、绿化理念、绿化现状、主要优点及存在的问题。 3. 提出校园绿化的建议

（续）

现场教学安排	内　　容
课外作业	1. 校园绿化设计的优点和存在的问题。 2. 校园园林树木栽培与养护中的优点和存在的问题

 知识拓展

1. 拉丁语常识

当前，世界上基本不再使用拉丁语进行交流，但是拉丁语在历史上却有着它的黄金时代，它曾是古代罗马帝国的官方语言。在公元前8世纪，靠近台伯河左岸即现在的意大利半岛有个拉丁区，拉丁语就是古代住在拉丁区拉丁族人使用的语言。到公元前735年建设了罗马城（Roma），这个城的规模虽不大，但却是罗马帝国的中心。当时，拉丁语作为官方语言应用于全意大利半岛，后来罗马帝国逐渐强盛，称霸地中海沿岸的欧、亚、非三洲，凡其势力所及之处，只要受过教育的人，都使用拉丁语。因此，拉丁语成了当时西方国家的通用语言。

直到中世纪罗马帝国灭亡后，西方各国才逐渐用本民族语言代替拉丁语，但都是以拉丁语为基础，如拉丁口语和各种方言、土语结合而形成意大利语、法兰西语、西班牙语、罗马尼亚语等。此时，拉丁语在欧洲的影响力仍然很大，如医学、植物学、动物学以及其他不少科学著作仍然多用拉丁语撰写。

目前，除了科学领域外，在任何国家和地区都已不再使用拉丁语。拉丁语的特点：文字结构严密，词汇丰富，词义固定不变。

2. 园林小常识

（1）园林

①江南园林　中国古代游赏园林发展到后期所形成的一种地方风格的园林，主要集中在扬州和苏州两地。江南盛产叠山石料，以太湖石和黄石两大类为主，用石叠山手法多样，技艺高超。园林建筑风格为灰砖青瓦、白粉墙垣，配以水石花木组成园林图景，恬淡、雅致，有如水墨渲染画的艺术格调。

②北方园林　中国古代园林发展到后期所形成的一种以北京为中心的地方风格园林。

③岭南园林　中国古代园林发展到后期所形成的一种主要的地方风格园林。它以珠江三角洲为中心，逐渐影响广东、广西、福建和台湾等地。

（2）园林绿化主要指标

①绿地率　指绿地在一定用地范围中所占面积比例。

②绿化覆盖率　指各种植物垂直投影占一定范围土地面积的比例。

③人均公共绿地面积　指城市居民每人平均拥有的公共绿地面积。

 小结

通过本单元的学习，在掌握园林树木概念、课程内容和学习方法的基础上，深刻理解我国园林树木种质资源的特点，我国园林树木对世界的贡献，以及如何科学地利用园林树木资源来美化环境，激发爱国热情，为我国的园林绿化事业做贡献。

植物分类是进行植物识别的基础。自从有了利用植物的活动，人们就开始辨别植物。植物的系统分类使用较广泛的主要有恩格勒系统和哈钦松系统两个分类系统，人为分类按树木生长习性、观赏特性、园林用途等分类。分类的各级单位是界、门、纲、目、科、属、种，其中科为重要单位，种为基本单位。有时，为了更有效地进行区别，还增加亚科、亚属等，种以下还细分亚种、变种、变型、品种等。树木的学名是国际通用的名称，主要由属名和种加词组成,其后附有命名人的姓氏缩写。植物检索表是用来鉴别植物的工具,常用的植物检索表有定距检索表和平行检索表两种形式。

园林树木是城乡绿地及风景区绿化的主要植物材料,在园林中起着骨干作用。每种园林树木都有独特的色彩、形态和风韵,并随着季节及年龄的变化而有所丰富和发展;园林树木具有净化空气、调节气候、减少噪声、杀死细菌等防护功能,还有生产果品、淀粉、油脂、纤维、橡胶、鞣料、饲料、木材和药用等功能。

为了能在园林生产实践中做到适地适树,必须掌握园林树木的习性。园林树木的习性包括生物学习性和生态学习性。生物学习性是指树木生长过程中的规律,包括生命周期和年生长周期规律;生态学习性是指树木生长过程中对环境条件的要求和适应能力。对树木生长发育有影响的环境因素主要包括:温度、光照、水分、空气和风;土壤的肥力、通气性、酸碱度及微生物等;海拔、坡向、坡位、坡度;生物因素。

在园林树木选择与配置过程中,首先要搞清楚园林树木的分布,应在优先考虑乡土树种的基础上适当选择适合当地气候、土壤条件的优良外来树种。同时,还要考虑树木美化作用的动态变化,这样才能使园林从过去"城中有绿地、有花园"向着"城在林中,林在城中,屋在景中,天人合一"的建设目标发展。

 思考题

1. 名词解释:园林树木,乔木,灌木,木质藤本。
2. 我国园林树木种质资源有何特点?
3. 如何学好园林树木课程?
4. 人为分类法和系统分类法的主要区别是什么?
5. 恩格勒分类系统和哈钦松分类系统各具哪些特点?
6. 什么叫双名法?举例说明。
7. 选择当地你认识的6~8种常见植物,编制定距分种检索表。
8. 树木按生长习性和观赏特性各分成哪几类?
9. 树木按在园林绿化中的用途分成哪几类?
10. 行道树有哪些功能?适合在你所在地区作行道树的树种有哪些?
11. 什么是绿篱?用表格列举你见过的绿篱树种。
12. 请用当地实例说明园林树木的形态美。
13. 举例说明园林树木的抽象美。
14. 举例说明园林树木改善环境的作用、保护环境的作用及生产的作用。
15. 名词解释:园林树木的习性,喜温树种,喜光树种,喜湿树种,喜酸树种。
16. 选择具体树种,说明其生物学习性和生态学习性。
17. 列出本地区抗有害气体树种、耐盐碱树种、耐水湿树种和耐阴树种。
18. 名词解释:园林树木的水平分布区、垂直分布区、自然分布区、栽培分布区。
19. 列举所在地区用于园林绿化的10种乡土树种和10种外来树种。
20. 园林树木的选择和配置原则有哪些?以公园实例说明园林树木规则式配置。
21. 以公园、庭院实例说明园林树木自然式配置。
22. 举例说明园林树木配置的艺术效果。

数字资源

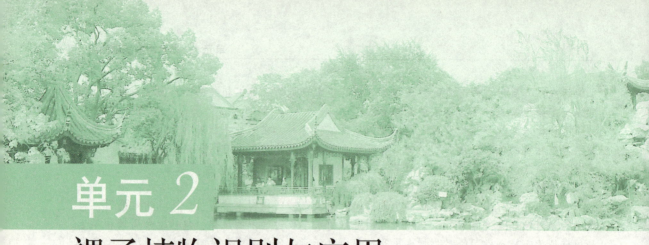

单元 2
裸子植物识别与应用

学习目标

【知识目标】
(1) 掌握裸子植物及其各科的主要特征。
(2) 掌握松科、杉科和柏科的异同点。
(3) 掌握园林绿化中裸子植物重要属和种的识别要点、分布及习性。
(4) 掌握裸子植物在园林绿化中的应用。

【技能目标】
(1) 能根据裸子植物的主要形态特征，利用检索表鉴定树种。
(2) 能用裸子植物专业术语描述当地常见树种的主要特征。
(3) 能从裸子植物中熟练选择耐湿树种或耐旱树种、常绿树种或落叶树种、春色叶树种或秋色叶树种，将其科学和艺术地配置在园林绿化中，形成裸子植物特有的园林景观。

[1] 苏铁科 Cycadaceae

常绿木本，茎干圆柱形，粗壮，不分枝或少分枝。叶二型，一为互生于主干上呈褐色的鳞片状叶，外有粗糙毡毛；二为集生于茎部呈羽状深裂的营养叶。雌雄异株；小孢子叶球单生于树干顶端，具多数小孢子叶，下面生有多数小孢子囊；大孢子叶扁平，上部通常羽状分裂；胚珠 2~10，生于大孢子叶柄的两侧。种子核果状，具 3 层种皮，胚乳丰富。

全世界共有 10 属约 110 种；我国有 1 属 10 种。

苏铁属 Cycas L.

干圆柱形，直立，密被宿存的木质叶基；营养叶羽状深裂，裂片窄长，条形或条状披针形，仅具 1 条中脉，小孢子叶鳞片状或盾状螺旋状排列；大孢子叶全体密被黄褐色毡毛，扁平，上部羽状分裂，中下部两侧各生 1 个或 2~4 个裸露的直生胚珠。

约 17 种，分布于亚洲、大洋洲、非洲；我国有 14 种。

(1) 苏铁(铁树、避火蕉) *Cycas revoluta* Thunb. {图[1]-1}
[识别要点]高通常 2m，稀达 8m。羽状深裂叶长 75~200cm，羽片条形，长 9~18cm，

宽 0.4~0.6cm，边缘显著反卷；小孢子叶球圆柱形，长 30~70cm；大孢子叶球顶生，球形；大孢子叶长 14~22cm，羽状分裂；胚珠 2~6，生于大孢子叶柄的两侧。种子成熟时红褐色或橘红色。花期 6~7 月，种子 10 月成熟。

[分布]产于华南、西南部，在福建、台湾、广东多露地栽培，长江流域及华北多盆栽。

[习性]喜温暖湿润气候，不耐严寒，低于 0℃即受害。生长缓慢，寿命长达 200 余年。在华南 10 年以上树龄者，每年能开花。

[繁殖]播种、分蘖、埋插繁殖。

[用途]苏铁树形古朴，主干粗壮坚硬，叶形似羽毛，四季常青，落叶痕斑似鱼鳞，为重要观赏树种。常植于花坛中心，孤植或丛植于草坪一角，对植于门口两侧。也可作大型盆栽，装饰居室，布置会场。羽叶是插花的好材料。

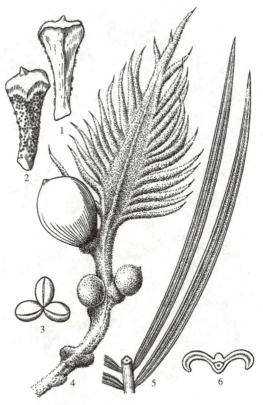

图[1]-1 苏 铁
1、2. 小孢子叶的背、腹面 3. 花药 4. 大孢子叶及种子
5. 羽状叶的一段 6. 羽状裂片横剖面

(2) 四川苏铁 *Cycas szechuanensis* Cheng et L. K. Fu

[识别要点]高 2~5m。羽状叶长 100~300cm，羽片条形，长 18~40cm，宽 1.2~1.4cm，边缘微卷曲，基部不等宽，两侧不对称，上侧较窄，几近中脉，下侧较宽，下延；大孢子叶长 9~11cm，边缘篦齿状分裂，在中上部每边着生胚珠 2~5，胚珠无毛。

[分布]产于四川峨眉、乐山、雅安及福建南平等地。

其他同苏铁。

[2] 银杏科 Ginkgoaceae

落叶乔木，有长枝和短枝。叶扇形，在长枝上螺旋状互生，在短枝上簇生，叶脉二叉状。雌雄异株，球花生于短枝顶部叶腋；雄蕊多数，每雄蕊有花药 2，精细胞有纤毛，能游动，雄球花呈柔荑花序状；雌球花有长柄，顶端常分为两叉，各着生 1 胚珠。种子核果状，具 3 层种皮。

本科植物在古生代至中生代繁盛，新生代第四纪冰川期后为孑遗植物。

全世界共 1 属 1 种，为我国特产之世界著名树种。

银杏属 *Ginkgo* L.

银杏（白果树、鸭掌树） *Ginkgo biloba* L. {图[2]-1}

[识别要点]树高达 40m。树冠广卵形。大枝斜上伸展，近轮生，雌株的大枝常较雄株

图[2]-1 银 杏
1. 雌球花枝 2. 雌球花上端 3. 长、短枝及种子
4. 去外种皮的种子 5. 去外、中种皮的种子纵剖面(示胚乳与子叶) 6. 雄球花枝 7. 雄蕊

的开展或下垂。叶先端常2裂，有长叶柄。种子椭圆形或近球形，成熟时淡黄色或橙黄色，被白粉，有臭味；中种皮骨质，白色，具2～3条纵脊。花期3～4月，种熟期8～10月。常见变型与品种有：

①黄叶银杏 f. *aurea* Beiss. 叶鲜黄色。

②塔状银杏 f. *fastigiata* Rehd. 大枝的开展度较小，树冠呈尖塔形。

③'裂叶'银杏 'Laciniata' 叶大而缺刻深。

④'垂枝'银杏 'Pendula' 枝下垂。

⑤'斑叶'银杏 'Variegata' 叶有黄斑。

[分布] 我国特产，为孑遗植物，被称为"活化石"。浙江天目山有野生，现广泛栽培于沈阳以南，广州以北，云南、四川以东的广大地区。

[习性] 喜光，耐干旱，不耐水涝。耐寒性较强。对土壤的适应性强，喜深厚湿润、肥沃、排水良好的中性或酸性沙质壤土。深根性。具有一定的抗污染能力。寿命长，可达千年以上。

[繁殖] 播种、扦插、分蘖和嫁接繁殖，以播种及嫁接繁殖最多。

[用途] 银杏树姿挺拔、雄伟，古朴有致；树冠浓荫如盖；叶形奇特似鸭掌；春叶嫩绿，秋叶金黄。可孤植于草坪中，丛植或混植于槭类、黄栌、乌桕等秋天红叶树种当中，列植于甬道、广场、街道两侧作行道树、庭荫树，对植于前庭入口等，均极优美，也可作树桩盆景，是结合生产的好树种。国家二级保护树种。

[3] 南洋杉科 Araucariaceae

常绿乔木，大枝轮生。叶钻形、鳞形、宽卵形或披针形，螺旋状排列。雌雄异株，稀同株；雄球花圆柱形，单生、簇生于叶腋或枝顶；雌球花椭圆形或近球形，单生于枝顶，珠鳞不发育或与苞鳞合生，仅先端分离，每珠鳞有1倒生胚珠。球果大，2～3年成熟，熟时苞鳞脱落。种子扁平。

全世界共2属约40种；我国引入栽培2属4种。

南洋杉属 *Araucaria* Juss.

大枝平展或斜上展，冬芽小。同一株上的叶大小悬殊。雌雄异株；雄球花大，球果状；雌球花的苞鳞腹面具合生珠鳞，仅先端分离，胚珠与珠鳞合生。球果大，直立，苞鳞先端具三角状或尾状尖头。种子有翅或无翅。

全世界共约18种；我国引入3种。

南洋杉 *Araucaria cunninghamii* Sweet {图[3]-1}

[识别要点] 树高达60~70m。幼树树冠呈整齐的尖塔形，老则平顶状，大枝平展，侧生小枝密集下垂。叶二型，侧枝及幼枝上的叶多呈针状，质软，开展，排列疏松；老枝上的叶排列紧密，三角状钻形。球果卵形；苞鳞先端有长尾状尖头向后反曲。种子椭圆形，两侧具翅。

[分布] 原产于大洋洲东南沿海地区。我国广东、福建、广西、云南、海南等地露地栽培。其他各地温室栽培。

[习性] 最适于温暖湿润的亚热带气候条件。不耐干燥与严寒。喜肥沃土壤，较抗风。生长迅速，再生力强。

[繁殖] 播种或扦插繁殖。

[习性] 喜柔和、充足光照，喜温暖气候，不耐寒。忌干旱。

[用途] 南洋杉树形优美，与雪松、日本金松、金钱松、巨杉合称为"世界五大庭园树种"。宜孤植为园景树或纪念树，也可作行道树，群植作背景。北方常盆栽作室内装饰树种。

图[3]-1 南洋杉
1~3. 叶、枝 4. 球果
5~9. 苞鳞背、腹、侧面及俯视

[4] 松科 Pinaceae

常绿或落叶乔木，稀为灌木。叶条形、四棱形或针形，螺旋状排列、簇生或束生。雌雄同株；雄球花具多数雄蕊；雌球花具多数珠鳞和苞鳞，均呈螺旋状排列，每珠鳞具2倒生胚珠，珠鳞与苞鳞分离。球果种鳞扁平，木质或革质，宿存或脱落，发育种鳞腹面基部有2粒种子。种子上端具一膜质翅，稀无翅。

全世界共10属约230种；我国有10属117种29变种，另引入24种2变种。

分属检索表

1. 叶条形、四棱状条形或针状，均不成束。
　2. 枝有长、短枝之分；叶在长枝上螺旋状着生，在短枝上簇生。
　　3. 常绿；叶针状，通常三棱形，坚硬；球果翌年成熟 ………………… 雪松属 *Cedrus*
　　3. 落叶；叶条形，柔软；球果当年成熟。
　　　4. 雄球花单生于短枝顶端；种鳞革质，宿存；叶较窄，宽1.8mm ……… 落叶松属 *Larix*
　　　4. 雄球花数个簇生于短枝顶端；种鳞木质，脱落；叶较宽，达2~4mm ……………………………………………………………………………… 金钱松属 *Pseudolarix*
　2. 枝条均为长枝，无短枝；叶在长枝上螺旋状着生。

5. 球果腋生，直立，成熟时种鳞自中轴脱落；枝上有圆形平伏的叶痕 ………… 冷杉属 Abies
5. 球果成熟后种鳞宿存。
　6. 球果顶生，小枝节间均匀，上下等粗；叶在节间着生均匀。
　　7. 球果直立，雄球花簇生于枝顶；叶条形，中脉两面隆起 ………… 油杉属 Keteleeria
　　7. 球果下垂，稀直立；雄球花单生于叶腋。
　　　8. 1年生枝上有微隆起的叶枕，叶条形、扁平 …………………… 铁杉属 Tsuga
　　　8. 1年生枝上有显著隆起的木钉状叶枕，叶四棱形或条形、扁平 … 云杉属 Picea
　6. 球果腋生；叶在节间上端排列紧密似簇生 ………………………… 银杉属 Cathaya
1. 叶针形，2、3、5针一束；种鳞有鳞盾和鳞脐之分 …………………… 松属 Pinus

1. 油杉属 *Keteleeria* Carr.

常绿乔木。叶条形、扁平，螺旋状着生，中脉两面隆起，下面有2条气孔带；叶柄短，常扭转。雌雄同株；雄球花4~8，簇生于枝顶；雌球花单生于枝顶。球果直立，圆柱形，当年成熟；种鳞木质，具长柄、宿存；苞鳞不露出。连翅种子与种鳞近等长。

本属全世界共12种，均产于东亚；我国10种，均为特有种。

(1) 油杉 *Keteleeria fortunei* (Murr.) Carr.｛图[4]-1｝

[识别要点]树高达30m。树冠塔形。1年生枝黄红色，无毛或被疏毛。叶长1.2~3cm，宽2~4mm。球果长6~18cm，径5~6.5cm；中部种鳞宽圆形，上缘微向内曲。花期3~4月，球果10月成熟。

[分布]产于浙江南部、福建、广东及广西南部。常与常绿阔叶树混生成林。

[习性]喜光，喜温暖湿润气候及酸性红壤或黄壤。

[繁殖]播种繁殖。

[用途]油杉是我国特有树种，树冠塔形，枝条开展，叶色常青，可作园景树或风景林。

(2) 铁坚杉(铁坚油杉) *Keteleeria davidiana* (Bertr.) Beissn.｛图[4]-2｝

[识别要点]常绿乔木，树高达50m。树冠广圆形。1年生枝淡黄灰色或灰色，常有毛。叶长2~5cm，宽3~4mm。球果长8~21cm，径3.5~6cm；中部种鳞卵形或近斜方状卵形，边缘反曲，有细齿。花期4月，球果10月成熟。

[分布]产于陕西南部、四川、湖北西部、贵州北部、湖南、甘肃等地。

[习性]喜光，喜温暖湿润气候，在酸性、中性或微石灰性土壤上均能生长。

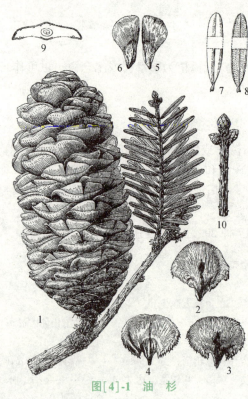

图[4]-1 油杉
1. 球果枝　2~4. 种鳞背、腹面　5、6. 种子
7~9. 叶上、下面及横剖面　10. 枝和冬芽

[用途]铁坚杉为油杉属中耐寒性最强的种类。可作园景树或风景林。

2. 冷杉属 Abies Mill.

常绿乔木。小枝具圆形平伏叶痕。叶条形、扁平，上面中脉凹下，下面有2条白色气孔带，螺旋状排列或基部扭转成二列状。雌雄同株，球花单生于叶腋。球果直立；种鳞木质，熟时种鳞和苞鳞从中轴上同时脱落；苞鳞微露或不露出。种翅宽长。

全世界共约50种；我国有22种3变种。

(1) 冷杉（塔杉）Abies fabri (Mast.) Craib. {图[4]-3}

[识别要点]树高达40m。树冠尖塔形。树皮深灰色，呈不规则的薄片状开裂。1年生枝淡褐色或灰黄色。凹槽内有疏生短毛或无毛。叶长1.5~3cm，先端微凹或钝，边缘反卷或微反卷。球果卵状圆柱形或短圆柱形，熟

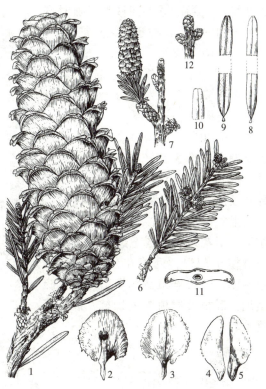

图[4]-2 铁坚杉
1. 球果枝　2、3. 种鳞背、腹面　4、5. 种子　6. 雄球花枝
7. 雌球花枝　8~10. 叶上、下面及叶上端　11. 叶横剖面
12. 枝和冬芽

时暗蓝黑色，略被白粉。种子长椭圆形，与种翅近等长。花期5月，球果10月成熟。

[分布]产于四川西部海拔2000~4000m的高山地带。

[习性]喜温凉、湿润气候，耐阴性强。喜中性或微酸性土壤。

[繁殖]播种繁殖。

[用途]冷杉树姿古朴，树冠形状优美。丛植、群植，易营造庄严、肃穆的气氛。

(2) 辽东冷杉（杉松）Abies holophylla Maxim. {图[4]-4}

[识别要点]树高达30m。树冠阔圆锥形。树皮暗褐色，浅纵裂。1年生枝淡黄褐色，无毛。叶长2~4cm，先端渐尖或突

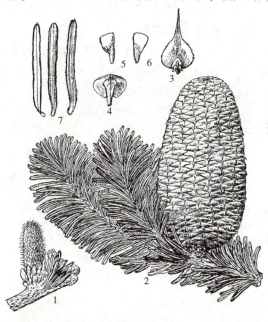

图[4]-3 冷 杉
1. 雌球花枝　2. 球果枝　3、4. 种鳞背、腹面
5、6. 种子　7. 叶上、下面及横剖面

尖，叶缘不反卷。球果圆柱形，熟时褐色。种子倒三角形，种翅宽大。花期4~5月，球果10月成熟。

[分布]产于辽宁东部、吉林及黑龙江，但小兴安岭无，为长白山区及牡丹江山区主要树种之一。

[习性]耐阴，极耐寒。喜凉湿气候及深厚湿润、排水良好的酸性土壤。浅根性。抗病虫害及烟尘能力强，对二氧化硫及氟化氢抗性较强。

[用途]辽东冷杉树姿雄伟端庄，可植于大型花坛中心或纪念性建筑物周围，对植于门口，列植在公园、陵园、甬道两侧，还可群植在草坪、林缘及疏林空地，混植及群植为风景林，极为葱郁优美。

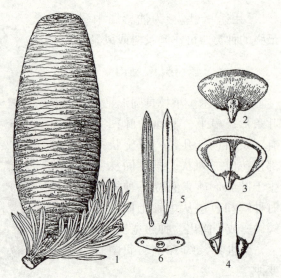

图[4]-4　辽东冷杉
1. 球果枝　2、3. 种鳞背、腹面　4. 种子
5、6. 叶上、下面及横剖面

(3) 臭冷杉(臭松) Abies nephrolepis (Trauev.) Maxim. {图[4]-5}

[识别要点]树高达30m。树冠尖塔形至圆锥形。树皮具横列的疣状皮孔。1年生枝密被褐色短柔毛。营养枝叶先端凹缺或2裂。球果紫褐色或紫黑色。

[分布]产于辽宁东部小兴安岭南坡、长白山、河北、山西等地。其他同辽东冷杉。

(4) 日本冷杉 Abies firma Sieb. et Zucc.

[识别要点]树冠塔形。1年生枝淡黄灰色，幼树或徒长枝叶先端二叉状，果枝上叶先端钝或微凹。

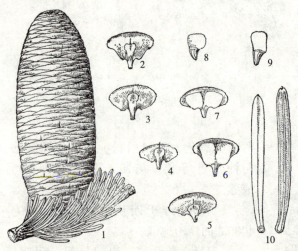

图[4]-5　臭冷杉
1. 球果枝　2~7. 种鳞背、腹面
8、9. 种子　10. 叶

[分布]产于日本。我国园林中常见栽培。

[习性]耐阴性强，幼时喜阴，长大后则喜光。

[用途]日本冷杉树形优美，秀丽可观，自然树冠以壮年期最佳。

3. 铁杉属 *Tsuga* Carr.

常绿乔木。1年生枝细，微下垂，有微隆起的叶枕。叶条形、扁平，有短柄，排成假二列状；上面中脉凹下，无气孔带，下面中脉隆起，两侧各具一条灰白色气孔带。雄球花单生于叶腋，雌球花单生于枝顶。种鳞木质，熟后张开，不脱落。

全世界共约 16 种；我国有 7 种 1 变种。

铁杉(假花板、仙柏) *Tsuga chinensis* **(Franch.) Pritz.** {图[4]-6}

[识别要点]树高达 50m。树冠塔形。1 年生枝淡灰黄色，叶枕凹槽内有短毛。叶长 1.2~2.7cm，先端有凹缺，仅下面有气孔带，灰绿色。球果长 1.5~2.5cm；种鳞微内曲；苞鳞不露出。花期 4 月，球果 10 月成熟。

[分布]产于甘肃、陕西、河南、湖北、四川、贵州等地，辽宁大连有栽培。

[习性]极耐阴。喜凉湿、排水良好的酸性土壤。抗风、雪能力强。

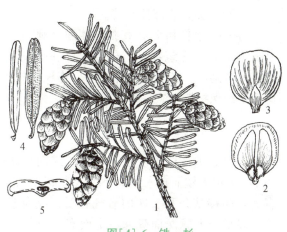

图[4]-6 铁 杉
1. 球果枝 2、3. 种鳞
4、5. 叶上、下面及横剖面

[用途]铁杉干直冠大，巍然挺拔，枝叶茂密整齐，壮丽可观，可用于风景林及作孤植树等。

4. 银杉属 *Cathaya* Chun et Kuang

全世界仅 1 种，我国特产，为孑遗植物。

银杉(杉公子) *Cathaya argyrophylla* **Chun et Kuang** {图[4]-7}

[识别要点]常绿乔木，树高达 30m。树冠塔形。小枝节间上端生长缓慢，较粗。叶在节间上端排列紧密，似簇生状；叶条形、扁平，微镰状弯曲，上面中脉凹下，下面有 2 条银白色气孔带。雄球花单生于 2 至多年生老枝的叶腋；雌球花单生于新枝的下部或基部叶腋。球果卵圆形，初直立，后下垂，暗褐色，当年成熟；种鳞 13~16，木质较硬，宿存，近圆形，蚌壳状。种子有翅。

[分布]产于广西龙胜、大瑶山，重庆金佛山，贵州道真及湖南新宁等地。

[习性]喜温暖、湿润气候及排水良好的酸性土壤。

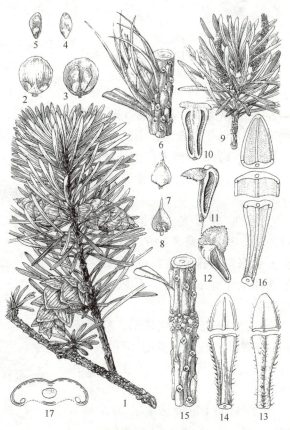

图[4]-7 银 杉
1. 球果枝 2、3. 种鳞背、腹面 4、5. 种子 6. 雌球花枝
7、8. 苞鳞背腹面 9. 雄球花枝 10~12. 雄蕊
13、14. 幼叶 15. 小枝 16、17. 叶及横剖面

[繁殖]播种或嫁接繁殖。

[用途]银杉树姿如苍虬，壮丽可观。适宜孤植于大型建筑物前，群植于草坪中，列植于甬道两侧，疏植于园路左右，作风景林。国家一级保护树种。

5. 云杉属 *Picea* Dietr.

常绿乔木。枝轮生，树冠塔形或圆柱状塔形。1年生枝上有木钉状叶枕，基部芽鳞宿存。叶四棱状条形，四面有气孔线，或为条形、扁平，中脉两面隆起，上面有2条气孔线。雌雄同株，雄球花单生于叶腋，雌球花单生于枝顶。球果下垂或斜垂；种鳞革质，宿存，苞鳞小或退化。种子有翅。

全世界共约40种；我国有20种5变种，另引种栽培2种。

(1) 云杉(粗皮云杉) *Picea asperata* Mast. {图[4]-8}

[识别要点]树高达45m。1年生枝粗壮，有毛和白粉，淡黄色至黄褐色。针叶长 1~2cm，叶先端尖，稍弯曲。球果圆柱状长圆形，长 5~16cm，成熟时灰褐色或栗褐色；种鳞倒卵形，先端全缘，露出部分带有纵纹。花期4~5月，球果9~10月成熟。

[分布]为我国西南高山地区特有树种，四川、陕西、甘肃等地均有分布。

[习性]较喜光，稍耐阴。喜凉润气候，耐干燥及寒冷的环境条件，在土层深厚、排水良好的微酸性棕色森林土上生长良好。对风、烟抗性均弱。

[用途]云杉树冠尖塔形，枝叶茂密，苍翠壮丽。适宜孤植、群植、列植、对植、作风景林，或在草坪中栽植。

(2) 青杄(细叶云杉、刺儿松) *Picea wilsonii* Mast. {图[4]-9}

[识别要点]树高达50m。1年生枝较细，淡黄绿色至淡黄灰色，常无毛。叶较短、细密，长 0.8~1.3cm，

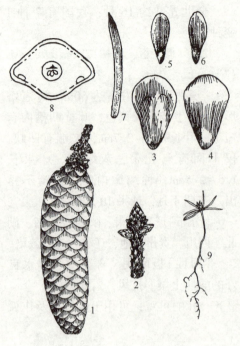

图[4]-8 云 杉
1. 球果枝 2. 小枝及芽 3、4. 种鳞
5、6. 种子 7、8. 叶及横剖面 9. 幼苗

图[4]-9 青 杄
1. 球果枝 2、3. 种鳞 4、5. 种子
6~8. 叶上、下面及横剖面

先端尖，气孔带不明显，四面均为绿色。球果卵状圆柱形或圆柱状长卵形；种鳞倒卵形，先端圆或有急尖头。花期4月，球果10月成熟。

[分布]我国特有树种，分布于河北、山西、陕西、青海、甘肃、四川、湖北、内蒙古等地。

[习性]适应性较强。耐阴、耐寒，喜温凉气候，在湿润、深厚、排水良好的中性或微酸性土壤上生长良好。

[用途]青杆树形整齐，叶较细密。可花坛中心植，孤植、丛植于草地，对植于门前，也可列植、群植于公园绿地或盆栽用于室内装饰。

(3) 红皮云杉(红皮臭、高丽云杉)*Picea koraiensis* Nakai｛图[4]-10｝

[识别要点]树高达35m。1年生枝淡红褐色或淡黄褐色，无白粉，无毛或有疏毛。叶长1.2~2.2cm，先端尖。球果圆柱形，长5~8cm；种鳞三角状倒卵形，先端圆，露出部分常平滑。花期5月，球果9月下旬成熟。

[分布]产于黑龙江大、小兴安岭，吉林山区，辽宁东部，内蒙古等。

[习性]耐阴性较强，较耐干旱，但不耐过度水湿。幼树生长慢，后期生长快。浅根性，易风倒。

[用途]红皮云杉树冠为尖塔形，可作为孤赏树及行道树、风景林。

(4) 白杆(白儿松)*Picea meyeri* Rehd. et Wils. ｛图[4]-11｝

[识别要点]树高约30m。1年生枝淡黄褐色，常有短柔毛。叶长1.3~3cm，微弯曲，先端钝尖或钝。球果矩圆状圆柱形；种鳞倒卵形，先端圆或钝三角形，背面有条纹。花期4~5月，球果9~10月成熟。

[分布]我国特有树种，分布于河北、山西、陕西及内蒙古等地，为华北高山区主要

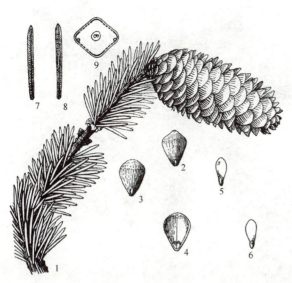

图[4]-10 红皮云杉
1. 球果枝 2~4. 种鳞 5、6. 种子 7~9. 叶及横剖面

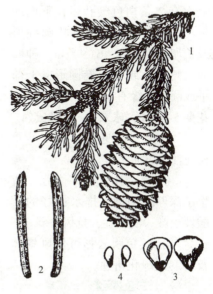

图[4]-11 白杆
1. 球果枝 2. 叶 3. 种鳞 4. 种子

树种之一。北京、沈阳、山西及江西庐山等地有栽培。

[习性]耐阴、耐寒,喜湿润气候。

[用途]最适孤植,也可丛植或作行道树。

(5)天山云杉(雪岭云杉) *Picea schrenkiana* Fisch. et Mey. {图[4]-12}

[识别要点]树高达40m。1~2年生枝淡黄色或黄色,下垂。叶长2~3.5cm。球果圆柱形,长8~10cm;种鳞三角状倒卵形。花期5~6月,球果9~10月成熟。

[分布]产于新疆天山及昆仑山西部。

[习性]幼树耐阴,在适度湿润及全光条件下生长旺盛。浅根性。

[用途]天山云杉是产地优良的风景树。

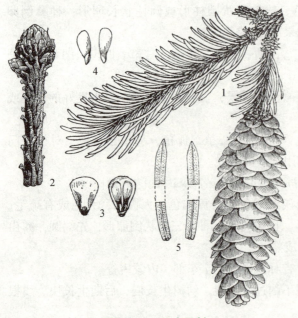

图[4]-12 天山云杉
1. 球果枝 2. 小枝及芽 3. 种鳞
4. 种子 5. 叶

(6)鱼鳞云杉(鱼鳞松) *Picea jezoensis* var. *microsperma* (Lindl.) Cheng et L. K. Fu {图[4]-13}

[识别要点]树高达50m。1年生枝褐色、淡黄褐色或淡褐色,无毛或疏生短毛。叶条形、扁平,微弯,长1~2cm,上面有2条白色气孔带,下面绿色,有光泽。球果长圆状圆柱形或长卵形,长4~6(9)cm;种鳞卵状椭圆形或菱状椭圆形,上部平或圆,边缘有不规则的细缺齿。花期5~6月,球果9~10月成熟。

[分布]产于东北小兴安岭及松花江中下游林区。

[习性]耐阴、耐寒力强,适生于深厚、湿润、排水良好的微酸性土壤。浅根性,抗风力弱。

[用途]鱼鳞云杉可作风景林及"四旁"绿化树种。

(7)长白鱼鳞云杉 *Picea jezoensis* var. *komarovii* Cheng et L. K. Fu

与鱼鳞云杉的主要区别:1年生枝黄色或淡黄色,间或微带淡

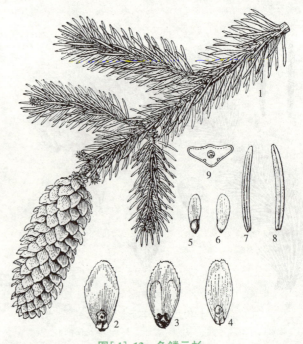

图[4]-13 鱼鳞云杉
1. 球果枝 2~4. 种鳞 5、6. 种子 7~9. 叶及横剖面

褐色，无毛。球果较短，长 3~4cm，中部种鳞菱状卵形。产于大、小兴安岭，长白山，辽宁东部。

6. 落叶松属 *Larix* Mill.

落叶乔木。具长枝和短枝。叶条形、扁平、柔软，在长枝上螺旋状散生，在短枝上簇生。雌雄同株，雌、雄球花分别单生于短枝顶端。球果当年成熟，直立；种鳞革质，宿存；苞鳞短小，不露出。种子上端有膜质长翅。

全世界共约 18 种；我国有 10 种 1 变种，另引入 2 种。

> **分种检索表**
> 1. 小枝不下垂，苞鳞比种鳞短。
>   2. 小枝有白粉，种鳞先端显著向外反卷 ············ 日本落叶松 *L. kaempferi*
>   2. 小枝无白粉，种鳞先端不反卷。
>   3. 球果长 2~4cm，种鳞 26~45 枚，熟时不张开 ········ 华北落叶松 *L. principis-rupprechtii*
>   3. 球果长 1.2~3cm，种鳞 14~30 枚，熟后张开 ········ 落叶松 *L. gmelini*
> 1. 小枝下垂，苞鳞比种鳞长，显著外露 ············ 红杉 *L. potaninii*

(1) 落叶松(兴安落叶松、意气松) *Larix gmelini* Rupr. {图[4]-14}

[识别要点]树高达 35m。1 年生长枝淡黄褐色，短枝顶端有柔毛。叶长 1.5~3cm，宽不足 1mm。球果卵圆形，长 1.2~3cm；种鳞 14~30 枚，熟后张开；苞鳞长不及种鳞的 1/2。花期 5 月，球果 9 月成熟。

[分布]产于黑龙江大、小兴安岭。

[习性]喜光，耐寒，对水分要求较高，对土壤适应能力强。生长较快。抗烟力较弱。

[用途]落叶松树冠整齐、呈圆锥形，叶轻柔而潇洒，叶色鲜绿。可孤植、群植、片植。

(2) 华北落叶松 *Larix principis-rupprechtii* Mayr.{图[4]-15}

[识别要点]树高达 30m。1 年生枝淡褐黄色或淡褐色，常无白粉。叶长 2~3cm，宽约 1mm。球果长圆状卵形或卵圆形，长 2~4cm；种鳞 26~45 枚，排列紧密，熟时不张开；苞鳞短于种鳞。花期 4~5 月，球果 9~10 月成熟。

[分布]我国华北地区特有树种，主要分布于河北和山西。在辽宁、内蒙古、山东、陕西、甘肃、宁夏、新疆等地有引种栽培。

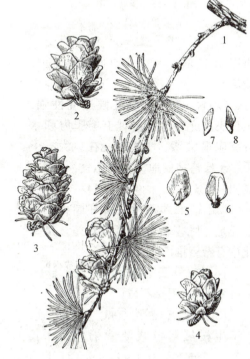

图[4]-14 落叶松
1. 球果枝 2~4. 球果
5、6. 种鳞背、腹面 7、8. 种子

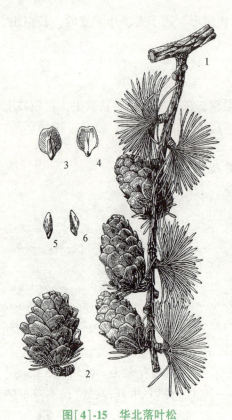

[习性]喜光，耐寒性强，有一定的耐湿和耐旱能力。对土壤适应性强，喜深厚、湿润而排水良好的酸性或中性土壤，略耐盐碱。

[繁殖]种子繁殖。

[用途]华北落叶松树冠整齐、呈圆锥形，叶轻柔而潇洒，可形成美丽的景观。适合于较高海拔和较高纬度地区的栽植应用，在园林中可孤植、丛植或成片栽植。

(3) 日本落叶松 *Larix kaempferi* (Lamb.) Carr. {图[4]-16}

[识别要点]高达 30m。树冠塔形。1 年生枝淡黄色或淡褐色，有白粉。叶长 1.5～3.5cm，宽 1～2mm，背面气孔带多而明显。球果长 2～3.5cm；种鳞 46～65 枚，先端显著向外反卷。花期 4 月下旬，球果 9～10 月成熟。

[分布]原产于日本。我国引种栽培已有 60 余年历史，在东北东部北纬 45°以南山区已成为主要的造林树种。在山东、河北、河南、江

图[4]-15　华北落叶松
1. 球果枝　2. 球果
3、4. 种鳞背、腹面　5、6. 种子

西以及北京、天津、西安等地均有栽培。

[习性]喜光，对气候适应性强，生长快，抗病性强，对土壤肥力和水分反应很敏感。浅根性，在风大、干旱、土层瘠薄的地方生长不良，呈"小老树"状态。

[用途]日本落叶松可在园林中光照充足、风害较小的地方栽植，是绿化中有希望推广的树种。

(4) 红杉（西南落叶松） *Larix potaninii* Batal. {图[4]-17}

[识别要点]高达 50m。小枝下垂，1 年生枝红褐色或淡紫褐色。叶长 1.2～3.5cm，宽 0.1～1.5cm。球果长 3～5cm；种鳞 35～65 枚，先端边缘稍内曲；苞鳞比种鳞长，显著外露。花

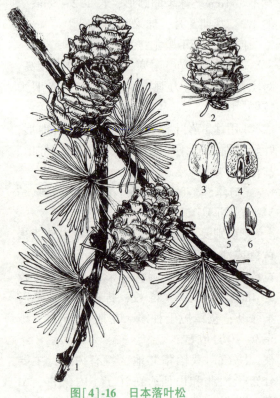

图[4]-16　日本落叶松
1. 球果枝　2. 球果　3. 种鳞背面及苞鳞
4. 种鳞背面腹部　5、6. 种子背、腹面

期4~5月，球果10月成熟。

[分布]分布于我国西南部高山，见于甘肃南部、四川、云南等地。

[习性]为强喜光性树种，耐瘠薄和湿地。

[用途]红杉可与云杉、松、栎、红桦、杜鹃花、箭竹等混植。

7. 金钱松属 Pseudolarix Gord.

全世界仅1种，为我国特产，孑遗植物。

金钱松 Pseudolarix kaempferi (Lindl.) Gord. {图[4]-18}

[识别要点]落叶乔木。树高达40m。叶条形，柔软，叶长2~5.5cm，宽1.5~4mm，在长枝上螺旋状排列，在短枝上

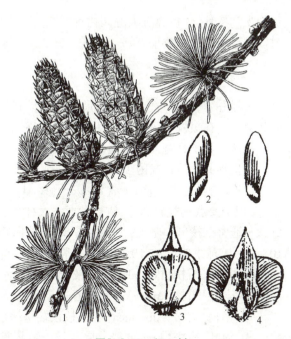

图[4]-17 红 杉
1. 球果枝 2. 种子 3、4. 种鳞背、腹面

簇生，呈辐射状平展。雌雄同株，雄球花簇生于短枝顶端，雌球花单生于短枝顶端。球果卵形或倒卵形，直立，熟时淡红褐色；种鳞木质，熟时脱落；苞鳞小，不露出。种子有宽大的种翅。花期4~5月，球果10~11月成熟。常见品种有：

①'垂枝'金钱松'Annesleyana' 小枝下垂，高约30m。

②'矮生'金钱松'Dawsonii' 树形矮化，高30~60cm。

[分布]分布于安徽、江苏、浙江、江西、福建、湖南、湖北、四川等地。

[习性]喜光，喜温凉、湿润气候及深厚、肥沃、排水良好的中性或酸性土壤，不耐干旱瘠薄，不适应盐碱地和长期积水地。深根性，耐寒，抗风能力强。

[繁殖]播种、扦插繁殖，也可嫁接繁殖。

[用途]金钱松树姿优美，挺拔雄伟，雅致悦目，新叶翠绿，秋叶金黄，为珍

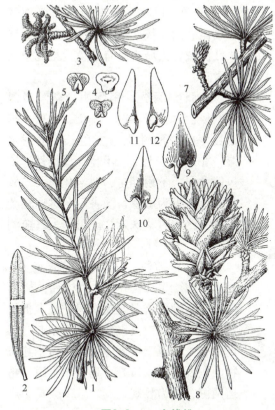

图[4]-18 金钱松
1. 长、短枝及叶 2. 叶下面 3. 雄球花枝
4~6. 雄蕊 7. 雌球花枝 8. 球果枝
9、10. 种鳞 11、12. 种子

贵的观赏树种,"世界五大庭园树种"之一。可孤植、对植、丛植,若与阔叶树混植,并衬以常绿的灌木,效果更好。

8. 雪松属 *Cedrus* Trew

常绿乔木,树干直。大枝平展或斜展,有长枝和短枝。叶针状,坚硬,在长枝上螺旋状散生,在短枝上簇生。雌、雄球花分别单生于短枝顶端。球果翌年成熟;种鳞木质,脱落。种子具宽大膜质翅。

全世界共5种;我国引种3种。

雪松(喜马拉雅松)*Cedrus deodara*(Roxb.) G. Don{图[4]-19}

[识别要点]树高70m。树冠塔形。大枝平展,小枝细长、微下垂,枝下高极低。叶针状,通常三棱形,坚硬,灰绿色,幼时被白粉。球果大,卵圆形,熟时红褐色。花期10~11月,球果翌年9~10月成熟。常见品种有:

① '垂枝'雪松 'Pendula' 大枝散展而下垂。

② '金叶'雪松 'Aurea' 针叶春季金黄色,入秋变黄绿色,至冬季转为浅绿黄色。

③ '银梢'雪松 'Albospica' 小枝顶端呈绿白色。

④ '银叶'雪松 'Argentea' 叶较长,银灰蓝色。

[分布]原产于喜马拉雅山西部及喀喇昆仑山海拔1200~3300m地带。现长江流域各大城市多有栽植,最北至辽宁大连。

[习性]喜光,稍耐阴,喜温暖湿润气候,适宜于深厚、肥沃、疏松、排水良好的微酸性土壤上生长。不耐水湿,在盐碱土上生长不良。浅根性,抗风能力弱。不耐烟尘,对氟化氢、二氧化硫反应极为敏感,受害后叶迅速枯萎脱落,严重时整株死亡。可作大气监测树种。

[繁殖]播种、扦插及嫁接繁殖。

[用途]雪松树体高大雄伟,树形优美,为世界著名的观赏树。最宜孤植于草坪、花坛中央、建筑前庭中心、广场中心,丛植于草坪边缘,对植于建筑物两侧及园门入口处,列植于干道、甬道两侧,极为壮观。

9. 松属 *Pinus* L.

常绿乔木,稀灌木。大枝轮生,冬芽显著,芽鳞多数。叶二型,鳞叶(原

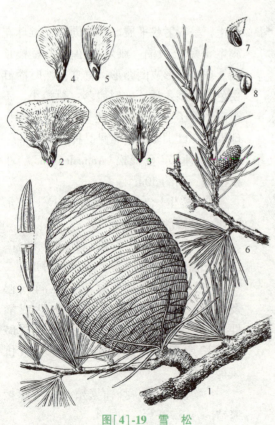

图[4]-19 雪 松
1. 球果枝 2、3. 种鳞 4、5. 种子
6. 雄球花枝 7、8. 雄蕊 9. 叶

生叶)、苗期叶扁平条形,后退化成膜质苞片状;针叶(次生叶)2、3 或 5 针一束,基部为芽鳞状的叶鞘所包。雌雄同株,雄球花多数,聚生于新枝下部;雌球花生于新枝近顶端处。种鳞木质,宿存,有鳞盾和鳞脐,有鳞脊或无。种子多数具翅。球果翌年成熟。

全世界约 80 种;我国 22 种 10 变种,另引入 16 种 2 变种。

分种检索表

```
1. 叶鞘早落,叶内维管束 1。
  2. 叶 5 针一束。
    3. 小枝密被褐色毛。
      4. 针叶长,长 6~12cm;球果大,长 9~14cm ·················· 红松 P. koraiensis
      4. 针叶短,长 3.5~5.5cm;球果小,长 4~7.5cm ·········· 日本五针松 P. parviflora
    3. 小枝光滑无毛,有光泽 ························································ 华山松 P. armandii
  2. 叶 3 针一束,小枝无毛 ···························································· 白皮松 P. bungeana
1. 叶鞘宿存,叶内维管束 2。
  5. 叶 2 针一束。
    6. 叶内树脂道边生。
      7. 针叶细软而短;1 年生枝淡橘黄色,微被白粉 ·························· 赤松 P. densiflora
      7. 针叶粗硬,或细软而长;1 年生枝淡黄褐色或灰褐色,无白粉。
        8. 针叶细软而长,长 12~20cm ········································ 马尾松 P. massoniana
        8. 针叶粗硬。
          9. 针叶短,长 3~9cm;球果长卵形 ·············· 樟子松 P. sylvestris var. mongolica
          9. 针叶长,长 10~15cm;球果卵圆形 ······················· 油松 P. tabulaeformis
    6. 叶内树脂道中生。
      10. 冬芽深褐色,针叶稍粗硬 ·················································· 黄山松 P. taiwanensis
      10. 冬芽银白色,针叶粗硬 ·························································· 黑松 P. thunbergii
  5. 叶 3 针一束或与 2 针一束并存。
    11. 针叶柔软下垂,鳞脐微凹 ······················································· 云南松 P. yunnanensis
    11. 针叶硬,鳞脐瘤状或基部具粗壮而反曲的尖刺。
      12. 叶长 18~30cm,叶鞘长 1.3cm ················································ 湿地松 P. elliottii
      12. 叶长 15~25cm,叶鞘长 2.5cm ··············································· 火炬松 P. teada
```

(1) 红松(海松、果松) *Pinus koraiensis* Sieb. et Zucc. {图[4]-20}

[识别要点]树高达 50m。树冠卵状圆锥形,树皮灰褐色,内皮红褐色,块状脱落。小枝密被黄褐色柔毛。叶 5 针一束,长 6~12cm,粗硬而直,叶鞘早落。球果大,长 9~14cm,圆锥状长卵形,成熟后种鳞不张开;种鳞先端反卷,鳞脐顶生。种子大,无翅。花期 5~6 月,球果翌年 9~10 月成熟。

[分布]产于东北各地,长白山、完达山、小兴安岭极多。

[习性]喜光,幼树较耐阴。喜凉爽和空气湿润的近海洋性气候,耐寒性强,不耐酷热和干燥。喜深厚、肥沃、湿润、排水良好的微酸性土壤。浅根性,水平根系发达,易风倒。生长速度较慢,寿命长。

[繁殖]播种繁殖。

[用途]红松树形雄伟高大,适宜作北方风景林树种或栽植于庭园中。

(2) 华山松（青松、五须松）Pinus armandii Franch. {图[4]-21}

[识别要点] 树高达35m。树冠广圆锥形。幼树树皮灰绿色或淡灰色，光滑。小枝光滑无毛，有光泽。叶5针一束，长8~15cm，质柔软，叶鞘早落。球果圆锥状长卵形，成熟后种鳞张开，种子脱落，先端不反卷，鳞脐顶生。种子倒卵形，无翅。花期4~5月，球果翌年9~10月成熟。

[分布] 产于山西、陕西、甘肃、青海、河南、西藏、四川、湖北、云南、贵州、台湾等地。

[习性] 较喜光，喜温凉、湿润的气候和深厚、湿润、排水良好的酸性土壤，不耐水涝及盐碱。

[用途] 华山松树体高大挺拔，针叶苍翠，冠形优美，是优良的庭园绿化树种。可作园景树、庭荫树、行道树及林带树，可丛植、群植及作风景林。

图[4]-20 红 松
1. 球果枝 2~4. 种鳞背、腹、侧面 5. 种子
6. 枝叶 7. 小枝一段 8、9. 针叶束及叶横剖面

(3) 日本五针松（日本五须松）Pinus parviflora Sieb. et Zucc.

[识别要点] 树高25m。树冠圆锥形。1年生小枝淡褐色，密生淡黄色柔毛。叶5针一束，长3.5~5.5cm，较细短，基部叶鞘脱落。球果小，长7~7.5cm，卵圆形，熟时淡褐色。种子无翅。花期4~5月，球果翌年6月成熟。常见品种有：

①'银尖'五针松 'Albo-terminata' 叶先端黄白色。

②'短针'五针松 'Brevifolia' 叶细而短，密生。

③'龙爪'五针松 'Tortuosa' 叶呈螺旋状弯曲。

[分布] 原产于日本。我国长江流域部分城市及青岛等地园林中有栽培。

[习性] 喜光，但也能耐阴，以深厚、排

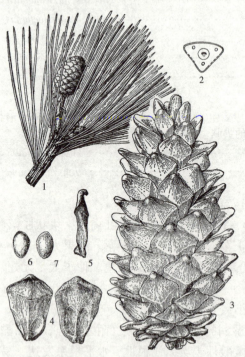

图[4]-21 华山松
1. 球果枝 2. 叶横剖面 3. 球果
4、5. 种鳞背、腹、侧面 6、7. 种子

水良好的微酸性土壤最适宜，不耐低湿及高温。生长速度缓慢。

[用途]日本五针松是珍贵的园林观赏树种，宜与山石配置形成优美的园景，也可孤植为主景，或对植于门庭建筑物两侧，还适宜制作各类盆景。

(4) 白皮松(白骨松、虎皮松) *Pinus bungeana* Zucc. ex Endl. {图[4]-22}

[识别要点]树高达30m。树冠阔圆锥形。幼树树皮灰绿色，平滑；老树树皮灰褐色，薄鳞片状脱落，内皮乳白色；小枝灰绿色，无毛。叶3针一束，粗硬，叶鞘早落。球果圆锥状卵圆形；鳞盾多为菱形，横脊显著，鳞脐背生，有三角状的短尖刺。种子有短翅。花期4~5月，球果翌年9~11月成熟。

[分布]我国特产树种，是东亚唯一的三针松。分布于陕西、山西、河南、河北、山东、四川、湖北、甘肃等地。

[习性]喜光，幼年稍耐阴。适生于干冷气候，不耐湿热。在深厚、肥沃的钙质土或黄土上生长良好。不耐积水和盐碱土，耐干旱。深根性。生长慢，寿命长。对二氧化硫及烟尘抗性较强。

[用途]白皮松树姿优美，苍翠挺拔，树皮斑驳奇特，碧叶白干，宛若银龙，独具奇观。我国自古以来用于宫苑、寺院以及名园之中。可对植、孤植、列植或群植成林。

(5) 赤松(日本赤松)*Pinus densiflora* Sieb. et Zucc.

[识别要点]树高达30m。树冠圆锥形或扁平伞形。树皮橙红色，小枝淡橘红色，微被白粉。叶2针一束，长5~12cm，细而较软，叶鞘宿存。球果圆锥状卵形或卵圆形，有短柄；种鳞较薄，鳞盾扁菱形，较平坦，横脊微隆起；鳞脐平或微凸起，常有短刺。种翅长达1.5cm。花期4~5月，球果翌年9~10月成熟。常见品种如下：

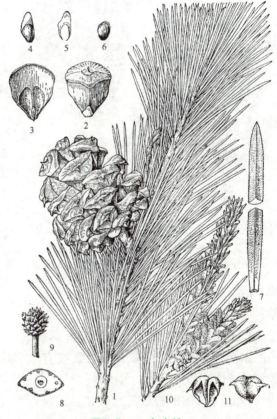

图[4]-22 白皮松
1. 球果枝 2、3. 种鳞 4. 种子 5. 种翅
6. 去翅种子 7、8. 叶及横剖面 9. 雌球花
10. 雄球花枝 11. 雄蕊背、腹面

①'千头'赤松('伞形'赤松)'Umbraculifera' 高达7~8m，无主干，形成宽伞形树冠。枝叶茂密，翠绿可爱。

②'垂枝'赤松'Pendula' 枝下垂或匍匐状，矮生，半球形树冠。叶较短。

③'黄叶'赤松'Aurea' 绿色叶中夹有淡黄色条斑。

[分布]产于江苏、华北沿海低山区、山东半岛及辽东半岛、吉林、黑龙江。

[习性]极喜光，适生于温带沿海山区或平地。喜酸性或中性排水良好土壤，在石灰质沙地及多湿处生长略差，在黏重土壤上生长不良。不耐盐碱，深根性，抗风力强。

[用途]赤松可在草坪上孤植，门庭、入口两侧对植，风景区成片种植，瀑布口、溪流旁、池畔及树林内群植，或与黄栌、槭树类混植。

(6) 马尾松 *Pinus massoniana* Lamb. {图[4]-23}

[识别要点]树高达45m。树冠壮年期狭圆锥形，老年期伞状。叶2针一束，细软，长12～20cm，叶鞘宿存。球果卵圆形，熟时栗褐色；鳞盾菱形，平或微隆起，微具横脊；鳞脐微凹，常无刺。种子有长翅。花期4～5月，球果翌年10～12月成熟。

[分布]我国分布最广、数量最多的一种松树。北自河南、山东南部，东起沿海，西南至四川、贵州，遍布于华中、华南各地。

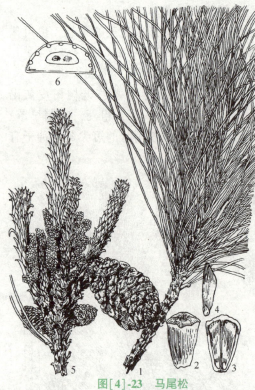

图[4]-23 马尾松
1. 球果枝 2、3. 种鳞 4. 种子
5. 雄球花枝 6. 叶横剖面

[习性]极喜光，喜温暖湿润的气候，耐寒性差。对土壤要求不严，喜深厚、肥沃、酸性或微酸性土壤。在钙质土、黏重土上生长不良。耐干旱瘠薄，不耐水涝及盐碱土。深根性。对氯气有较强的抗性。酸性土壤指示植物。

[用途]马尾松树形高大雄伟，树冠如伞，姿态古奇。适于孤植或丛植在庭前、亭旁、假山之间，也可栽植在山涧、岩际、池畔及道旁。

(7) 樟子松(蒙古赤松) *Pinus sylvestris* L. var. *mongolica* Litv. {图[4]-24}

[识别要点]树高达30m。树冠幼时尖塔形，老时圆或平顶。叶2针一束，长4～9cm，粗硬，常扭曲，短而宽，叶鞘宿存。球果长卵形，黄绿色，果柄下弯；鳞盾长菱形，肥厚，特别隆起，向后反曲，纵脊及横脊显著；鳞脐小，疣

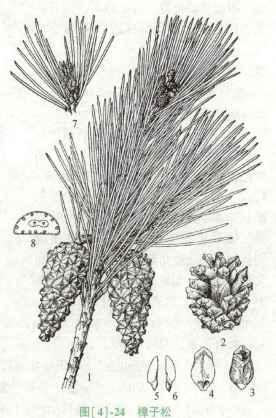

图[4]-24 樟子松
1. 球果枝 2. 球果 3、4. 种鳞背、腹面
5、6. 种子 7. 雄球花枝 8. 叶横剖面

状凸起，有短刺尖，易脱落。种子具翅。花期5~6月，球果翌年9~10月成熟。

[分布]分布于黑龙江的大兴安岭、海拉尔以西和以南的沙丘地带及内蒙古等地。

[习性]极喜光，适应于严寒干旱的气候，为我国松属中最耐寒的树种。喜酸性土壤，在干燥瘠薄、岩石裸露的沙地、陡坡均可生长良好。深根性，抗风沙。

[用途]樟子松是东北地区速生用材、防护林和"四旁"绿化的理想树种之一，也是东北、西北城市中有发展前途的园林树种。国家三级保护树种。

(8) 油松（东北黑松、短叶马尾松）Pinus tabulaeformis Carr. {图[4]-25}

[识别要点]树高达30m。树冠青壮年期广卵形，老年期呈平顶状。叶2针一束，长10~15cm，粗硬，叶鞘宿存。球果卵圆形，熟时淡褐色；鳞盾肥厚，隆起，扁菱形；横脊显著；鳞脐凸起，有刺。种子有翅。花期4~5月，球果翌年9~10月成熟。

[分布]我国特有树种，产于辽宁、吉林、内蒙古、河北、河南、山西、陕西、山东、甘肃、宁夏、青海、四川北部等地。

[习性]喜光，适于干冷气候。喜深厚、肥沃、排水良好的酸性至中性土壤。耐干旱瘠薄。不耐低洼积水或土质黏重，不耐盐碱。深根性。

[用途]油松树干挺拔苍劲，四季常青。宜孤植、丛植、群植、混植或作行道树。

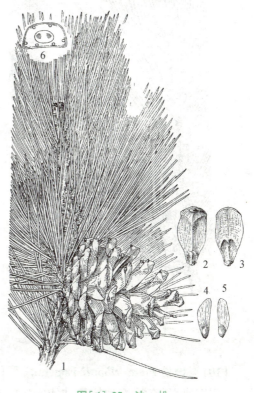

图[4]-25 油 松
1. 球果枝　2、3. 种鳞　4、5. 种子
6. 叶横剖面

(9) 黑松（日本黑松、白芽松）Pinus thunbergii Parl. {图[4]-26}

[识别要点]树高达35m。冬芽圆柱形，银白色。叶2针一束，粗硬，叶鞘宿存。球果圆锥状卵形至圆卵形，有短柄，熟时褐色；鳞盾微肥厚，横脊显著；鳞脐凹下，有短尖刺。种子有长翅。花期4~5月，球果翌年9~10月成熟。

[分布]原产于日本及朝鲜。我国山东沿海、辽东半岛、江苏、浙江、安徽、福建、台湾等地均有栽培。

[习性]喜光，喜温暖湿润的海洋性气候。以排水良好、适当湿润、富含腐殖质的中性壤土生长最好。耐干旱瘠薄及盐碱，不耐积水。极耐海潮风、海雾。深根性。对二氧化硫和氯气抗性强。

[用途]黑松是著名的海岸绿化树种，可作防风、防潮、防沙林带的树种及海滨浴场附近的风景林、行道树或庭荫树，还可用于厂矿绿化。姿态古雅，易盘扎造型，是制作树桩盆景的好材料。

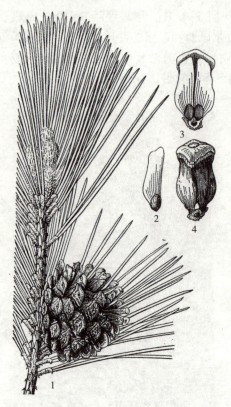
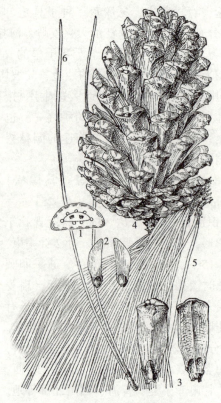

图[4]-26 黑松
1. 球果枝 2. 种子 3. 种鳞腹面
4. 种鳞背面

图[4]-27 湿地松
1. 叶横剖面 2. 种子 3. 种鳞背、腹面
4. 球果 5、6. 针叶

(10) 湿地松 *Pinus elliottii* Engelm. {图[4]-27}

[识别要点] 在原产地树高达 40m。树冠圆形。叶 2、3 针一束并存，长 18~30cm，粗硬；叶鞘宿存，长 1.2cm。球果鳞盾肥厚，鳞脐瘤状，具短尖刺。种子有翅，但易脱落。花期 2~4 月，球果翌年 9~11 月成熟。

[分布] 原产于美国东南部。我国 20 世纪 30 年代开始引栽，现在长江以南各地广为栽种。

[习性] 极喜光，适应性强。适生于中性至强酸性土壤。耐水湿，可生长在低洼沼泽地、湖边、河边，故而得名。深根性，抗风力强。

[用途] 湿地松在园林中可孤植、列植、丛植。

(11) 黄山松(台湾松) *Pinus taiwanensis* Hayata {图[4]-28}

[识别要点] 树高达 30m。老树树冠呈广卵形。冬芽褐色或栗褐色。叶 2 针一束，长 5~13cm(多为 7~10cm)，稍粗硬；叶鞘宿存。球果卵圆形，熟时栗褐色；鳞盾扁菱形，稍肥厚隆起，横脊显著，鳞脐有短刺。种子具翅。花期 4~5 月，球果翌年 10 月成熟。

[分布] 我国特有树种，分布于台湾、福建、浙江、安徽、江西、湖南、湖北、河南、贵州等地。

[习性] 极喜光，喜凉润的高山气候，在空气相对湿度较大、土层深厚、排水良好的酸性黄壤土上生长良好。深根性，抗风雪。

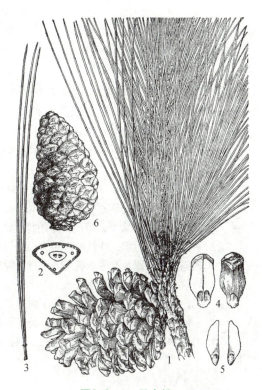

图[4]-28　黄山松
1. 球果枝　2. 叶横剖面
3. 种鳞背面　4. 种子

图[4]-29　云南松
1. 球果枝　2. 叶横剖面　3. 针叶束
4. 种鳞背、腹面　5. 种子　6. 球果

[用途]黄山松树姿雄伟，极为美观。适于自然风景区成片栽植。在园林中可植于岩际、道旁，或聚或散，或与枫、栎混植。可作树桩盆景。

(12) 云南松(飞松、长毛松) *Pinus yunnanensis* Franch. {图[4]-29}

[识别要点]树高达30m。冬芽红褐色，粗大，无树脂。叶3针一束，间或2针一束，柔软下垂，长10～30cm。球果鳞盾微肥厚，鳞脐微凹，具短刺。种子有翅。花期4～5月，球果翌年10～12月成熟。

[分布]产区以云南为中心，西藏东部、四川西南部、贵州西部及广西西部等均有分布。北京植物园有栽培。

[习性]喜光，耐干瘠，适生于西南季风气候区，生长快。

[用途]云南松天然更新强，能飞籽成林，是西南高原主要造林、用材及绿化树种。

(13) 火炬松(火把松) *Pinus taeda* L.

[识别要点]在原产地高达54m。树冠紧密，圆头状。叶3针一束，罕与2针一束并存，长15～25cm，刚硬，稍扭转；叶鞘长达2.5cm。球果卵状长圆形，鳞盾沿横脊显著隆起，鳞脐具基部粗壮而反曲的尖刺。花期3～4月，球果翌年10月成熟。

[分布]原产于美国东南部，我国引种驯化成功的国外松之一。华东、华中、华南均有引种。

[习性]喜光，喜温暖湿润气候。适生于酸性或微酸性土壤，在土层深厚、肥沃、排水良好处生长较快。不耐水涝及盐碱土。深根性。生长速度超过马尾松。

[用途]火炬松树姿优美挺拔，树冠枝条层层上展，形似火炬。可作风景林。

[5] 杉科 Taxodiaceae

常绿或落叶乔木。叶鳞形、披针形、钻形或条形，同型或异型，螺旋状互生，稀交叉对生。雌雄同株，雄球花单生、簇生或呈圆锥花序状，具多数雄蕊，每雄蕊各具花药 2~9；雌球花单生于枝顶或近枝顶，具多数珠鳞，珠鳞与苞鳞半合生或完全合生，每珠鳞腹面具胚珠 2~9。球果当年成熟，熟时种鳞张开；种鳞扁平或盾形，木质或革质，宿存或成熟后脱落。发育的种鳞内具种子 2~9 粒，种子常有翅。

全世界共 10 属 16 种，主要分布于北温带；我国有 5 属 7 种，引入栽培 4 属 7 种。

分属检索表

1. 叶常绿；无冬季脱落的小枝；种鳞木质或革质。
  2. 种鳞（或苞鳞）扁平，革质；叶条状披针形 ·················· 杉木属 *Cunninghamia*
  2. 种鳞盾形，木质；叶钻形 ······························ 柳杉属 *Cryptomeria*
1. 叶脱落或半常绿；有冬季脱落的小枝；种鳞木质。
  3. 叶和种鳞均螺旋状着生。
    4. 小枝绿色；种鳞扁平；种子椭圆形，下端有长翅 ·············· 水松属 *Glyptostrobus*
    4. 小枝淡黄褐色；种鳞盾形；种子不规则三角形，棱脊上有厚翅 ··· 落羽杉属 *Taxodium*
  3. 叶和种鳞均对生；叶条形，排成二列；种子扁平，周围有翅 ········ 水杉属 *Metasequoia*

1. 杉木属 *Cunninghamia* R. Br.

常绿乔木。叶条状披针形，基部下延生长，叶缘有细锯齿，螺旋状着生，侧枝上的叶常扭转成二列状。雄球花簇生于枝顶；雌球花单生或 2~3 个集生于枝顶，苞鳞与珠鳞下部合生，苞鳞大，珠鳞小，胚珠 3。种子两侧具窄翅。

全世界共 2 种，我国均产。

杉木（沙木、刺杉）*Cunninghamia lanceolata* (Lamb.) Hook. {图[5]-1}

[识别要点] 树高达 30m。幼树树冠尖塔形，大树树冠为广圆锥形。小枝对生或轮生。叶扁平，革质，先端锐尖，下面有两条白色气孔带。珠鳞顶端 3 裂。球果卵圆形至圆球形，苞鳞先端有坚硬的刺状尖头，边缘有不规则的细锯齿。种子长卵形，扁平。花期 3~4 月，球果 10~11 月成熟。

[分布] 产于长江流域秦岭以南的

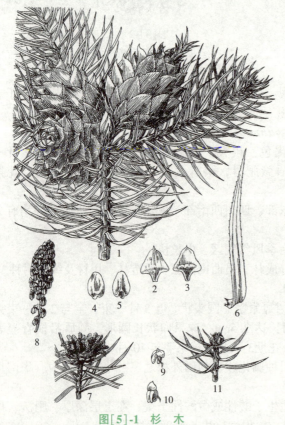

图[5]-1 杉木
1. 球果枝　2. 苞鳞背面　3. 苞鳞腹面及种鳞　4、5. 种子
6. 叶　7. 雄球花枝　8. 雄球花一段　9、10. 雄蕊　11. 雌球花枝

16个省（自治区、直辖市）。其中浙江、安徽、江西、福建、湖南、广东、广西是杉木的中心产区。

[习性]喜光，喜温暖湿润气候，怕风、怕旱、不耐寒，最适于生长在温暖多雨、静风多雾的环境。喜深厚、肥沃、排水良好的酸性土壤，不耐盐碱。浅根性，生长快，萌芽、萌蘖力强。对毒气有一定的抗性。

[用途]杉木树干端直，树冠参差，极为壮观。适于大面积群植，可作风景林，或在山谷、溪边、林缘与其他树种混植，也可列植于道旁。

2. 柳杉属 *Cryptomeria* D. Don.

常绿乔木。叶螺旋状排列，钻形。雄球花单生于叶腋，多数密集成穗状；雌球花单生于枝顶，珠鳞与苞鳞合生，仅先端分离，每珠鳞具2~5胚珠。球果近球形，种鳞木质，盾形，宿存，上部肥大，有3~7裂齿，背面中部以上具三角状分离的苞鳞尖头，发育种鳞具2~5粒种子。

全世界共2种；我国产1种，引入栽培1种。

(1) 柳杉(孔雀杉) *Cryptomeria fortunei* Hooibrenk ex Otto et Dietr. {图[5]-2}

[识别要点]树高达40m。树冠塔状圆柱形。大枝近轮生，小枝常下垂。叶钻形，两侧扁，先端尖而微向内弯曲，长1~1.5cm，全缘，基部下延生长。球果近圆球形，种鳞约20枚，发育种鳞具2粒种子。种子近椭圆形，褐色，周围有窄翅。花期4月，球果10月成熟。

[分布]我国特有树种，产于长江流域以南至广东、广西、云南、贵州、四川等地。

[习性]中等喜光，略耐阴。喜温暖湿润、空气湿度大、云雾弥漫、夏季较凉爽的气候。畏夏季酷热或干旱。在积水处易烂根。浅根性。对二氧化硫、氯气、氟化氢均有一定抗性，是优良的防污染树种。

[用途]柳杉树形圆整而高大，树干粗壮，极为雄伟。适于孤植、对植、列植，也适于丛植或群植。自古以来常用作墓道和风景林树种。

(2) 日本柳杉 *Cryptomeria japonica* (L. f.) D. Don. {图[5]-3}

[识别要点]与柳杉的主要区别是：叶直伸，通常先端不内曲。种鳞数目多，为20~30枚，先端裂齿和苞鳞的尖头均较长，每种鳞具2~5种子。

园艺品种较多，如'千头'柳杉、'矮丛'柳杉、'圆球'柳杉等。

[分布]原产于日本。我国山东、河南至长江流域广泛栽培。

[习性]在气候凉爽湿润、空气湿度大的条件下生长极为良好，在夏季炎热地区生长不良。耐修剪。

图[5]-2 柳 杉
1. 球果枝　2、3. 种鳞
4. 种子　5. 叶

[用途]日本柳杉可作绿篱,从幼树根际切断萌发形成烛台式树形,每年春、秋季略加修剪即可。

3. 水松属 *Glyptostrobus* Endl.

全世界仅1种,我国特有,为第四纪冰川期后的孑遗植物。

水松 *Glyptostrobus pensilis*（Staunt.）Koch.
{图[5]-4}

[识别要点]落叶或半常绿乔木,树高8～16m。树干具扭纹,基部常膨大,常有伸出地面或水面的呼吸根。1～3年生小枝冬季保持绿色。叶互生,有3种类型：鳞形叶较小,紧贴于1年生短枝及萌生枝上,冬季宿存；条形叶和条状钻形叶较长,柔软,在小枝上各排成2～3列,冬季与小枝同时脱落。球花单生于枝顶。球果倒卵状

图[5]-3 日本柳杉
1. 球果枝 2. 叶

球形,直立,种鳞木质,发育种鳞具2粒种子。种子椭圆形,微扁,下部具长翅。花期1～2月,球果10～11月成熟。

[分布]我国特有树种,产于广东、福建、广西、江西、四川、云南等地。长江流域各城市有栽培。

[习性]极喜光,喜温暖湿润气候,不耐低温。最适于富含水分的冲积土,极耐水湿,不耐盐碱。浅根性,根系发达,萌芽力强。

[用途]水松树形美丽,最适低湿处如河边、湖畔栽植,若于湖中小岛群植数株,尤为雅致,也可作防风护堤树。

4. 落羽杉属 *Taxodium* Rich.

落叶或半常绿乔木。树干基部膨大,常有膝状的呼吸根。小枝经冬呈褐色。叶互生,二型；条形叶着生在无芽的1年生枝上,排成二列,冬季

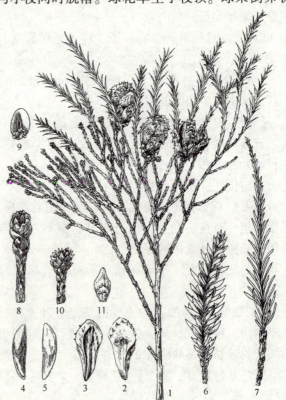

图[5]-4 水 松
1. 球果枝 2、3. 种鳞背面及苞鳞先端 4、5. 种子背、腹面
6. 着生条状钻形叶的小枝 7. 着生条状钻叶形及鳞形叶的小枝
8. 雄球花枝 9. 雄蕊 10. 雌球花枝 11. 珠鳞及胚珠

与小枝同时脱落；钻形叶冬季宿存。雄球花卵圆形，在枝端排成圆锥花序状；雌球花单生于枝顶。种鳞木质，盾形，苞鳞与种鳞仅先端分离，向外凸起呈三角状小尖头，发育种鳞具2粒种子。种子呈不规则三角形，边缘有锐状厚脊。

全世界共3种，产于北美及墨西哥；我国均有引种栽培。

(1) 落羽杉 *Taxodium distichum* (L.) Rich. {图[5]-5}

[识别要点]落叶乔木，树高达50m。大枝水平开展，幼树树冠圆锥形，老时伞形。叶窄条形，长1~1.5cm，排成羽状二列。球果卵圆形，径2.5cm，被白粉。花期3~4月，球果10~11月成熟。

[分布]原产于北美东南部沼泽地区。我国长江以南部分地区引种栽培。

[习性]极喜光，耐寒性差。喜深厚、肥沃、湿润的酸性或微酸性土壤。耐水湿，耐轻度盐碱。抗风力强，生长快。

图[5]-5 落羽杉
1. 球果枝 2、3. 种鳞顶部及侧面

[用途]落羽杉树形优美，枝叶秀丽婆娑，秋叶棕褐色，是观赏价值较高的园林树种。特别适于水滨、河滩、湖边、低湿草地成片栽植，可孤植或丛植。

(2) 墨西哥落羽杉 *Taxodium mucronatum* Tenore

与落羽杉的主要区别是：半常绿或常绿乔木；叶细条形，扁平，长约1cm，排成紧密的羽状二列。栽培品种有：

中山杉 *Taxodium distichum*×*Taxodium mucronatum* 'Zhongshanshan' 是南京中山植物园从落羽杉属中选育出的系列优良新品种的通称。目前生产中推广应用较多的中山杉品系有中山杉302、中山杉118、中山杉405、中山杉406、中山杉407等10余种。中山杉与亲本相比，具有生长快速、绿叶期长、树形优美、耐水湿、耐盐碱、材质好等优点，多用于湖区、库区、海岸消落带和滩涂地绿化造林，打造湿地水上森林景观和进行湿地生态修复等。

(3) 池杉(池柏) *Taxodium ascendens* Brongn.

与落羽杉的主要区别是：大枝向上伸展，树冠窄尖塔形；叶多钻形，长4~10mm，螺旋状着生，紧贴小枝，仅上部稍分离。

5. 水杉属 *Metasequoia* Miki ex Hu et Cheng

全世界仅1种，我国特有，为第四纪冰川期后的孑遗植物。

水杉 *Metasequoia glyptostroboides* Hu et Cheng{图[5]-6}

[识别要点]落叶乔木，树高达50m。干基膨大，大枝近轮生。叶条形，柔软，叶长0.8~3.5cm，宽1~2.5mm；在枝上交互对生，基部扭转排成羽状，冬季与无芽小枝同时

脱落。雌雄同株，雄球花单生于叶腋和枝顶，排成总状或圆锥花序状；雌球花单生于枝顶。球果近球形，径1.6~2.5cm，熟时深褐色，下垂；种鳞木质，盾形，发育种鳞内有种子5~9粒。种子扁平，周围有翅，先端有凹缺。花期2~3月，球果10~11月成熟。栽培品种有：

'金叶'水杉'Gold Rush' 新生叶在一年中的春、夏、秋三季均呈金黄色。

[分布]为我国特有的古老珍稀树种，天然分布于四川石柱、湖北利川及湖南龙山和桑植等地。各地普遍引种栽培，现已成为长江中下游各地平原河网地带重要的"四旁"绿化树种之一。

[习性]喜光，喜温暖湿润气候，对环境条件适应性较强。在深厚、肥沃的酸性土壤上生长最好。喜湿，但又怕涝。浅根性，生长速度快。对有毒气体抗性弱。

[繁殖]扦插或播种繁殖。

[用途]水杉树姿优美挺拔，叶色秀丽，秋叶转棕褐色。宜在园林中丛植、列植或孤植，也可成片林植，是城郊区、风

图[5]-6 水 杉
1. 球果枝 2. 球果 3. 种子 4. 雄球花枝
5. 雌球花 6、7. 雄蕊 8. 叶

景区绿化的重要树种，也可作防护林。国家一级保护树种。

[6] 柏科 Cupressaceae

常绿乔木或灌木。树皮长条状剥裂。叶鳞形或刺形，或同一树上二者兼有；鳞形叶交互对生，刺形叶3枚轮生。雌雄同株或异株，雄蕊和珠鳞交互对生或3枚轮生；雌球花具珠鳞3~16，每珠鳞具1至数个直生胚珠，苞鳞与珠鳞合生，仅尖头分离。球果小，种鳞交互对生，革质或木质，熟时张开，或肉质合生。种子具窄翅或无翅。

全世界共22属约150种；我国有8属30种6变种，引栽1属15种。

分属检索表

1. 种鳞木质或近革质，熟时开裂；种子通常有翅，稀无翅。
　2. 种鳞扁平或鳞背隆起，不为盾形；球果当年成熟。
　　3. 种鳞木质，厚，背部近顶端有一弯曲钩状尖头；种子无翅 ………… 侧柏属 *Platycladus*
　　3. 种鳞薄革质，顶端有钩状突起；种子两侧有翅 …………………………… 崖柏属 *Thuja*
　2. 种鳞盾形，球果当年或翌年成熟。
　　4. 鳞叶小，长2mm以内；球果具4~8对种鳞；种子两侧具窄翅。
　　　5. 小枝扁平；球果当年成熟，发育的种鳞有种子3粒 ………… 扁柏属 *Chamaecyparis*

> 5. 小枝圆筒状或四方形，稀扁平状；球果翌年成熟，发育的种鳞具5至多粒种子 ………………………………………………………………………………… 柏木属 *Cupressus*
>
> 4. 鳞叶较大，两侧鳞叶长3~6mm；球果6~8对种鳞；种子上部具翅 ……………… ………………………………………………………………………… 福建柏属 *Fokienia*
>
> 1. 种鳞肉质合生，浆果状，熟时不开裂；种子无翅。
>   6. 刺形叶或鳞叶，或同一植株上二者兼有，刺形叶基部无关节，下延生长；球花单生于枝顶 …………………………………………………………… 圆柏属 *Sabina*
>   6. 叶全为刺形叶，基部有关节，不下延生长；球花单生于叶腋 ……… 刺柏属 *Juniperus*

1. 侧柏属 *Platycladus* Spach

全世界仅1种，我国特产。

侧柏(扁桧、扁柏) *Platycladus orientalis* (L.) Franco. {图[6]-1}

[识别要点]树高达20m。小枝扁平，排一个平面，两面同型，斜上展，不下垂。鳞叶长1~3mm，先端微钝，背面有腺点。雌雄同株，球花单生于小枝顶端；雄球花有雄蕊6对，雌球花有4对珠鳞。球果卵圆形，长1.5~2.5cm，熟时红褐色，开裂；种鳞木质，厚，背部近顶端有一反曲的钩状尖头，发育种鳞内有1~2粒种子。种子长卵圆形，无翅。花期3~4月，球果9~10月成熟。常见栽培品种如下：

① '千头'柏('子孙'柏、'扫帚'柏) 'Sieboldii' 丛生灌木，无明显主干，高3~5m，枝密生，直伸，树冠呈紧密的卵圆形或球形。叶绿色。

② '金塔'柏('金枝'侧柏) 'Beverleyensis' 小乔木，树冠窄塔形，叶金黄色。

③ '洒金千头'柏('金枝千头'柏) 'Aurea' 矮生密丛，树冠圆形至卵形，高1.5m。叶淡黄绿色，入冬略转褐绿色。

④ '金黄球'柏('金叶千头'柏) 'Semperaurescens' 矮型紧密灌木，树冠近球形，高达3m。叶全年金黄色。

⑤ '窄冠'侧柏 'Zhaiguan' 树冠窄，枝向上伸展或微向上伸展。叶光绿色，生长旺盛。

[分布]产于我国北部及西南部，全国各地有栽培。

[习性]喜光，喜温暖湿润气候。喜深厚、肥沃、湿润、排水良好的钙质土壤，但在酸性、中性或微盐碱土上均能生长，抗盐性很强。耐旱，较耐寒。浅根性，侧根发达，萌芽性强，耐修剪。生长偏慢，

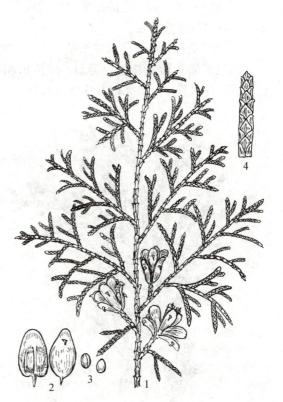

图[6]-1 侧 柏
1. 球果枝 2. 种鳞背、腹面 3. 种子
4. 小枝一段

寿命极长，可达 2000 年以上。对二氧化硫、氯化氢等有害气体有一定的抗性。

[用途]侧柏是我国广泛应用的园林树种，自古以来多栽于庭园、寺庙、墓地等处。在园林中须成片种植时，以与圆柏、油松、黄栌、臭椿等混交为佳。可用于道旁庇荫或作绿篱，也可用于工厂和"四旁"绿化。常用于花坛中心植，装饰建筑、雕塑、假山石及对植于入口两侧。

2. 崖柏属 Thuja L.

乔木或灌木。着生鳞叶的小枝呈平展状。雌雄同株，球花单生于枝顶；雌球花有珠鳞 3~5 对。球果卵状长椭圆形；种鳞薄革质，扁平，顶端具钩状突起，发育种鳞内具 2 粒种子。种子扁平，两侧有翅。

全世界共 6 种；我国有 2 种，另引种 3 种。

香柏(美国侧柏、北美香柏) *Thuja occidentalis* L. {图[6]-2}

[识别要点]树高达 20m。树冠圆锥形。着生鳞叶的小枝扁平，排成一个平面。叶长 1.5~3mm，两侧鳞叶先端尖，内弯，中间鳞叶明显隆起并有透明的圆腺点，叶下无白粉；鳞叶揉碎时有香气。种鳞常 5 对，下面 2~3 对发育，各具 1~2 粒种子。

[分布]原产于北美。我国上海、杭州、南京、郑州、武汉、庐山、黄山、青岛、北京等地有栽培。

[习性]喜光，有一定的耐阴力。耐修剪，耐瘠薄，能生长在潮湿的碱性土壤上。抗烟尘和有毒气体能力强。

[繁殖]播种、扦插或嫁接繁殖。

[用途]香柏树冠整齐、美观。可孤植和丛植于庭园、广场、草坪边缘，或点缀花坛，还可作风景小品，尤以栽作绿篱最佳。

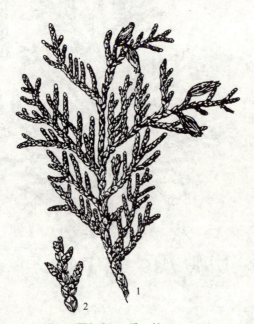

图[6]-2 香 柏
1. 幼枝及球果 2. 幼枝上部

3. 扁柏属 Chamaecyparis Spach

乔木。着生鳞叶的小枝扁平，排成一个平面。叶鳞形，下面常有白粉。雌雄同株，球花单生于枝顶。球果种鳞 3~6 对，木质，盾形，顶部中央有小尖头，当年成熟，发育的种鳞有种子 3 (1~5) 粒。种子两侧有翅。

全世界共 5 种 1 变种；我国有 1 种 1 变种，另引入 4 种。

(1) 日本花柏(花柏) *Chamaecyparis pisifera* (Sieb. et Zucc.) Endl. {图[6]-3}

[识别要点]高达 50m。树冠尖塔形。鳞叶表面暗绿色，下面明显有白粉，先端锐尖，略开展。球果圆球形，径约 6mm，种鳞 5~6 对。花期 3 月，球果 11 月成熟。常见栽培品种有：

①'线柏''Filifera' 灌木或小乔木。树冠球形,小枝细长而下垂。鳞形叶小,先端锐尖。原产于日本。我国庐山、南京、杭州等地引种栽培。生长良好。

②'绒柏''Squarrosa' 灌木或小乔木。树冠塔形。大枝斜展,枝叶浓密。叶全为柔软的条形刺叶,先端尖,下面有2条白色气孔带。原产于日本。我国庐山、南京、黄山、杭州、长沙等地有栽培。

③'羽叶'花柏'Plumosa' 小乔木,高5m。树冠圆锥形。枝叶紧密,小枝羽状。鳞叶较细长,开展,稍呈刺状,但质软,长3~4mm,上面绿色,下面粉白色。

[分布]原产于日本。我国青岛、庐山、南京、上海、杭州等地有栽培。

[习性]中性而略耐阴,喜温暖湿润气候,喜湿润土壤。适应平原环境的能力较强,较耐寒,耐修剪。

[用途]日本花柏枝叶纤细,优美秀丽,特别是栽培品种具有独特的姿态,有较高的观赏价值。用于孤植、丛植或作绿篱。

图[6]-3 日本花柏
1. 枝及球果   2. 幼枝上部
   3. 球果

(2) 日本扁柏(扁柏) *Chamaecyparis obtusa* (Sieb. et Zucc.) Endl. {图[6]-4}

[识别要点]在原产地高达40m。树冠尖塔形。鳞叶肥厚,先端较钝,紧贴小枝,下面微有白粉。球果圆形,径0.8~1cm,种鳞4对。花期4月,球果10~11月成熟。常见变种与品种有:

①台湾扁柏 var. *formosana* (Hayata) Rehd. 与原种的区别:鳞叶较薄,先端常钝尖;球果较大,径10~11mm,种鳞4~5对。台湾特产。

②'云片'柏'Breviramea' 小乔木,高达5m。树冠窄塔形。着生鳞叶的小枝呈云片状。原产于日本。我国庐山、南京、上海、杭州等地引种观赏。

③'凤尾'柏'Filicoides' 丛生灌木。小枝短,末端鳞叶枝短,扁平,在主枝上排列紧密,叶缘凤尾蕨状。鳞叶小而厚,顶端钝,背具脊,常有腺点。我国庐山、南京、杭州等地栽培观赏。生长缓慢。

④'孔雀'柏'Tetragona' 灌木或小乔木。枝近直展,着生鳞叶的小枝辐

图[6]-4 日本扁柏
1. 球果枝   2. 扁平小枝下面   3. 球果   4. 种子

射状排列，或微排成平面，短，末端鳞叶枝四棱形；鳞叶亮金黄色，下部有纵脊。原产于日本，我国北京以南有引种栽培。

[分布]原产于日本。我国山东、上海、河南、浙江、广东、广西、江西、江苏、台湾等地引种栽培。

[习性]中等喜光，略耐阴。喜温暖湿润气候，在肥沃、湿润、排水良好的中性或微酸性沙土上生长最佳。

[繁殖]播种繁殖，品种可扦插、压条或嫁接繁殖。

[用途]日本扁柏树形及枝叶均美丽可观，许多品种具有独特的枝形或树形。可作园景树、行道树、丛植、群植、列植或作绿篱。植于园路、台坡或山旁，或对植于门厅入口。

4. 柏木属 Cupressus L.

乔木，稀灌木。着生鳞叶的小枝四棱形或圆柱形，稀扁平，通常不排成一个平面。鳞叶小，仅幼苗及萌生枝上的叶为刺形。雌雄同株，球花单生于枝顶。球果圆球形，翌年成熟；种鳞4~8对，木质，盾形，顶端中央有短尖头，发育种鳞具5至多数种子。种子有窄翅。

全世界共约20种；我国有5种，另引入栽培4种。

柏木(垂丝柏、柏树) Cupressus funebris Endl. {图[6]-5}

[识别要点]树高35m。树冠圆锥形。着生鳞叶的小枝扁平，两面同型，细软下垂。鳞叶小，先端锐尖，下面中部有纵腺点。球果近球形，径0.8~1.2cm；种鳞4对，发育种鳞内具5~6种子。花期3~5月，球果翌年5~6月成熟。

[分布]广布于长江流域各地，南达广东、广西，西至甘肃、陕西。以四川、湖南、贵州栽植最多。

[习性]喜光，稍耐阴。喜温暖湿润气候，不耐寒。既耐干旱瘠薄，又略耐水湿。最适于深厚、肥沃的钙质土壤，是亚热带地区石灰岩山地钙质土的指示树种。浅根性，萌芽力强，耐修剪，寿命长。抗有毒气体能力强。

[繁殖]播种繁殖。

[用途]柏木树姿秀丽清雅。可孤植、丛植、群植，适于风景区成片栽植。

图[6]-5 柏木
1. 球果枝 2. 小枝 3. 雄蕊背面
4. 雄蕊腹面 5. 雌球花 6. 球果 7. 种子

也可对植、列植于园路及庭园入口两侧。

5. 福建柏属 *Fokienia* Henry et Thomas

全世界仅1种，我国特产。

福建柏(建柏) *Fokienia hodginsii* Henry et Thomas{图[6]-6}

[识别要点]高达20m。三出羽状分枝。叶、枝扁平，排成一个平面。鳞叶二型，中央的叶较小，两侧的鳞叶较长，长3~6mm，明显成节，上面绿色，下面被白粉。雌雄同株。种鳞6~8对，木质，盾形，顶部中间微凹，有小凸起尖头，熟时开裂；种脐明显，上部有2个大小不等的翅。花期3~4月，球果翌年10~11月成熟。

[分布]产于浙江、福建、江西、湖南、广东、广西、贵州、四川、云南等地。

[习性]喜光，稍耐阴。适生于温暖湿润气候，在肥沃、湿润的酸性或强酸性黄壤上生长良好，较耐干旱瘠薄。浅根性，侧根发达。

[用途]福建柏树干挺拔雄伟，鳞叶紧密，蓝白相间，奇特可爱。在园林中片植、列植、混植或草坪孤植，也可盆栽作桩景。国家二级保护树种。

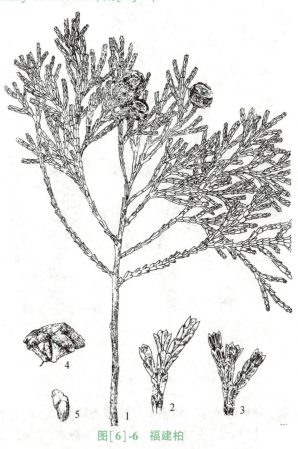

图[6]-6 福建柏
1. 球果枝 2、3. 幼树鳞叶枝 4. 球果 5. 种子

6. 圆柏属 *Sabina* Spach.

乔木或灌木。直立或匍匐。叶刺形或鳞形，刺形叶3枚轮生，基部下延生长，无关节；鳞叶交叉对生。雌雄异株或同株，球花均单生于枝顶。球果翌年成熟，肉质浆果状，种鳞4~8枚，交叉对生或轮生，不开裂。种子1~6粒，无翅。

全世界共约50种；我国有17种，数变种，引入栽培2种。

(1)圆柏(桧柏、刺柏) *Sabina chinensis* (L.) Ant. {图[6]-7}

[识别要点]树高达20m。树干有时呈扭转状。树冠尖塔形或圆锥形，老树则广圆形。叶二型，幼树全为刺形叶，3枚轮生；老树多为鳞形叶，交叉对生；壮龄树则刺形叶与鳞形叶并存。球果近球形，熟时暗褐色，被白粉，不开裂。有种子1~4粒。花期4月，球果翌年10~11月成熟。常见变种与变型如下：

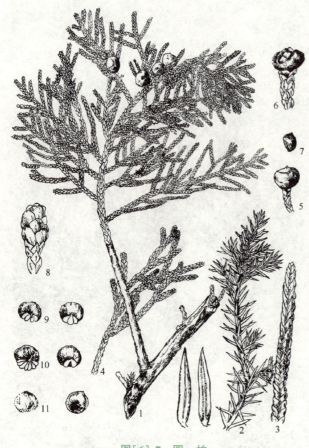

图[6]-7 圆柏
1. 球果枝 2. 刺形叶 3、4. 鳞形叶 5. 球果 6. 球果(开裂)
7. 种子 8. 雄球花 9~11. 雄蕊各面观

①垂枝圆柏 f. *pendula* (Franch.) Cheng et W. T. Wang 野生变型。枝长,小枝顶下弯。

②偃柏 var. *sargentii* (Henry) Cheng et L. K. Fu 野生变种。匍匐灌木,小枝上伸,呈密丛状,高0.6~0.8m。老树多鳞形叶,幼树刺形叶,交叉对生,排列紧密。球果带蓝色,被白粉,内具种子3粒。

③'龙柏''Kaizuka' 树冠柱状塔形,侧枝短而环抱主干,端梢扭曲斜上展,形似龙抱柱。小枝密。全为鳞形叶,密生,幼叶淡黄绿色,后呈翠绿色。球果蓝黑色,微被白粉。

④'金叶'桧'Aurea' 圆锥状直立灌木,高3~5m,枝上伸。有刺形叶和鳞形叶,鳞形叶初为深金黄色,后渐变为绿色。

⑤'金球'桧'Aureaglobosa' 丛生灌木。树冠近球形,枝密生。叶多为鳞形叶,在绿叶丛中杂有金黄色枝叶。

⑥'球柏''Globosa' 丛生灌木。树冠近球形,枝密生。叶多为鳞形叶,间有刺形叶。

⑦'鹿角'桧'Pfitzeriana' 丛生灌木,干枝自地面向四周斜上伸展。

⑧'塔柏''Pyramidalis' 树冠圆柱状或圆柱状尖塔形。枝密生,向上直展。叶多为刺形叶,稀间有鳞形叶。

[分布] 产于东北南部及华北各地、长江流域至广东和广西北部、西南各地。

[习性] 喜光,幼树耐庇荫。喜温凉气候,较耐寒。在酸性、中性及钙质土上均能生长,但以深厚、肥沃、湿润、排水良好的中性土壤生长最佳。耐干旱瘠薄。深根性。耐修剪,易整形,寿命长。对二氧化硫、氯气和氟化氢等多种有毒气体抗性强,阻尘和隔音效果良好。

[繁殖] 播种、扦插繁殖,也可嫁接繁殖。

[用途] 圆柏树形优美,青年期呈整齐的圆锥形,老年期则干枝扭曲,奇姿古态,可独成一景。多配置于庙宇、陵墓作甬道树和纪念树。宜与宫殿式建筑相配合,能起到相互呼应的效果。可在园林中群植、丛植、作绿篱或用于工矿区绿化。应用时应注意勿在苹果园及梨园附近栽植,以免锈病猖獗。品种、变种可根据树形对植、列植、中心植或作盆景、桩景等用。

(2)铺地柏(匍地柏) *Sabina procumbens* (Endl.) Iwata et Kusaka.

[识别要点]匍匐小灌木,高达75cm。枝梢及小枝向上斜展。叶全为刺形,3枚轮生,上面凹,有两条上部汇合的白粉气孔带,下面蓝绿色;叶基下延生长。球果近圆球形,熟时黑色,外被白粉。种子2~3,有棱脊。

[分布]原产于日本。我国各地园林常见栽培。

[习性]喜光,喜海滨气候及肥沃的石灰质土壤,不耐低湿。耐寒,萌芽力强。

[繁殖]以扦插繁殖为主,也可嫁接、压条或播种繁殖。

[用途]铺地柏姿态蜿蜒匍匐,色彩苍翠葱茏,是理想的木本地被植物。在园林中可配置在悬崖、假山石、斜坡、草坪角隅,群植、片植,创造大面积平面美。也可盆栽,悬垂倒挂,古雅别致。

(3)铅笔柏(北美圆柏) *Sabina virginiana* (L.) Ant.

[识别要点]在原产地高达30m。树冠柱状圆锥形。着生鳞形叶的小枝细,先端尖。刺形叶交互对生,不等长,上面凹,被白粉。球果近球形或卵圆形,熟时蓝绿色,被白粉。有种子1~2。花期3月,球果10月成熟。

[分布]原产于北美。华东地区引种栽培。

[习性]喜温暖。适应性强,能在酸性土、轻碱土及石灰岩山地生长。抗锈病能力强。对二氧化硫及其他有害气体抗性较强。

[用途]铅笔柏树形挺拔,枝叶清秀。宜在草坪中群植、孤植或列植于甬道两侧。在大片水杉、池杉林中成丛散植,既增加层次感,又可避免冬季萧条。

7. 刺柏属 *Juniperus* L.

乔木或灌木。小枝圆柱状或四棱状。叶全为刺形叶,3枚轮生,基部有关节,不下延生长。球花单生于叶腋。球果肉质,浆果状,2~3年成熟,熟时不张开或顶端微张开;种鳞3,合生;苞鳞与种鳞合生,仅顶端尖头分离。种子通常3粒,无翅。

全世界共约10种;我国有3种,引入栽培1种。

(1)刺柏(刺松、山刺柏) *Juniperus formosana* Hayata{图[6]-8}

[识别要点]乔木,高达12m。树冠窄塔形或圆柱形。小枝稍下垂。叶条状刺形,长1.2~2cm,先端渐尖,具锐尖头,上面微凹,中脉绿色,两侧各有一条白色气孔带。球果径6~10mm,熟时淡红褐色,被白粉或脱落。花期3月,球果翌年10月成熟。

[分布]东起台湾,西至西藏,西北至甘肃、青海、长江流域,各地普遍分布。

[习性]喜光。适应性广,耐干旱瘠薄,常出现于石灰岩上或石灰质土壤中。

[繁殖]播种或嫁接繁殖。

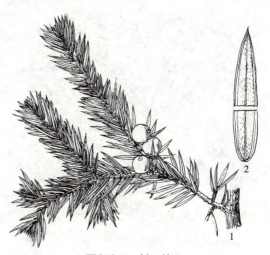

图[6]-8 刺 柏
1. 果枝 2. 叶

[用途]刺柏枝条斜展，小枝下垂，树冠塔形或圆柱形，姿态优美。适于庭园和公园中对植、列植、群植。也可作水土保持林树种。

(2)杜松(刺松、山刺柏) *Juniperus rigida* Sieb. et Zucc.

[识别要点]高达10m。树冠塔形或圆锥形。小枝下垂。叶条状刺形，长1.2~1.7cm，先端锐尖，上面凹槽深，内有一条窄白粉带，无绿色中脉。球果径6~8mm，熟时淡褐黑色被白粉。花期5月，球果翌年10月成熟。

[分布]产于东北、华北，西至陕西、甘肃、宁夏等地。

其他同刺柏。

[7]罗汉松科(竹柏科) Podocarpaceae

常绿乔木或灌木。叶条形、披针形、椭圆形或鳞形，螺旋状散生，稀对生或近对生。雌雄异株，稀同株；雄球花穗状，单生或簇生于叶腋，稀顶生；雌球花腋生或顶生，基部有数枚苞片，花梗上部或顶端的苞腋着生1枚倒生胚珠。种子核果状或坚果状，全部或部分为肉质或薄而干的假种皮所包，或苞片与轴愈合发育为肉质种托。

全世界共7属130余种；我国有3属14种3变种。

罗汉松属 *Podocarpus* L. Hèr. ex Persoon

乔木，稀灌木。叶条状披针形，互生。雌雄异株，雄球花柔荑状，单生或簇生于叶腋。雌球花1~2，生于叶腋，基部有苞片数枚，最上部苞腋有套被和倒生胚珠1，花后套被增厚成肉质假种皮，苞片发育成种托。种子核果状，全部为肉质假种皮所包，着生于肉质或干瘦的种托上，具长梗。

全世界共约100种，我国有10种2变种。

(1)竹柏(猪油木、罗汉柴) *Podocarpus nagi* (Thunb.) Zoll. et Mor. ex Zoll. {图[7]-1}

[识别要点]树高达20m。树冠广圆锥形。树皮平滑。叶卵形至椭圆状披针形，长3.5~9cm，似竹叶。种子球形，径1.4cm，熟时假种皮紫黑色，被白粉。花期3~5月，种子9~10月成熟。

[分布]产于浙江、江西、湖南、

图[7]-1 竹 柏
1. 雌球花枝 2. 种子枝 3. 雄球花枝
4. 雄球花 5. 雄蕊

四川、台湾、福建、广东、广西等地。

[习性]耐阴树种,喜温暖湿润气候。适生于深厚、肥沃、疏松的酸性沙质壤土,在贫瘠干旱土壤上生长极差。不耐修剪,不耐移植。种子忌暴晒。

[繁殖]播种或扦插繁殖。

[用途]竹柏树冠浓郁,树形美观,枝叶青翠而有光泽,四季常青。适于建筑物南侧、门庭入口、园路两边配置,还可丛植于林缘、池畔及疏林草地,是良好的庭荫树和行道树,也是城乡"四旁"绿化的优良树种。还是著名的木本油料树种,叶、树皮可药用。

(2) 罗汉松(土杉)*Podocarpus macrophyllus* (Thunb.) D. Don. {图[7]-2}

[识别要点]高达20m。树冠广卵形。树皮浅纵裂,枝叶稠密。叶条状披针形,长7~12cm,螺旋状排列,先端尖,基部楔形,两面中脉明显。种子卵圆形,长约1cm,熟时紫色,被白粉;肉质种托短柱状,红色或紫红色,有柄。花期4~5月,种子8月成熟。常见变种如下:

①狭叶罗汉松 var. *angustifolius* Bl. 灌木或小乔木。叶较窄,长5~9cm,宽3~6mm,先端渐窄成长尖头。

②短叶罗汉松 var. *maki* (Sieb.) Endl. 小乔木或灌木状,枝条向上斜展。叶短而密生,长2.5~7cm,宽3~7mm,先端钝或圆。

③小叶罗汉松(珍珠罗汉松) var. *maki* f. *condensatus* Makin 叶特短小,为珍贵的桩景树种。

[分布]产于江苏、浙江、福建、安徽、江西、湖南、四川、云南、贵州、广西、广东等地。在长江以南各地均有栽培。

[习性]喜光,耐半阴。喜温暖湿润气候,耐寒性较差。喜肥沃、湿润、排水良好的沙质壤土。萌芽力强,耐修剪。对有毒气体及病虫害均有较强的抗性。寿命长。

[繁殖]播种或扦插繁殖。

[用途]罗汉松树姿秀丽葱郁。可孤植于庭园或对植、列植于建筑物前,也可作盆景观赏。适于工矿及海岸绿化。

(3) 鸡毛松(异叶罗汉松、爪哇罗汉松)*Podocarpus imbricatus* Bl. {图[7]-3}

[识别要点]树高30m。叶二型,幼树、萌生枝或小枝顶端的叶钻状条形,长6~12mm,排成二列,形似鸡毛;老枝及果枝上的叶鳞形或钻形,覆瓦状紧密排列,长仅2~3mm。种子着生于枝顶,无梗,熟时假种皮红色,生于肥大肉质的红色种托上。花期4月,种子10月成熟。

[分布]产于台湾、海南、广东、广

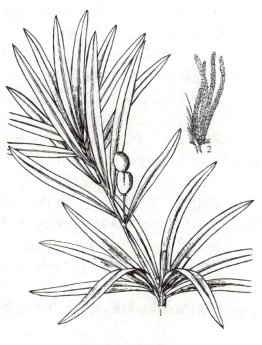

图[7]-2 罗汉松
1. 种子枝 2. 雄球花枝

西、云南等地。国家三级保护树种。

[习性]喜暖热气候，不耐寒。

[用途]鸡毛松枝叶秀丽，可供华南地区园林绿化及造林用。

[8]三尖杉科 Cephalotaxaceae

常绿乔木或灌木。髓心中部具树脂道，小枝常对生。叶条形或条状披针形，螺旋状着生，在侧枝基部扭转排列成二列；上面中脉隆起，下面有2条宽气孔带。球花单性，常异株；雄球花6~11聚生为头状，腋生，基部着生多数苞片；雌球花具长梗，通常生于苞腋，花梗上具数对交互对生的苞片，每苞腋有直生胚珠2，胚珠基部具囊状珠托。种子翌年成熟，核果状，全包于由珠托发育而成的假种皮内；外种皮骨质，内种皮膜质。

全世界共1属9种；我国有7种3变种，引栽1变种。

图[7]-3 鸡毛松
1. 种子枝 2. 线形叶 3. 鳞形叶
4. 种子及鳞叶枝

三尖杉属（粗榧属）Cephalotaxus Sieb. et Zucc. ex Endl.

形态特征同科。

(1)三尖杉(山榧树、三尖松)Cephalotaxus fortunei Hook. {图[8]-1}

[识别要点]高达20m。树冠广圆形。枝细长，稍下垂。叶条状披针形，略弯，长4~13cm，先端渐尖，叶基楔形。种子椭圆状卵形，熟时假种皮紫色或紫红色，顶端有小尖头。花期4月，种子8~10月成熟。

[分布]主产于长江流域及河南、陕西、甘肃的部分地区。

[习性]耐阴，喜温暖湿润气候，不耐寒，适生于富含有机质的湿润土壤，萌芽力强。

[用途]三尖杉可作庭荫树、背景树及绿篱，植于草坪边缘或与其他树种混植，也可修剪成各种姿态供观赏。

(2)粗榧(中国粗榧)Cephalotaxus sinensis (Rehd. et Wils.) Li {图[8]-2}

[识别要点]灌木或小乔木，高12m。叶条形，通常直，长2~5cm，先端渐尖，叶基圆形或圆截形。花期3~4月，种子10~11月成熟。

[分布]产于长江流域及其以南地区。

[习性]喜光。生长慢，萌芽力强，耐修剪，不耐移植。有一定耐寒性，北京引种栽培成功。

[用途]粗榧作基础种植，植于草坪边缘、林下或与其他树种混植。

[9]红豆杉科（紫杉科）Taxaceae

常绿乔木或灌木。叶条形或条状披针形。球花单性，常雌雄异株；雄球花单生于叶

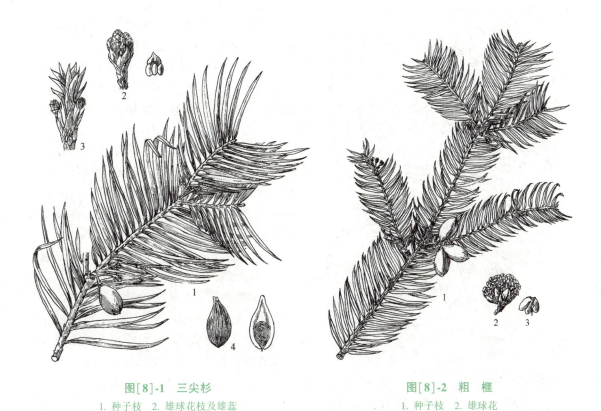

图[8]-1 三尖杉
1. 种子枝 2. 雄球花枝及雄蕊
3. 雌球花枝 4. 种子及纵剖面

图[8]-2 粗榧
1. 种子枝 2. 雄球花
3. 雄蕊

腋，或排成穗状花序或头状花序集生于枝顶，雄蕊多数；雌球花单生或成对生于叶腋，胚珠单生于顶部苞片发育的杯状、盘状或囊状珠托内，花后珠托发育成肉质假种皮，全包或部分包围种子。种子当年或翌年成熟。

全世界共5属约23种；我国共4属12种1变种。

1. 红豆杉属 *Taxus* L.

小枝不规则互生。叶条形，螺旋状着生，基部扭转成二列，上面中脉隆起，下面有2条气孔带。雌雄异株，球花单生于叶腋；雌球花具短梗或几无梗。种子坚果状，生于红色肉质的杯状假种皮内，上部露出。

全世界共11种；我国有4种1变种。

(1) 东北红豆杉（紫杉）*Taxus cuspidata* Sieb. et Zucc. {图[9]-1}

[识别要点]树高达20m。树冠卵形或倒卵形。枝平展或斜展。叶长1~2.5cm，宽2.5~3.0mm，先端突尖，通常直，在主枝上呈螺旋状排列，在侧枝上呈不规则的羽状排列；上面绿色，有光泽，叶背有2条淡黄绿色气孔带，中脉带上无角质乳头状突起。种子卵圆形，长约6mm，上部具3~4钝脊，顶端有小钝尖头，紫红色。花期5~6月，种子9~10月成熟。常见品种如下：

① '矮丛'紫杉（'枷罗木'）'Nana' 半球状矮生密丛灌木。

② '微型'紫杉 'Minima' 高度在15cm以下。

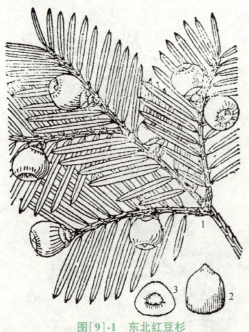

图[9]-1 东北红豆杉
1. 种子枝 2. 种子 3. 种子横剖面

[分布]产于黑龙江、松花江流域以南老爷岭、张广才岭及长白山,辽宁东部。

[习性]耐阴,耐寒性强。喜生于肥沃、湿润、疏松、排水良好的棕色森林土上,在积水地、沼泽地、岩石裸露地生长不良。浅根性。生长慢,耐修剪,寿命长。

[用途]东北红豆杉树形端正优美,枝叶茂密,浓绿如盖。耐寒,并有极强的耐阴性,是高纬度地区园林绿化的良好材料。在园林中可孤植、群植或列植,也可修剪成各种整形绿篱。

(2) 红豆杉(观音杉) *Taxus chinensis* (Pilger) Rehd.

[识别要点]与东北红豆杉的区别:叶长1~3.2cm,宽2~2.5mm,先端渐尖,叶缘微反曲;通常微弯,排成二列;叶下面有2条宽黄绿色或灰绿色的气孔带,中脉带上密生微小圆形角质乳头状突起,叶缘绿带极窄。种子扁卵圆形,上部渐狭,常具2钝棱脊。

[分布]分布于甘肃、陕西、四川、云南、贵州、湖北、湖南、广西、安徽等地。

[习性]喜温湿气候。

[用途]可供园林绿化用。

(3) 南方红豆杉(美丽红豆杉) *Taxus mairei* (Lemee et Levl.) S. Y. Hu ex Liu (*Taxus chinensis* var. *mairei* Cheng et L. K. Fu) {图[9]-2}

[识别要点]叶通常较宽、较长,多呈弯镰状,长2~3.5cm,宽3~4.5mm,叶缘不反曲,叶下面绿色边带较宽,中脉带上凸点较大,或无凸点。种子卵形或倒卵形,微具2纵棱脊。

[分布]产于长江流域以南各地。

[习性]喜气候较温暖的多雨之地。

(4) 曼地亚红豆杉 *Taxus × media* Rehder

以欧洲红豆杉为父本、东北红豆杉为母本的天然杂交种,20世纪90年代由美国引种于我国。常绿灌木;树皮赤褐色;枝条直立密生;叶条形排成两行,镰刀状;雌株秋季结出红色果实。具有紫杉醇

图[9]-2 南方红豆杉
1. 种子枝 2. 具杯状假种皮的种子 3. 种子
4、5. 雄球花枝及雄球花 6、7. 雌球花枝及雌球花

含量高、生长速度快、适应性强和抗性强等优点。

2. 榧树属 *Torreya* Arn.

乔木。小枝对生或近对生。叶交互对生或近对生,基部扭转排成二列;条形或条状披针形,坚硬,先端有刺状尖头,上面中脉不明显或微明显。雌雄异株,雄球花单生于叶腋,有短梗;雌球花2个对生于叶腋,无梗,每雌球花具胚珠1,直生于杯状的珠托上。种子核果状,大,全包于肉质假种皮内。

全世界共7种;我国有4种,引栽1种。

榧树(玉榧、野杉)*Torreya grandis* Fort. et Lindl. {图[9]-3}

[识别要点] 高达25m。树冠广卵形。1年生小枝绿色。叶条形直伸,上面绿色,有光泽,中脉不明显,下面有2条黄白色的气孔带。种子椭圆形或卵圆形,成熟时假种皮淡紫褐色,外被白粉。花期4月,种子翌年10月成熟。

[分布] 我国特有树种,产于江苏、浙江、福建、江西、贵州、安徽及湖南等地。

[习性] 耐阴。喜温暖、湿润、凉爽、多雾气候,不耐寒。宜深厚、肥沃、排水良好的酸性或微酸性土壤。在干旱瘠薄、排水不良、地下水位较高的地方生长不良。寿命长,抗烟尘。

[用途] 榧树树冠圆整,枝条繁密。适于孤植、列植、对植、丛植、群植。可作园景树,也可作背景树。为我国特有的观赏兼干果树种,可园林结合种子生产栽植。

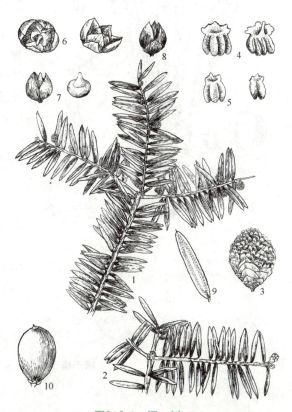

图[9]-3 榧 树
1. 雄球花枝 2. 枝叶 3. 雌球花 4、5. 雄蕊
6~8. 雌球花及胚珠 9. 叶 10. 种子

[10] 麻黄科 Ephedraceae

灌木、半灌木或草本状。次生木质部具导管;茎直立或匍匐,多分枝;小枝对生或轮生,绿色,圆筒状,具节。叶退化为膜质的鞘,对生或轮生,基部多少合生。雌雄异株,稀同株;球花具苞片2~8对,交互对生或2~8轮(每轮3枚);雄球花每苞片的腹面有1雄花,雄蕊2~8枚,花丝连合成1~2束;雌球花仅顶端1~3枚苞片有雌花,每雌花具1顶端开口的囊状假花被。种子1~3,当年成熟,熟时苞片肉质或干膜质,假花被发育成革质假种皮。

全世界仅 1 属约 40 种；我国有 12 种 4 变种。

麻黄属 *Ephedra* Tourn. ex L.

形态特征同科。

草麻黄（麻黄）*Ephedra sinica* Stapf｛图 [10]-1｝

[识别要点] 草本状灌木，高 20~40cm。木质茎短或匍匐状。小枝直伸或略曲，节间长 3~4cm。叶对生，鞘状。雄花序多呈复穗状，常具总柄；雌球花单生。种子通常 2，黑红或灰褐色，包于肉质的红色苞片内，不外露，或与肉质苞片等长。花期 5~6 月，种子 6~9 月成熟。

[分布] 产于河南、河北、陕西、山西、内蒙古、辽宁、吉林等地。

[习性] 性强健，耐寒。适应性强，在山坡、平原、干燥荒地及草原均能生长，常形成大面积的单纯群体。

[用途] 草麻黄茎绿色，四季常青。宜丛植于假山、岩石园、坡地。可作地被植物，固沙保土。

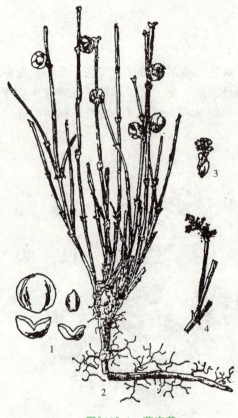

图 [10]-1 草麻黄
1. 种子及苞片 2. 成熟的雌球花及植株
3. 雄花 4. 雄花枝

 现场教学

裸子植物识别与应用现场教学

现场教学安排	内　容
教学目标	通过现场教学，使学生认识园林中裸子植物的绿化特点、各科的区别及园林绿化中存在的问题
教学地点	校园、树木园等有裸子植物生长的地点
教学组织	1. 教师引导学生观察。 2. 学生观察并讨论。 3. 教师总结并布置作业
教学内容	1. 观察科、种。 （1）苏铁科　Cycadaceae 苏铁　*Cycas revoluta* （2）银杏科　Ginkgoaceae 银杏　*Ginkgo biloba* （3）南洋杉科　Araucariaceae 南洋杉　*Araucaria cunninghamii*

(续)

现场教学安排	内　　容
教学内容	(4) 松科　Pinaceae 油杉　*Keteleeria fortunei*　　铁坚杉　*Keteleeria davidiana*　　日本冷杉　*Abies firma* 金钱松　*Pseudolarix kaempferi*　雪松　*Cedrus deodara*　　华山松　*Pinus armandii* 日本五针松　*Pinus parviflora*　白皮松　*Pinus bungeana*　赤松　*Pinus densiflora* 马尾松　*Pinus massoniana*　　黑松　*Pinus thunbergii*　　湿地松　*Pinus elliottii* 火炬松　*Pinus taeda* (5) 杉科　Taxodiaceae 杉木　*Cunninghamia lanceolata*　柳杉　*Cryptomeria fortunei*　日本柳杉　*Cryptomeria japonica* 水松　*Glyptostrobus pensilis*　　落羽杉　*Taxodium distichum* 墨西哥落羽杉　*Taxodium mucronatum*　　　　　　　　　池杉　*Taxodium ascendens* 水杉　*Metasequoia glyptostroboides* (6) 柏科　Cupressaceae 侧柏　*Platycladus orientalis*　　香柏　*Thuja occidentalis*　日本花柏　*Chamaecyparis pisifera* 日本扁柏　*Chamaecyparis obtusa*　柏木　*Cupressus funebris*　福建柏　*Fokienia hodginsii* 圆柏　*Sabina chinensis*　　　　'龙柏'　*Sabina chinensis* 'Kaizuca'　'塔柏'　*Sabina chinensis* 'Pyramidalis' 铅笔柏　*Sabina virginiana*　　刺柏　*Juniperus formosana*　杜松　*Juniperus rigida* (7) 罗汉松科(竹柏科)　Podocarpaceae 罗汉松　*Podocarpus macrophyllus* (8) 三尖杉科　Cephalotaxaceae 三尖杉　*Cephalotaxus fortunei*　　粗榧　*Cephalotaxus sinensis* (9) 红豆杉科(紫杉科)　Taxaceae 南方红豆杉　*Taxus mairei*　　　榧树　*Torreya grandis* (10) 麻黄科　Ephedraceae 草麻黄　*Ephedra sinica* 2. 观察内容提示。 (1) 松科 叶：叶形、气孔线(带)；松属的鳞叶，下延或不下延、脱落或宿存；叶鞘及针叶数目等。 球果：种鳞、苞鳞、每种鳞种子数目；种子有无翅；松属种鳞的鳞脐、鳞盾等。 (2) 杉科 叶：叶互生或对生。 球果：种鳞和苞鳞构造等。 (3) 柏科 叶：鳞形或刺形，是否下延生长；生鳞叶小枝扁平或圆。 球果：是否形成球果；球果开裂或浆果状；种鳞扁平或盾状。
课外作业	1. 编制金钱松、雪松、马尾松、柳杉、水杉、池杉、杉木分种检索表。 2. 描述当地常见园林绿化树种的形态特征。 3. 描述松、杉、柏三科的形态特征，比较三科的异同点。 4. 编制当地常见柏科树种的分种检索表

知识拓展

裸子植物常用形态术语(图 2-1)

裸子植物属木本植物，由于分类上所应用的术语不能概括前面所述各个部分，因此将裸子植物常用形态术语单列一项，介绍如下：

1. 球花

雄球花　由多数雄蕊着生于中轴上所形成的球花，相当于小孢子叶球。雄蕊相当于小孢子叶。花药(即花粉囊)相当于小孢子囊。

雌球花　由多数着生胚珠的鳞片组成的花序，相当于大孢子叶球。

珠鳞　松、杉、柏等科树木的雌球花上着生胚珠的鳞片，相当于大孢子叶。

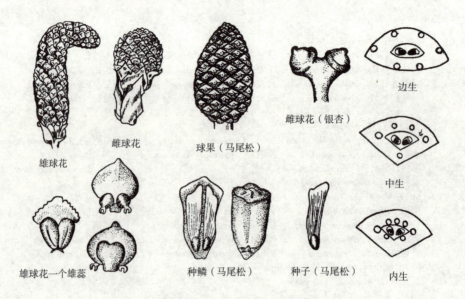

图 2-1　裸子植物常用形态术语

珠座　银杏的雌球花顶部着生胚珠的变形种鳞。

珠托　红豆杉科树木的雌球花顶部着生胚珠的鳞片，通常呈盘状或漏斗状。

套被　罗汉松属树木的雌球花顶部着生胚珠的鳞片，通常呈囊状或杯状。

苞鳞　承托雌球花上珠鳞或球果上种鳞的苞片。

2. 球果

松、杉、柏科树木的成熟雌球花，由多数着生种子的鳞片（即种鳞）组成。

种鳞　球果上着生种子的鳞片，又称果鳞。

鳞盾　松属树木种鳞上部露出的部分，通常肥厚。

鳞脐　鳞盾顶端或中央凸起或凹陷的部分。

3. 叶

松属树木的叶有两种：原生叶螺旋状着生，幼苗期扁平条形，后变成膜质苞片状鳞片，基部下延或不下延；次生叶针形，2、3或5针一束，生于原生叶腋部不发育短枝的顶端。

气孔线　叶上面或下面的气孔纵向连续或间断排列成的线。

气孔带　由多条气孔线紧密并生所连成的带。

中脉带　条形叶下面2条气孔带之间凸起或微凸起的绿色中脉部分。

边带　气孔带与叶缘之间的绿色部分。

树脂道　叶内含有树脂的管道。靠表皮下层细胞着生的为边生，位于叶肉薄壁组织中的为中生，靠维管束鞘着生的为内生，也有位于表皮下层细胞及内皮层之间形成分隔的。

小结

园林树木均属于种子植物中的木本植物。种子植物最突出的特征是有种子，通过有性生殖过程产生种子，以种子繁殖后代，区别于孢子植物。种子植物分裸子植物和被子植物，被子植物又分双子叶植物和单子叶植物。裸子植物的主要特点是：乔木或灌木，稀木质藤本；

木质部具管胞，稀具导管；叶通常为针形、鳞形、条形、披针形，稀为扇形，多呈旱生结构；球花单性，雌雄同株或异株，胚珠裸露，不为子房所包围；种子有胚乳，胚直伸，子叶一至多数。裸子植物历经了古生代、中生代和新生代，繁盛期是中生代，经过新生代第四纪冰川时期保留下来，繁衍至今。全世界共4纲9目12科71属约800种，我国有4纲8目11科41属236种47变种。本单元主要介绍全国裸子植物重要科园林树木的常用中文名、学名、识别要点、分布、习性、繁殖及其在园林中的应用，为园林类专业课程的学习打下良好的基础。

思考题

一、填空题

1. 裸子植物的叶形多为（　　）、（　　）、（　　）、（　　）。
2. 银杏的叶形为（　　），在长枝上（　　）生、短枝上（　　）生。
3. 松科植物的叶形多为（　　）、（　　）和（　　）。
4. （　　）科植物雌球花的珠鳞和苞鳞呈离生状。
5. 球果种鳞顶端有鳞盾和鳞脐的是（　　）科（　　）属植物。
6. （　　）属植物通常具有针叶束生现象。
7. 中国柳杉的叶形为（　　），水杉的叶形为（　　）。
8. 金钱松的叶形为（　　），球果种鳞成熟后会（　　）。
9. （　　）科和（　　）科植物球果的种鳞和苞鳞为合生或半合生。
10. 柏科植物的叶形有（　　）和（　　）。
11. 柏科植物的叶序有（　　）和（　　）。
12. 侧柏的叶形为（　　），叶序为（　　）。
13. 圆柏的幼树为（　　），叶序为（　　）。
14. 四季常绿，叶条形，种子着生于红色肉质杯状假种皮中的应是（　　）科（　　）属植物。

二、比较题

1. 油杉与铁坚杉
2. 金钱松与雪松
3. 黑松与马尾松
4. 侧柏与柏木
5. 圆柏与刺柏
6. 水杉与落羽杉

三、简答题

1. 简述裸子植物的主要形态特征及裸子植物与被子植物的主要区别。
2. 球果由哪几部分构成？哪些科的雌球花发育成球果？松科、杉科和柏科的主要区别是什么？
3. "世界五大庭园树种"是什么？列出我国特有的活化石树种。
4. 编制你所在地区松科主要属分属检索表。
5. 编制你所在地区柏科主要属分属检索表。
6. 比较冷杉属与云杉属在形态上的异同。
7. 比较落叶松属与雪松属在形态上的异同。
8. 比较红松、华山松、日本五针松在形态上的异同。
9. 比较油松、赤松、樟子松、马尾松、黑松、湿地松在形态上的异同。

10. 比较柳杉与日本柳杉在形态上的主要区别。
11. 比较落羽杉属与水杉属的主要形态区别。
12. 比较圆柏属与刺柏属的主要形态区别。
13. 比较罗汉松、紫杉、三尖杉的主要形态区别。
14. 圆柏在园林配置时应注意什么？
15. 按下列要求选择树种：适合在沼泽地种植的树种，适宜在石灰岩山地或钙质土种植的绿化树种，适宜在干旱瘠薄的立地条件下种植的树种；极喜光树种，极耐阴树种。
16. 列出你所在地区的重要裸子植物。
17. 举例说明你所在地区重要裸子植物的作用。

数字资源

单元 3
双子叶植物识别与应用

学习目标

【知识目标】
(1) 掌握双子叶植物及其各科的主要特征。
(2) 掌握双子叶植物重要属及种的识别要点、分布及习性。
(3) 掌握双子叶植物在园林中的应用。

【技能目标】
(1) 能根据双子叶植物的主要形态特征，利用检索表鉴定树种。
(2) 能利用双子叶植物的专业术语描述当地常见园林树木的识别要点，正确识别常见园林树种。
(3) 能熟练选择双子叶植物中的耐湿树种或耐旱树种，常绿树种或落叶树种，常色叶树种或变色叶树种，以及观叶、观花或观果树种等，将其科学、艺术地配置在园林绿地中，形成适宜的植物景观，达到美化、绿化、彩化和香化园林绿地的目的。

[11] 木兰科 Magnoliaceae

乔木或灌木，稀木质藤本，常绿或落叶。单叶互生，全缘，稀浅裂。托叶大，包被幼芽，脱落后在枝上留有环状托叶痕。花两性或单性，单生，萼片3，常为花瓣状，花瓣6或更多，稀缺乏；雄蕊多数，螺旋状排列；心皮多数离生，螺旋状排列。聚合果，多由蓇葖果组成，稀为带翅坚果。

全世界共14属250种，产于亚洲和北美洲的温带至热带；中国约11属90种。

分属检索表

1. 叶全缘；聚合蓇葖果。
  2. 花顶生，雌蕊群无柄。
    3. 每心皮具2胚珠 ·· 木兰属 *Magnolia*
    3. 每心皮具4以上胚珠 ··· 木莲属 *Manglietia*
  2. 花腋生，雌蕊群明显具柄。
    4. 心皮部分不发育，分离 ·· 含笑属(白兰花属) *Michelia*

4. 心皮全部发育，合生或部分合生 ················· 观光木属 *Tsoongiodendron*
　1. 叶有裂片；聚合带翅坚果 ······························· 鹅掌楸属 *Liriodendron*

1. 木兰属 *Magnolia* L.

乔木或灌木，落叶或常绿。单叶互生，全缘。花两性，大而美丽，具芳香，单生于枝顶；萼片3，常花瓣状，花瓣6~12；雌蕊群无柄，稀有短柄，胚珠2。蓇葖果聚合成球果状，各具1~2粒种子。种子有红色假种皮，成熟时悬挂于丝状种柄上。

全世界本属约90种；中国约30种。多数为观赏树种。

分种检索表

1. 花先于叶开放或花叶同放。
　2. 花叶同放；萼片3，绿色，披针形，长约为花瓣的1/3；花瓣6，紫色 ····· 木兰 *M. liliflora*
　2. 花先于叶开放。
　　3. 萼片与花瓣相似，共9枚，纯白色 ···························· 玉兰 *M. denudata*
　　3. 萼片3，花瓣状；花瓣6，外面略呈玫瑰红色，内面白色 ····· 二乔玉兰 *M. soulangeana*
1. 花于叶后开放。
　4. 落叶性。
　　5. 叶较大，长15cm以上，侧脉20~30对。
　　　6. 叶端圆钝 ·· 厚朴 *M. officinalis*
　　　6. 叶端凹入成二浅裂状 ·························· 凹叶厚朴 *M. officinalis* var. *biloba*
　　5. 叶较小，长6~12cm，侧脉6~8对 ···························· 天女花 *M. sieboldii*
　4. 常绿性。
　　7. 叶背粉白色，托叶痕延至叶柄顶部 ······························ 山玉兰 *M. delavayi*
　　7. 叶背密被锈褐色茸毛，叶柄上无托叶痕 ··············· 广玉兰 *M. grandiflora*

(1) 木兰（紫玉兰、辛夷）*Magnolia liliflora* Desr. {图[11]-1}

[识别要点]落叶灌木，高3m。小枝紫褐色。顶芽卵形。叶椭圆状倒卵形，先端渐尖，背面脉上有毛，托叶痕长为叶柄的1/2。花叶同放，花大；花瓣6，外面紫色，内面近白色；萼片3，黄绿色，披针形，早落。聚合蓇葖果圆柱形，果柄无毛。花期3~4月，果9~10月成熟。

[分布]原产于中国中部，现除严寒地区外全国各地都有栽培。

[习性]喜光，不耐严寒。喜肥沃、湿润、排水良好的土壤，在过于干燥及碱土、黏土上生长不良。根系发达，萌芽力强，但肉质根怕积水。

[繁殖]扦插、压条、分株或播种繁殖。

[用途]木兰花大色艳，是传统的名贵花木。花蕾

图[11]-1 木 兰
1. 花枝　2. 果枝　3. 雌蕊群
4. 雌、雄蕊群　5. 雄蕊

形大似笔头，故有"木笔"之称。宜配置于庭院，或丛植于草地边缘。花及花蕾可药用。

(2) 玉兰(白玉兰、望春花)
Magnolia denudata Desr. {图[11]-2}

[识别要点]落叶乔木。幼枝及芽均有毛。花芽大，密被灰黄色长绢毛。叶倒卵状长椭圆形，长10~15cm，先端突尖，基部宽圆形。托叶痕为叶柄长的1/4~1/3。花大，有芳香，纯白色，花萼、花瓣相似，共9枚。花期3月，叶前开放；果9~10月成熟。

[分布]原产于中国中部山野中，现国内外庭园常见栽培。

[习性]喜光，稍耐阴，颇耐寒。喜肥沃、适当湿润而排水良好的弱酸性(pH 5~6)土壤，但也能生长于碱性(pH 7~8)土壤中。根肉质，忌积水低洼处。生长速度较慢。

[繁殖]播种、压条或嫁接繁殖。

图[11]-2 玉 兰
1. 花枝 2. 枝叶

[用途]玉兰花大，洁白而芳香，是我国著名的早春花木。早春叶前开花，满树皆白，晶莹如玉，幽香似兰，故而得名。宜植于厅前、院后，配置西府海棠、牡丹、桂花，象征"玉堂富贵"。若丛植于草坪或针叶树丛之前，则能形成春光明媚的景色。现为上海市市花。也可药用。

(3) 二乔玉兰(朱砂玉兰) *Magnolia soulangeana* (Lindl.) Soul.-Bod.

本种与玉兰的主要区别为：萼片3，花瓣状；花瓣6，外面淡紫红色，内面白色。花期与玉兰相近。为玉兰与木兰的天然杂交种。有较多的变种与品种。

(4) 厚朴 *Magnolia officinalis* Rehd. et Wils. {图[11]-3}

[识别要点]落叶乔木，高15~20m。树皮紫褐色，有凸起圆形皮孔。冬芽大，有黄褐色茸毛。叶簇生于枝端，倒卵状椭圆形，叶大，长30~45cm，叶表光滑，叶背有白粉，网状脉上密生有毛，叶柄粗，托叶痕达叶柄中部以上。花顶生，白色，有芳香。聚合果圆柱形。花期5月，先叶后花；果9月下旬成熟。常见变种有：

凹叶厚朴 var. *biloba* Rehd. et Wils. 与厚朴相似，区别在于凹叶厚朴叶先端有凹口。

[分布]产于长江流域和陕西、甘肃南部。

[习性]喜光，喜湿润而排水良好的酸性土壤。

[用途]厚朴叶大荫浓，可作庭荫树。皮及花可入药。

(5) 天女花(小花木兰) *Magnolia sieboldii* Sieb. et Zucc. {图[11]-4}

[识别要点]落叶小乔木。小枝及芽有柔毛。叶椭圆形或倒卵状长圆形，较小，长6~12cm，叶背有白粉和短柔毛。花单生，花瓣白色，6枚，有芳香；花萼淡粉红色，3

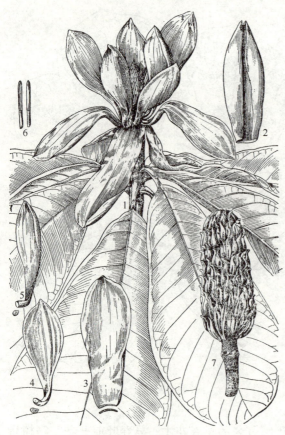

图[11]-3 厚朴
1. 花枝 2. 花芽苞片 3~5. 3轮花被片
6. 雄蕊 7. 聚合果

叶厚革质，倒卵状长椭圆形，先端钝，表面具光泽，背面密被铁锈色柔毛，叶缘微波状，叶柄粗。花白色，芳香，极大，径达20~25cm。花期5~8月，果熟期10月。常见变种有：

狭叶广玉兰 var. *lanceolata* Ait. 叶狭披针形，叶缘不呈波状，叶背锈色浅淡，毛较少。耐寒性较强。

[分布]原产于北美东部。中国长江流域至珠江流域的园林中常见栽培。

[习性]喜阳光，也颇耐阴。喜温暖湿润气候，有一定的耐寒力。抗烟尘和二氧化硫。生长速度中等。

[繁殖]播种、扦插、压条及嫁接繁殖。

枚，反卷；花柄细长。花期6月，果熟期9月。

[分布]产于我国安徽、江西、广西、辽宁。朝鲜、日本也有分布。

[习性]喜凉爽湿润气候和肥沃、湿润土壤。多生于阴坡湿润山谷。

[用途]天女花花色娇艳，形如荷花，花柄颇长，盛开时随风飘荡、芬芳扑鼻，有若天女散花，极其美观。可配置于庭院或列植于草坪边缘。花可入药。

(6) 山玉兰 (优昙花、山波罗)
Magnolia delavayi Franch. {图[11]-5}

[识别要点]常绿乔木。小枝暗绿色。叶卵形至卵状长圆形，端钝圆，基部宽圆，常被毛和白粉；托叶痕延至叶柄顶端。花乳白色，花大，径15~20cm。花期4~6月，果期8~10月。

(7) 广玉兰 (荷花玉兰、洋玉兰)
Magnolia grandiflora L. {图[11]-6}

[识别要点]常绿乔木，高达30m。

图[11]-4 天女花
1. 花枝 2. 聚合果

图[11]-5 山玉兰
1. 花枝　2. 聚合果　3. 蓇葖果　4. 种子

图[11]-6 广玉兰
1. 花枝　2. 聚合果　3. 种子

[用途]广玉兰叶厚而有光泽，花大而芳香，树姿雄伟壮丽，绿荫浓密，为珍贵的园林树种。其聚合果成熟后，蓇葖开裂露出鲜红色的种子，也颇美观。宜孤植在草坪上或列植于道路两侧或作背景树。

2. 木莲属 *Manglietia* Bl.

常绿乔木。花两性，顶生；花被片常9枚，排成3轮；雄蕊多数；雌蕊群无柄，心皮多数，螺旋状排列于一延长的花托上，每心皮有胚珠4或更多。聚合果近球状；蓇葖果成熟时木质，顶端有喙，背裂为2瓣。

全世界共约30种，分布于亚洲亚热带及热带；中国约20种。

木莲 *Manglietia fordiana* (Hemsl.) Oliv. {图[11]-7}

[识别要点]树高20m。嫩枝有褐色绢毛。叶厚革质，长椭圆状披针形，长8~17cm，先端尖，基部楔形；叶柄红褐色。花白色，单生于枝顶。聚合果卵形，蓇葖肉质，深

图[11]-7 木莲
1. 花枝　2~4. 3轮花被片　5. 雄蕊　6. 雄、雌蕊　7. 聚合果

红色，成熟后木质、紫色，表面有疣点。花期5月，果熟期10月。

[分布]分布于长江以南地区。常散生于海拔1000~2000m的阔叶林中。

[习性]幼年耐阴，后喜光。喜温暖湿润的酸性土。

[繁殖]播种或嫁接繁殖。

[用途]木莲枝繁叶茂，初夏开花，美丽动人。可作园林绿化树种，树皮、果实可入药。

3. 含笑属(白兰花属)Michelia L.

常绿乔木或灌木。花腋生，具芳香，萼片花瓣状，花被片6~21，排为2~3轮；雌蕊群有柄，胚珠2枚至多数。聚合果中有部分蓇葖果不发育，自背部开裂。种子2至数粒，红色或褐色。

全世界约60种；我国有35种。

分种检索表

1. 叶柄上有托叶痕。
　2. 叶柄短于0.5cm；花被片6，2轮。
　　3. 花被片边缘带红色或紫红色 ································· 含笑 M. figo
　　3. 花淡黄色 ·· 野含笑 M. skinneriana
　2. 叶柄长于0.5cm；花被片10~20，3~4轮。
　　4. 叶薄革质，网脉稀疏。
　　　5. 花白色；托叶痕短于叶柄长的1/2 ··············· 白兰花 M. alba
　　　5. 花橙黄色；托叶痕长于叶柄长的1/2 ··············· 黄兰 M. champaca
　　4. 叶革质，网脉致密，干时两面凸起 ············· 峨眉含笑 M. wilsonii
1. 叶柄上无托叶痕。
　6. 芽、幼枝、叶下面均无毛 ································· 深山含笑 M. maudiae
　6. 芽、幼枝、叶下面被平伏短茸毛 ················· 醉香含笑 M. macclurei

(1) 含笑(香蕉花)Michelia figo (Lour.) Spreng. {图[11]-8}

[识别要点]灌木或小乔木，高2~5m。分枝紧密，小枝有锈褐色茸毛。叶革质，倒卵状椭圆形，长4~10cm；叶柄极短，长仅4mm，密被粗毛。花直立，淡黄色而瓣缘常晕紫，香味似香蕉味，花径2~3cm；花被片6，肉质，较肥厚，长椭圆形。蓇葖果卵圆形，先端呈鸟嘴状，外有疣点。花期3~4月，果期7~8月。

[分布]原产于华南山坡杂木林中。现从华南至长江流域各地均有栽培。

[习性]喜弱阴，不耐暴晒和干燥，否则叶易变黄。喜暖热多湿气候及酸性土壤，不耐石灰质土壤。有一定耐寒力，对氯气有较强抗性。

[繁殖]以扦插繁殖为主。

[用途]含笑为著名芳香花木，适于在小游园、公园或街道上成丛种植，可配置于草坪边缘或稀疏林丛之下。除供观赏外，花也可熏茶用。

(2) 野含笑 Michelia shinneriana Dunn

本种与含笑的主要区别：乔木，高达15m；叶较大，长7~11cm，先端渐尖，基部楔形；花淡黄色，芳香。

(3) 白兰花 (缅桂、白兰) *Michelia alba* DC. {图[11]-9}

[识别要点] 树高达17m。新枝及芽有白色绢毛,老时毛渐脱落。叶薄革质,长圆状椭圆形或椭圆状披针形,长10~25cm,托叶痕不及叶柄长的1/2。花白色,极芳香,花瓣披针形,10枚以上。4月下旬至9月下旬开花不绝。

[分布] 原产于印度尼西亚等。中国华南各地多有栽培,在长江流域及华北有盆栽。

[习性] 喜阳光充分、暖热多湿气候及肥沃、富含腐殖质而排水良好的微酸性沙质壤土。不耐寒。根肉质,怕积水。

图[11]-8 含笑
1. 花枝 2、3. 两轮花被片 4. 雌蕊群 5. 雄蕊

[繁殖] 可扦插、压条或嫁接繁殖。砧木用玉兰或木兰。

[用途] 白兰花为著名香花树种。在华南多作庭荫树及行道树,是芳香类花园的良好树种。花朵常作襟花佩戴,极受欢迎。

(4) 黄兰 (黄缅兰、黄玉兰) *Michelia champaca* L.

本种与白兰花的主要区别:花橙黄色,极芳香;托叶痕达叶柄中部以上,叶下面被长绢毛。

(5) 峨眉含笑 *Michelia wilsonii* Finet et Gagnep.

[识别要点] 树高达20m。幼嫩部分被淡褐色平伏短毛。小枝绿色,皮孔明显凸起。叶倒卵形或倒披针形,网脉细密,干时两面凸起;叶柄长1.5~4cm。花黄色,芳香。花期3~5月,果期8~9月。

(6) 深山含笑 (光叶白兰花) *Michelia maudiae* Dunn {图[11]-10}

[识别要点] 树高达20m。全株无毛。顶芽窄葫芦形,被白粉。叶宽椭圆形,长7~18cm,叶表深绿色,叶背有白粉,中脉隆起,网脉明显。花大,白色,芳香。聚合果长10~12cm。种子斜卵形。花期2~3月,果9~10月成熟。

图[11]-9 白兰花
1. 花枝 2. 叶下柔毛 3. 雄蕊群
4. 雌蕊群 5. 心皮及子房纵剖面 6. 花瓣

[分布]产于浙江、福建、湖南、广东、广西、贵州。

[习性]喜阴湿、肥沃的酸性土壤。

[用途]深山含笑枝叶光洁,花大而早开,可植于庭园供观赏。花可药用,还可提取芳香油。

(7) 醉香含笑(火力楠) *Michelia macclurei* Dandy

[识别要点]树高达 20m。幼枝、芽、叶柄、花梗均被锈褐色绢毛。叶厚革质,倒卵形,无托叶痕。花被片 9~12,白色。花期 3~4 月,果期 9~11 月。

4. 观光木属 *Tsoongiodendron* Chun.

常绿乔木。叶全缘,托叶与叶柄贴生。花腋生,花被片 9,每轮 3;花药侧裂;雌蕊群不伸出雄蕊群,具雌蕊群柄,心皮受精后全部合生,胚珠 12~16。聚合蓇葖果表面弯拱起伏,果大,二列叠生,木质,横裂。外种皮肉

图[11]-10 深山含笑
1. 果枝 2. 花 3. 花局部(示雄蕊群和雌蕊群)
4. 雄蕊 5. 心皮 6~8. 内、中、外 3 轮花被片
9. 佛焰苞状苞片

质、红色,内种皮脆壳质。

我国特有属,仅 1 种。

观光木(香花木) *Tsoongiodendron odorum* Chun. {图[11]-11}

[识别要点]树高达 25m。小枝、芽、叶柄、叶下面和花梗均被棕色糙伏毛。叶倒卵状椭圆形,叶柄长 1.2~2.5cm,托叶痕几达叶柄中部。花白色,花梗长约 6mm。聚合果长椭圆形。花期 3~4 月,果期 9~10 月。

[分布]产于福建、江西南部、广东、海南、广西及云南东南部。

[习性]喜光,幼树耐阴。喜温暖湿润气候及深厚、肥沃土壤。

[繁殖]播种繁殖。

[用途]树干挺直,树冠浓密,花多,具芳香,宜作庭园绿化树和行道树。

图[11]-11 观光木
1. 花枝 2. 雄蕊群(部分)和雌蕊群 3. 种子
4. 聚合果 5. 雄蕊 6~8. 内、中、外 3 轮花被片

5. 鹅掌楸属 *Liriodendron* L.

落叶乔木。冬芽外被2片鳞状托叶。叶马褂形,叶端平截或微凹,两侧各具1~2裂,托叶痕不延至叶柄。花两性,单生于枝顶,萼片3,花瓣6,胚珠2。聚合果纺锤形,由具翅小坚果组成。

本属现仅存2种,中国1种,北美1种。

> **分种检索表**
> 1. 叶两侧通常1裂,向中部凹入较深,老叶背面有白色乳头状突起 ………… 鹅掌楸 *L. chinense*
> 1. 叶两侧各有1~2(3)裂,不向中部凹入,老叶背面无白粉 ………… 美国鹅掌楸 *L. tulipifera*

(1) 鹅掌楸(马褂木) *Liriodendron chinense* Sarg. {图[11]-12}

[识别要点]树高达40m,树冠圆锥状。小枝灰褐色。叶马褂形,长12~15cm,两侧各有1裂,向中部缩入,老叶背部有白色乳头状突起。花黄绿色,外轮绿色。聚合果,长7~9cm,翅状小坚果,先端钝或钝尖。花期5~6月,果10月成熟。

[分布]产于浙江、江苏、安徽、江西、湖南、湖北、四川、贵州、广西、云南等地。越南北部也有分布。

[习性]喜光,喜温暖湿润气候,有一定的耐寒性。喜深厚、肥沃、湿润而排水良好的酸性或微酸性(pH 4.5~6.5)土壤,在干旱土地上生长不良,忌低湿水涝。生长速度快。对空气中的二氧化硫有中等抗性。

[繁殖]播种繁殖。

[用途]鹅掌楸树形端正,叶形奇特,花淡黄绿色,美而不艳,秋叶呈黄色,是优美的庭荫树和行道树。孤植、丛植、列植、片植均可。国家二级保护树种。

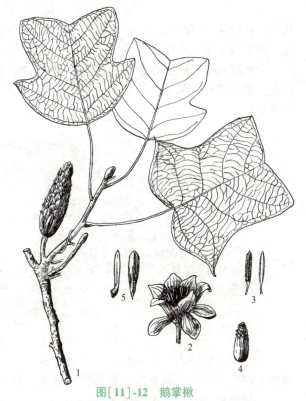

图[11]-12 鹅掌楸
1. 果枝 2. 花 3. 雄蕊 4. 雌蕊群 5. 具翅小坚果

(2) 北美鹅掌楸(美国鹅掌楸) *Liriodendron tulipifera* L. {图[11]-13}

[识别要点]小枝紫褐色。叶鹅掌形,长7~12cm,两侧各有1~2裂,偶有3~4裂,裂凹浅平,老叶背面无白粉。花较大。聚合果较粗壮,翅状小坚果的先端尖或突尖。花期5~6月,果10月成熟。

[分布]原产于北美,世界各国多植为园林树种。青岛、南京、上海、杭州等地有栽培。

[习性]耐寒性比鹅掌楸强。生长速度快,寿命长。对病虫的抗性极强。

图[11]-13 北美鹅掌楸

[用途]北美鹅掌楸花朵较鹅掌楸美丽，树形更高大，为著名的庭荫树和行道树种。每当秋季，叶变金黄色，是秋色树种之一。

杂交鹅掌楸 L. chinense × L. tulipifera 为以上两种的杂交种，叶形变异较大，花黄白色。杂种优势明显，生长势超过亲本，10年生植株高可达18m，胸径达25~30cm。耐寒性强，在北京生长良好。

[12]樟科 Lauraceae

乔木或灌木。具油细胞，有香气。单叶互生，稀对生或轮生，全缘，稀有裂，无托叶。花小，两性或单性，伞形、总状或圆锥花序；花被片6或4，2轮；雄蕊3~4轮，每轮3，花药2~4室，瓣裂；子房上位，1室，1胚珠。核果或浆果。种子无胚乳。

全世界约45属2000余种；我国有20属400余种，多分布于长江以南温暖地区，以西南、华南最盛。本科树种多为我国南方常绿阔叶林中常见的建群种及优良用材或特种经济树种。

分属检索表

1. 花序总状或圆锥状。
   2. 常绿性，聚伞状圆锥花序。
      3. 花被片脱落，叶三出脉或羽状脉，果生于肥厚果托上 ……………… 樟属 Cinnamomum
      3. 花被片宿存，叶为羽状脉，花柄不增粗。
         4. 花被片薄而长，向外开展或反曲 ……………………………… 润楠属 Machilus
         4. 花被片厚而短，直立或紧抱果实基部 ……………………………… 楠木属 Phoebe
   2. 落叶性，总状花序，花药4室 ……………………………………… 檫木属 Sassafras
1. 花序伞形 ………………………………………………………………… 山胡椒属 Lindera

1. 樟属 Cinnamomum Bl.

常绿乔木或灌木。叶互生，稀对生，全缘，离基三出脉或羽状脉，脉腋常有腺体。圆锥花序，花两性，稀单性，花被裂片早落。浆果状核果具果托。

全世界约250种；中国约50种。

分种检索表

1. 果时花被片脱落，芽鳞明显，覆瓦状排列；叶互生，羽状脉或离基三出脉，脉腋带有腺窝。
   2. 老叶两面被毛，羽状脉；小枝叶下面及花序密被白色绢毛；果托盘状 …… 银木 C. septentrionale
   2. 老叶两面无毛或近无毛，叶干时不为黄绿色；花序无毛。
      3. 叶下面侧脉脉腋具腺窝。
         4. 离基三出脉，叶卵状椭圆形或卵形 ……………………………… 樟树 C. camphora
         4. 羽状脉，叶多为椭圆形 ………………………………………… 云南樟 C. glanduliferum

3. 叶下面侧脉脉腋无腺窝，羽状脉 ·· 黄樟 C. porrectum
1. 果时花被片宿存，芽鳞少数，对生；叶对生或近对生，三出脉或离基三出脉，脉腋无腺窝。
　　5. 叶无毛或幼时略被毛，后脱落近无毛；花序多花，近总状或圆锥状。
　　　　6. 果托边缘平，波状或不规则齿裂；叶卵状长圆形或长圆状披针形 ······ 浙江樟 C. chekiangense
　　　　6. 果托具整齐 6 齿裂 ·· 阴香 C. burmanii
　　5. 叶幼时两面或下面被毛，老叶下面多少被毛。
　　　　7. 全株被灰白色柔毛或绢毛；叶卵状长圆形，基部渐窄，沿叶柄下延；花梗丝状 ··········
　　　　　 ·· 川桂 C. wilsonii
　　　　7. 全株被暗黄色、黄褐色或锈色短柔毛或短茸毛。
　　　　　　8. 幼枝被茸毛或短茸毛，叶下面横脉不明显，叶下面和花序被黄色短茸毛 ····· 肉桂 C. cassia
　　　　　　8. 幼枝被平伏绢状短柔毛，叶下面和花序被平伏绢状短柔毛 ········· 香桂 C. subavenium

（1）樟树（香樟）*Cinnamomum camphora* (L.) Presl. ｛图［12］-1｝

[识别要点]树高达 50m。树冠广卵形。树皮幼时绿色，光滑；老时灰褐色，纵裂。叶互生，卵状椭圆形，长 5~8cm，离基三出脉，脉腋有腺体，全缘，两面无毛，背面灰绿色。圆锥花序腋生于新枝，花被淡黄绿色，6 裂。核果球形，熟时紫黑色，果托盘状。花期 5 月，果 9~11 月成熟。

[分布]产于长江流域以南，尤以江西、浙江、福建、台湾最多。

[习性]喜光，稍耐阴。喜温暖湿润气候，耐寒性不强。对土壤要求不严，但以深厚、肥沃、湿润的微酸性黏质土最好，较耐水湿，不耐干旱瘠薄和盐碱土。主根发达，深根性，能抗风。萌芽力强，耐修剪，寿命长。有一定耐烟尘和有毒气体的能力，能吸收多种有毒气体，较能适应城市环境。

[繁殖]以播种繁殖为主，育苗时应移植以培育侧根。

[用途]樟树枝叶茂密，冠大荫浓，树姿雄伟，是城市绿化的优良树种，广泛用作庭荫树、行道树、防护林及风景林。配置于水边、山坡、平地，无不相宜。若孤植于空旷地，让树冠充分生长，浓荫覆地，效果更佳。在草地中丛植、群植或作背景树都很合适。樟树吸收有毒气体和抗有毒气体的能力较强，也可作厂矿区绿化树种。全株可提制樟脑和樟油。

图［12］-1　樟　树
1. 花枝　2、3. 花及纵剖面　4. 第一、第二轮雄蕊　5. 第三轮雄蕊　6. 退化雄蕊　7、8. 果及纵剖面　9. 果核及种子

(2) 银木(大叶樟) *Cinnamomum septentrionale* Hand.-Mazz.

[识别要点]树高达25m，树皮光滑。小枝较粗，具棱，被白色绢毛。叶椭圆形或椭圆状披针形，长10~15cm，羽状脉，两面有毛。花序腋生，被毛。果球形，果托盘状。花期5~6月，果期7~9月。

(3) 云南樟(臭樟) *Cinnamomum glanduliferum* (Wall.) Nees

[识别要点]小乔木，高5~10m。叶互生，椭圆形至长椭圆形，长6~15cm，全缘，羽状脉或偶有离基三出脉，下面苍白色，密被平伏毛。花期4~5月，果9~10月成熟。

(4) 黄樟 *Cinnamomum porrectum* (Roxb.) Kosterm.

[识别要点]树高20~25m，树皮纵裂。小枝具棱，灰绿色，无毛。叶椭圆状卵形，下面带粉绿色，无毛，羽状脉，脉腋无腺窝。球形果，黑色，果托倒圆锥形。花期3~5月，果期7~10月。

(5) 浙江樟(浙江天竺桂) *Cinnamomum chekiangense* Nakai {图[12]-2}

[识别要点]树高10~16m。树皮光滑不裂，有芳香及辛辣味。叶互生或近对生，长椭圆状广披针形，长5~12cm，离基三出脉并在表面隆起，脉腋无腺体，背面有白粉及细毛。果蓝黑色。5月开黄绿色小花，果10~11月成熟。

[分布]产于浙江、安徽南部、湖南、江西等地。多生于海拔600m以下较阴湿的山谷杂木林中。

[习性]中性树种，幼年期耐阴。喜温暖湿润气候及排水良好的微酸性土壤。

[繁殖]播种繁殖。

[用途]浙江樟树干端直，树冠整齐，叶茂荫浓，气势雄伟，在园林绿地中孤植、丛植、列植均相宜。对二氧化硫抗性强，隔音、防尘效果好，可选作厂矿区绿化及防护林带树种。枝、叶、果可提取芳香油。

图[12]-2 浙江樟
1. 果枝 2、3. 花枝 4. 花纵剖面 5. 果

(6) 天竺桂 *Cinnamomum japonicum* Siebold

与浙江樟的区别为：叶下面、花序总梗、花梗、花被片外面均无毛，花序具花3~10朵，花序总梗长1~6cm。

(7) 阴香 *Cinnamomum burmanii* (C. G. Th. Nees) Bl. {图[12]-3}

[识别要点]树高达20m，树皮光滑。叶近对生，卵形或长椭圆形，两面光滑无毛，离基三出脉。果长卵形，果托杯状，杯缘宿存齿状的裂片6。

(8) 肉桂(桂皮) *Cinnamomum cassia* Presl. {图[12]-4}

[识别要点]常绿乔木。老树皮厚。小枝四棱形，密被灰色茸毛，后渐脱落。叶长椭圆形，长8~20cm，三主脉近于平行，在表面凹下，脉腋无腺体。圆锥花序腋生或近枝端着生，花白色。果椭圆形，紫黑色。花期6~8月，果11~12月成熟。

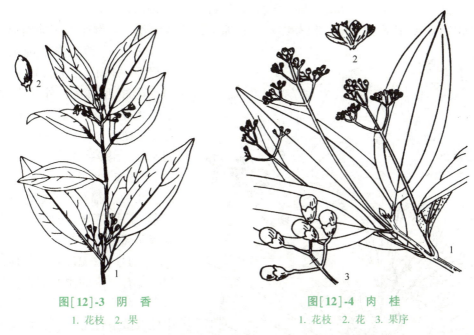

图[12]-3 阴 香
1. 花枝 2. 果

图[12]-4 肉 桂
1. 花枝 2. 花 3. 果序

[分布]产于福建、广东、广西及云南等地。东南亚地区也有分布。

[习性]成年树喜光，稍耐阴，幼树忌强光。喜暖热多雨气候，怕霜冻。喜湿润、肥沃的酸性（pH 4.5~5.5）土壤。深根性，抗风力强。生长较缓慢，萌芽性强，病虫害少。

[繁殖]播种繁殖。

[用途]肉桂主要是作为特种经济树种栽培，树皮即"桂皮"，是食用香料和药材。树形整齐、美观，在华南地区可栽作庭园绿化树种。

(9) 香桂 *Cinnamomum subavenium* Miq.

[识别要点]树高达 20m，树皮光滑。小枝密被淡黄色平伏绢柔毛。叶披针形至椭圆形，三出脉，下面微凹陷，上面隆起。花淡黄色，花被片两面有柔毛。果椭圆形，果托杯状，托缘全缘。

(10) 川桂 *Cinnamomum wilsonii* Gamble

[识别要点]树高达 25m。叶卵形或卵状长圆形，先端钝尖，基部渐窄，边缘内卷，离基三出脉，中脉及侧脉两面凸起。花序腋生，少花，花被片长 0.4~0.5cm，两面被绢状毛。果卵形，果托平截。

2. 润楠属 *Machilus* Nees

常绿乔木，稀落叶或灌木状。顶芽大，有多数覆瓦状鳞片。叶互生，全缘，羽状脉。花两性，圆锥花序腋生，花被片薄而长，宿存并开展或反曲。浆果球形，果柄顶端不肥大。全世界共约 100 种；中国有 68 种，分布于西南、中南至台湾，为优良用材树种。

分种检索表

1. 顶芽芽鳞外面无毛，花被片外面无毛 ·· 红楠 *M. thunbergii*
1. 顶芽芽鳞外被灰黄色绢毛，花被片外面有毛 ·· 润楠 *M. nanmu*

(1) 红楠(红润楠) *Machilus thunbergii* Sieb. et Zucc. {图[12]-5}

[识别要点]树高达 20m。顶芽卵形或长卵形，芽鳞无毛。叶倒卵形至椭圆形，长 5~10cm，全缘，先端钝尖，基部楔形，两面无毛，背面有白粉。花序近顶生，外轮花被较窄，无毛。果球形，熟时蓝黑色；果梗肉质增粗，鲜红色。花期 4 月，果 9~10 月成熟。

[分布]产于山东、江苏、浙江、江西、福建、台湾、湖南、广东、广西等地。朝鲜、日本及越南北部也有分布。

[习性]喜温暖湿润气候，稍耐阴，有一定的耐寒能力，是楠木类最耐寒者。喜肥沃、湿润的中性或微酸性土壤。有较强的耐盐性及抗海潮风能力。生长较快，寿命 600 年以上。

[繁殖]播种或分株繁殖。

[用途]红楠树形优美，叶色光亮，果柄鲜红色，观赏价值高，值得开发利用。

图[12]-5 红 楠
1. 花枝 2. 果枝 3、4. 花及展开状 5~7. 雄蕊

(2) 润楠 *Machilus nanmu* (Oliv.) Hemsl.

本种与红楠的主要区别：乔木，树高达 40m。顶芽卵形，芽鳞外面密被灰黄色绢毛。叶上面无毛，下面有平伏小柔毛，叶柄较细。花序生于小枝基部，花被片外面有绢毛。

3. 楠木属 *Phoebe* Nees

常绿乔木或灌木。叶互生，羽状脉，全缘。花两性或杂性，圆锥花序；花被片 6，短而厚，宿存，直立或紧抱果实基部。果卵形或椭球形。

全世界共约 80 种；中国约 30 种。多为珍贵用材树种。

分种检索表
1. 果椭圆形或长椭圆形，长 1cm 以上。
2. 叶宽 3~7cm；种子多胚性，子叶不等大 ………………………… 浙江楠 *Ph. chekiangensis*
2. 叶宽 1.5~4cm；种子单胚，子叶等大。
3. 小枝疏生柔毛或有时近无毛，叶下面网脉甚明显 ………… 楠木 *Ph. bournei*
3. 小枝密被柔毛，叶下面网脉略明显 ………………………… 桢楠 *Ph. zhennan*
1. 果卵形，长 1cm 以下 ………………………………………………… 紫楠 *Ph. sheareri*

（1）楠木（闽楠） *Phoebe bournei* (Hemsl.) Yang ｛图［12］-6｝

［识别要点］常绿大乔木，高达40m。树干通直，小枝有柔毛或近无毛。叶披针形或倒披针形，长7~13cm，背面被短柔毛，网脉致密，叶柄长。果椭圆形或长圆形，长1.1~1.5cm。花期4月，果期10~11月。

［分布］产于江西、福建、浙江、广东、广西等地，生于海拔1000m以下阔叶林中。

［习性］耐阴，喜温暖湿润气候及深厚、肥沃、排水良好的中性或微酸性土壤。

［繁殖］播种繁殖，注意幼苗喜阴湿。

［用途］楠木为珍贵用材树种，同时具有隔音、抗病虫害、净化空气等生态功能。

图［12］-6 楠木和桢楠
1. 楠木 2. 桢楠

（2）桢楠 *Phoebe zhennan* S. Lee et F. N. Wei ｛图［12］-6｝

［识别要点］树高达30m。小枝较细，密被黄色或灰褐色柔毛。叶椭圆形至长椭圆形，长7~11cm，先端渐尖，基部楔形，背面密被柔毛，网脉略明显。果卵形或椭圆形，长1.1~1.4cm，紫黑色，宿存花被片革质。

（3）紫楠 *Phoebe sheareri* (Hesml.) Gamble. ｛图［12］-7｝

［识别要点］树高达20m。小枝、芽、叶柄、叶背、花被密生锈色茸毛。叶倒卵状椭圆形，长8~22cm。聚伞状圆锥花序，腋生。果卵形，长约1cm，熟时蓝黑色，宿存花被片较大。种皮有黑斑。花期5~6月，果10~11月成熟。

［分布］广泛分布于长江流域及其以南和西南各地。多生于海拔

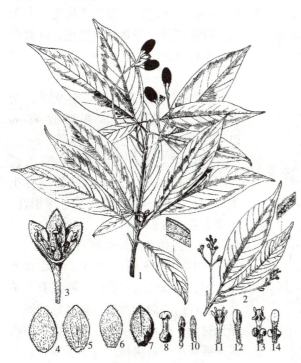

图［12］-7 紫楠
1. 果枝 2. 花枝 3. 花（展开） 4~7. 花被片
8. 雌蕊 9、10. 退化雄蕊 11~14. 雄蕊

1000m以下的阴湿山谷和杂木林中。

[习性]耐阴，喜温暖湿润气候及深厚、肥沃、湿润而排水良好的微酸性及中性土壤，有一定的耐寒能力。深根性，萌芽性强，生长较慢。

[繁殖]播种或扦插繁殖。

[用途]紫楠树形端正、美观，叶大荫浓，宜作庭荫树及绿化、风景树。在草坪孤植、丛植，或在大型建筑物前后配置为背景。有较好的防风、防火效能，还可栽作防护林带。

(4) 浙江楠 Phoebe chekiangensis C. B. Shang

[识别要点]树高达23m。小枝具棱，密被柔毛。叶倒卵状椭圆形至倒卵状披针形，叶缘外卷，下面被灰褐色柔毛，网脉明显。圆锥花序腋生，总梗与花梗密被黄褐色茸毛；花被片卵形，两面被毛。果椭圆状卵形，长1.2~1.5cm，熟时蓝黑色。花期4~5月，果期9~10月。

4. 檫木属 Sassafras Trew.

落叶乔木。叶互生，全缘或3裂。花两性或杂性，花序总状或短圆锥状；能育雄蕊9，花药通常为4室。核果近球形，肉质，橙红色，果柄顶端肥大。

全世界共3种；美国有1种，中国有2种。

檫木 Sassafras tzumu (Hemsl.) Hems L. {图[12]-8}

[识别要点]树高达35m。树皮幼时绿色、不裂，老时不规则纵裂。小枝绿色，无毛。叶多集生于枝端，卵形，长8~20cm，全缘或常3裂，背面有白粉。花黄色，有香气，叶前开放。果熟时蓝黑色，外被白粉，果柄红色。花期2~3月，果7~8月成熟。

[分布]长江流域至华南及西南均有分布，垂直分布多在海拔800m以下。

[习性]喜光，不耐庇荫。喜温暖湿润气候及深厚、排水良好的酸性土壤，在水湿低洼处不能生长。深根性。萌芽力强，生长快。

[繁殖]播种或分株繁殖。

[用途]檫木树干通直，叶片宽大而奇特，深秋叶变红黄色，春天有小黄花开于叶前，颇为秀丽，是良好的城乡绿化树种。也是中国南方红壤及黄壤山区主要速生用材树种。

图[12]-8 檫 木
1. 果枝　2. 雌蕊　3. 雄蕊

5. 山胡椒属 Lindera Thunb.

落叶或常绿，乔木或灌木。叶互

生，全缘。花单性，雌雄异株，花序伞形或簇生状，能育雄蕊常为9，花药2室，花被片6。浆果状核果球形，果托盘状。

全世界约100种，主产于亚洲及北美的热带和亚热带地区；中国约50种。

(1) 山胡椒 *Lindera glauca* Sieb. et Zucc. {图[12]-9}

[识别要点] 落叶小乔木或灌木状。树皮平滑。小枝灰白色，幼时有毛。叶厚纸质，椭圆形，长5~9cm，端尖，基部楔形，背面灰绿色，被灰黄色柔毛，叶缘波状，叶柄有毛，冬季叶枯而不落。伞形花序腋生，具花3~8；花被片有柔毛。果球形，果梗长1.5~1.7cm。花期3~4月，果期7~8月。

[分布] 产于我国各地。日本、朝鲜、越南也有分布。

[习性] 喜光，稍耐寒，耐干旱瘠薄土壤，萌芽性强。

图[12]-9 山胡椒和狭叶山胡椒
1~4. 山胡椒(1. 果枝　2. 芽　3、4. 雄蕊)
5~9. 狭叶山胡椒(5. 果枝　6. 芽　7、8. 花　9. 雄蕊)

[用途] 山胡椒在秋季叶变为黄色或红色，经冬不落，形成特殊景观。可作为香花树孤植或丛植，也可与其他乔灌木共同组成风景林。

(2) 狭叶山胡椒 *Lindera angustifolia* Cheng {图[12]-9}

本种与山胡椒的主要区别：小枝黄绿色，花芽着生于叶芽两侧，叶椭圆状披针形。

[13] 蔷薇科 Rosaceae

草本或木本。有刺或无刺。单叶或复叶，互生，稀对生；常有托叶。花两性，稀单性，整齐，单生或组成花序，花萼基部多少与花托愈合成碟状或坛状萼管；萼片、花瓣通常4~5，花瓣离生；雄蕊多数；心皮1至多数，离生或合生，胚珠1至数个，子房上位或下位。蓇葖果、瘦果、核果或梨果。种子一般无胚乳，子叶出土。

本科有4亚科，约124属3300余种，广布于世界各地，尤以北温带较多，包括许多著名的花木及果树，是园艺上特别重要的一科；中国有约51属1056种。

分亚科检索表

1. 果为开裂的蓇葖果或蒴果，单叶或复叶，通常无托叶 ············ Ⅰ.绣线菊亚科 Spiraeoideae
1. 果不开裂，叶有托叶。
　　2. 子房下位，萼筒与花托在果时变成肉质的梨果，有时浆果状 ········ Ⅱ.苹果亚科 Maloideae

2. 子房上位。
   3. 心皮多数，生于膨大花托上，聚合瘦果或小核果，萼宿存，复叶 ························
    ·· Ⅲ. 蔷薇亚科 Rosoideae
   3. 心皮常为1，稀2或5，核果，萼常脱落，单叶 ·························· Ⅳ. 梅亚科 Prunoideae

Ⅰ. 绣线菊亚科 Spiraeoideae

1. 单叶，无托叶。
  2. 蓇葖果不胀大，仅沿腹缝线开裂 ·· 绣线菊属 *Spiraea*
  2. 蓇葖果胀大，沿腹、背两缝线开裂 ···································· 风箱果属 *Physocarpus*
1. 羽状复叶，有托叶 ·· 珍珠梅属 *Sorbaria*

Ⅱ. 苹果亚科 Maloideae

1. 心皮成熟时为坚硬骨质，果具1~6小硬核。
  2. 枝无刺，叶常全缘 ·· 栒子属 *Cotoneaster*
  2. 枝常有刺，叶常有齿或裂。
   3. 常绿灌木，叶具钝齿或全缘，心皮5，各具成熟胚珠2 ············ 火棘属 *Pyracantha*
   3. 落叶小乔木，叶具锯齿并常分裂，心皮1~5，各具成熟胚珠1 ········ 山楂属 *Crataegus*
1. 心皮成熟时具革质或纸质壁，梨果1~5室。
  4. 复伞房花序或圆锥花序。
   5. 心皮完全合生，圆锥花序，梨果内含1至少数大型种子，常绿 ········ 枇杷属 *Eriobotrya*
   5. 心皮部分离生，伞房花序或伞房状圆锥花序，叶多常绿 ············ 石楠属 *Photinia*
  4. 伞形或伞房花序，有时花单生。
   6. 各心皮内含4至多数种子，花柱基部合生，枝条有刺 ············ 木瓜属 *Chaenomeles*
   6. 各心皮内含1~2种子，叶凋落，伞房花序。
    7. 花柱基部合生，果无石细胞 ·· 苹果属 *Malus*
    7. 花柱基部离生，果多数有石细胞 ·· 梨属 *Pyrus*

Ⅲ. 蔷薇亚科 Rosoideae

1. 有刺灌木或藤本；羽状复叶；瘦果多数，生于坛状花托内 ···················· 蔷薇属 *Rosa*
1. 无刺落叶灌木；瘦果着生于扁平或微凹的花托基部；单叶，托叶不与叶柄连合。
  2. 叶互生，花黄色，5基数，无副萼，心皮5~8，各含1胚珠 ············ 棣棠属 *Kerria*
  2. 叶对生，花白色，4基数，有副萼，心皮4，各含2胚珠 ············ 鸡麻属 *Rhodotypos*

Ⅳ. 梅亚科 Prunoideae

乔木或灌木，无刺，枝条髓部坚实，花柱顶生，胚珠下垂 ·························· 李属 *Prunus*

1. 绣线菊属 *Spiraea* L.

  落叶灌木。单叶互生，叶缘有齿或裂，无托叶。花小，伞形、伞形总状、复伞房或圆锥花序，心皮5，离生。蓇葖果，沿腹缝线开裂。种子细小，无翅。
  全世界约100种；中国有50种。

分种检索表

1. 伞形或总状花序，花白色。
  2. 伞形花序无总梗，有极小的叶状苞片位于花序基部。
   3. 叶卵形或椭圆形，下面常有毛，早春开花 ···························· 李叶绣线菊 *S. prunifolia*

3. 叶线状披针形，无毛，早春开花 ·················· 珍珠绣线菊 S. thunbergii
　2. 伞形花序具总梗，着生于多叶的小枝上。
　　　4. 叶菱状披针形，先端急尖 ·················· 麻叶绣线菊 S. cantoniensis
　　　4. 叶近圆形，先端钝，常3裂 ·················· 三桠绣线菊 S. trilobata
1. 复伞房花序，花粉红至红色，夏日开花 ·················· 粉花绣线菊 S. japonica

(1) 李叶绣线菊(笑靥花) *Spiraea prunifolia* Sieb. et Zucc. {图[13]-1}

[识别要点] 树高3m。有时有柔毛。叶椭圆形至卵圆形，长2.5~5.0cm，叶缘基部全缘，中部以上有细锯齿，叶背沿中脉常被柔毛。花小，3~6朵组成伞形花序，无总梗，白色、重瓣，花朵平展，中心微凹如笑靥。花期4~5月。

[分布] 产于我国长江流域。朝鲜、日本也有分布。

[习性] 生长健壮，喜阳光和温暖、湿润的土壤，尚耐寒。

[繁殖] 播种、扦插或分株繁殖。

[用途] 李叶绣线菊晚春翠叶，白花繁密似雪，秋叶橙黄色，璨然可观。多作基础种植材料，或在草坪角隅应用。

(2) 珍珠绣线菊(喷雪花) *Spiraea thunbergii* Sieb. {图[13]-2}

[识别要点] 高达1.5m。枝细长弯曲。叶线状披针形，长2~4cm，两面无毛。伞形花序无总梗，具3~5朵花，白色，径约8mm；花梗细长。花期4月下旬。

[分布] 产于华东，河南、辽宁、黑龙江等地有栽培。

图[13]-1 李叶绣线菊
1. 花枝　2. 花

图[13]-2 珍珠绣线菊
1. 花枝　2. 花

[习性] 喜光，稍耐阴。耐寒。对土壤要求不严，耐旱、耐瘠薄，萌蘖性强，耐修剪。

[用途] 珍珠绣线菊叶形似柳，花白如雪。通常多丛植于草坪角隅或作基础种植材料。

(3) 麻叶绣线菊（麻叶绣球）*Spiraea cantoniensis* Lour. {图[13]-3}

[识别要点] 高达1.5m。枝细长，拱形，平滑无毛。叶菱状长椭圆形至菱状披针形，长3~5cm，有缺刻状锯齿，两面光滑，表面暗绿色，背面青蓝色，基部楔形。伞形总状花序生于枝顶，花白色，6月开放。常见变种有：

重瓣麻叶绣线菊 var. *lanceata* Zobel 叶披针形；花重瓣，径在1cm以上。

[分布] 原产于我国东部和南部，各地广泛栽培。日本也有分布。

[习性] 喜光，稍耐阴。在排水良好的土壤上生长佳。

[用途] 麻叶绣线菊着花繁密，盛开时节枝条全为细小的白花所覆盖，形成一条条拱

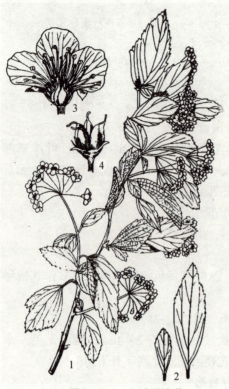

图[13]-3 麻叶绣线菊
1. 花枝 2. 叶 3. 花纵剖面 4. 果

形的花带，树上、树下一片雪白，洁白可爱。可成片或成丛配置于草坪、路边、花坛、花径或庭园一隅，也可点缀于池畔、山石边。

(4) 三桠绣线菊 *Spiraea trilobata* L.

[识别要点] 高可达2m。小枝细长而开展，无毛。叶近圆形，先端钝，常3裂，中部以上有少量的圆钝锯齿，基脉3~5出，两面无毛。花白色，小而密集，伞形总状花序生于枝顶。花期5~6月。

[分布] 产于亚洲中部至东部，我国北部有分布。

[习性] 耐寒，耐旱，稍耐阴，栽培容易。

[用途] 宜栽植于路旁、屋基或岩石园。

(5) 粉花绣线菊（日本绣线菊）*Spiraea japonica* L. f.

[识别要点] 高可达1.5m。枝光滑，直立。叶卵形至卵状长椭圆形，长2~8cm，先端尖，叶缘有缺刻状重锯齿，叶背灰蓝色，脉上常有短柔毛。花粉红色，簇聚于有短柔毛的复伞房花序上。花期6~8月。常见栽培品种有：

① '金山'绣线菊 'Gold Mound' 新叶金黄色，夏季黄绿色；花蕾及花均为粉红色。

② '金焰'绣线菊 'Gold Flame' 新叶红黄相间，上黄下红，犹如火焰，秋叶古铜色；花蕾玫瑰红色。

2. 珍珠梅属 *Sorbaria* A. Br.

落叶灌木。小枝圆筒形，开展。叶互生，奇数羽状复叶，具托叶，小叶边缘有锯

齿。花小、白色，大型圆锥花序顶生；萼片 5，反卷；花瓣 5，覆瓦状排列；雄蕊 20～50；心皮 5，与萼片对生，基部相连。蓇葖果沿腹缝线开裂。

本属约 7 种，原产于东亚；中国有 5 种。

> **分种检索表**
> 1. 雄蕊 20，与花瓣等长或稍短 ·································· 珍珠梅 S. kirilowii
> 1. 雄蕊 40～50，较花瓣长 1.5～2 倍 ······················· 东北珍珠梅 S. sorbifolia

(1) 珍珠梅（吉氏珍珠梅）*Sorbaria kirilowii* (Reqel) Maxim. {图[13]-4}

[识别要点] 树高 2～3m。小叶 13～21 枚，叶缘具重锯齿。花小，白色，雄蕊 20 枚，与花瓣等长或稍短。花期 6～8 月。

[分布] 产于我国北部，华北各地常见栽培。

[习性] 既喜光，又耐阴，耐寒，性强健，不择土壤。萌蘖性强，耐修剪。生长迅速。

[用途] 珍珠梅花、叶清丽，花期极长且正值夏季（少花季节），园林中多应用。

(2) 东北珍珠梅 *Sorbaria sorbifolia* A. Br. {图[13]-4}

与珍珠梅的主要区别：雄蕊 40～50 枚，较花瓣长 1.5～2 倍；花柱顶生；萼片三角状卵形。花期 7～8 月。产于东北及内蒙古，北京及华北多栽培。

图[13]-4 珍珠梅和东北珍珠梅
1、2. 珍珠梅（1. 果序 2. 花纵剖面）
3～6. 东北珍珠梅（3. 花枝 4. 花纵剖面 5. 果 6. 种子）

3. 风箱果属 *Physocarpus* Maxim.

落叶灌木。单叶互生，常 3 裂，叶缘有锯齿。花白色，总状花序顶生；萼片 5，镊合状；花瓣较萼片略长；雄蕊 20～40；心皮 1～5，基部相连。蓇葖果常胀大，熟时沿腹、背两缝线开裂。

全世界共约 14 种；中国有 1 种。

风箱果 *Physocarpus amurensis* Maxim.

[识别要点] 落叶灌木，高可达 3m。单叶互生，广卵形，长 3.5～5.5cm，先端尖，基部心形，叶缘有重锯齿，3～5 浅裂，叶背脉有毛。总状花序顶生，花梗密被星状毛；花白色，径约 1cm。蓇葖果胀大，熟时沿腹、背两缝线开裂。花期 6 月。

[分布] 产于我国黑龙江及河北。朝鲜、俄罗斯也有分布。

[习性] 喜光，耐寒。

[用途] 开花期正值少花的夏季，宜作夏花树种配置于庭院、公园等绿地供观赏。

4. 栒子属 *Cotoneaster* (B. Ehrh) Medik.

灌木。无刺，各部常被毛。单叶互生，全缘。花两性，伞房花序，稀单生；雄蕊通常20；花柱2~5，离生，子房下位。小梨果红色或黑色，内含2~5小核，具宿存萼片。全世界约90种；我国约60种，西南为其分布中心。

> **分种检索表**
> 1. 茎匍匐，花1~2朵，果红色。
>   2. 枝水平开张，规则二列状分枝；叶缘不呈波状 ……………… 平枝栒子 *C. horizontalis*
>   2. 茎平铺地面，不规则分枝；叶缘常呈波状 ……………………… 匍匐栒子 *C. adpressus*
> 1. 落叶直立灌木，伞房花序具多花 ………………………………… 水栒子 *C. multiflorus*

（1）平枝栒子（铺地蜈蚣）*Cotoneaster horizontalis* Decne.｛图[13]-5｝

[识别要点]落叶或半常绿匍匐灌木。枝水平开张成整齐二列，宛如蜈蚣；小枝黑褐色，幼时有毛，后脱落。叶近圆形至倒卵形，长5~14mm，先端急尖，叶背疏生平贴细毛。花1~2朵，粉红色，近无梗。果近球形，径4~6mm，鲜红色，常有3小核。5~6月开花，果9~10月成熟。

[分布]产于陕西、甘肃、湖北、湖南、四川、贵州、云南等地。多生于海拔2000~3500m 的灌木丛中。

[习性]喜光，耐半阴。耐寒。耐干旱瘠薄，在石灰质土壤上也能生长。不耐水涝。

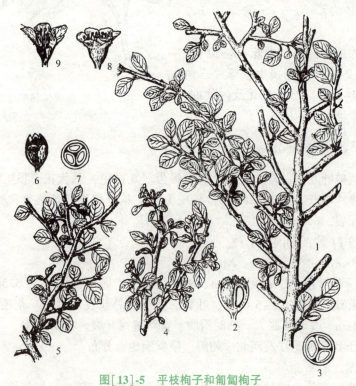

图[13]-5 平枝栒子和匍匐栒子
1~3. 匍匐栒子（1. 果枝　2、3. 果纵剖面及横剖面）
4~9. 平枝栒子（4. 花枝　5. 果枝　6、7. 果纵剖面及横剖面　8. 花　9. 花纵剖面）

[繁殖]多用扦插、播种或压条繁殖。

[用途]平枝枸子树姿低矮，枝叶平展，花密集枝头，入秋叶色红亮，红果累累，经冬不凋。最宜作基础种植材料，也可植于斜坡及岩石园中。

(2) 匍匐枸子 Cotoneaster adpressus Bois{图[13]-5}

[识别要点]落叶匍匐灌木。茎不规则分枝，平铺地面。小枝红褐色，幼时有粗毛，后脱落。叶广卵形至倒卵形，长5~15mm，全缘而常波状，叶背幼时疏生短柔毛。花1~2朵，粉红色，径7~9mm。果径6~7mm，鲜红色，常有2小核。花期6月，果熟期9月。

[分布]产于陕西、甘肃、青海、湖北、四川、贵州、云南等地。

[习性]性强健，尚耐寒，喜排水良好的壤土，可在石灰质土壤中生长。

[繁殖]多用扦插、播种或压条繁殖。

[用途]匍匐枸子入秋红果累累，平卧岩壁，为良好的岩石园种植材料。

(3) 水枸子(多花枸子) Cotoneaster multiflorus Bunge{图[13]-6}

[识别要点]落叶灌木，高2~4m。小枝细长拱形，紫色。叶卵形，长2~5cm，幼时叶背有柔毛。花白色，6~21朵构成聚伞花序。果径约8mm，红色，具1~2核。花期5月，果熟期9月。

[分布]广布于东北、华北、西北和西南。

[习性]性强健，喜光，稍耐阴，耐寒。对土壤要求不严，极耐干旱和瘠薄。耐修剪。

[繁殖]多用扦插、播种或压条繁殖。

[用途]水枸子花果繁多而美丽，宜丛植于草坪边缘及园路转角处供观赏。

图[13]-6 水枸子
1. 花枝 2. 果枝 3. 花纵剖面 4. 花
5. 果纵剖面 6. 果横剖面

5. 火棘属 Pyracantha Roem.

常绿灌木。枝常具枝刺。单叶互生，常有锯齿或全缘。花白色，复伞房花序，雄蕊20，心皮5，子房半下位。梨果小，红色或橘红色，内含5小硬核。

全世界共10种；我国有7种，主要分布于西南地区。

火棘(火把果) Pyracantha fortuneana (Maxim.) Li{图[13]-7}

[识别要点]树高达3m。枝拱形下垂，短侧枝常刺状，幼枝被锈色柔毛。叶常为倒卵状长椭圆形，长1.5~6cm，叶缘有钝锯齿，近基部全缘。花白色，径约1cm，复伞房

图[13]-7 火棘

花序。果径约5mm，橘红或深红色。花期5月，果熟期9~10月。

[分布]主产于华东、华中、西南等地。

[习性]喜光，稍耐阴。耐寒性差，耐干旱能力强，山地、平地都能适应。萌芽力强，耐修剪。

[用途]火棘枝叶茂盛，初夏白花繁密，入秋果红如火，留存枝头甚久，美丽可爱。在庭园中常作绿篱及基础种植材料，也可丛植或孤植于草地边缘或园路转角处。果枝还是瓶插的好材料，红果经久不落。

6. 山楂属 Crataegus L.

落叶小乔木或灌木。常有枝刺。单叶互生，有齿或裂，托叶较大。顶生伞房花序，花白色，少有红色，萼片、花瓣各5，雄蕊5~25，心皮1~5。果实梨果状，内含1~5骨质小核。全世界约1000种；我国有17种。

山楂 *Crataegus pinnatifida* Bunge｛图[13]-8｝

[识别要点]树高达6m。叶三角状卵形至菱状卵形，长5~12cm，两侧各有5~9羽状裂，裂缘有不规则尖锐锯齿，两面沿脉疏生短柔毛。花径约1.8cm，花序梗、花梗都有长柔毛。果近球形，径约1.5cm，红色，有白色皮孔。花期5~6月，果10月成熟。主要变种有：

大果山楂 var. *major* N.E.Br. 又名红果、山里红。枝无刺。叶大而厚，羽裂较浅。果较大，鲜红色，有光泽，白色皮孔明显。

[分布]产于东北、华北、西北及长江中下游各地。

[习性]喜光，稍耐阴，耐寒。耐干燥、贫瘠土壤，但以在湿润而排水良好的沙质壤土生长最好。根系发达，萌蘖性强。

[繁殖]播种、嫁接、分株及压条繁殖。

[用途]山楂及其变种均树冠整齐，花繁叶茂，果实鲜红可爱，是观花、观果和园林结合生产的良好绿化树种。可作庭荫树和园路树。

7. 枇杷属 Eriobotrya Lindl.

常绿小乔木或灌木。单叶互生，叶缘有齿，羽状侧脉直达齿尖。圆锥花序顶生，常密被茸毛；花白色；花萼5裂，宿存；花瓣5，

图[13]-8 山楂
1. 花枝 2. 花纵剖面 3. 果

具爪；雄蕊20；子房下位，2~5室，每室具2胚珠。梨果。种子大，1至多粒。

全世界约30种；我国有13种。

枇杷 *Eriobotrya japonica* (Thunb.) Lindl. {图[13]-9}

[识别要点]树高达10m。小枝、叶背及花序均密被锈色茸毛。叶大，革质，常为倒披针状椭圆形，长12~30cm，上面皱，叶缘具粗锯齿，侧脉11~21对，表面有光泽。花白色，芳香。果近球形或梨形，黄色或橙黄色，径2~5cm。10~12月开花，翌年初夏果熟。

[分布]原产于四川、湖北，南方各地作果树普遍栽培。浙江塘栖、江苏洞庭及福建莆田都是枇杷的名产地。

[习性]喜光，稍耐阴，喜温暖气候及肥沃、湿润而排水良好的土壤，不耐寒。生长缓慢，寿命较长。

[繁殖]以嫁接、播种繁殖为主。

[用途]枇杷树形整齐美观，叶大荫浓，常绿而有光泽，冬日白花盛开，初夏黄果累累。在南方暖地多于庭园内栽植，是园林结合生产的良好树种。

图[13]-9 枇杷
1. 花枝 2. 花 3. 花纵剖面
4. 子房纵剖面 5. 果

8. 石楠属 *Photinia* Lindl.

落叶或常绿，灌木或乔木。单叶，有短柄，边缘常有锯齿，有托叶。伞房或圆锥花序，顶生；花小，白色；萼片、花瓣各5，萼片宿存；雄蕊20；心皮2(罕3~5)，子房半下位。梨果小，含1~4粒种子。

全世界约60种；我国有40余种，多分布于温暖的南方。

分种检索表
1. 叶柄长，长2~4cm；叶片较大；干、枝上无刺 ················· 石楠 *P. serrulata*
1. 叶柄短，长0.5~1.5cm；叶片较小；干、枝上有刺 ··········· 椤木石楠 *P. davidsoniae*

(1)石楠(千年红) *Photinia serrulata* Lindl. {图[13]-10}

[识别要点]常绿小乔木，高达12m。树冠圆满，全体几无毛。叶革质，倒卵状椭圆形，先端尖，叶缘有细尖锯齿，叶面光泽，新叶红色。复伞房花序顶生，花小，白色。果球形，红色，含1粒种子。花期5~7月，果熟期10月。

红叶石楠 *Photinia* × *fraseri* 是由中国产的石楠(*P. serrulata*)与光叶石楠(*P. glabra*)杂交而成，外形与石楠甚相似，主要区别是前者为常绿小乔木，叶长椭圆形至卵状椭圆形，新梢及嫩叶鲜红持久，艳丽夺目。园林中常见的栽培品种有'红罗宾'(*Photinia* × *fraseri* 'Red Robin')和'红唇'(*Photinia* × *fraseri* 'Red Tip')，均是目前国外红色绿篱的四大主栽品种之一。我国黄河流域以南广泛栽培。

图[13]-10 石 楠
1. 花枝 2. 花 3. 去雄蕊的花(示雌蕊)

图[13]-11 椤木石楠
1. 花枝 2. 花 3. 花纵剖面 4. 果枝

[分布]产于中国中部及南部。印度尼西亚也有分布。

[习性]喜光,稍耐阴。喜温暖,尚耐寒,能耐短期低温,在西安可露地越冬。喜排水良好的肥沃壤土,耐干旱瘠薄,能生长在石缝中。不耐水湿。生长慢,萌芽力强,耐修剪。

[繁殖]以播种为主,也可扦插或压条繁殖。

[用途]石楠树冠圆形,枝叶浓密,早春嫩叶鲜红,秋、冬则有红果,是美丽的观赏树种。在园林中孤植、丛植及基础栽植,都甚为合适。

(2) 椤木石楠(椤木) *Photinia davidsoniae* **Rehd. et Wils.** {图[13]-11}

[识别要点]常绿乔木。幼枝棕色,被柔毛。树干及枝条上有刺。叶革质,长圆形至倒披针形,长5~15cm,叶缘稍反卷,有腺齿;叶柄长0.8~1.5cm。花多而密,顶生复伞房花序,花序梗、花柄均贴生短柔毛;花白色,径1~1.2cm。梨果,黄红色,径7~10mm。花期5月,果期9~10月。

[用途]本种花、叶均美,可作刺篱用。

9. 木瓜属 *Chaenomeles* Lindl.

灌木或小乔木。常有刺。单叶互生,叶缘有锯齿,托叶大。花单生或簇生,萼片、花瓣各5;雄蕊20或更多;子房下位,5室,每室胚珠多数。果为具多数褐色种子的大型梨果。

全世界共5种；我国有4种，引入1种。

分种检索表

1. 枝有刺，花先于叶开放，簇生，萼片全缘，直立，托叶大。
   2. 灌木或小乔木，枝近直立；花2~3朵簇生 ·················· 木瓜海棠 C. cathayensis
   2. 灌木，枝开展；花3~5朵簇生 ························· 贴梗海棠 C. speciosa
1. 枝无刺，花单生，萼片有细齿，反折；托叶小 ······················· 木瓜 C. sinensis

（1）木瓜海棠 Chaenomeles cathayensis（Hemsl.）C. K. Schneid.

［识别要点］落叶灌木至小乔木，高可达6m。枝近直立，具枝刺。叶长椭圆形至披针形，叶缘具芒状细尖齿，背面幼时密被褐色茸毛，后脱落，叶质较硬；托叶大，肾形或半圆形，托叶缘有尖锐重锯齿。花先于叶开放，2~3朵簇生于2年生枝上，粉红色或近白色。果卵形至椭圆形，黄色，有红晕。花期3~4月，果熟期9~10月。

［分布］产于我国中部及西部地区。

［习性］喜光，耐寒力稍差。

［用途］丛植或孤植，也可作花篱。果可食用及药用。

（2）贴梗海棠（铁角海棠、皱皮木瓜）Chaenomeles speciosa（Sweet）Nakai.｛图［13］-12｝

［识别要点］落叶灌木，高达2m。枝开展，无毛，有枝刺。叶卵形至椭圆形，叶缘具芒状锯齿；托叶大，肾形或半圆形，托叶缘有尖锐重锯齿。花先于叶开放，3~5朵簇生于2年生老枝上，朱红、粉红或白色；萼筒钟状、无毛，萼片直立；花梗粗短或近于无梗。果卵球形，径4~6cm，黄色，芳香，萼片脱落。花期3~4月，果熟期9~10月。

［分布］产于我国东部、中部至西南部。

［习性］喜光，有一定耐寒能力。对土壤要求不严，宜栽在排水良好的肥沃壤土上，不宜在低洼积水处栽植。

［繁殖］以分株繁殖为主，也可扦插或压条繁殖。

［用途］贴梗海棠有重瓣及半重瓣品种，在早春叶前开花，簇生于枝间，鲜艳美丽，秋天则有黄色、具芳香的硕果，是一种很好的观花、观果灌木。宜于草坪或花坛内丛植或孤植，也可作花篱，同时还是盆景和桩景的好材料。

图［13］-12　贴梗海棠
1. 叶枝　2. 花枝　3. 花纵剖面

（3）木瓜 Chaenomeles sinensis（Thouin）Koehne.｛图［13］-13｝

［识别要点］落叶小乔木，高达5~10m。干皮薄皮状剥落。枝无刺，但短小枝常棘状。叶卵状椭圆形，叶缘具芒状锐齿，幼时背面有毛，后脱落，革质；叶柄有腺齿。花

单生于叶腋，粉红色，叶后开放。果椭圆形，暗黄色，木质，具芳香。花期4~5月，果熟期8~10月。

[分布]原产于华东、中南、陕西等地，各地常见栽培。

[习性]喜光，喜温暖，有一定的耐寒性。要求土壤排水良好，不耐盐碱和低湿地。

[繁殖]以播种繁殖为主，也可嫁接或压条繁殖。

[用途]木瓜树皮斑驳可爱，花美果香，常植于庭园供观赏。

10. 苹果属 Malus Mill.

落叶乔木或灌木。叶有锯齿或缺裂，有托叶。伞形总状花序，花白色、粉红色至紫红色；雄蕊15~50，花药通常黄色；子房下位，3~5室；花柱2~5，基部合生。梨果，无或稍有石细胞。全世界约35种；我国有23种。多数为重要果树及砧木或观赏树种。

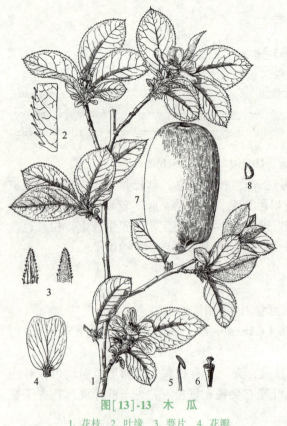

图[13]-13 木 瓜
1. 花枝 2. 叶缘 3. 萼片 4. 花瓣
5. 雄蕊 6. 雌蕊 7. 果实 8. 种子

分种检索表

1. 萼片宿存，稀脱落。
    2. 萼片长于萼筒。
        3. 叶缘锯齿圆钝，果扁球形或球形，果柄粗短 ·························· 苹果 *M. pumila*
        3. 叶缘锯齿尖锐，果卵圆形，果梗细长 ·························· 海棠果 *M. prunifolia*
    2. 萼片较萼筒短或等长。
        4. 萼片宿存；果黄色，基部无凹陷 ·························· 海棠花 *M. spectabilis*
        4. 萼片脱落，稀宿存；果红色，基部有凹陷 ·························· 西府海棠 *M. micromalus*
1. 萼片脱落。
    5. 花白色，花柱5，稀为4 ·························· 山荆子 *M. baccata*
    5. 花粉红色，花柱4~5 ·························· 垂丝海棠 *M. halliana*

(1) 苹果 *Malus pumila* Mill. {图[13]-14}

[识别要点]乔木，高达15m。小枝幼时密生茸毛，后光滑，紫褐色。叶椭圆形至卵形，长4.5~10cm，先端尖，叶缘有圆钝锯齿，幼时两面有毛，后表面光滑。花白色带红晕，萼片长尖，宿存。果大，两端均凹陷。花期4~5月，果熟期7~11月。

[分布]原产于欧洲东南部、小亚细亚及南高加索一带，在欧洲久经栽培，培育成许多品种。1870年前后传入我国烟台，现东北南部及华北、西北广为栽培。作为重要果树，品种繁多，达900余种。

单元3　双子叶植物识别与应用

图[13]-14　苹果
1. 花枝　2. 去花瓣的花纵剖面
3. 去部分花瓣的花(示花柱基部合生)　4. 甲

[分布]主产于华北。

[习性]喜光，耐寒，耐旱，耐碱，较耐水湿。深根性，生长快。

[用途]花、果均美，作庭园绿化树种。此外，也是苹果的优良耐寒、耐湿砧木。

(3)海棠花(海棠) *Malus spectabilis* **Borkh.**｛图[13]-15｝

[识别要点]小乔木，高达8m。嫩枝被柔毛。叶椭圆形至长椭圆形，长5~8cm，细锯齿紧贴叶缘。花序近伞形；花在蕾时深粉红色，开放后淡粉色至近白色；萼片较萼筒短或等长。果近球形，黄色，径约2cm，基部不凹陷，味苦。花期4~5月，果熟期9月。

[分布]原产于中国，是久经栽培的著名观赏树种，华北、华东尤为常见。

[习性]喜光，耐寒，耐干旱，对盐碱地适应性强，忌水湿。在北

[习性]苹果为温带果树，要求比较冷凉和干燥的气候，喜阳光充足，以肥沃、深厚、排水良好的土壤为最好，不耐瘠薄。

[繁殖]嫁接繁殖。北方常用山荆子为砧木，南方则以湖北海棠为主。

[用途]苹果开花时颇为美观，果熟季节果实累累，色彩鲜艳，深受广大群众喜爱。作为园林绿化栽培，宜选择适应性强、管理要求简单的品种。

(2)海棠果(楸子) *Malus prunifolia* (Willd.) **Borkh.**

[识别要点]小乔木，高3~10m。小枝幼时有毛。叶长卵形或椭圆形，先端尖，基部广楔形，叶缘有细锐锯齿；叶柄长1~5cm。花白色或稍带红色，单瓣，萼片比萼筒长而尖，宿存。果近球形，红色，径2~2.5cm。

图[13]-15　海棠花
1. 花枝　2. 果枝

图[13]-16 西府海棠

方干燥地带生长良好。

[繁殖]播种、分株或嫁接繁殖。砧木以山荆子为主。

[用途]海棠花春天开花，美丽可爱，为我国的著名观赏花木。植于门旁、亭廊周围、草地、林缘都很合适，也可作盆栽及切花材料。

(4) 西府海棠(小果海棠) *Malus micromalus* Mak. {图[13]-16}

[识别要点]小乔木。树冠紧抱。枝条直伸，无刺，嫩枝有柔毛，后脱落。叶椭圆形，叶缘锯齿尖。花粉红色，花梗及花萼均具柔毛，萼片短、脱落。果红色，基部凹陷。花期4月，果熟期8~9月。

[分布]原产于中国北部，为山荆子与海棠花的杂交种，各地有栽培。

[习性]喜光，耐寒，耐旱，怕湿热。喜肥沃、排水良好的沙壤土。

[繁殖]嫁接、压条繁殖。砧木用山荆子或海棠花。

[用途]西府海棠春天开花粉红美丽，秋季红果缀满枝头，是花果并茂的观赏树种。其配置与海棠花近似。

(5) 山荆子(山定子) *Malus baccata* Borkh.

[识别要点]树高10~14m。小枝细而无毛，暗褐色。叶卵状椭圆形，长3~8cm；叶柄长3~5cm。花白色，径3~3.5cm，花柱5或4，萼片长于筒部，花柄及萼外无毛。果近球形，径8~10mm，红色或黄色，光亮，萼片脱落。花期4~5月，果期9~10月。

[分布]产于东北、华北、西北等地。

[用途]作庭园观赏树或作苹果砧木。

(6) 垂丝海棠 *Malus halliana* (Voss.) Koehne. {图[13]-17}

[识别要点]小乔木，高5m。树冠疏散。枝开展，幼时紫色。叶卵形至长卵形，叶缘锯齿细钝，中脉紫红色，幼叶疏被柔毛后脱落。伞形花序4~7朵生于小枝端，鲜玫瑰红色，花柱4~5，花萼紫色，萼片比萼筒短；花梗细长下垂，紫色。果紫色，径6~8mm。花期4月，果熟期9~10月。常见变种有：

①重瓣垂丝海棠 var. *parkmanii* Rehd. 花重

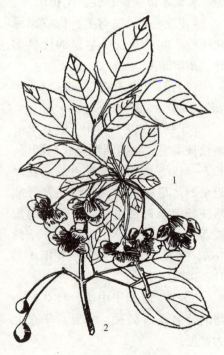

图[13]-17 垂丝海棠
1. 花枝 2. 果枝

瓣，紫红色。

②白花垂丝海棠 var. *spontanea* Rehd. 花瓣白色。

[分布]产于华东及西南各地。

[习性]喜温暖湿润气候，耐寒性不强。喜肥沃、湿润的土壤。

[繁殖]多用嫁接繁殖，也可分蘖繁殖。

[用途]垂丝海棠花繁色艳，朵朵下垂，是著名的庭园观赏花木。在江南园林中尤为常见，在北方常盆栽供观赏。

11. 梨属 *Pyrus* L.

落叶乔木，稀灌木。有时具枝刺。单叶互生，叶缘常有锯齿，在芽内呈席卷状；有托叶。花先于叶开放或与叶同放，伞形总状花序，花白色；雄蕊 20~30，花药深红色；花柱 2~5，离生，子房下位，2~5 室，每室具 2 胚珠。梨果显具皮孔，果肉多汁，富石细胞，子房壁软骨质。种子黑色或黑褐色。

全世界约 25 种；我国有 14 种。许多种为重要果树。

> **分种检索表**
>
> 1. 叶缘锯齿尖锐或刺芒状。
>   2. 叶缘锯齿刺芒状；花柱 4~5；果较大，径 2cm 以上。
>   3. 果黄白色，叶基广楔形 ·· 白梨 *P. bretschneideri*
>   3. 果褐色，叶基圆形或近心形 ·· 沙梨 *P. pyrifolia*
>   2. 叶缘锯齿尖锐；花柱 2~3；果小，径 1.0cm ·· 杜梨 *P. betulaefolia*
> 1. 叶缘锯齿钝，果褐色，径约 1cm，花柱 2 或 3 ·· 豆梨 *P. calleryana*

(1) 白梨 *Pyrus bretschneideri* Rehd. {图[13]-18}

[识别要点]树高 5~8m。小枝粗壮，幼时有毛。叶卵形或卵状椭圆形，长 5~11cm，叶缘具刺芒状尖锯齿，齿端微向内曲，幼时有毛，后变光滑。花白色，花柱 4~5。果卵形或近球形，黄色或黄白色，有细密斑点，果肉软，花萼脱落。花期 4 月，果熟期 8~9 月。

[分布]原产于中国北部，栽培遍及华北、东北南部、西北及江苏北部、四川等地。有许多著名品种，如'河北'鸭梨、'雪花'梨、'茌梨'、'砀山'酥梨等。

[习性]喜光，喜干燥冷凉，抗寒力较强。对土壤要求不严，耐干旱瘠薄。花期忌寒冷和阴雨。

[繁殖]以嫁接繁殖为主。砧木常用杜梨。

[用途]白梨春天开花，满树雪白，树姿美，在园林中是观赏结合生产的优良树种。

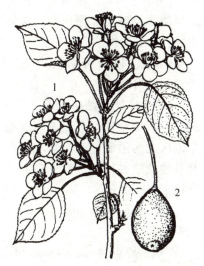

图[13]-18 白梨
1. 花枝 2. 果

（2）沙梨 *Pyrus pyrifolia* (Burm. f.) Nakai ｛图[13]-19｝

[识别要点]树高7~15m。1~2年生枝紫褐色或暗褐色。叶卵状椭圆形，先端长尖，基部圆形或近心形，叶缘具刺毛状锐齿，有时齿端微向内曲。花白色，花柱无毛；花梗长3.5~5cm。果近球形，褐色，花萼脱落。花期4月，果熟期8月。

[分布]主产于长江流域，华南、西南也有分布。

[习性]喜温暖多雨气候，耐寒力较差。

[繁殖]以嫁接繁殖为主。砧木常用豆梨。优良品种很多，形成沙梨系统。

[用途]沙梨是园林结合生产的优良树种。果供食用，兼有消暑、健胃、收敛、止咳等功效。

(3)杜梨(棠梨) *Pyrus betulaefolia* Bunge ｛图[13]-20｝

[识别要点]树高达10m。小枝常棘刺状，幼时密生灰白色茸毛。叶菱状卵形或

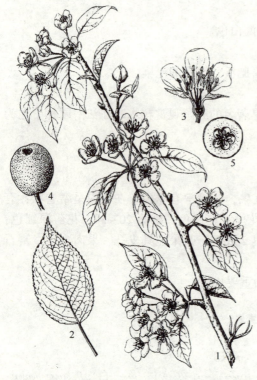

图[13]-19 沙 梨
1.花枝 2.叶 3.花纵剖面 4.果 5.果横剖面

长卵形，叶缘有粗尖齿，幼叶两面具灰白茸毛，老时仅背面有毛。花白色。果实小，褐色，径1cm，萼片脱落。花期4~5月，果熟期8~9月。

[分布]主产于我国北部，长江流域也有分布。

[习性]喜光，稍耐阴。耐寒，极耐干旱瘠薄及碱土。深根性，抗病虫害能力强，生长较慢。

[繁殖]以播种繁殖为主，也可压条、分株繁殖。

[用途]杜梨结果期早，寿命很长，为北方栽培梨的良好砧木。在盐碱、干旱地区尤为适宜，又是华北、西北防护林及沙荒造林树种。春季白花美丽，也常植于庭园供观赏。

(4)豆梨 *Pyrus calleryana* Dcne. ｛图[13]-21｝

[识别要点]树高5~8m。小枝褐色，幼时有茸毛，后变光滑。叶广卵形至椭圆形，叶缘具细钝锯齿，两面无毛。花白色，花柱2，罕为3，雄蕊20；花梗长

图[13]-20 杜 梨
1.果枝 2.果横剖面 3.花瓣 4.花纵剖面

1.5~3cm，无毛。果近球形，黑褐色，有斑点，径1~2cm，萼片脱落。花期4月，果熟期8~9月。

[分布]主产于长江流域，山东、河南、江苏、浙江、江西、安徽、湖南、湖北、福建、广东、广西均有分布。多生于海拔80~1800m的山坡、平原或山谷杂木林中。

[习性]喜温暖潮湿气候，不耐寒，抗病性强。

[用途]常作南方栽培梨的砧木。

12. 蔷薇属 *Rosa* L.

落叶或常绿灌木。茎直立或攀缘，通常有皮刺。叶互生，奇数羽状复叶，具托叶，稀为单叶而无托叶。花单生，伞房花序生于新梢顶端；萼片及花瓣各5，稀为4；雄蕊多数，雌蕊通常多数，包藏于壶状花托内。花托老熟即变为肉质的浆果状假果，称蔷薇果，内含骨质瘦果。

图[13]-21 豆 梨
1. 果枝 2. 花纵剖面

本属约160种，主产于北半球温带及亚热带地区；中国有60余种。

分种检索表
1. 托叶至少有一半与叶柄合生，宿存；多为直立灌木。
   2. 花柱伸出花托口外甚长。
      3. 花柱合成柱状，约与雄蕊等长 ………………………………… 野蔷薇 *R. multiflora*
      3. 花柱离生或半离生，长约为雄蕊的1/2。
         4. 花微香；生长季连续开花，花较大，多紫红或粉红色；植株较矮，枝纤弱 …………
         ………………………………………………………………………… 月季 *R. chinensis*
         4. 花极香；生长季开1~2次花，花多为紫、粉或白色；植株健壮 … 香水月季 *R. odorata*
   2. 花柱短，聚成头状，不或稍伸出花托口外。
      5. 花序聚伞状，若单生于花梗上必有苞片；茎多具刺及刺毛；小叶厚而表面皱 ………
      ……………………………………………………………………………… 玫瑰 *R. rugosa*
      5. 花常单生，无苞片，花黄色；小枝无刺毛；叶缘具单锯齿 ………… 黄刺玫 *R. xanthina*
1. 托叶离生或近离生，早落；常绿攀缘灌木；几无刺；花小，白色或淡黄色，浓香 ………
   ………………………………………………………………………………… 木香 *R. banksiae*

(1) 野蔷薇(多花蔷薇、蔷薇) *Rosa multiflora* Thunb. {图[13]-22}

[识别要点]落叶攀缘灌木。小叶5~9，倒卵形至椭圆形，叶缘有齿，两面有毛；托叶边缘篦齿状，附着于叶柄上。圆锥状伞房花序，花白色或略带粉晕，单瓣，具芳香。果球形，褐红色。花期5~6月，果熟期10~11月。常见栽培变种有：

①粉团蔷薇 var. *cathyensis* Rehd. et Wils.   小叶较大，通常5~7。花粉红色，单瓣。

②荷花蔷薇 var. *carnea* Thory 花重瓣,粉红色,多朵成簇,甚美丽。

③七姊妹 var. *platyphyii* Thary 叶较大。花重瓣,深红色,常6~7朵构成扁伞房花序。

[分布] 主产于黄河流域以南,各地均有栽培。

[习性] 性强健,喜光,耐寒,对土壤要求不严。

[用途] 野蔷薇在园林中最宜作为花篱、花架、花门及基础种植材料,也可用于边坡、驳岸的垂直绿化。原种作各类月季、蔷薇的砧木时亲和力很强,故国内外普遍应用。

(2) 月季（月季花、月月红）*Rosa chinensis* Jacq. {图[13]-23}

[识别要点] 常绿或半常绿直立灌木。通常具钩状皮刺。小叶3~5,广卵形至卵状椭圆形,长3~6cm,叶缘有锐锯齿;叶柄和叶轴散生皮刺和短腺毛;托叶大

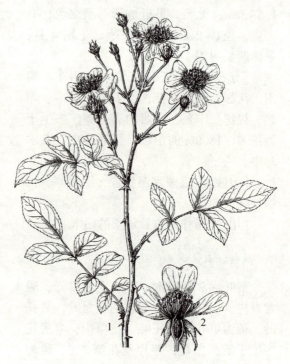

图[13]-22 野蔷薇
1. 花枝 2. 花纵剖面

部附生在叶柄上,边缘有腺毛。花单生或数朵簇生,粉红至白色,微香,萼片常羽裂。花4~11月多次开放,以5月、10月两次花大色艳,果熟期9~11月。常见变种与变型有：

①月月红 var. *semperflorens* Koehne 茎较纤细,有刺或近无刺。小叶较薄,常带紫晕。花多单生,紫色至深粉红色,花梗细长而常下垂。品种有'大红'月季、'铁把红'等。

②小月季 var. *minima* Voss. 植株矮小,多分枝,高一般不过25cm。叶小而狭。花小,径约3cm,玫瑰红色,单瓣或重瓣。宜作盆景材料。

③绿月季 var. *viridiflora* Dipp 花淡绿色,花瓣呈带锯齿的狭绿叶状。

④变色月季 f. *mutabilis* Rehd. 花单瓣,初开时硫黄色,继变橙色、红色,最后呈暗红色。

[分布] 原产于我国中部,南至广东,西南至云南、贵州、四川,现国内外普遍栽培。原种及多数变种早在18世纪末至19世纪初引至欧洲,通过杂交培育出了现代月季,目前品种已达上万种。现代

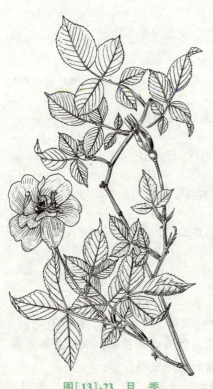

图[13]-23 月 季

月季是个庞大的种群，按美国月季协会1966年的定义，大体分为6类，即杂种茶香月季（Hybrid Tea Roses）、丰花月季（聚花月季，Floribunda Roses）、壮花月季（大花月季，Grandiflora Roses）、藤蔓月季（Climbing Roses）、微型月季（Miniatures Roses）和灌木月季（Shrub Roses）。

[习性]对环境适应性颇强，我国南北各地均有栽培。喜光，但过于强烈的阳光照射对花蕾发育不利，花瓣易焦枯。喜温暖，一般气温在22~25℃最为适宜，夏季的高温对开花不利，因此虽能在生长季中开花不绝，但以春、秋两季开花最多且最好。对土壤要求不严，但以富含有机质、排水良好的微酸性（pH 6~6.5）土壤最好。

[繁殖]扦插或嫁接繁殖。砧木为蔷薇。

[用途]月季花色艳丽，花期长，是园林布置的好材料。宜作花坛、花境及基础栽植材料，在草坪、园路角隅、庭院假山等处配置也很合适，还可作盆栽及切花用。

(3) 香水月季 *Rosa odorata* Sweet｛图[13]-24｝

[识别要点]常绿或半常绿灌木。有长匍匐枝或攀缘枝，疏生钩状皮刺。新叶及嫩梢常带古铜色晕，小叶5~7，常为卵状椭圆形，叶柄及叶轴均疏生钩刺和短腺毛。花蕾秀美，花梗细长，单生或2~3朵聚生，有粉红、浅黄、橙黄、白等色，径5~8cm或更大，芳香浓烈。果近球形，红色。花期3~5月，果期8~9月。常见变种与变型有：

①淡黄香水月季 f. *ochroleuca* Rehd.　花重瓣，淡黄色。

②橙黄香水月季 var. *pseudoindica* Rehd.　花重瓣，肉红黄色，外面带红晕。

③大花香水月季 var. *gigantea* Rehd. et Wils.　植株粗壮高大，枝长而蔓性，有时长达10m。花乳白至淡黄色，有时水红色，单瓣，径10~15cm；花梗、花托均平滑无毛。产于我国云南，缅甸也有分布。

④粉红香水月季 f. *erubescens* Rehd. et Wils. 花较小，淡红色。产于云南。

[分布]原产于我国，国内外普遍栽培。原种及多数变种早在18世纪末至19世纪初引种至欧洲，通过杂交育种培育出了现代月季，目前品种有1万种以上。

[习性]似月季而较娇弱，喜水、肥，怕热、畏寒。

[繁殖]多采用嫁接繁殖。

[用途]香水月季具有花蕾秀美、花形优雅、色香俱佳等优良性状，在近代月季杂交育种中具有重要作用。但由于其秉性娇弱，尤其是不耐寒，到20世纪初，在欧美月季舞台上逐渐让位给较耐寒的杂种香水月季。

(4) 玫瑰 *Rosa rugosa* Thunb.｛图[13]-25｝

[识别要点]落叶直立丛生灌木，高达2m。茎枝灰褐色，密生刚毛与倒刺。小叶5~9，椭圆形至椭圆状倒卵形，叶缘有钝齿，质厚，表

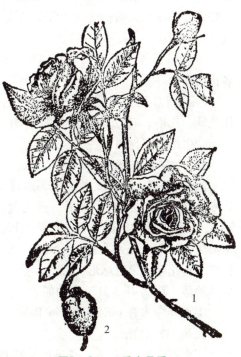

图[13]-24　香水月季
1. 花枝　2. 果

图[13]-25 玫 瑰

面亮绿色，多皱，无毛，背面有柔毛及刺毛；托叶大部附着于叶柄上。花单生或数朵聚生，常为紫色，具芳香。果扁球形，砖红色。花期5～6月，7～8月零星开放，果9～10月成熟。常见变种有：

① 紫玫瑰 var. *typica* Reg. 花玫瑰紫色。

② 红玫瑰 var. *rosea* Rehd. 花玫瑰红色。

③ 白玫瑰 var. *alba* W. Robins 花白色。

④ 重瓣紫玫瑰 var. *plena* Reg. 花玫瑰紫色，重瓣，香气馥郁，品质优良，多不结实或种子瘦小。各地栽培最广。

⑤ 重瓣白玫瑰 var. *albo-plena* Rehd. 花白色，重瓣。

[分布]原产于中国北部，现各地有栽培，以山东、江苏、浙江、广东为多，山东平阴、北京妙峰山涧沟、河南周口以及浙江吴兴等地都是著名的产地。

[习性]生长健壮，适应性很强，耐寒，耐旱，对土壤要求不严，在微碱性土上也能生长。喜阳光充足、凉爽而通风及排水良好之处，在肥沃的中性或微酸性轻壤土中生长和开花最好。在阴处生长不良，开花稀少。不耐积水。

[繁殖]分株、扦插或嫁接繁殖。砧木用多花蔷薇较好。

[用途]玫瑰色艳花香，适应性强，最宜作花篱、花境、花坛及坡地栽植材料，是园林结合生产的好材料。

(5) 木香 *Rosa banksiae* Ait. {图[13]-26}

[识别要点]落叶或半常绿攀缘灌木，高达6m。枝细长，绿色，光滑，近无刺。小叶3～5，背面中脉常有微柔毛；托叶线形，与叶柄离生，早落。花常为白色，芳香，3～15朵排成伞形花序。果近球形，红色，径3～4mm，萼片脱落。花期4～5月。变种如下：

① 重瓣白木香 var. *albo-plena* Rehd. 花白色，重瓣，香气最浓。

② 重瓣黄木香 var. *lutea* Lindl. 花乳黄色，重瓣，香气浓。

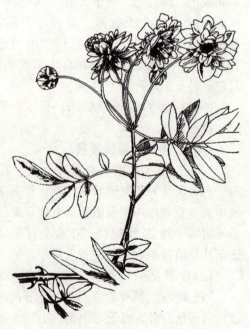

图[13]-26 木 香

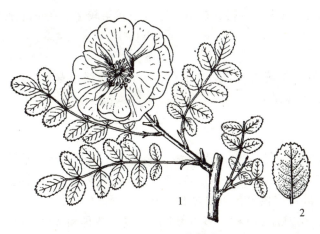

[分布]产于我国西南,各地园林中普遍栽培。

[用途]主要用作棚架、花篱材料。

(6) 黄刺玫 *Rosa xanthina* Lindl. {图[13]-27}

[识别要点]落叶丛生灌木,高3m。小枝细长,深红色,散生硬刺。小叶7~13,宽卵形近圆,先端钝或微凹,叶缘锯齿钝,叶背幼时稍有柔毛。花黄色,单生于枝顶,半重瓣或重瓣。果红褐色。花期4~6月,果熟期7~9月。

图[13]-27 黄刺玫
1. 花枝 2. 小叶

[分布]产于我国东北、华北至西北。生于海拔200~2400m的向阳山坡及灌丛中。现栽培较广泛。

[习性]喜光,耐寒。耐旱,对土壤要求不严,耐瘠薄,忌涝。病虫害少。

[繁殖]扦插、分株或压条繁殖。

[用途]黄刺玫花色金黄,花期较长,是北方地区主要的早春花灌木。多在草坪、林缘、路边丛植,也可作绿篱和基础种植材料。

13. 棣棠属 *Kerria* DC.

落叶小灌木。枝条细长。单叶互生,叶缘重锯齿;托叶钻形,早落。花单生,黄色,两性;萼片5,短小而全缘;花瓣5,雄蕊多数,心皮5~8。瘦果干而小。

本属仅1种,产于中国及日本。

棣棠(棣棠花) *Kerria japonica* (L.) DC. {图[13]-28}

[识别要点]落叶丛生无刺灌木,高1.5~2m。小枝绿色,有棱,光滑。叶卵形、卵状椭圆形,叶缘有尖锐重锯齿,叶面皱褶。花金黄色,单生于侧枝顶端。瘦果黑褐色,生于盘状花托上,萼片宿存。花期4月下旬至5月底。变种如下:

重瓣棣棠 var. *pleniflora* Witte 花重瓣,可作切花材料,在园林、庭院中普遍栽培。

[分布]产于河南、湖北、湖南、江西、浙江、江苏、四川、云南、广东等地。日本也有分布。

图[13]-28 棣棠
1. 花枝 2. 果

[习性]喜温暖、半阴、略湿之地，忌炎日直射。在南方庭园中栽培较多，在华北地区须选背风向阳处或建筑物前栽种。

[繁殖]分株、扦插或播种繁殖。

[用途]棣棠花、叶、枝俱美，丛植于篱边、墙际、水畔、坡地、林缘及草坪边缘，或栽作花径、花篱，或与假山配置，都很适宜。

14. 李属(樱属) *Prunus* L.

乔木或灌木，多落叶，稀常绿。单叶互生，叶缘有锯齿，稀全缘；叶柄或叶片基部有时有腺体。花两性，常为白色、粉红或红色；萼片、花瓣各5；雄蕊多数，周围生；雌蕊1，子房上位，具伸长花柱及2胚珠。核果，通常含1种子。

全世界约200种，产于北温带；我国有140种，多为著名庭园观赏树种和栽培果树。

分种检索表

```
1. 果实外面有沟槽。
  2. 腋芽单生，顶芽缺；叶在芽中席卷状。
    3. 子房和果实无毛，花具较长花梗。
      4. 花常3朵簇生，白色；叶绿色 ·············· 李 P. salicina
      4. 花常单生，粉红色；叶紫红色 ········ '紫叶'李 P. cerasifera 'Atropurpurea'
    3. 子房和果实被短毛，花多无梗。
      5. 小枝红褐色；果肉离核，核不具点穴 ·············· 杏 P. armeniaca
      5. 小枝绿色；果肉黏核，核具蜂窝状点穴 ·············· 梅 P. mume
  2. 腋芽3，具顶芽；叶在芽中对折状 ·············· 桃 P. persica
1. 果实外面无沟槽；具顶芽，叶在芽中对折状。
  6. 苞片小而脱落，叶缘有重锯齿尖，具腺体而无芒，花白色，果红色 … 樱桃 P. pseudocerasus
  6. 苞片大而常宿存，叶缘具芒状重锯齿。
    7. 花先开，后生叶；花梗及萼均有毛；花萼筒状，下部不膨大 ···· 东京樱花 P. yedoensis
    7. 花与叶同时开放，花梗及萼均无毛 ·············· 樱花 P. serrulata
```

图[13]-29 李
1. 花枝 2. 果枝

(1) 李(李子树) *Prunus salicina* Lindl. {图[13]-29}

[识别要点]乔木，高达12m。树冠圆形，小枝褐色，无毛。叶倒卵状椭圆形，叶缘有细钝重锯齿；叶柄近顶端有2~3腺体。花白色，径1.5~2cm，常3朵簇生；花梗长1~1.5cm，无毛，萼筒钟状。果卵球形，径4~7cm，黄绿色至紫色，无毛，外被蜡粉。花期3~4月，果熟期7月。

[分布]产于华东、华中、华北及东北南部，全国各地有栽培。

[习性]喜光，也能耐半阴，耐寒。喜肥沃、湿润的黏质壤土，在酸性土、钙质土中均能生长，不耐干旱和瘠薄，不宜在长期积水处栽种。

[繁殖]嫁接、分株或播种繁殖。

[用途]我国栽培李树已有3000多年的历史。李树花白而繁茂,观赏效果极佳,素有"艳如桃李"之说。在庭院、宅旁、村旁或风景区栽植都很合适。在配置上,宜远更宜繁。

(2)'紫叶'李('红叶'李)*Prunus cerasifera* 'Atropurpurea'

[识别要点]落叶小乔木,高达8m。小枝光滑,紫红色。叶片、花柄、花萼、雄蕊都呈紫红色。叶卵形至倒卵形,长3~4.5cm,叶缘具尖细重锯齿。花常单生,淡粉红色,径约2.5cm,花梗长1.5~2cm。果球形,暗红色。花期4~5月。

[分布]原产于亚洲西南部,现各地广为栽培。

[习性]喜温暖湿润气候,不耐寒。对土壤要求不严。

[繁殖]以扦插繁殖为主。嫁接砧木可用桃、李、梅或山桃。

[用途]紫叶李在整个生长季叶都为紫红色,为重要的观叶树种。宜于建筑物前及园路旁或草坪角隅栽植,唯须慎选背景的色泽,方可充分衬托出其色彩美。

(3)杏(杏花、杏树)*Prunus armeniaca* L. {图[13]-30}

[识别要点]落叶乔木,高达10m。树冠圆整。小枝红褐色。叶广卵形或圆卵形,先端短锐尖,叶缘有细钝锯齿,两面无毛或背面脉腋有簇毛,叶柄红色。花单生,先于叶开放,白色至淡粉红色,萼鲜绛红色。果球形,径2.5~3cm,杏黄色,一侧有红晕,具缝合线及柔毛;核扁,平滑。花期3~4月,果熟期6月。主要变种如下:

①山杏 var. *ansu* Maxim. 花2朵并生,稀3朵簇生。果密生茸毛,红色、橙红色,径约2cm。

②垂枝杏 var. *pendula* Jaeg. 枝下垂,叶、果较小。

[分布]在东北、华北、西北、西南及长江中下游各地均有分布。

[习性]喜光,耐寒。耐高温。耐旱,喜土层深厚、排水良好的沙质壤土。极不耐涝,也不喜空气湿度过高。

[繁殖]播种、嫁接及根蘖繁殖。

[用途]杏为我国原产,栽培历史达2500年以上。早春开花,繁茂美观,是北方重要的早春花木,有"南梅、北杏"之说。除在庭园少量种植外,宜群植、林植于山坡、水畔。

(4)梅(梅花)*Prunus mume* Sieb. et Zucc. {图[13]-31}

[识别要点]落叶乔木,高达15m。树干褐紫色,有纵驳纹。小枝细长,绿色。叶广卵形至卵形,先端渐长尖,基部宽楔形,锯齿细尖,叶背脉上有毛。花1~2朵,具短梗,淡粉或白色,有

图[13]-30 杏
1. 花枝 2. 果枝 3. 花纵剖面 4. 果核

芳香，在冬季或早春于叶前开放。果球形，密被细毛，径 2~3cm；核面凹点甚多，果肉黏核，味酸。果熟期 5~6 月。

花梅由于长期栽培，变异较大，品种甚多。根据陈俊愉教授的研究，可分为以下四类：

①直脚梅类 var. *mume* T. Y. Chen 梅的典型变种，枝直立或斜出，按花形和花色分为七型。

②垂枝梅类 var. *pendula* Sieb. 又称照水梅类，枝条下垂，形成独特的伞状树姿，可分为六型。

③龙游梅类 var. *tortuosa* T. Y. Chen et H. H. Lu 枝条自然扭曲如游龙。花碟形，半重瓣，白色。

④杏梅类 var. *bungo* Makino. 枝和叶似山杏。花半重瓣，粉红色。花期较晚，抗寒性较强，可能是杏与梅的天然杂交种。

果梅的栽培品种据郑勉教授的调查研究，大致分为以下三类：

①白梅品种群 果实黄白色，质粗，味苦，核大肉少，供制梅干用。

图[13]-31 梅
1. 花枝 2. 花纵剖面 3. 果枝 4. 果纵剖面

②青梅品种群 果实青色或青黄色，味酸，多数供制蜜饯用。

③花梅品种群 果实红色或紫红色，质细脆而味稍酸，供制陈皮梅等。

[分布]原产于我国，东至台湾，西至西藏，南至广西，北至湖北，均有天然分布。梅花是南京、武汉等城市的市花。

[习性]喜阳光，喜温暖而略潮湿的气候，有一定耐寒力。对土壤要求不严，较耐瘠薄土壤，在砾质黏土及砾质壤土等下层土质紧密的土壤上生长良好。最怕积水之地，要求排水良好地点。

[繁殖]以嫁接繁殖为主，也可扦插或播种繁殖。砧木用梅实生苗或杏较好。

[用途]梅树体苍劲古雅，疏枝横斜，傲霜斗雪，为中国传统名花木，栽培历史逾 2500 年。其古朴的树姿，素雅的花色，秀丽的花态，恬淡的清香和丰盛的果实，自古以来深受广大人民喜爱，为历代文人讴歌。梅在江南，吐红于冬末，开花于早春。在配置上，最宜植于庭院、低山丘陵，可孤植、丛植及群植。传统的用法常是以松、竹、梅为"岁寒三友"配置成景。也可盆栽供观赏或加以整形修剪做成各式桩景。或作切花瓶插供室内装饰。

(5) 桃 *Prunus persica* (L.) Batsch {图[13]-32}

[识别要点]落叶小乔木，高 8m。小枝红褐色或褐绿色，无毛。芽密被灰色茸毛。叶椭圆状披针形，叶缘细钝锯齿；托叶线形，有腺齿。花单生，先于叶开放，径约 3cm，

粉红色，萼外被毛。果近球形，表面密被茸毛。花期3~4月，果6~9月成熟。

桃栽培历史悠久，逾3000年。我国的桃品种约1000个，观赏桃常见有以下变型：

①白桃 f. *alba* Schneid. 花白色，单瓣。

②白碧桃 f. *albo-plena* Schneid. 花白色，复瓣或重瓣。

③碧桃 f. *duplex* Rehd. 花淡红色，重瓣。

④寿星桃 f. *densa* Mak. 树形矮小紧密，节间短。花多重瓣。有'红花'寿星桃、'白花'寿星桃等品种。

⑤红碧桃 f. *rubro-plena* Schneid. 花红色，复瓣，萼片常为10。

⑥复瓣碧桃 f. *dianthiflora* Dipp. 花淡红色，复瓣。

⑦绯桃 f. *magnifica* Schneid. 花鲜红色，重瓣。

⑧洒金碧桃 f. *versicolor* Voss 花复瓣或近重瓣，白色或粉红色，同一株上花有二色，或同朵花上有二色，乃至同一花瓣上有粉、白二色。

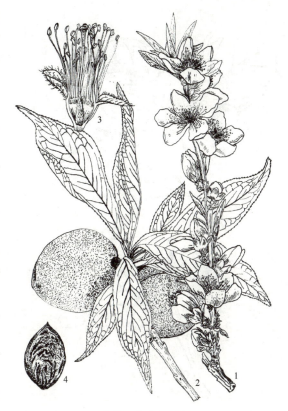

图[13]-32 桃
1. 花枝 2. 果枝 3. 去花瓣的花纵剖面 4. 果核

⑨紫叶桃 f. *atropurpurea* Schneid. 叶为紫红色。花为单瓣或重瓣，淡红色。

⑩垂枝桃 f. *pendula* Dipp. 枝下垂。

[分布]原产于中国，在华北、华中、西南等地山区有野生。

[习性]喜光，耐旱，耐寒性较强。喜肥沃、排水良好的土壤，不耐水湿。碱性土及黏重土均不适宜，在黏重土栽种易发生流胶病。

[繁殖]以嫁接、播种繁殖为主，也可压条繁殖。砧木在南方多用毛桃，在北方多用山桃。

[用途]桃花烂漫芳菲，妩媚可爱，盛开时节"桃之夭夭，灼灼其华"。加之品种繁多，着花繁密，栽培简易，是园林中重要的春季花木。可孤植、列植、丛植于山坡、池畔、草坪、林缘等处。最宜与柳树配置于池边、湖畔，形成"桃红柳绿"的动人春色。

(6)樱桃 *Prunus pseudocerasus* Lindl. {图[13]-33}

[识别要点]树高达8m。叶卵形至卵状椭圆形，上面无毛或微有毛，背面疏生柔毛；叶缘有大小不等的重锯齿，齿尖有腺体。花先于叶开放，3~6朵簇生成总状花序；白色，径1.5~2.5cm，萼筒有毛。果近球形，无沟，径1~1.5cm，红色。花期4月，果5~6月成熟。

[分布]产于华东、华中至四川。

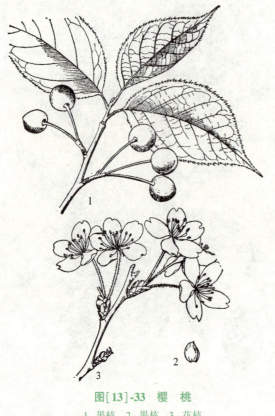

图[13]-33 樱 桃
1. 果枝　2. 果核　3. 花枝

[习性]喜日照充足。喜温暖而略湿润的气候及肥沃、排水良好的沙壤土，有一定的耐寒与耐旱力。萌蘖力强，生长迅速。

[繁殖]分株、扦插及压条繁殖等。

[用途]樱桃花先于叶开放，花如彩霞，果若珊瑚，是园林中观赏及果实兼用树种。

（7）东京樱花（日本樱花）*Prunus yedoensis* Matsum. {图[13]-34}

[识别要点]树高达16m。树皮暗褐色，平滑。小枝幼时有毛。叶卵状椭圆形至倒卵形，叶缘具细尖重锯齿，叶背脉上及叶柄被柔毛。花叶前或与叶同时开放，白色至淡粉红色，常为单瓣，微香，萼筒、花梗均被柔毛。果径约1cm，熟时紫褐色。花期4月。主要变种与变型如下：

①翠绿东京樱花 var. *nilcaii* Honda. 乔木。嫩枝无毛。叶和花均似东京樱花，但新叶、花柄、萼均为绿色，花为纯白色。

②垂枝东京樱花 f. *perpendens* Wilson.　树枝垂向地面，开花时非常壮观。

[分布]原产于日本。我国华东及长江流域城市多栽培。

[习性]喜光，较耐寒，在北京能露地越冬。

[繁殖]嫁接繁殖。砧木可用樱桃、樱花、桃、杏等。

[用途]东京樱花为著名观花树种，日本国花。春天开花时满树灿烂，非常美观，但花期很短。宜于山坡、建筑物前及园路旁栽植，或以常绿树为背景丛植。

（8）樱花（山樱花）*Prunus serrulata* Lindl. {图[13]-35}

[识别要点]树高15~25m。树皮栗褐色，光滑。小枝无毛，有锈色唇形皮孔。叶卵形至卵状椭圆形，长6~12cm，叶端尾状，叶缘具尖锐单或重锯齿，两面无毛；叶柄端有2~4腺体。花与叶同时开放，3~5朵构成短伞房总状花序；白色或淡红色，单瓣，无香味；萼筒钟状，无毛。核果球形，径6~8mm，先红而后变紫褐色。花期4月，果7月成熟。主要变型如下：

①重瓣白樱花 f. *albo-plena* Schneid.　花白色，重瓣。

②红白樱花 f. *albo-rosea* Wils.　花重瓣，花蕾淡红色，开后变白色。

③垂枝樱花 f. *pendula* Bean.　枝开展而下垂。花粉红色，重瓣。

④重瓣红樱花 f. *rosea* Wils.　花粉红色，重瓣。

⑤瑰丽樱花 f. *superba* Wils.　花甚大，淡红色，重瓣，有长梗。

[分布]产于长江流域，东北南部也有分布。朝鲜、日本均有分布。

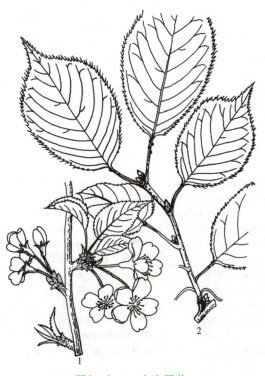

图[13]-34　东京樱花
1. 花枝　2. 枝叶

图[13]-35　樱　花
1. 花枝　2. 果枝　3. 花纵剖面

[习性]喜阳光，喜深厚、肥沃、排水良好的土壤，有一定耐寒能力。根系较浅。对烟尘、有害气体及海潮风的抵抗力均较弱。

[繁殖]以嫁接繁殖为主。砧木用樱桃、桃、杏及其实生苗。

[用途]樱花为著名观花树种，春天繁花竞放，轻盈娇艳。宜成片种植，也可散植于草坪、林缘、路旁、溪边、坡地等处。

 现场教学

双子叶植物识别与应用现场教学（一）

现场教学安排	内　　容
教学目标	通过现场教学，使学生掌握园林中木兰科、樟科和蔷薇科的绿化特点，各科的区别，以及园林绿化中存在的问题
教学地点	校园、树木园等有木兰科、樟科和蔷薇科植物生长的地点
教学组织	1. 教师引导学生观察。 2. 学生观察并讨论。 3. 教师总结并布置作业
教学内容	1. 观察科、种。 （1）木兰科　Magnoliaceae 木兰　*Magnolia liliflora*　　玉兰　*Magnolia denudata*　　二乔玉兰　*Magnolia soulangeana* 厚朴　*Magnolia officinalis*　　凹叶厚朴　*Magnolia officinalis* var. *biloba* 广玉兰　*Magnolia grandiflora*　　狭叶广玉兰　*Magnolia grandiflora* var. *lanceolata* 木莲　*Manglietia fordiana*　　含笑　*Michelia figo*　　深山含笑　*Michelia maudiae*

(续)

现场教学安排	内　容
教学内容	鹅掌楸　*Liriodendron chinense*　　北美鹅掌楸　*Liriodendron tulipifera* 杂交鹅掌楸　*Liriodendron chinense × L. tulipifera* (2)樟科　Lauraceae 樟树　*Cinnamomum camphora*　　浙江樟　*Cinnamomum chekiangense*　　天竺桂　*Cinnamomum japonicum* 肉桂　*Cinnamomum cassia*　　红楠　*Machilus thunbergii*　　桢楠　*Phoebe bournei* 紫楠　*Phoebe sheareri*　　浙江楠　*Phoebe chekiangensis*　　檫木　*Sassafras tzumu* 山胡椒　*Lindera glauca*　　狭叶山胡椒　*Lindera angustifolia* (3)蔷薇科　Rosaceae 李叶绣线菊　*Spiraea prunifolia*　　珍珠绣线菊　*Spiraea thunbergii*　　麻叶绣线菊　*Spiraea cantoniensis* 粉花绣线菊　*Spiraea japonica*　　'金焰'绣线菊　*Spiraea japonica* 'Cold Flame' 珍珠梅　*Sorbaria kirilowii*　　平枝栒子　*Cotoneaster horizontalis*　　火棘　*Pyracantha fortuneana* 山楂　*Crataegus pinnatifida*　　枇杷　*Eriobotrya japonica*　　石楠　*Photinia serrulata* 红叶石楠　*Photinia × fraseri*　　椤木石楠　*Photinia davidsoniae*　　贴梗海棠　*Chaenomeles speciosa* 木瓜　*Chaenomeles sinensis*　　苹果　*Malus pumila*　　海棠　*Malus prunifolia* 山荆子　*Malus baccata*　　垂丝海棠　*Malus halliana*　　白梨　*Pyrus bretschneideri* 沙梨　*Pyrus pyrifolia*　　杜梨　*Pyrus betulaefolia*　　豆梨　*Pyrus calleryana* 月季　*Rosa chinensis*　　玫瑰　*Rosa rugosa*　　木香　*Rosa banksiae* 棣棠　*Kerria japonica*　　榆叶梅　*Prunus triloba*　　李　*Prunus salicina* '紫叶'李　*Prunus cerasifera* 'Atropurpurea'　　杏　*Prunus armeniaca* 梅　*Prunus mume*　　桃　*Prunus persica*　　樱桃　*Prunus pseudocerasus* 樱花　*Prunus serrulata* 2. 观察内容提示。 (1)叶 形状、叶脉、有无缺裂、有无芳香气味等；单叶、羽状复叶；托叶与叶柄连合或分离；叶柄先端有无腺体。 (2)枝条 颜色、有无环状托叶痕。 (3)花 单生于枝顶或叶腋或组成各式花序；花被片颜色；雄蕊数目；子房上位、下位或半下位；单雌蕊或复雌蕊；心皮分离或合生。 (4)果 梨果、核果、瘦果或蓇葖果
课外作业	1. 编制玉兰、紫玉兰、木莲、含笑、樟树、紫楠、山胡椒、浙江樟、檫木、鹅掌楸、厚朴分种检索表。 2. 比较下列器官形态术语。 ①伞形花序和伞房花序；上位花、下位花及周位花。 ②子房上位、子房下位及子房半下位。 ③坚果、核果及瘦果；蓇葖果和蒴果；聚合果和聚花果。 3. 任选以上 5~10 种园林树木编制检索表加以区分。 4. 对以上种类按照观赏特性以及园林应用加以归类

思考题

一、多项选择题

1. 木兰科植物的特征为(　　)。

　　A. 雄蕊多数　　　　B. 雄蕊少数　　　　C. 心皮离生　　　　D. 心皮合生

2. 含笑属植物的特征是(　　)。

A. 常绿性　　　　B. 落叶性　　　　C. 蓇葖果　　　　D. 翅果
3. 鹅掌楸的特征是(　　)。
A. 蓇葖果　　　　B. 翅果　　　　　C. 常绿性　　　　D. 落叶性
4. 玉兰的特征是(　　)。
A. 常绿性　　　　B. 落叶性　　　　C. 花单生于枝顶　D. 花单生于叶腋
5. 樟科植物的特征为(　　)。
A. 单叶　　　　　B. 复叶　　　　　C. 有托叶　　　　D. 无托叶
6. 樟科植物的果实类型为(　　)。
A. 坚果　　　　　B. 蒴果　　　　　C. 浆果　　　　　D. 核果
7. 樟科植物具有两性花、圆锥花序的是(　　)。
A. 樟属　　　　　B. 楠木属　　　　C. 润楠属　　　　D. 山胡椒属
8. 蔷薇科植物具有的特征为(　　)。
A. 单叶　　　　　B. 复叶　　　　　C. 整齐花　　　　D. 两侧对称花
9. 梨属植物的特征是(　　)。
A. 离生心皮　　　B. 合生心皮　　　C. 子房上位　　　D. 子房下位
10. 杏属植物的特征是(　　)。
A. 常绿性　　　　B. 落叶性　　　　C. 叶互生　　　　D. 叶对生
11. 下列具有单心皮、核果的是(　　)。
A. 山楂　　　　　B. 李　　　　　　C. 梅　　　　　　D. 樱桃
12. 下列具有合生心皮、梨果的是(　　)。
A. 枇杷　　　　　B. 苹果　　　　　C. 石榴　　　　　D. 稠李

二、简答题
1. 木兰科的识别要点是什么？雌蕊有何特点？为什么说木兰科是被子植物中的原始类型？
2. 比较木兰属、含笑属、木莲属和鹅掌楸属的主要识别要点。
3. 举例说明木兰科树种在园林绿化中的应用。
4. 樟科的识别要点是什么？具有哪些重要内含物？花药开裂方式是什么？
5. 比较樟属、楠木属、润楠属和檫木属的主要识别要点。
6. 比较下列相近种的特征：樟树与银木；浙江樟与天竺桂；浙江楠与紫楠。
7. 蔷薇科的主要特征是什么？花冠有哪些构造特点？
8. 蔷薇科分为哪几个亚科？分亚科的依据是什么？
9. 花梅品种如何分类？观赏桃如何分类？现代月季如何分类？
10. 比较下列相近种的特征：李叶绣线菊与麻叶绣线菊；海棠花与西府海棠；月季与玫瑰；梅与杏。
11. 根据物候、花色、观赏特性等分别列出各类观赏植物：早春先花后叶的树种；夏季开红花的树种；适合丛植的观花树种；适合配置于岩石园的树种；适合制作盆景的树种；适合作为绿篱的树种。

[14] 蜡梅科 Calycanthaceae

落叶或常绿灌木。单叶对生，全缘，羽状脉，无托叶。花两性，单生，具芳香；花被片多数，无萼片与花瓣之分，螺旋状排列；雄蕊5~30；心皮离生，多数，着生于杯状花托内，胚珠1~2。花托发育为坛状果托，小瘦果着生其中。种子无胚乳，子叶旋卷。

全世界共 2 属 7 种,产于东亚和北美;中国有 2 属 4 种。

分属检索表

1. 花直径约 2.5cm,雄蕊 6~8,冬芽有鳞片 ·················· 蜡梅属 *Chimonanthus*
1. 花直径 5~7cm,雄蕊多数,冬芽为叶柄基部所包围 ············ 夏蜡梅属 *Calycanthus*

1. 蜡梅属 *Chimonanthus* Lindl.

灌木。鳞芽。叶前开花,雄蕊 5~6。果托坛状。

本属共 3 种,中国特产。

蜡梅(黄梅花、香梅)*Chimonanthus praecox* (L.) Link. {图[14]-1}

[识别要点]落叶丛生灌木,高达 3m。小枝近方形。叶半革质,椭圆状卵形至卵状披针形,长 7~15cm,先端渐尖,基部圆形或广楔形,叶表有硬毛,叶背光滑。花远在叶前开放,单生,径约 2.5cm,花被片外轮蜡黄色,中轮有紫色条纹,有浓香。果托坛状,小瘦果种子状,褐色,有光泽。花期 12 月至翌年 3 月,果 8 月成熟。变种如下:

①红心蜡梅(狗蝇梅) var. *intermedius* Mak. 花较小,花瓣长尖,中心花瓣呈紫色,香气弱。

②磬口蜡梅 var. *grandiflora* Mak. 叶较宽大,长达 20cm。外轮花被片淡黄色,内轮花被片有浓红紫色边缘和条纹。花较大,径 3~3.5cm。

③素心蜡梅 var. *concolor* Mak. 内、外轮花被片均为纯黄色,香味浓。

[分布]产于湖北、陕西等地,现各地有栽培。

[习性]喜光,也略耐阴,较耐寒。耐干旱,忌水湿,花农有"旱不死的蜡梅"的说法,但以湿润土壤为好,最宜选深厚、肥沃、排水良好的沙质壤土。生长势强,发枝力强。

图[14]-1 蜡 梅
1. 花枝 2. 果枝 3. 花纵剖面 4. 花图式
5. 去花瓣的花 6. 雄蕊 7. 聚合果 8. 种子

[繁殖]以嫁接繁殖为主,也可分株繁殖。

[用途]蜡梅花开于寒月,花黄如蜡,清香四溢,为冬季观赏佳品。配置于屋前、墙隅均极适宜,作为盆花、桩景和瓶花也独具特色。我国传统上喜用天竺与蜡梅搭配,可谓色、香、形相得益彰,极得造化之妙。

2. 夏蜡梅属 *Calycanthus* L.

落叶灌木。芽包于叶柄基部。叶膜质,两面粗糙。花单生于枝顶,花被片 15~30,

多少带红色；雄蕊 10~20，退化雄蕊 11~25；单心皮雌蕊 11~35。果实生于杯状果托内，9~10月成熟；瘦果长圆形，1种子。

全世界共4种，1种产于我国，其余分布于北美。世界各地有引种栽培。

夏蜡梅 *Calycanthus chinensis* Cheng et S. Y. Chang〔图[14]-2〕

[识别要点]树高 2~3m。小枝对生，叶柄包芽。叶膜质，宽卵状椭圆形至倒卵形，全缘或具浅齿。花白色，径 4.5~7cm；花被片内外不同，外面 12~14枚、白色，内面 9~12 枚、有紫色斑纹。果托钟形，瘦果褐色。花期 5~6月，果期 10月。

[分布]原产于浙江，江西、湖南、江苏等地引种栽培。

图[14]-2 夏蜡梅
1. 花枝 2. 果枝

[习性]喜阴，喜温暖湿润气候及排水良好的湿润沙壤土。

[用途]花大而美丽，是良好的观花树种。

[15]苏木科(云实科) Caesalpiniaceae

常绿或落叶，乔木、灌木或藤本，稀草本。1回或2回羽状复叶，稀单叶，互生，托叶早落或无。花两性，稀单生或杂性异株；花通常两侧对称，稀辐射对称；萼片5或4，花瓣5或更少，稀无花瓣；雄蕊10或较少；单心皮雌蕊，子房上位，1室，边缘胎座。荚果，开裂或不裂。种子有胚乳或无胚乳。

全世界共150属2800余种，主要分布于热带、亚热带地区；我国有25属110余种。

分属检索表

1. 单叶，或裂为2小叶。
　2. 单叶，全缘；花冠假蝶形 ·· 紫荆属 *Cercis*
　2. 叶2裂或沿中脉裂为2小叶；花瓣稍不等，不呈蝶形 ············ 羊蹄甲属 *Bauhinia*
1. 偶数羽状复叶。
　3. 2回羽状复叶或1~2回羽状复叶。
　　4. 植株无刺；花两性，大而显著，近于整齐；2回羽状复叶 ············ 凤凰木属 *Delonix*
　　4. 植株具分枝硬刺；花小，杂性；1~2回羽状复叶 ··················· 皂荚属 *Gleditsia*
　3. 1回羽状复叶；雄蕊10或5枚，花药顶端孔裂 ·························· 决明属 *Cassia*

1. 紫荆属 *Cercis* L.

落叶乔木或灌木。芽叠生。单叶，全缘，掌状脉。花萼5齿裂，红色；花冠假蝶形，上部1瓣较小，下部2瓣较大；雄蕊10，花丝分离。荚果扁带形。种子扁形。全世界约9种；我国有6种。皆为美丽的观赏植物。

紫荆(满条红)*Cercis chinensis* Bunge {图[15]-1}

[识别要点]乔木，高达15m，但在栽培情况下多呈灌木状。叶近圆形，长6~14cm，叶端急尖，叶基心形，全缘，两面无毛。花于叶前开放，紫红色，4~10朵簇生于老枝上。荚果长5~14cm，沿腹缝线有窄翅。花期4月，果10月成熟。主要变型为：白花紫荆 f. *alba* Hsu. 花白色。

本属常见种还有：

①黄山紫荆 *C. chingii* Chun 丛生。小枝曲折，短枝向后扭展。叶长度小于宽度。花淡红，2~3朵一簇。荚果无翅。产于安徽黄山，江苏等地有栽培。

②加拿大紫荆 *C. canadensis* L. 叶具草质边。花较小，长约1.5cm。原产于美洲，我国有引种。

③巨紫荆 *C. gigantea* Cheng et Keng 乔木。花、果紫红色。产于浙江、安徽、河南等地。

[分布]产于我国黄河流域以南，湖北有野生大树，陕西、甘肃、新疆、辽宁等地有分布。

[习性]喜光，有一定耐寒性。喜肥沃、排水良好的土壤，不耐淹。萌蘖性强，耐修剪。

[繁殖]以播种繁殖为主，也可分株、扦插、压条繁殖。

图[15]-1 紫荆
1. 花枝 2. 叶枝 3. 花 4. 花瓣 5. 雄蕊及雌蕊
6. 雄蕊 7. 雌蕊 8. 果 9. 种子

[用途]紫荆干丛生，叶圆整，树形美观。早春先叶开花，满树嫣红，颇具风韵，为园林中常见早春花木。宜于建筑前、门旁、窗外、墙角、亭际、山石后点缀一二丛，也可丛植、片植于草坪边缘、林缘。以常绿树为背景或植于浅色物体前，与黄色、粉红色花木配置，则金紫相映，色彩更鲜明。

2. 羊蹄甲属 *Bauhinia* L.

乔木、灌木或藤本。单叶互生，顶端常2深裂或裂为2小叶。花单生或为伞房、总状、圆锥花序，萼全缘呈佛焰苞状或2~5齿裂；花瓣5，近等大；雄蕊10或退化为5或3，稀1，花丝分离。

全世界约250种，产于热带；中国栽培约6种。

羊蹄甲(洋紫荆、红花羊蹄甲)*Bauhinia blakeana* Dunn in Journ. {图[15]-2}

[识别要点]常绿乔木，高达10m。叶革质，阔心形，先端2裂深约为全叶的1/3，

似羊蹄甲。花大而显著，约7朵排成伞房状总状花序；花瓣5枚，鲜紫红色，间以白色脉状彩纹，极清香；花萼裂成佛焰苞状；发育雄蕊5枚。荚果扁条形，长15～25cm。花期11月至翌年4月。变种有：

白花洋紫荆 var. *candida* Buch. Ham. 花纯白色。

[分布]分布于我国香港、广东、广西等地。华南地区常见，热带地区广为栽培。

[习性]喜光，小苗须遮阴。喜温暖湿润气候，不耐寒。喜酸性肥沃土壤。

[繁殖]扦插或压条繁殖。

[用途]羊蹄甲树冠雅致，花大而艳丽，花期长，叶形如牛、羊蹄甲，极为奇特，是热带、亚热带观赏树种之佳品。宜作行道树、庭荫树、风景树。为我国香港特别行政区区花。

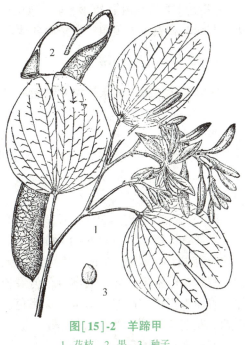

图[15]-2 羊蹄甲
1. 花枝 2. 果 3. 种子

3. 凤凰木属 *Delonix* Raf.

落叶大乔木。2回偶数羽状复叶，小叶多数，形小，多数。花大而显著，伞房总状花序；萼5深裂，镊合状排列；花瓣5，圆形，具长爪；雄蕊10，花丝分离；子房无柄，胚珠多数。荚果大，扁带形，木质。

全世界约3种，产于非洲热带地区；我国华南引入1种。

凤凰木 *Delonix regia* (Bojer) Raf. {图[15]-3}

[识别要点]树高达20m，树冠开展如伞状。复叶对生，具对生羽片10～24对；小叶20～40对，对生，近矩圆形，长5～8mm，先端钝圆，基部歪斜，表面中脉凹下，侧脉不显，两面均有毛。花萼绿色，花冠鲜红色。荚果木质，长达50cm。花期5～8月。

[分布]原产于马达加斯加岛及非洲热带地区，现广植于热带各地。我国台湾、福建南部、广东、广西、云南均有栽培。

[习性]喜光，不耐寒。生长迅速，根系发达。耐烟尘性差。

[繁殖]播种繁殖。播种前须浸种。

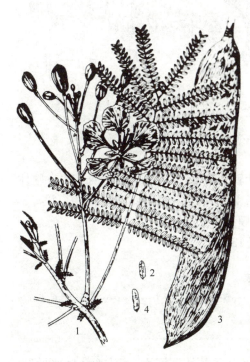

图[15]-3 凤凰木
1. 花枝 2. 小叶 3. 果 4. 种子

[用途]凤凰木树冠如伞，叶形如羽，有轻柔之感，花大色艳，初夏开放，满树如火，与绿叶相映更为美丽。在华南各地多栽作庭荫树及行道树。

4. 皂荚属 Gleditsia L.

落叶乔木，稀为灌木。树皮糙而不裂，干及枝上常具分杈的粗刺。枝无顶芽，侧芽叠生。1回或兼有2回偶数羽状复叶，互生。花杂性，萼、瓣各为3~5，雄蕊6~10。荚果长带状或较小。种子具角质胚乳。

全世界约16种；我国有5种，引入1种。

皂荚(皂角)*Gleditsia sinensis* Lam. {图[15]-4}

[识别要点]树高达30m。枝刺圆而有分歧。1回羽状复叶，小叶6~14枚，卵形至卵状长椭圆形，长3~5cm，叶缘具细钝锯齿。总状花序腋生，萼、瓣各4。荚果较肥厚，直而不扭转，长12~30cm，棕黑色，被白粉。花期5~6月，果10月成熟。

同属常见种还有：

山皂荚(山皂角)*G. japonica* Miq. 枝刺扁，荚果扭曲，果皮薄。

[分布]产于黄河流域以南至华南、西南等地。

[习性]喜光，喜温暖湿润气候，对土壤要求不严。生长慢，寿命长。

[繁殖]播种繁殖。

[用途]皂荚树冠广宽，叶密荫浓，宜作庭荫树及"四旁"绿化或造林树种。

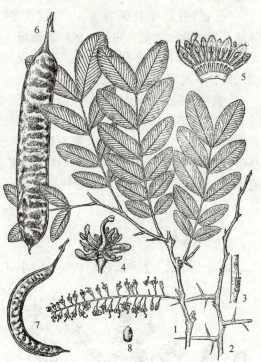

图[15]-4 皂 荚
1. 花枝 2. 小枝及枝刺 3. 小枝叠生芽
4、5. 花及其纵剖 6. 果 7. 果(猪牙儿) 8. 种子

5. 决明属 Cassia L.

乔木，灌木或草本。1回偶数羽状复叶，叶轴上在2小叶之间或叶柄上常有腺体。圆锥花序顶生，总状花序腋生；花黄色，萼片5，萼筒短，花瓣3~5；雄蕊10，常有3~5枚退化，花药顶孔开裂。荚果常在种子间有隔膜。种子有胚乳。

全世界约400种，主要分布于热带；中国有13种。

分种检索表

1. 小叶先端锐尖；果长圆柱形⋯⋯⋯⋯⋯⋯⋯⋯⋯⋯⋯⋯⋯⋯⋯⋯⋯⋯⋯ 腊肠树 *C. fistula*
1. 小叶先端钝或钝而有小尖头；果实扁形。
   2. 叶柄和总轴无腺体；花序长40cm ⋯⋯⋯⋯⋯⋯⋯⋯⋯⋯⋯⋯⋯⋯⋯⋯ 铁刀木 *C. siamea*
   2. 叶柄和总轴有腺体；花序长8~12cm ⋯⋯⋯⋯⋯⋯⋯⋯⋯⋯⋯⋯⋯⋯ 黄槐 *C. surattensis*

(1) 腊肠树 Cassia fistula L. {图[15]-5}

[识别要点] 落叶乔木，高达15m。偶数羽状复叶，叶柄及总轴上无腺体；小叶4~8对，卵形至椭圆形，长6~15cm。总状花序疏散下垂，长30cm以上，花淡黄色。荚果圆柱形，长30~60cm，径约2cm，黑褐色，有3槽纹，不开裂。种子间有横隔膜。花期6月。

[分布] 原产于印度、斯里兰卡及缅甸。中国华南有栽培。

[习性] 喜暖热多湿气候。

[用途] 腊肠树初夏开花时，满树长串状金黄色花朵，极为美观。可供庭园观赏。

(2) 铁刀木（黑心树）Cassia siamea Linn. {图[15]-6}

[识别要点] 常绿乔木，高5~12m。偶数羽状复叶，叶柄和总轴无腺体；小叶6~10对，椭圆形至长圆形。腋生花序为伞房状总状花序，顶生花序则为圆锥状花序，序轴密生黄色柔毛；花瓣5，黄色。荚果扁条形，

图[15]-5 腊肠树
1. 果　2. 花瓣　3. 种子
4. 雄蕊　5. 雌蕊　6. 花枝

长15~30cm，内含种子10~20粒。花期7~12月，果1~4月成熟。

[分布] 原产于印度、马来西亚、缅甸、泰国一带。中国华南、西南有栽培。

[习性] 喜光，稍耐阴。喜暖热气候。对土壤要求不严，以湿润、肥沃的石灰质及中性土壤为最佳。忌积水。性强健，能抗烟、抗风。生长迅速，萌芽力极强。

[繁殖] 播种繁殖。

[用途] 铁刀木花期长，是美丽的庭荫和观花树种。热带、亚热带地区普遍绿化的良好树种，宜作行道树和用于营造防护林。

(3) 黄槐（粉叶决明）Cassia surattensis Burm. {图[15]-7}

[识别要点] 灌木或小乔木，高4~7m。偶数羽状复叶，叶柄及叶轴上有

图[15]-6 铁刀木
1. 花枝　2. 花　3. 果

2~3个棒状腺体；小叶7~9对，长椭圆形至卵形，长2~5cm，叶背粉绿色，有短毛。花鲜黄色，伞房状总状花序，生于枝条上部的叶腋，长5~8cm；雄蕊10，全发育。荚果条形，扁平，长7~10cm。花期全年不绝。

[分布]原产于南亚及大洋洲，现广植于热带地区。中国南部有栽培。

[习性]喜高温，适温20~30℃。耐旱、耐热，不耐积水。

[繁殖]播种繁殖。

[用途]黄槐为美丽的观花树种。可作行道树、绿篱或庭园观赏树。

[16]含羞草科 Mimosaceae

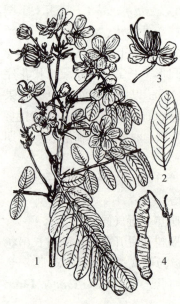

图[15]-7 黄槐
1. 花枝 2. 小叶 3. 花 4. 果

乔木或灌木，偶有藤本。通常为2回羽状复叶，叶轴或叶柄上常有腺体。花小，两性辐射对称，头状、穗状或总状花序；萼管状，齿裂，花瓣与萼片同数，镊合状排列；雄蕊5~10或多数，分离或合生成束，花丝细长；子房上位，花柱细长，柱头小。荚果裂或不裂。

分属检索表
1. 花丝多少连成管状，雄蕊多数。
2. 果扁平，种子间无隔膜 ·················· 合欢属 Albizzia
2. 果卷曲或呈马蹄形，种子间具隔膜 ·················· 象耳豆属 Enterolobium
1. 花丝分离或基部合生，雄蕊多数，每药室内花粉粒黏结成2~6花粉块 ······ 金合欢属 Acacia

1. 合欢属 *Albizzia* Dtlrazz.

落叶乔木。2回羽状复叶，互生，叶总柄下有腺体；羽片及小叶均对生，全缘，小叶中脉常偏于一侧。头状或穗状花序，花序柄细长；萼筒状，端5裂，花冠小，5裂，深达中部以上；雄蕊多数，花丝细长，基部合生。荚果带状，成熟后宿存于枝梢，通常不开裂。

全世界约150种；中国有17种。

分种检索表
1. 托叶较小叶小，条状披针形，羽片4~12对，小叶10~30对；伞房花序，花淡红色 ·················· 合欢 *A. julibrissin*
1. 托叶较小叶大，半心形，羽片8~20对，小叶20~46对；圆锥花序，花黄白或绿白色 ·················· 楹树 *A. chinensis*

(1) 合欢 (夜合花) *Albizzia julibrissin* Durazz. {图[16]-1}

[识别要点] 树高 16m，树冠伞形。2 回偶数羽状复叶，羽片 4~12 对，各有小叶 10~30 对；小叶镰刀状长圆形，长 6~12mm，中脉明显偏于一侧，叶背中脉处有毛。头状花序腋生或顶生，萼及花瓣均黄绿色，花丝粉红色，细长如绒缨。荚果扁条形，长 9~17cm。花期 6~7 月，果 9~10 月成熟。

[分布] 产于我国黄河流域以南。

[习性] 喜光，耐寒性略差。对土壤要求不严，能耐干旱，但不耐水涝。生长迅速。

[繁殖] 播种繁殖。

[用途] 合欢树姿优美，叶形雅致，盛夏绒花满树，有色、有香，宜作庭荫树、行道树。也可植于林缘、草坪、山坡等处。

(2) 楹树 *Albizzia chinensis* (Osbeck) Merr. {图[16]-2}

[识别要点] 落叶大乔木，高达 20m。

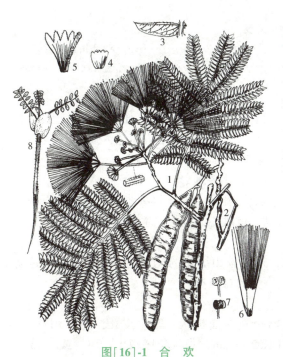

图[16]-1 合 欢
1. 花枝 2. 果枝 3. 小叶放大 4. 花萼展开
5. 花冠展开 6. 雄蕊及雌蕊 7. 雄蕊 8. 幼苗

小枝被灰黄色柔毛。叶柄基部及总轴上有腺体；羽片 6~18 对；小叶 20~40 对，小叶长 6~8mm，叶背粉绿色。头状花序 3~6 个排成圆锥状，顶生或腋生；雄蕊绿白色。花期 3~5 月。

[分布] 原产于热带及亚热带。我国福建、广东、广西、湖南、云南、台湾等地均有栽培。

[习性] 喜潮湿低地，耐水淹，也耐干旱瘠薄，在深厚、湿润、肥沃的土壤中生长迅速。

[繁殖] 播种繁殖。

[用途] 楹树生长迅速，树冠宽广，为良好的庭荫树及行道树。

2. 金合欢属 *Acacia* Willd.

乔木、灌木或木质藤本。具托叶刺或皮刺，罕无刺。2 回偶数羽状复叶，互生，或叶片退化为叶状柄。花序头状或圆柱形穗状，花黄色或白色，花瓣离生或基部合生；雄蕊多数，花丝分离，或于基部合生。

全世界约 900 种，全部产于热带和亚热带，尤以大洋洲及非洲为多；中国有 10 种。

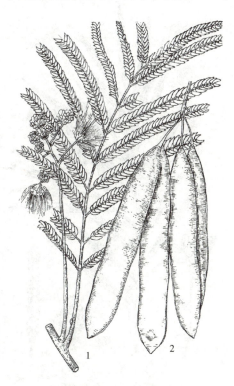

图[16]-2 楹 树
1. 花枝 2. 果序及果

分种检索表

1. 无刺乔木，叶退化为1个扁平的叶状柄 ·· 台湾相思 A. confusa
1. 有刺灌木，枝上无针刺而只有托叶刺 ·· 金合欢 A. farnesiana

(1) 台湾相思（相思树、相思柳）*Acacia confusa* Merr. ｛图[16]-3｝

[识别要点]常绿乔木，15m。小枝无刺，无毛。幼苗具羽状复叶，长大后小叶退化，仅存1叶状柄，狭披针形，长6~10cm，革质，全缘。头状花序腋生，花黄色，微香。荚果扁带状，长5~10cm。种子间略缢缩。花期4~6月，果7~8月成熟。

[分布]产于我国台湾、福建、广东、广西、云南等地。

[习性]强喜光树种，不耐阴。喜暖热气候，不耐寒。对土壤要求不严，但在石灰质土中生长不良，能耐短期水淹。深根性，材韧，抗风能力极强。生长迅速，萌芽力强。

[繁殖]播种繁殖，也可萌蘖更新。

[用途]台湾相思生长迅速，抗逆性强，适作荒山绿化的先锋树。又可用于营造防风、水土保持及防火林带。在华南常作公路两旁的行道树。

(2) 金合欢 *Acacia farnesiana* (L.) Willd. ｛图[16]-4｝

[识别要点]落叶灌木，高2~4m。枝略呈左右曲折状，密生皮孔，托叶刺长1~12mm。羽片4~8对；小叶10~20对，小叶长2~6mm。头状花序腋生，单生或2~3个簇生，球形，花序梗长1~3cm；花黄色，极芳香。荚果圆筒形，膨胀，长4~10cm，无毛，密生斜纹。花期10月。

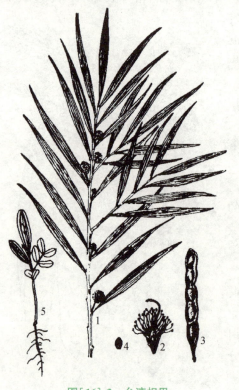

图[16]-3 台湾相思
1. 花枝 2. 花 3. 果 4. 种子 5. 幼苗

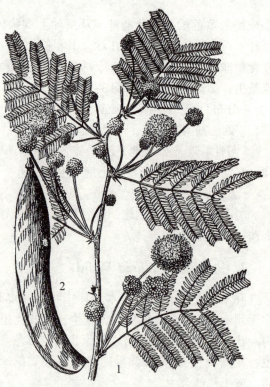

图[16]-4 金合欢
1. 花枝 2. 果

[分布]原产于非洲热带地区。我国华南、西南有栽培。

[习性]喜光，喜温暖气候，不甚耐寒。喜肥沃、疏松、湿润的微酸性土壤。

[繁殖]播种或扦插繁殖。

[用途]金合欢在园林中可作绿篱。花可提取香精。

3. 象耳豆属 *Enterolobium* Mart.

落叶乔木。2回偶数羽状复叶。头状花序簇生或总状式排列；花两性，5基数；萼钟状，齿裂；花冠漏斗状，花瓣合生至中部；雄蕊多数，基部连合成管；子房无柄，胚珠多数。果卷曲成肾形或马蹄形，扁平，坚硬不裂；中果皮海绵质，干后硬化。种子间有隔膜。

全世界共11种，分布于美洲及西非；我国引入栽培2种。

象耳豆 *Enterolobium cyclocarpum* (Jacq.) Grieseb. {图[16]-5}

[识别要点]乔木，高20m。树皮棕色，粗糙。羽片(4)8～12对；小叶10～25(30)对，长1～1.5cm，先端短尖。花白色。果长7～8cm，暗红褐色。花期4月，果期10月。

[分布]原产于委内瑞拉、墨西哥等地。我国华南各地引入栽培。

[习性]喜光，耐干旱瘠薄。根系发达，抗风力强。萌芽性强，速生。

[用途]象耳豆树冠宽阔，可作行道树。

图[16]-5　象耳豆
1. 小叶　2. 花　3. 果纵剖面
4. 果枝　5. 种子

[17]蝶形花科 Fabaceae

乔木、灌木或木质藤本。复叶，稀单叶；具托叶，稀无。花两性，两侧对称，蝶形花冠；萼片5，分离或连合成管；花瓣5，覆瓦状排列，上部1枚在外，名旗瓣，两侧2枚平行，名翼瓣，下部2枚在内，两侧边缘合生，名龙骨瓣，或仅具旗瓣，余均退化；雄蕊10，单体或两体或全部分离；单心皮雌蕊，子房上位，1室。荚果开裂或不裂。种子无胚乳或少量胚乳。

分属检索表

1. 雄蕊10枚，合生成1或2组。
  2. 荚果含2种子以上时，不在种子间紧缩。
    3. 小叶互生 ………………………………………………… 黄檀属 *Dalbergia*
    3. 小叶对生。
      4. 小叶3枚，花为总状花序。
        5. 乔木或直立灌木，有刺；旗瓣比翼瓣及龙骨瓣大 …………… 刺桐属 *Erythrina*

5. 藤本，无刺；各花瓣长度相等……………………………………………葛属 *Pueraria*
 4. 小叶 4 至多枚。
  6. 叶片上有小透明点；荚果含 1 种子，不开裂………………………紫穗槐属 *Amorpha*
  6. 叶片上无透明点；荚果含 2 至多粒种子，开裂。
   7. 藤本；花萼 5 裂(3 长 2 短)………………………………………紫藤属 *Wisteria*
   7. 直立木本。
    8. 荚果扁形；乔木 ……………………………………………刺槐属 *Robinia*
    8. 荚果圆筒形 …………………………………………………锦鸡儿属 *Caragana*
 2. 荚果含 2 种子以上时，在种子间紧缩，叶为 3 小叶，花柄无关节 ……胡枝子属 *Lespedeza*
1. 雄蕊 10 枚，离生或仅基部合生。
 9. 荚果扁形，不在种子间紧缩成念珠状。
  10. 热带、亚热带树种；花瓣有柄；种皮朱红色 ………………………红豆树属 *Ormosia*
  10. 温带或寒带树种；花瓣无柄；芽叠生，不具芽鳞；小叶互生………香槐属 *Cladrastis*
 9. 荚果圆筒形，在种子间紧缩为念珠状 ……………………………………槐属 *Sophora*

1. 黄檀属 *Dalbergia* L.

乔木、灌木或藤本。奇数羽状复叶或仅 1 小叶；小叶互生，全缘，无小托叶。圆锥花序，花小，白色或黄白色；萼钟状，5 齿裂；雄蕊 10 或 9。荚果短带状，基部渐窄成短柄状，不开裂。种子 1 或 2~3。

全世界共约 120 种，分布于热带至亚热带；中国约 30 种。

黄檀(檀树、不知春) *Dalbergia hupeana* Hance. {图[17]-1}

[识别要点]落叶乔木，高达 20m。树皮条状剥落。小叶 7~11，卵状长椭圆形至长圆形，长 3~6cm，叶端钝而微凹，叶基圆形。花序顶生或生在小枝上部叶腋，花黄白色，雄蕊 2 体(5+5)。荚长圆形，长 3~7cm。花期 5~6 月，果期 9~10 月。

[分布]分布广，自秦岭、淮河以南至华南、西南等地均有野生。

[习性]喜光，耐干旱瘠薄，在各类土壤中皆可生长。生长较慢，萌芽性强。

[繁殖]播种或萌芽更新。

[用途]黄檀为荒山荒地绿化的先锋树种。在园林中可作为行道树或"四旁"绿化树种。

图[17]-1 黄 檀
1. 花枝 2. 果枝 3. 花 4. 花瓣
5. 雄蕊及雌蕊

2. 刺桐属 *Erythrina* L.

乔木或灌木。茎、叶常有刺。叶互生，小叶 3 枚，小托叶为腺状体。花大，红色，2~3 朵排成总状花序；萼偏斜，佛焰状或二唇状；花瓣不等大，旗瓣宽阔或窄，翼瓣小或缺；雄蕊 1 束或 2 束；子房具柄，胚珠多数，花柱内弯，无毛。荚果线形，肿胀，种子间收缩为念珠状。

全世界约 30 种，分布于热带、亚热带地区；我国共有 6 种，主要分布于西南部至南部。

> **分种检索表**
> 1. 萼截头形，钟状，花盛开时旗瓣与翼瓣及龙骨瓣近平行 ············· 龙牙花 *E. corallodendron*
> 1. 萼佛焰形，由背开裂至基部，花盛开时旗瓣与翼瓣及龙骨瓣等长 ·················
>   ··· 刺桐 *E. variegata* var. *orientalis*

(1) 龙牙花(珊瑚树) *Erythrina corallodendron* L. {图[17]-2}

[识别要点] 小乔木，高 3~5m。干有粗刺。小叶 3 枚，长 5~10cm，阔斜方状卵形，叶端尖刀状，叶基阔楔形至近截头形，无毛，有时柄上及中脉上有刺。总状花序腋生，长约 30cm；花深红色，具短柄，2~3 朵聚生，长 4~6cm，狭而近于闭合；萼管阔而截头形，下面有短尖齿，长 8~10mm；旗瓣狭，常将龙骨瓣包围，翼瓣短，略长于萼，龙骨瓣比翼瓣略长。荚果长约 10cm，端有喙，种子间收缩。花期 6 月。

[分布] 原产于美洲热带地区。我国华南庭院有栽培。

[习性] 喜暖热气候。

[繁殖] 扦插或播种繁殖，插条易生根。

[用途] 龙牙花叶绿荫浓，花色艳丽，可对植、列植、群植于园林中。

(2) 刺桐 *Erythrina variegata* var. *orientalis* (L.) Merr.

[识别要点] 大乔木，高达 20m。干皮灰色，有圆锥形刺。叶大，长 20~30cm，柄长 10~15cm，通常无刺，小叶 3 枚。总状花序长约 15cm；萼佛焰状，长 2~3cm，萼口偏斜，一边开裂；花冠大红色，旗瓣长 5~6cm，翼瓣与龙骨瓣近相等，短于萼。荚果念珠状。花期 3 月。

[分布] 原产于印度至大洋洲海岸林中，在中国主要分布于华南地区。

[习性] 喜光照充足、温暖湿润的环境。

图[17]-2 龙牙花
1. 花枝 2. 花序 3~5. 花瓣
6. 雄蕊 7. 雌蕊 8. 柱头

[用途] 速生树种，叶绿荫浓，花色艳丽，可作行道树、观赏树、对植、列植、群植于园林中。

3. 葛属 *Pueraria* DC.

藤本。叶为三出羽状复叶，具托叶。总状花序腋生，有延长具节的总花梗，多花簇生于节上；萼钟状，裂片不等，上2齿连合；花蓝色或紫色；雄蕊有时为单体或2体。荚果线形，扁平，缝线两侧无纵肋。种子多数。

全世界约15种；中国有12种。

葛藤（野葛、葛根）*Pueraria lobata* (Willd.) Ohwi. {图[17]-3}

[识别要点] 藤本。全株有黄色长硬毛。块根厚大。小叶3，顶生小叶菱状卵形，全缘，有时浅裂，叶背有粉霜；侧生小叶偏斜。总状花序腋生；萼钟形，萼齿5，两面有黄毛；花冠紫红色，翼瓣的耳长大于宽。荚果线形，扁平，长5～10cm，密生长硬黄毛。花期3～4

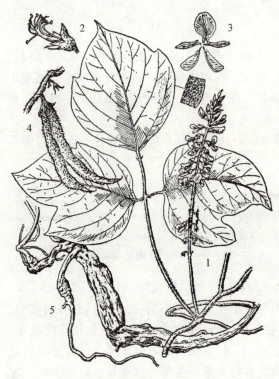

图[17]-3 葛 藤
1. 花枝 2. 花萼、雄蕊及雌蕊
3. 花瓣 4. 果枝 5. 块根

月，果期8～9月。

[分布] 分布极广，除新疆、西藏外几遍全国。

[习性] 性强健，不择土壤，生长迅速，蔓延力强。

[繁殖] 播种或压条繁殖。

[用途] 葛藤枝叶稠密，是良好的水土保持地被植物。块根可制葛粉，供食用或工业用；根切成片晒干可入药，花也可入药。

4. 紫穗槐属 *Amorpha* L.

落叶灌木。奇数羽状复叶，互生，小叶近对生。总状花序顶生，直立；萼钟状，5齿裂，具油腺点；旗瓣包被雄蕊，翼瓣及龙骨瓣均退化；雄蕊10，花丝基部合生。荚果小，微弯曲，具油腺点，不开裂，内含1粒种子。

全世界约15种，产于北美；中国引入栽培1种。

紫穗槐（棉槐）*Amorpha fruticosa* L. {图[17]-4}

[识别要点] 丛生灌木，高1～4m。枝条直伸，幼时有毛。芽常2个叠生。小叶11～25，长椭圆形，长2～4cm，具透明油腺点，幼叶密被毛；托叶小。顶生总状花序，花小，蓝紫色，花药黄色。荚果短镰形，长7～9mm，密被隆起油腺点。花期5～6月，果9～10月成熟。主要品种如下：

图[17]-4 紫穗槐
1. 花枝　2. 果枝　3. 花　4. 雄蕊
5. 花瓣　6. 果

'金野'紫穗槐'Jinye' 北京农业职业学院选育。春芽橘黄色，春叶、花序金黄色，种子黄绿色。

[分布]原产于北美。中国东北中部以南，华北，西北，南至长江流域均有栽培。

[习性]要求光线充足。喜干冷气候，耐寒性强。对土壤要求不严，能耐盐碱。耐干旱能力也很强，能耐一定程度的水淹。生长迅速，萌芽力强，侧根发达。

[繁殖]播种、扦插或分株繁殖。

[用途]紫穗槐枝叶繁密，常植为绿篱。根部有根瘤，可改良土壤，枝叶对烟尘有较强的抗性，因此可用于水土保持和工业区绿化。可植于厂矿区、公路、铁路两旁。

5. 紫藤属 *Wisteria* Nutt.

落叶藤本。奇数羽状复叶，互生，小叶互生，具小托叶。花序总状下垂，花蓝紫色或白色；萼钟形，5齿裂；花冠蝶形，旗瓣大而反卷，翼瓣镰状，基具耳垂，龙骨瓣端钝；雄蕊2体(9+1)。荚果扁而长，具数种子，种子间常略紧缩。

全世界共约9种，产于东亚及北美东部；中国约3种。

紫藤(藤萝) *Wisteria sinensis* Sweet{图[17]-5}

[识别要点]缠绕大藤本，茎枝为左旋性。小叶7~13，卵状长圆形至卵状披针形，长4.5~11cm，幼叶密生平贴白色细毛。总状花序长15~25cm，花序轴、花梗及萼均被白色柔毛；花蓝紫色，芳香。荚

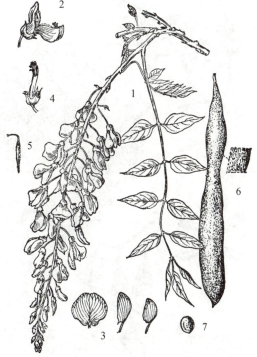

图[17]-5 紫藤
1. 花枝　2. 花　3. 花瓣　4. 花萼及雄蕊
5. 雌蕊　6. 果　7. 种子

果长10~25cm，表面密生黄色茸毛。种子扁圆形。花期4~6月。变种与品种如下：

①银藤 var. *alba* Lindl. 花白色。耐寒性较差。

②'重瓣'紫藤 'Plena' 花重瓣，紫堇色。

[分布] 原产于中国，辽宁、内蒙古、河北、河南、江西、山东、江苏、浙江、湖北、湖南、陕西、甘肃、四川、广东等地均有栽培。国外也有栽培。

[习性] 喜光，略耐阴，较耐寒。喜深厚、肥沃、排水良好的土壤。主根深，侧根少，不耐移植。生长快，寿命长。对城市环境的适应性较强。

[繁殖] 以播种繁殖为主，也可扦插、分根、压条或嫁接繁殖。

[用途] 紫藤枝叶茂密，庇荫效果强，春天先叶开花，穗大而美，有芳香，是优良的棚架、门廊及山面绿化材料。制成盆景或盆栽可供室内装饰。

6. 刺槐属 *Robinia* L.

落叶乔木或灌木。柄下芽，无芽鳞。奇数羽状复叶，互生；小叶全缘，对生或近对生；托叶刺状。总状花序腋生，下垂，雄蕊2体(9+1)。荚果带状，开裂。

全世界约20种，产于北美及墨西哥；我国引入2种。

分种检索表
1. 枝无毛，花白色 ··· 刺槐 *R. pseudoacacia*
1. 灌木，茎、枝密生硬刺毛，花粉红色或紫红色 ··················· 毛刺槐 *R. hispida*

图[17]-6 刺 槐
1. 花枝 2. 花萼 3. 旗瓣 4. 翼瓣
5. 龙骨瓣 6. 雄蕊 7. 雌蕊 8. 果 9. 种子

(1) 刺槐(洋槐) *Robinia pseudoacacia* L. {图[17]-6}

[识别要点] 树高达25m。树皮灰褐色，粗糙纵裂。枝具托叶刺。奇数羽状复叶，小叶7~19，椭圆形至卵状长圆形，长2~5cm，叶端钝或微凹，有小尖头。腋生总状花序，花蝶形，白色，具芳香。荚果扁平，长4~10 cm。花期5月，果10~11月成熟。主要变型与品种如下：

①无刺刺槐 f. *inermis* (Mirb) Rehd. 高3~10m。树冠开阔，树形伞状，枝条硬挺而无托叶刺。用作庭荫树和行道树。

②红花刺槐 f. *decaisneanac* (Carr.) Voss. 花玫瑰红色。

③球槐(伞槐、球冠无刺槐) f. *umbraculifera* (DC.) Rehd. 树冠圆球形，分枝细密，近于无刺或刺极小而软。多作行道树。

④'曲枝'刺槐 'Tortuosa' 枝条扭

曲生长。国内有近似种，称疙瘩刺槐。

⑤'金叶'刺槐'Frisia'　叶金黄色。

⑥'龟甲皮'刺槐'Stricta'　树皮呈龟甲状剥落，黄褐色。

⑦'箭杆'刺槐'Upright'　树干挺直，分枝细而稀疏。在山东青岛有栽植。

⑧'黄叶'刺槐'Yellow'　叶常年呈黄绿色。在山东东营市广饶县选育，采用分株或嫁接繁殖。

⑨小叶刺槐 var. *microphylla* Loud.　小叶长1~3cm，宽0.5~1.5cm，复叶自顶部至基部逐渐变小；荚果长2.5~4.5cm，宽不及1cm。山东枣庄有栽培。

⑩'直杆'刺槐'Bessouiana'　树干笔直挺拔，花朵黄白色。

⑪'香花槐''Idaho'　树皮光滑，灰褐色；花紫红色。原产于西班牙，1992年引入中国。

[分布]原产于北美。19世纪末引入我国青岛，现遍布全国，以黄淮流域最常见。

[习性]强喜光，不耐阴。喜较干燥而凉爽气候。较耐干旱瘠薄，能在石灰性土、酸性土、中性土以及轻度盐碱土上正常生长，但以肥沃、湿润、排水良好的冲积沙质壤土上生长最佳。浅根性，侧根发达。萌蘖性强。

[繁殖]以播种繁殖为主，也可分蘖或插根繁殖。

[用途]刺槐树冠高大，叶色鲜绿，开花季节绿白相映，非常素雅，且芳香宜人，可作庭荫树及行道树。因其抗性强，生长迅速，又是工矿区绿化及荒山荒地绿化的先锋树种。

(2)毛刺槐(江南槐)*Robinia hispida* L.　{图[17]-7}

[识别要点]灌木，高达2m。茎、小枝、花梗均有红色长刺毛，托叶不变为刺状。小叶7~13，广椭圆形至近圆形，叶端钝而有小尖头。花粉红或紫红色，2~7朵排成稀疏总状花序。荚果长5~8cm，具腺状刺毛。花期6~7月。

[分布]原产于北美。中国东北南部及华北园林中常有栽培。

[习性]喜光，耐寒。喜排水良好的土壤。萌蘖性强。

[繁殖]嫁接繁殖。以刺槐作砧木。

[用途]毛刺槐花大色美，宜于草坪边缘、园路旁丛植或孤植，也可作基础种植材料。高接者能形成小乔木状，可作园内小路的行道树。

7. 锦鸡儿属 *Caragana* Lam.

落叶灌木。偶数羽状复叶，在长枝上互生，在短枝上簇生，叶轴端刺状。花黄色，稀白色或粉红色，单生或簇生；萼呈筒状或钟状，花冠蝶形，雄蕊2体(9+1)。荚果细圆筒形或稍扁，开裂，有种子数粒。

全世界约60种，产于亚洲东部及中部；中国约50种，主要分布于黄河流域。

图[17]-7　毛刺槐

锦鸡儿 *Caragana sinica* Rehd. {图[17]-8}

[识别要点]灌木,高达 1.5m。枝细长,开展,有角棱。托叶针刺状。小叶 4 枚,组成远离的 2 对,倒卵形,长 1~3.5cm,叶端圆而微凹。花单性,红黄色,花梗长约 1cm,中部有关节。荚果圆筒形,长 3~3.5cm。花期 4~5 月。

同属还有树锦鸡儿 *C. arborescens* Lam.、小叶锦鸡儿(柠条)*C. microphylla* Lam.、柠条锦鸡儿(毛条)*C. korshinkii* Kom. 等。

[分布]主要产于中国北部及中部,西南也有分布。日本园林中有栽培。

[习性]喜光,耐寒。适应性强,耐干旱瘠薄,不择土壤,能生于岩石缝隙中。

[繁殖]播种繁殖,也可分株、压条、根插繁殖。

[用途]锦鸡儿叶色鲜绿,花美丽,在园林中可植于岩石旁、小路边,或作绿篱,也可作盆景材料。还是良好的蜜源植物及水土保持植物。

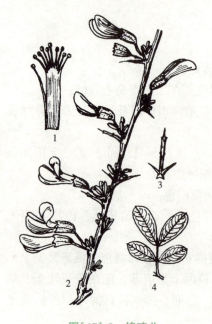

图[17]-8 锦鸡儿
1. 二体雄蕊 2. 花枝
3. 刺状托叶 4. 偶数羽状复叶

8. 胡枝子属 *Lespedeza* Michx.

灌木或草本。三出羽状复叶,小叶全缘;托叶小,宿存。总状花序腋生或簇生,花紫色、淡红色或白色,常 2 朵并生于一宿存苞片内;花常二型,有花冠者结实或不结实,无花冠者均结实;花梗无关节;2 体雄蕊(9+1)。荚果短小,扁平,具网脉,不开裂,有种子 1。

全世界约 90 种;我国有 60 余种。

胡枝子(帚条)*Lespedeza bicolor* Turcz. {图[17]-9}

[识别要点]落叶灌木,高 3m。嫩枝有柔毛,后脱落。小叶卵状椭圆形、宽椭圆形,先端圆钝或凹,有芒尖,两面疏生平伏毛,叶柄密生柔毛。总状花序腋生,花紫色,花梗、花萼密被柔毛。荚果斜卵形,长 6~8mm,有柔毛。花期 7~9 月,果期 9~10 月。

[分布]长江流域、东北、华北及西北等地有分布。

[习性]喜光,耐寒。喜湿润气候及肥沃土壤,耐旱,耐瘠薄,也耐水湿。根系发达,萌芽力强。

[繁殖]播种、分株繁殖。

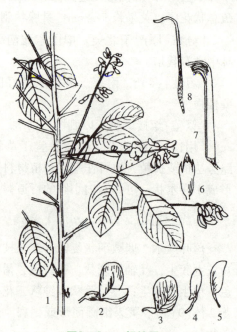

图[17]-9 胡枝子
1. 花枝 2. 花 3. 花瓣 4、5. 花萼
6. 雌蕊 7. 雄蕊 8. 果

[用途]胡枝子花期较晚，枝条披垂，淡雅秀丽，姿态优美。宜丛植于草坪边缘、水边及假山旁，也是优良的防护林下木树种，用于水土保持及改良土壤。嫩叶作绿肥、饲料，枝条编筐，根入药。还可作蜜源植物。

9. 红豆树属 *Ormosia* Jacks.

乔木。叶为单叶或奇数羽状复叶，常为革质。花为顶生或腋生，总状花序或圆锥花序；萼钟形，5 裂，花冠略高出花萼；花瓣 5 枚，有爪；雄蕊 10~15 枚，全分离，长短不一，开花时略高出花冠；子房无柄。荚果革质、木质或肉质，两瓣裂，中无间隔，缝线上无狭翅。种子 1 至数粒；种皮多呈鲜红色，也有呈暗红色或间有黑褐色的。

全世界约 60 种，主产于热带、亚热带；中国有 26 种。

红豆树(何氏红豆)*Ormosia hosiei* Hemsl. et Wils. {图[17]-10}

[识别要点]常绿乔木，高达 20m。树冠多为伞形，树皮光滑。奇数羽状复叶，长 15~20cm；小叶 7~9 枚，长卵形至长椭圆状卵形。圆锥花序顶生或腋生，萼钟状，密生黄棕色毛；花白色或淡红色，芳香。荚果木质，扁平，圆形或椭圆形，长 4~6.5cm，端尖，含种子 1~2 粒。种子扁，圆形，鲜红色而有光泽。花期 4 月。

同属常见种有花榈木 *O. henryi* Prain、光叶红豆 *O. glaberrima* Y. C. Wu、厚荚红豆 *O. elliptica* Q. W. Yao et R. H. Chang 及软荚红豆 *O. semicastrata* Hance 等，也非常珍贵，园林用途相似。

[分布]产于陕西、江苏、湖北、广东、广西等地。

[习性]喜光，幼树耐阴。喜肥沃、适湿土壤。干性较弱，易分枝，且侧枝均较粗壮。萌芽力较强，生长速度中等，寿命长。

[繁殖]播种繁殖。播种前应浸种。

[用途]红豆树为珍贵用材树种。其树冠呈伞状开展，在园林中可植为片林或作园中林荫树。种子可作装饰品。

我国该属植物以华南种类最多，种子多鲜红色、光亮，深受人们喜爱。王维诗"红豆生南国，春来发几枝。愿君多采撷，此物最相思"中的"红豆"即指该属植物的种子，故又名"相思豆"。

10. 槐属 *Sophora* L.

乔木或灌木，稀草本。冬芽小，芽鳞不显。奇数羽状复叶，互生，小叶对

图[17]-10 红豆树
1. 果枝 2. 花枝 3. 花瓣
4. 雄、雌蕊 5. 荚果 6. 种子

生；托叶小。总状或圆锥花序顶生，花蝶形，萼5齿裂；雄蕊10，离生或仅基部合生。种子之间缢缩成串珠状，不开裂。

全世界约80种，分布于亚洲及北美的温带、亚热带；中国约23种。

槐树（国槐）*Sophora japonica* L. ｛图[17]-11｝

[识别要点]落叶乔木，高达25m。干皮暗灰色，粗糙纵裂。树冠圆球形。小枝绿色，皮孔明显。顶芽缺，柄下芽，芽被青紫色毛。小叶7～17枚，卵形至卵状披针形，长2.5～5cm，叶端尖，叶基圆形至广楔形，叶背有白粉及柔毛。圆锥花序，花浅黄绿色。荚果串珠状，肉质，长2～9cm，熟后不开裂，也不脱落。花期7～9月，果10月成熟。主要变种与品种如下：

①龙爪槐 var. *pendula* Loud. 树冠呈伞状，小枝弯曲下垂。园林中多有栽植。

②紫花槐 var. *pubescens* Bosse. 花的翼瓣、龙骨瓣呈玫瑰紫色。花期较迟。

③五叶槐（蝴蝶槐）var. *oligophylla* Franch. 小叶3～5簇生，顶生小叶常3裂，叶背有毛。

④'金枝'槐树 'Golden Stem' 枝条金黄色。属槐树自然变异。

⑤'金叶'槐 'Jinye' 槐树的实生苗变异品种。春、夏、秋三季叶片金黄色。

[分布]原产于中国北部，北自辽宁，南至广东、台湾，东自山东，西至甘肃、四川、云南均有栽植。

[习性]喜光，略耐阴。喜干冷气候。喜深厚、排水良好的沙质壤土，但在石灰性、酸性及轻盐碱土上也可正常生长。耐烟尘，能适应城市街道环境，对二氧化硫、氯气、氯化氢均有较强的抗性。根系发达，为深根性树种。生长速度中等，萌芽力强，寿命极长。

[繁殖]以播种繁殖为主，也可分蘖繁殖，变种可嫁接繁殖。

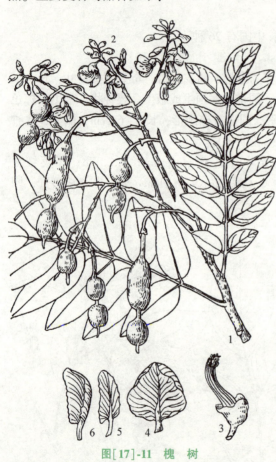

图[17]-11 槐 树
1. 果枝 2. 花枝 3. 雄蕊 4～6. 花瓣

[用途]槐树树冠宽广，枝叶繁茂，寿命长且耐城市环境，因而是良好的行道树和庭荫树。由于耐烟尘和有毒气体能力强，又是厂矿区的良好绿化树种。龙爪槐是中国庭园绿化的传统树种之一，富于民族特色，常成对配置于门前或庭园中，也宜植于建筑前或草坪边缘。

11. 香槐属 *Cladrastis* Raf.

落叶乔木。叶柄下裸芽，被毛，叠生，无顶芽。奇数羽状复叶，小叶互生，全缘。

圆锥花序顶生，下垂；萼钟状，5齿裂；花冠白色，稀淡红色，旗瓣圆形；雄蕊10，分离。荚果扁平，果皮薄，开裂。种子1~6。

全世界共12种，分布于东亚、北美；我国有4种，产于西南至东南。

> 分种检索表
>
> 1. 小叶7~15，下面绿色、无毛，上面沿中脉被毛，具小托叶；果两侧具翅 ……………………………………………………………………………………… 翅荚香槐 *C. platycarpa*
> 1. 小叶7~11，下面苍白色，沿中脉被毛，无小托叶；果两侧无翅 ………… 香槐 *C. wilsonii*

(1) 翅荚香槐 *Cladrastis platycarpa* (Maxim.) Makino

[识别要点] 乔木，高16m，胸径90cm。树皮暗灰色。小枝无毛。小叶7~9(15)，长圆形或卵状长圆形，长5~10cm，先端渐尖，基部圆，上面中脉微被柔毛，下面中脉被长柔毛；小托叶芒状。花序长10~30cm。果长圆形或披针形，长3~7cm，两边具窄翅。种子1~4，肾状椭圆形，暗绿色。花期6~7月，果期10月。

[分布] 产于长江以南的华中、华东至华南北部、贵州。生于海拔1200m以下山谷林缘。日本也有分布。

[习性] 喜光。在酸性、中性、石灰性土壤均能生长。

[用途] 翅荚香槐花硕大而下垂，白色，具芳香，秋叶鲜黄，供观赏。

(2) 香槐 *Cladrastis wilsonii* Takeda {图[17]-12}

[识别要点] 乔木，高16m。树皮灰至黄灰色。小叶7~11，长圆形或长圆状倒卵形，长4~12cm，先端渐尖，基部稍不对称，下面中脉微被柔毛，无小托叶。花序长12~18cm。果条形，长3~8cm，被粗毛。花期6~7月，果期10月。

[分布] 产于浙江、安徽、湖北、湖南、江西、陕西、四川。生于海拔2000m以下山谷、沟边杂木林中。

[习性] 喜较阴湿环境。喜酸性土壤。

[用途] 香槐木材用于制作家具等；根可治关节疼痛、寄生虫、腹痛；果炒食，有催吐之效。

[18] 虎耳草科 Saxifragaceae

草本、灌木或小乔木。单叶对生或互生，常无托叶。花两性，稀单性；萼片、花瓣均为4~5；雄蕊与花瓣同数对生，或为其倍数；胚珠多数。蒴果，室

图[17]-12 香槐
1. 花 2. 花瓣 3. 花枝 4. 果
5. 花萼、雄蕊及雌蕊 6. 雌蕊 7. 雄蕊

背开裂。种子小，有翅，具胚乳。

全世界共 80 属，约 1500 种；中国有 27 属约 400 种。

分属检索表

1. 花瓣 4~10 枚，雄蕊 5 至多数，通常为花瓣的倍数。
　2. 花两性同型，无不孕花。
　　3. 植株无星状毛，枝髓白色、充实，萼片、花瓣均为 4 ………… 山梅花属 Philadelphus
　　3. 植株有星状毛，小枝中空，萼片、花瓣均为 5 ………… 溲疏属 Deutzia
　2. 花异型，花序边缘为不孕花 ………… 八仙花属 Hydrangea
1. 花瓣 4~5 枚，雄蕊与花瓣同数 ………… 茶藨子属 Ribes

1. 山梅花属 *Philadelphus* L.

落叶灌木。枝具白髓。单叶对生，基部 3~5 主脉，全缘或有齿，无托叶。总状或聚伞状花序，花白色，萼片、花瓣各 4；子房下位或半下位，4 室。蒴果，4 瓣裂。种子细小而多。

全世界约 100 种，产于北温带；中国约 15 种，多为美丽、具芳香的观赏花木。

分种检索表

1. 萼外面无毛，叶背无毛或仅近基部有毛 ………… 太平花 P. pekinensis
1. 萼外面有毛，叶背密生灰色柔毛，脉上特多，花柱基部无毛 ………… 山梅花 P. incanus

（1）太平花（京山梅花）*Philadelphus pekinensis* Rupr. ｛图[18]-1｝

[识别要点] 丛生灌木，高达 2m。小枝光滑无毛，常带紫褐色。叶卵状椭圆形，长 3~6cm，叶缘疏生小齿，通常两面无毛，或有时背面脉腋有簇毛，叶柄带紫色。花 5~9 朵排成总状花序，花白色，径 2~3cm，微有香气。花期 6 月，果期 9~10 月。

[分布] 产于内蒙古、辽宁、河北、河南、山西、四川。

[习性] 喜光，稍耐阴，耐寒。多生于肥沃、湿润的山谷或溪沟两侧排水良好处，不耐积水。

[用途] 太平花枝叶茂密，花期较久，花乳白而有清香，多朵聚集，颇为美丽。宜丛植于草地、林缘、园路拐角和建筑物前，也可作自然式花篱或大型花坛中心的栽植材料。

图[18]-1 太平花
1. 花枝　2. 雌花　3. 果

(2) 山梅花 *Philadelphus incanus* Koehne. {图[18]-2}

[识别要点] 树高 3~5m。树皮褐色，薄片状剥落。小枝幼时密生柔毛，后渐脱落。叶卵状长椭圆形，长 3~6(10)cm，叶缘具细尖齿，表面疏生短毛，背面密生柔毛，脉上毛尤多。总状花序，花白色。花期 5~7 月，果 8~9 月成熟。

[分布] 产于陕西、甘肃、四川、湖北及河南等地。常生于海拔 1000~1700m 山地灌丛中。

[习性] 性强健，喜光，较耐寒，耐旱，怕水湿，不择土壤，生长快。

[繁殖] 播种、扦插或分株繁殖。

图[18]-2 山梅花
1. 花枝 2. 叶下面放大 3. 果

[用途] 山梅花花朵洁白如雪，虽无香气，但花期长，经久不谢。可作庭园及风景区绿化材料，宜成丛、成片栽植于草地、山坡及林缘，与建筑、山石等配置也很合适。

2. 溲疏属 *Deutzia* Thunb.

落叶灌木，常被星状毛。小枝中空。单叶对生，有锯齿；无托叶。圆锥或聚伞花序，萼片、花瓣各为 5；雄蕊 10，花丝顶端常有 2 尖齿；子房下位，花柱 3~5，离生。蒴果 3~5 瓣裂，具多数细小种子。

全世界约 100 种；我国约 50 种。

(1) 溲疏 *Deutzia scabra* Thunb. {图[18]-3}

[识别要点] 树高 2.5m。树皮薄片状剥落。小枝红褐色，幼时有星状柔毛。叶长卵状椭圆形，长 3~8cm，叶缘有不明显小尖齿，两面有星状毛，粗糙。直立圆锥花序，花白色，或外面略带粉红色。花期 5~6 月，果 10~11 月成熟。主要变种如下：

①紫花溲疏 var. *plena* Rehd. 花表面略带玫瑰红色，重瓣。

②白花溲疏 var. *candidissima* Rehd. 花纯白色，重瓣。

[分布] 产于浙江、江西、江苏、湖南、湖北、四川、贵州各地及安徽南部。多生于山谷溪边、山坡灌丛中或林缘。日本也有分布。

图[18]-3 溲 疏
1. 花枝 2. 雄蕊

[习性]喜光，稍耐阴。喜温暖气候，也有一定的耐寒力。性强健，萌芽力强，耐修剪。

[繁殖]播种、扦插、压条及分株繁殖。

[用途]溲疏夏季开白花，繁密而素静，其重瓣变种更加美丽。在国内外庭园久经栽培。宜丛植于草坪、林缘及山坡，也可作花篱。花枝可供瓶插观赏。

(2)大花溲疏 *Deutzia grandiflora* Bunge

大花溲疏与溲疏的主要区别：叶卵形至卵状椭圆形，叶缘有小齿，表面散生星状毛，背面密被白色星状毛。聚伞花序生于侧枝顶端，花白色。

大花溲疏花大而早花，颇为美丽，宜植于庭园供观赏，也可作山坡水土保持树种。

3. 八仙花属(绣球花属) *Hydrangea* L.

落叶灌木。枝髓白色或黄棕色，树皮片状剥落。单叶对生，无托叶。聚伞花序或圆锥花序顶生，花两性，白色、粉红色至蓝色；花一型(全为两性的可孕花)或二型(花序中央为两性花，边缘具少数大型放射状不孕花)；不孕花大，两性花小；萼片、花瓣均4~5；子房下位或半下位，4室。蒴果，4瓣裂。

全世界共约80种；我国有45种。

(1)八仙花(绣球花) *Hydrangea macrophylla* (Thund.) Saringe. {图[18]-4}

[识别要点]落叶灌木。小枝粗壮，髓大、白色，皮孔明显。叶大而有光泽，倒卵形至椭圆形，长7~20cm，两面无毛，叶缘有粗锯，叶柄粗壮。花大型，由许多不孕花组成近球形的伞房花序，顶生，径可达20cm，萼片4；花色多变，初时白色，渐转蓝色或粉红色。花期6~7月。

[分布]原产于我国各地，广泛栽培。长江以北盆栽。

[习性]喜阴，喜温暖湿润气候。喜肥沃、湿润而排水良好的酸性土，花色因土壤酸碱度的变化而变化，一般pH 4~6时为蓝色，pH 7以上为红色。萌蘖力强，对二氧化硫等多种有毒气体抗性较强。性强健，病虫害少。

图[18]-4 八仙花

[繁殖]扦插、压条及分株繁殖。

[用途]八仙花花期长，花大而美丽，为盆栽佳品。耐阴性强，常配置在池畔、林荫道旁、树丛下、庭园庇荫处，也可列植作花篱或用于花境及工矿区绿化，还可盆栽布置厅堂、会场。

(2)圆锥绣球(圆锥八仙花) *Hydrangea paniculata* Sieb. {图[18]-5}

本种与八仙花的主要区别是：灌木或小乔木，高可达8m；小枝稍带方形；叶在上部有时3片轮生；圆锥花序顶生，不孕花白色，后变淡紫色；花期8~9月。

4. 茶藨子属 *Ribes* L.

落叶灌木，稀常绿。叶互生或丛生，通常掌状分裂；无托叶。花两性或单性异株；花瓣4~5，通常小或为鳞片状；雄蕊4~5，与花瓣互生；子房下位，1室，有2个侧膜胎座，胚珠多数；花柱2。浆果，种子多数。

全世界约150种；我国约45种。

香茶藨子 *Ribes odoratum* Wendl.

[识别要点]落叶灌木，高1~2m。鳞芽，外被短柔毛。叶掌状，3~5深裂，边缘具粗钝锯齿。总状花序长，常下垂，具花5~10朵，花序轴和花梗具短柔毛；花两性，芳香；花萼黄色，或仅萼筒黄色而微带浅绿色晕，外面无毛；花瓣近匙形或近宽倒卵形，浅红色，无毛。浆果球形或宽椭圆形，熟时黑色，无毛。花期5月，果熟期7~8月。

[分布]原产于北美洲。中国辽宁、黑龙江、北京等公园中均有栽培。

[习性]喜光，稍耐阴，耐寒力强，有一定耐旱性；萌芽力强，耐修剪。

[用途]良好的园林树种。可丛植于草坪、林缘、坡地、角隅、岩石旁，也可作花篱。

图[18]-5 圆锥绣球
1. 花枝 2. 两性花 3. 果

[19] 山茱萸科（四照花科）Cornaceae

乔木或灌木，稀草本。单叶对生，稀互生，通常全缘；多无托叶。花两性，稀单性，排成聚伞、伞形、伞房、头状或圆锥花序；花萼4~5裂或不裂，有时无；花瓣4~5；雄蕊常与花瓣同数并互生；子房下位，通常2室。核果或浆果状核果。种子有胚乳。

全世界约14属100余种，主产于北半球；中国有5属40种。

分属检索表
1. 花两性，果为核果。
2. 花序下无总苞片，核果通常近圆球形 ················· 梾木属 *Cornus*
2. 花序下有4枚总苞片，核果不为球形。
3. 头状花序；总苞片大，白色，花瓣状；果实椭圆形或卵形 ··· 四照花属 *Dendrobenthamia*
3. 伞形花序；总苞片小，黄绿色，鳞片状；核果长椭圆形 ·········· 山茱萸属 *Macrocarpium*
1. 花单性，雌雄异株；果为浆果状核果 ················· 桃叶珊瑚属 *Aucuba*

1. 梾木属 *Cornus* L.

乔木或灌木，稀草本，多为落叶性。芽鳞2，顶端尖。单叶对生，稀互生，全缘，常具二叉贴生柔毛。顶生聚伞花序，花序下无叶状总苞；花部4数；花小，两性；子房下位，2室。果为核果，具1~2核。

本属约30种；中国有20余种，分布于东北、华南及西南，主产于西南。

分种检索表

1. 叶互生，核的顶端有近四方的孔穴 ································· 灯台树 *C. controversa*
1. 叶对生，核的顶端无孔穴。
　2. 灌木，果白色 ·· 红瑞木 *C. alba*
　2. 乔木，果黑色 ·· 毛梾 *C. walteri*

(1) 灯台树 (瑞木) *Cornus controversa* Hemsl. ｛图[19]-1｝

[识别要点] 落叶乔木，高15~20m。树皮暗灰色，老时浅纵裂。枝紫红色，无毛。叶互生，常集生于枝梢，卵状椭圆形至广椭圆形，长6~13cm，叶端突尖，叶基圆形，侧脉6~8对，叶表深绿色，叶背灰绿色，疏生贴伏短柔毛；叶柄长2~6.5cm。顶生伞房状聚伞花序，花小，白色。核果球形，径6~7mm，熟时由紫红色变紫黑色。花期5~6月，果9~10月成熟。

[分布] 主产于长江流域及西南各地，北达东北南部，南至广东、广西及台湾。常生于海拔500~1600m的山坡杂木林中及溪谷旁。朝鲜、日本也有分布。

[习性] 喜阳光，稍耐阴。喜温暖湿润气候，有一定耐寒性。喜肥沃、湿润而排水良好的土壤。

[繁殖] 播种或扦插繁殖。

图[19]-1　灯台树
1. 果枝　2. 花

[用途] 灯台树树形整齐，大侧枝层状生长，形成美丽的圆锥状树冠，宛若灯台。花色洁白、素雅，果实紫红鲜艳。为优良的庭荫树及行道树。

(2) 红瑞木 *Cornus alba* L. ｛图[19]-2｝

[识别要点] 落叶灌木，高可达3m。枝血红色，无毛，初时常被白粉，髓大而白色。单叶对生，卵形或椭圆形，长4~9cm，叶端尖，叶基圆形或广楔形，全缘，侧脉5~6对，叶表暗绿色，叶背粉绿色，两面均疏生贴生柔毛。花小，黄白色，排成顶生的伞房状聚伞花序。核果斜卵圆形，成熟时白色或稍带蓝色。花期5~6月，果8~9月成熟。

单元3 双子叶植物识别与应用

图[19]-2 红瑞木
1. 果枝 2. 花 3. 果

主要品种有：

'芽黄'红瑞木'Bud's Yellow' 观枝干落叶灌木，枝条黄色。

[分布]分布于我国东北及内蒙古、河北、陕西、山东等地。朝鲜、俄罗斯也有分布。

[习性]性强健，喜光，耐寒，喜略湿润土壤。

[繁殖]通常采用播种、扦插、压条等方法繁殖。

[用途]红瑞木的枝条终年鲜红色，秋叶也为鲜红色，均美丽可观。最宜丛植于庭园草坪、建筑物前或常绿树间，也可作自然式绿篱，赏其红枝与白果。冬枝可作切花材料。此外，红瑞木根系发达，耐潮湿，可植于河边、湖畔、堤岸上，有护岸固土的效果。

(3) 毛梾(车梁木、小六谷) *Cornus walteri* Wanger. {图[19]-3}

[识别要点]落叶乔木。树皮暗灰色，常纵裂成长条。幼枝黄绿色至红褐色。单叶对生，卵形至椭圆形，长4~10cm，叶端渐尖，叶基广楔形，侧脉4~5对，叶表有贴伏柔毛，叶背密被平伏毛；叶柄长1~3cm。顶生伞房状聚伞花序，径5~8cm；花白色，径1.2cm。核果近球形，径约6mm，熟时黑色。花期5~6月，果9~10月成熟。

[分布]分布于山东、河北、河南、江苏、安徽、浙江、湖北、湖南、山西、陕西、甘肃、贵州、四川、云南等地。常散生于向阳山坡及岩石缝间。

[习性]喜阳光，耐寒，能耐-23℃的低温和43.4℃的高温。喜深厚、肥沃、湿润的土壤。较耐干旱贫瘠，在酸性、中性及微碱性土壤上能正常生长。深根性。萌芽力强，生长快。

[繁殖]通常采用播种、扦插、嫁接等方法繁殖。

[用途]毛梾枝叶茂密，白花可赏，是荒山造林及"四旁"绿化的优良树种。园林中可作为行道树、庭荫树或孤赏树。

图[19]-3 毛梾
1. 果枝 2. 花 3. 去花瓣及雄蕊的花
4. 雄蕊 5. 果

2. 四照花属 Dendrobenthamia Hutch.

灌木至小乔木。单叶对生。花两性,排成头状花序,花序下有4个花瓣状白色大总苞片。核果椭圆形或卵形。

全世界共15种;中国有9种,主产于长江以南。

四照花 Dendrobenthamia japonica (A. P. DC.) Fang var. *chinensis* (Osborn) Fang{图[19]-4}

[识别要点]落叶灌木至小乔木,高可达9m。小枝细,绿色,后变褐色,光滑。叶对生,卵状椭圆形或卵形,长6~12cm;叶端渐尖,叶基圆形或广楔形;侧脉3~4(5)对,弧形弯曲;叶表疏生白柔毛;叶背粉绿色,有白柔毛并在脉腋簇生黄色或白色毛。头状花序近球形,序基有4枚白色花瓣状总苞片,椭圆状卵形,长5~6cm;花萼4裂;花瓣4,黄色;雄蕊4;子房2室。核果聚为球形的聚合果,成熟后变紫红色。花期5~6月,果9~10月成熟。

[分布]产于长江流域各地及河南、陕西、甘肃。常生于海拔800~1600m的林中及山谷溪流旁。

[习性]喜光,稍耐阴。喜温暖湿润

图[19]-4 四照花
1. 花枝 2. 果 3. 花

气候,有一定耐寒力。喜湿润而排水良好的沙质土壤。

[繁殖]通常采用播种、扦插、分蘖等方法繁殖。

[用途]四照花树形整齐,初夏开花,白色总苞覆盖满树,是一种美丽的庭园观花树种。配置时可用常绿树为背景丛植于草坪、路边、林缘、池畔。

3. 山茱萸属 Macrocarpium Nakai

灌木至小乔木。单叶对生,全缘。伞形花序,花序下有4总苞片。核果。

全世界共5种,分布于中国、日本和朝鲜;中国有2种。

山茱萸 Macrocarpium officinale (S. et Z.) Nakai{图[19]-5}

[识别要点]落叶灌木或小乔木。树皮脱落。老枝黑褐色,嫩枝绿色。叶对生,卵状椭圆形,长5~12cm,宽约7.5cm,叶端渐尖,叶基浑圆或楔形,叶两面有毛,侧脉6~8对,脉腋有黄褐色簇毛;叶柄长约1cm。伞形花序腋生;花序下有4小总苞片,卵圆形,褐色;花萼4裂,裂片宽三角形;花瓣4,卵形,黄色;花盘环状。核果椭圆形,熟时红色至紫红色。花期5~6月,果8~10月成熟。

[分布]产于山东、山西、河南、陕西、甘肃、浙江、安徽、湖南等地。多生于山

沟、溪旁。江苏、四川等地有栽培。

[习性]喜温暖气候,喜适湿而排水良好处。

[繁殖]通常采用播种、埋根等方法繁殖。

[用途]山茱萸花密果繁,适于在自然风景区中成丛种植,也可在宅旁种植。

4. 桃叶珊瑚属 Aucuba Thunb.

常绿灌木。单叶对生,有齿或全缘。花单性异株,排成顶生圆锥花序;花萼小,4裂;花瓣4枚,镊合状;雄花具4雄蕊及一大花盘;子房下位,1室,1胚珠。浆果状核果,内含1粒种子。

全世界约12种;中国有10种,分布于长江以南。

桃叶珊瑚(东瀛珊瑚)Aucuba japonica Thunb.{图[19]-6}

图[19]-5 山茱萸
1. 花枝　2. 果枝　3. 花

[识别要点]常绿灌木,高达5m。小枝绿色,粗壮,无毛。叶革质,椭圆状卵形至椭圆状披针形,长8~20cm,叶端尖,叶基阔楔形,叶缘疏生粗齿,叶两面有光泽;叶柄长1~5cm。圆锥花序密生刚毛;花小,紫色。果鲜红色。花期4月,果12月成熟。变型有:

洒金桃叶珊瑚 f. *variegata* (Domb) Rehd. 叶面有许多黄色斑点。

[分布]产于中国台湾,现各地均有盆栽或地栽。日本也有分布。

[习性]耐半阴,喜温暖气候,喜湿润空气。耐修剪,生势强,病虫害极少。对烟害的抗性很强。

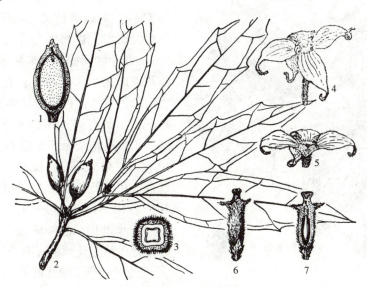

图[19]-6 桃叶珊瑚
1. 果纵剖面　2. 果枝　3. 子房横剖面　4. 雄花　5. 雄花纵剖面　6. 雌花　7. 雌花纵剖面

[繁殖]播种及扦插繁殖。

[用途]桃叶珊瑚为观叶、观果树种，用于城市绿化，宜配置在林下，也可盆栽供室内观赏。

[20]珙桐科(蓝果树科) Nyssaceae

落叶乔木，少灌木。单叶互生，羽状脉，无托叶。花单性或杂性，伞状、总状或头状花序；常无花梗或有短花梗；萼小；花瓣常为5，有时更多或无；雄蕊为花瓣数的2倍；子房下位，1室或6~10室，每室1下垂胚珠。核果或坚果，3~5室或1室，每室1种子，外种皮薄。

全世界共3属12种；中国有3属9种。

分属检索表

1. 叶有锯齿；花序有白色大型苞片，无花瓣；核果 ·················· 珙桐属 Davidia
1. 叶全缘或仅幼树之叶有锯齿；花序无叶状苞片，花瓣小。
   2. 雄花序头状，坚果 ·················· 喜树属 Camptotheca
   2. 雄花序伞形，核果 ·················· 蓝果树属 Nyssa

1. 珙桐属 Davidia Baill.

本属仅1种，中国特产，为第三纪孑遗植物。

珙桐(鸽子树) Davidia involucrata Baill. {图[20]-1}

[识别要点]落叶乔木，高20m。树冠呈圆锥形。树皮深灰褐色，呈不规则薄片状脱落。单叶互生，广卵形，长7~16cm，先端渐长尖，基部心形，叶缘有粗尖锯齿，背面密生茸毛；叶柄长4~5cm。花杂性同株，由多数雄花和1朵两性花组成顶生头状花序；花序下有2枚大型白色苞片，苞片卵状椭圆形，长8~15cm，上部有疏浅齿，常下垂，花后脱落；花瓣退化或无；雄蕊1~7，子房6~10室。核果椭球形，长3~4cm，紫绿色，锈色皮孔显著，内含3~5核。花期4~5月，果10月成熟。变种有：

光叶珙桐 var. *vilmorniana* Hemsl. 叶仅背面脉上及脉腋有毛，其余无毛。

[分布]产于湖北西部、四川、贵州及云南北部。生于海拔1300~2500m山地林中。

[习性]喜半阴和温凉湿润气候，以

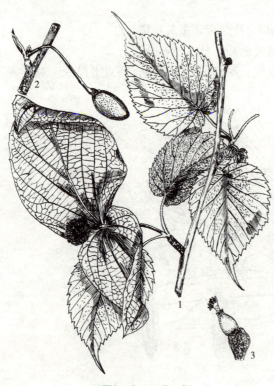

图[20]-1 珙 桐
1. 花枝　2. 果　3. 两性花

空气湿度较高处为佳。不耐炎热和阳光暴晒，略耐寒。喜深厚、肥沃、湿润而排水良好的酸性或中性土壤，忌碱性和干燥土壤。

［繁殖］播种或扦插繁殖。

［用途］珙桐为世界著名的珍贵观赏树种，树形高大，开花时白色的苞片远观似许多白鸽栖息树端，堪称奇观，故有"中国鸽子树"之称。为国家一级保护树种。宜植于温暖地带较高海拔地区的庭园、山坡，或在休(疗)养所、宾馆、展览馆前作庭荫树，并象征和平。木材供雕刻及制作玩具、工艺美术品。

2. 喜树属 *Camptotheca* Decne.

本属仅1种，为中国特产。

喜树(千丈树) *Camptotheca acuminata* Decne. ｛图[20]-2｝

［识别要点］落叶乔木，高达25~30m。单叶互生，椭圆形至长卵形，长8~20cm，先端突尖，基部广楔形，全缘(萌蘖枝及幼树枝之叶常疏生锯齿)或微呈波状，羽状脉弧形，在表面下凹，表面亮绿色，背面淡绿色，疏生短柔毛，脉上尤密；叶柄长1.5~3cm，常呈红色。花单性同株，头状花序具长柄，雌花序顶生，雄花序腋生；花萼5裂；花瓣5，淡绿色；雄蕊10，子房1室。坚果香蕉形，有窄翅，长2~2.5cm，集生成球形。花期7月，果10~11月成熟。

［分布］产于长江流域以南各地及部分长江以北地区。垂直分布在海拔1000m以下。

［习性］喜光，稍耐阴。喜温暖湿润气候，不耐寒。喜深厚、肥沃、湿润土壤，较耐水湿，不耐干旱瘠薄，在酸性、中性及弱碱性土上均能生长。萌芽力强，在前10年生长迅速，以后则生长变缓。抗病虫能力强，但耐烟性弱。

［繁殖］播种繁殖。

图[20]-2 喜 树
1. 花枝 2. 果枝与果序 3. 花 4. 雌蕊 5. 果

［用途］喜树主干通直，树冠宽展，叶荫浓郁，是良好的"四旁"绿化树种。

3. 蓝果树属 *Nyssa* Gronov. ex L.

落叶乔木或灌木。叶常全缘。花单性或杂性异株，腋生；雄花序伞形，雌花序头状；花萼

图[20]-3 蓝果树
1. 果枝 2. 雄花 3. 果

细小，裂片5~10；花瓣5~8；雄蕊5~10；子房1室，有花盘。核果，顶端有宿存的花萼及花盘。

全世界共10种，产于亚洲及北美；中国有7种。

蓝果树 *Nyssa sinensis* Oliv. {图[20]-3}

[识别要点]乔木，高30m。树皮褐色，浅纵裂。小枝淡绿色，实心髓。芽淡紫绿色。叶椭圆状卵形，长8~16cm，全缘，背面沿脉腋有毛；叶柄淡紫色，长1~2.5cm。雌雄异株，雄花序着生于老枝上，雌花序着生于嫩枝上；伞形或短总状花序腋生，含2~4花；雄蕊2轮，有花盘。核果椭圆形，长1~1.5cm，幼时紫绿色，熟时深蓝色后变褐色。4月开花，8月果熟。

[分布]分布于我国江苏、浙江、安徽、福建、江西、湖北、湖南、重庆、四川、贵州、云南、广东、广西等地。

[习性]喜光。亚热带及暖温带树种，要求温暖湿润气候。在深厚、肥沃的微酸性土壤中生长良好。速生。

[繁殖]播种繁殖。

[用途]蓝果树树体雄伟，干皮美观，秋叶红艳，冬季有黑果悬挂枝头，是优良的观赏树种。可以在园林中孤植、丛植，也可作城市行道树。

[21]五加科 Araliaceae

乔木、灌木或藤本，稀多年生草本。枝干髓心较大，通常具刺。单叶或复叶，互生、对生或轮生；有托叶，基部与叶柄合生。花小，两性，有时单性或杂性，整齐，伞形、头状或穗状花序，或再集成各式大型花序；萼不显；花瓣5，稀10；雄蕊与花瓣同数而互生，或为其2倍数，或多数；子房下位，1~5室，每室1胚珠。浆果或核果，小，通常具纵脊。种子形扁，有胚乳。

全世界约60属800种，产于热带至温带；中国有20属135种。

分属检索表
1. 单叶，常有掌状裂
2. 常绿藤本，借气生根攀缘 ·················· 常春藤属 *Hedera*
2. 直立乔木或灌木。
3. 落叶乔木，茎枝具宽扁皮刺，叶掌状5~7裂 ·········· 刺楸属 *Kalopanax*
3. 常绿灌木或小乔木，茎枝无刺，叶掌状7~12裂 ······· 八角金盘属 *Fatsia*
1. 掌状复叶，无刺，子房6~8室 ·················· 鹅掌柴属 *Schefflera*

1. 常春藤属 *Hedera* L.

常绿攀缘藤本。具气生根。单叶互生，全缘或浅裂，有柄。花两性，单生或总状伞形花序，顶生；花萼全缘或5裂，花瓣5，雄蕊与花瓣同数，子房5室，花柱连合成一短柱体。浆果状核果，含3~5种子。

全世界共约5种；中国野生1变种，引入1种。

常春藤 *Hedera nepalensis* K. Koch var. *sinensis* (Tobl.) Rehd. ｛图［21］-1｝

［识别要点］常绿藤本，长可达20~30m。茎借气生根攀缘，嫩枝上柔毛鳞片状。营养枝上的叶为三角状卵形，全缘或3裂；花果枝上的叶椭圆状卵形或卵状披针形，全缘；叶柄细长。伞形花序单生或2~7顶生；花淡绿白色，具芳香。果球形，径约1cm，熟时红色或黄色。花期8~9月。

［分布］分布于华中、华南、西南及甘肃、陕西等地。

［习性］极耐阴，有一定耐寒性。对土壤和水分要求不严，但以中性或酸性土壤为好。

图［21］-1　常春藤
1. 花枝　2. 果　3. 花　4. 叶枝　5~8. 叶

［繁殖］扦插或压条繁殖，成活容易。

［用途］常春藤在庭园中可用以攀缘假山、岩石，或在建筑阴面作垂直绿化材料。也可盆栽供室内观赏。

2. 刺楸属 *Kalopanax* Miq.

落叶乔木。枝粗壮，密生宽扁皮刺。单叶互生，掌状裂，叶缘常有齿；具长柄。花两性，具细长花梗，组成伞形花序后再集成短总状花序；花部5数，花瓣镊合状，花盘凸出。核果含2种子，种子具坚实胚乳。

全世界共1种，产于东亚。

刺楸 *Kalopanax pictus* (Thunb.) Nakai [*K. septemlobus* (Thunb.) Koidz.] ｛图［21］-2｝

［识别要点］乔木，高达30m。树皮深纵裂。枝具粗皮刺。叶掌状5~7裂，径10~25cm或更大，裂片三角状卵形或

图［21］-2　刺楸
1. 小枝的皮刺　2. 果　3. 花枝　4. 花　5. 果枝

卵状长椭圆形，先端尖，叶缘有齿；叶柄较叶片长。复花序顶生，花小而白色。果近球形，径约 5cm，熟时蓝黑色，端有细长宿存花柱。花期 7~8 月，果熟期 9~10 月。

[分布]我国从东北经华北、长江流域至华南、西南均有分布。

[习性]喜光，稍耐阴。对气候适应性较强，耐寒。喜土层深厚、湿润的酸性或中性土。根茎萌芽性强。生长快。

[繁殖]播种及埋根繁殖。

[用途]刺楸叶大干直，树形有特色，抗烟尘及病虫害能力强，是良好的绿化树种。

3. 八角金盘属 *Fatsia* Decne. et Planch.

常绿灌木或小乔木。叶大，掌状 5~9 裂，叶柄基部膨大；无托叶。花两性或杂性，伞形花序再集成大型顶生圆锥花序；花部 5 数，花盘宽圆锥形。果近球形，黑色，肉质。种子扁平，胚乳坚实。

全世界共 2 种；中国有 1 种。

八角金盘 *Fatsia japonica* Decne. et Planch. {图[21]-3}

[识别要点]常绿灌木，高 4~5m。常枝干丛生。幼嫩枝叶具易脱落的褐色毛。叶掌状 7~9 裂，径 20~40cm，基部心形或截形，裂片卵状长椭圆形，叶缘有齿，表面有光泽；叶柄长 10~30 cm。花小，白色。果实径约 8mm。夏秋间开花，翌年 5 月果熟。

[分布]原产于日本。中国南方庭园中有栽培。

[习性]耐阴。喜温暖湿润气候，耐寒性不强。不耐干旱。

[繁殖]通常采用扦插繁殖。

[用途]八角金盘叶大光亮而常绿，是良好的观叶树种，对有害气体具有较强抗性，是江南暖地公园、庭院、街道

图[21]-3　八角金盘

及工厂绿地的良好种植材料。北方常盆栽，供室内观赏。

4. 鹅掌柴属 *Schefflera* J. R. et G. Forster

常绿乔木或灌木，有时为藤本。无刺。叶为掌状复叶，托叶与叶柄合生。花排成伞形花序、总状花序或头状花序，这些花序常聚成大型圆锥花丛；萼全缘或有 5 齿；花瓣 5~7 枚，镊合状排列；雄蕊与花瓣同数；子房 5~7 室，花柱合生。果近球状，种子 5~7 粒。

全世界约 400 种，主要产于热带及亚热带地区；中国约 37 种，广布于长江以南。

鹅掌柴(鸭脚木) *Schefflera octophylla* (Lour.) Harms. {图[21]-4}

[识别要点] 常绿乔木或灌木。掌状复叶；小叶 6~9 枚，革质，长卵圆形或椭圆形，长 7~17cm，宽 3~6cm；叶柄长 8~25cm；小叶柄长 1.5~5cm。花白色，有芳香，排成伞形花序，再集成顶生长 25cm 的圆锥花序；萼 5~6 裂；花瓣 5~7 枚，肉质，长 2~3mm；花柱极短。果球形，径 3~4cm。花期在冬季。

[分布] 分布于台湾、广东、福建等地，在中国东南部地区常见生长。

[习性] 喜暖热湿润气候，生长快。

[繁殖] 播种繁殖。

[用途] 鹅掌柴植株紧密，树冠整齐优美，叶色光亮，四季常青，是优良的盆栽植物，也可作园林中的隐蔽树种。

图[21]-4 鹅掌柴
1. 果枝 2. 复叶 3. 果

[22] 忍冬科 Caprifoliaceae

灌木，稀为小乔木或草本。单叶，很少羽状复叶，对生，通常无托叶。花两性，聚伞花序或再组成各式花序，也有单生或数朵簇生；花萼筒与子房合生，顶端 4~5 裂；花冠管状或轮状，4~5 裂，有时二唇形；雄蕊与花冠裂片同数且与裂片互生；子房下位，1~5 室，每室有胚珠 1 至多颗。浆果、核果或蒴果。

全世界共约 18 属 500 余种，主要分布于北半球温带地区，尤以亚洲东部和美洲东北部为多；中国有 12 属 300 余种，广布于南北各地。很多种类供观赏用，有些可入药。

分属检索表

1. 开裂的蒴果 ·· 锦带花属 *Weigela*
1. 核果或浆果。
  2. 浆果 ··· 忍冬属 *Lonicera*
  2. 核果。
    3. 瘦果状核果。
      4. 果 2 个合生，外密生刺状刚毛 ············· 猬实属 *Kolkwitzia*
      4. 果分离，外面无刺状刚毛 ················· 六道木属 *Abelia*
    3. 浆果状核果。
      5. 叶为奇数羽状复叶 ······················· 接骨木属 *Sambucus*
      5. 叶为单叶 ································· 荚蒾属 *Viburnum*

1. 锦带花属 Weigela Thunb.

落叶灌木。枝具坚实髓心。冬芽有数枚尖锐的芽鳞。单叶对生,有锯齿;无托叶。花较大,排成腋生或顶生聚伞花序或簇生,很少单生;萼片5裂;花冠白色、粉红色、深红色、紫红色,管状钟形或漏斗状,两侧对称,顶端5裂,裂片短于花冠筒;雄蕊5,短于花冠;子房2室,伸长,每室有胚珠多数。蒴果长椭圆形,有喙,开裂为2果瓣。种子多数,常有翅。

全世界约12种,产于亚洲东部;中国有6种,产于中部和东南部至东北部。

分种检索表

1. 花萼裂片披针形,中部以下连合;柱头2裂;种子几无翅 ················· 锦带花 W. florida
1. 花萼裂片线形,裂至基部;柱头头状;种子有翅 ················· 海仙花 W. coraeensis

(1) 锦带花(五色海棠) Weigela florida (Bunge) A. DC. {图[22]-1}

[识别要点]灌木,高达3m。枝条开展,小枝细弱,有2棱,幼时具2列柔毛。叶椭圆形或卵状椭圆形,长5~10cm,先端锐尖,基部圆形至楔形,叶缘有锯齿,表面脉上有毛,背面尤密。花1~4朵排成聚伞花序;萼片5裂,披针形,下半部连合;花冠漏斗状钟形,玫瑰红色,裂片5。蒴果柱形。种子无翅。花期4~6月,果期10~11月。主要品种如下:

图[22]-1 锦带花
1. 果枝 2. 花枝

① '红王子'锦带花 'Red Prince' 观花落叶灌木。小枝直立,成熟后拱形。花鲜红色,3~4朵着生于叶腋处,花密而丰满,花期4~5月。生长迅速,不耐盐碱。

② '金亮'锦带花 'Goldrush' '红王子'锦带花的变种。观花、观叶灌木。新叶金黄色,夏季变为黄绿色。

③ '紫叶'锦带花 'Ziye' 幼枝紫红色,叶紫红色。

④ '金边'锦带花 'Huaye' 叶边缘金黄色。

[分布]原产于华北、东北及华东北部。

[习性]喜光,耐寒。对土壤要求不严,能耐瘠薄土壤,但以深厚、湿润、腐殖质丰富的壤土生长最好,不耐积水。对氯化氢抗性较强。萌芽力、萌蘖力强,生长迅速。

[繁殖]通常采用扦插、分株、压条等方法繁殖。

[用途]锦带花枝叶繁茂,花色艳丽,花期长达两月之久,是华北地区春季主要观花灌木。

(2) 海仙花 Weigela coraeensis Thunb. {图[22]-2}

[识别要点]灌木,高达5m。小枝粗壮,无毛或近无毛。叶阔椭圆形或倒卵形,长8~12cm,顶端尾状,基部阔楔形,边缘具钝锯齿,表面深绿,背面淡绿,脉间稍有毛。花数朵组成聚伞花序,腋生;萼片线状披针形,裂达基部;花冠漏斗状钟形,初时白色、黄白色或淡玫瑰红色,后变为深红色。蒴果柱形。种子有翅。花期5~6月。主要变种为:

白海仙花 var. *alba* 花白色带黄，后变青白玫瑰色。产于山东、浙江、江西等地。

[分布]产于华东各地。朝鲜、日本也有分布。

[习性]喜光，稍耐阴。耐寒性不如锦带花。喜湿润、肥沃土壤。

[繁殖]常采用扦插、分株、压条等方法繁殖。

[用途]海仙花枝叶较粗大，是江南园林中常见的观花树种。江浙一带栽培较普遍。

图[22]-2 海仙花
1. 花枝 2. 果枝

2. 猬实属 *Kolkwitzia* Graebn.

本属仅1种，为中国特有。

猬实 *Kolkwitzia amabilis* Graebn. {图[22]-3}

[识别要点]落叶灌木，高达3m。小枝幼时疏生柔毛。冬芽具数对被柔毛的外鳞。叶对生，具短柄，卵形至卵状椭圆形，长3~7cm，先端渐尖，基部圆形，叶缘疏生浅齿或近全缘，两面疏生柔毛。伞房状聚伞花序生于侧枝顶端，小花梗具2花；萼筒下部合生，萼筒外部生耸起长柔毛，裂片5；花冠钟状，5裂，粉红色至紫色，其中2枚稍宽而短；子房椭圆状，顶端渐狭。果为2个合生（有时1个不发育）、外被刺刚毛、具1种子的瘦果状核果。花期5~6月，果期8~9月。

[分布]产于中国中部及西北部。

[习性]喜充分日照，有一定耐寒力。喜排水良好、肥沃土壤，也有一定耐干旱瘠薄的能力。

[繁殖]常采用播种、扦插、分株等方法繁殖。

[用途]猬实着花茂密，花色娇艳，果形奇特，是国内外著名观花灌木。宜丛植于草坪、路边、屋旁或角隅、假山旁，也可盆栽或作插花材料。

图[22]-3 猬 实
1. 花枝 2. 花 3. 花冠展开(示雄蕊)
4. 雌蕊 5. 子房横剖面

3. 忍冬属 *Lonicera* L.

落叶直立或右旋攀缘，稀乔木状，很少为半常绿或常绿灌木。小枝实心髓或空心。皮部老时呈纵裂剥落。单叶对生，全缘，稀有裂，有短柄或无柄；通常无托叶。花成对腋生，简称双花，稀3朵，稀顶生，具总梗或缺，有苞片2

及小苞片4；花萼顶端5裂，裂齿常不相等；花冠管状，基部常弯曲，唇形或近5等裂；雄蕊5，伸出或内藏；子房2~3室，每室有多数胚珠；花柱细长，头状柱头。肉质浆果，内有种子3~8。

全世界约200种，分布于北半球温带和亚热带地区；中国约140种，南北各地均有分布，以西南部最多。

分种检索表

1. 藤本，苞片叶状卵形 ··· 金银花 L. japonica
1. 灌木，苞片线形或披针形。
   2. 落叶，枝中空，苞片线形，相邻两花萼筒分离 ··· 金银木 L. maackii
   2. 常绿或半常绿，枝实心髓，苞片线状披针形，相邻两花萼筒合生达中部 ··· 郁香忍冬 L. fragrantissima

(1) 金银花(忍冬、金银藤) Lonicera japonica Thunb. {图[22]-4}

[识别要点] 半常绿缠绕藤本，长可达9m。枝细长中空，皮棕褐色，条状剥落，幼时密被短柔毛。叶卵形或椭圆状卵形，长3~8cm，先端短渐尖至钝，基部圆形至近心形，全缘，幼时两面具柔毛，老后光滑。花成对腋生，苞片叶状；萼筒无毛；花冠二唇形，上唇4裂而直立，下唇反转，花冠筒与裂片等长，初开为白色略带紫晕，后转黄色，具芳香。浆果球形，离生，黑色。花期5~7月，8~10月果熟。主要变种如下：

红金银花 var. chinensis Baker 小枝叶柄、嫩叶带紫红色。花冠淡紫红色。

[分布] 北起辽宁，西至陕西，南达湖南，西南至云南、贵州，各地均有分布。

[习性] 性强健，适应性强。喜光，也耐阴。耐寒、耐旱及水湿。对土壤要求不严，酸、碱土壤均能生长。根系发达，萌蘖力强，茎着地即能生根。

[繁殖] 常采用播种、扦插、压条、分株等方法繁殖。

[用途] 金银花藤蔓缠绕，冬叶微红，花先白后黄，富含清香，是色香兼备的藤本植物，适宜用于篱垣、花架、花廊等垂直绿化。花期长，又值盛夏酷暑开放，是庭园布置夏景及屋顶绿化的好材料。老桩作盆景，姿态古雅。花蕾、茎可入药。还是良好的蜜源植物。

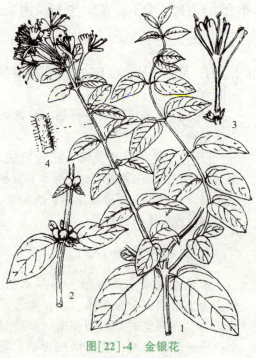

图[22]-4 金银花
1. 花枝 2. 果枝
3. 花 4. 一段小枝(示被毛)

(2) 金银木(金银忍冬) Lonicera maackii (Rupr.) Maxim. {图[22]-5}

[识别要点] 落叶灌木，高达5m。小枝髓中空，幼时具微毛。叶卵状椭圆形至

卵状披针形，长 5~8cm，先端渐尖，基部宽楔形或圆形，全缘，两面疏生柔毛。花成对腋生，总花梗短于叶柄，苞片线形；相邻两花的萼筒分离；花冠唇形，先白后黄，具芳香，花冠筒短于唇瓣；雄蕊 5，与花柱均短于花冠。球形浆果，红色，合生。花期 5 月，果 9 月成熟。主要变型和品种如下：

红花金银木 f. *erubescens* Rehd. 嫩叶红色。花较大，淡红色。

'少红'金银木 'Shaohong' 北京农业职业学院选育。春芽、新生叶紫红色，叶缘有红线，幼枝紫红色。

[分布] 产于东北，分布很广，华北、华东、华中及西北东部、西南北部均有。

[习性] 性强健，喜光，也耐阴，耐寒，耐旱，喜湿润、肥沃及深厚的壤土。

[繁殖] 播种或扦插繁殖。

[用途] 金银木树势旺盛，枝叶丰满，初夏开花有芳香，秋季红果挂满枝头，是良好的观赏花灌木。宜孤植、丛植于林缘、草坪、水岸边。

图[22]-5 金银木
1. 花枝 2. 花 3. 果

(3) 郁香忍冬 *Lonicera fragrantissima* Lindl. et Paxon.

[识别要点] 半常绿灌木，高达 2m。枝髓实心，幼枝有刺刚毛。叶卵状椭圆形至卵状披针形，长 4~10cm，顶端尖至渐尖，基部圆形，两面及边缘有硬毛。花成对腋生，苞片线状披针形；相邻两花萼筒合生达中部以上；花冠唇形，粉红色或白色，具芳香。球形浆果，红色，两果合生过半。花 3~4 月先于叶开放，果 5~6 月成熟。

[分布] 产于安徽南部、江西、湖北、河南、河北、山西、陕西南部等地。

[习性] 喜光，也耐阴。喜湿润、肥沃及深厚的壤土，不耐干旱及积水。萌蘖性强。

[繁殖] 播种、扦插或分株繁殖。

[用途] 郁香忍冬枝叶茂盛，早春先叶开花，香气浓郁，常植于庭园供观赏。树桩用于制作盆景。

4. 荚蒾属 *Viburnum* L.

落叶或常绿灌木，少有小乔木。冬芽裸露或被鳞片。单叶对生，全缘或有锯齿或分裂；托叶有或无。花少，全发育或花序边缘为不孕花，组成伞房状、圆锥状或伞形聚伞花序；萼 5 小裂，萼筒短；花冠钟状、辐状或管状，5 裂；雄蕊 5；子房通常 1 室，有胚珠 1 至多数；花柱极短，柱头 3 裂。浆果状核果，具种子 1。

全世界约 120 种，分布于北半球温带和亚热带地区；我国有 74 种，以西南地区最多。

分种检索表

1. 常绿 ··· 珊瑚树 V. awabuki
1. 落叶。
 2. 叶不裂，具锯齿，通常羽状脉。
  3. 裸芽，幼枝、叶背密被星状毛，叶表面羽状脉不下陷 ········ 木本绣球 V. macrocephalum
  3. 鳞芽，枝叶疏生星状毛，叶表面羽状脉甚凹下 ·················· 蝴蝶绣球 V. plicatum
 2. 叶3裂，裂片有不规则齿，掌状3出脉 ································ 天目琼花 V. sargentii

(1) 珊瑚树(法国冬青) Viburnum awabuki K. Koch

[识别要点] 常绿灌木或小乔木，高2~10m。树皮灰色，枝有小瘤状凸起的皮孔。叶长椭圆形，长7~15cm，先端急尖或钝，基部阔楔形，全缘或近顶部有不规则的浅波状钝齿，革质，表面深绿而有光泽，背面浅绿色。顶生圆锥状聚伞花序，长5~10cm；萼筒钟状，5小裂；花冠白色，具芳香，5裂。核果倒卵形，先红后黑。花期5~6月，果9~10月成熟。

[分布] 产于华南、华东、西南等地，长江流域有栽培。

[习性] 喜光，稍能耐阴。喜温暖，不耐寒。喜湿润、肥沃的中性土壤，在酸性和微碱性土中也能适应。根系发达，萌蘖力强。对氯气、二氧化硫的抗性较强，对汞和氟有一定的吸收能力。耐烟尘，抗火力强。

[繁殖] 以扦插繁殖为主，也可播种繁殖。

[用途] 珊瑚树枝茂叶繁，终年碧绿光亮，春日开白花，深秋果实鲜红，累累垂于枝头，状如珊瑚，甚为美观，是良好的观叶、观果树种。江南城市及园林中普遍栽作绿篱或绿墙，也作基础栽植材料或丛植装饰墙角。枝叶繁密，富含水分，耐火力强，可作防火隔离树带。隔音及抗污染能力强，也是工厂绿化的优良树种。

(2) 木本绣球(大绣球、斗球、荚蒾绣球) Viburnum macrocephalum Fort. {图[22]-6}

[识别要点] 灌木，高达4m。树冠呈球形。幼枝及叶背密被星状毛，老枝灰黑色。冬芽裸露。叶卵形或椭圆形，长5~8cm，先端钝，基部圆形，边缘有细齿。球状大型聚伞花序，几全由白色不孕花组成，直径约20cm；萼筒无毛，花冠白色。花期4~6月，不结实。变型如下：

琼花 f. keteleeri Rehd. 又名八仙花，实为原种。聚伞花序，直径10~12cm，中央为两性可育花，仅边缘为大型白色不孕花。核果椭圆形，先红后黑。果期7~10月。

[分布] 主产于长江流域，南北各地都有栽培。

[习性] 喜光，略耐阴。性强健，较耐寒。喜生于湿润、排水良好的肥沃壤土。萌芽力、萌蘖力均强。

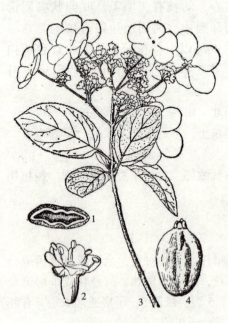

图[22]-6 木本绣球
1. 果横剖面 2. 花 3. 花枝 4. 果

[繁殖]通常采用扦插繁殖。

[用途]木本绣球树姿开展,树冠圆整,春日繁花聚簇、团团如球,犹如雪花压树,枝垂近地,饶有幽趣。其变型琼花,花形扁圆,边缘着生洁白不孕花,宛如群蝶起舞,惹人喜爱。宜孤植或群植于庭院、路旁草坪或林缘。

(3) 蝴蝶绣球(雪球荚蒾、日本绣球) *Viburnum plicatum* Thunb. {图[22]-7}

[识别要点]落叶灌木,高 2~4m。枝开展,幼枝疏生星状茸毛。叶阔卵形或倒卵圆形,长 4~8cm,先端突尖,基部圆形,叶缘具锯齿,表面羽状脉甚凹下,背面疏生星状毛及茸毛。复伞状聚伞花序,径 6~12cm,全为大型白色不孕花。花期 4~5月。其变型有:

蝴蝶树 f. *tomentosum* Rehd. 又名蝴蝶荚蒾、蝴蝶戏珠花,实为原种。花序仅边缘有大

图[22]-7 蝴蝶绣球
1. 花枝 2. 花

型白色不孕花,形如蝴蝶。果红色,后变蓝黑色。

[分布]产于华东、华中、华南、西南、西北东部等地。

其他同木本绣球。

(4) 天目琼花(鸡树条荚蒾、萨氏荚蒾) *Viburnum sargentii* Koehne {图[22]-8}

[识别要点]灌木,高约 3m。树皮暗灰色,浅纵裂,略带木栓质。小枝具明显皮孔。叶广卵形至卵圆形,长 6~12cm,通常 3 裂,裂片边缘具不规则的齿;生于分枝上部的叶常为椭圆形至披针形,不裂,掌状三出脉;叶柄顶端有 2~4 腺体。复伞状聚伞花序,径 8~12cm,有白色大型不孕边花,花冠乳白色;雄蕊 5,花药紫色。核果近球形,红色。花期 5~6月,果期 8~9月。

[分布]东北南部、华北至长江流域均有分布。多生于夏凉湿润多雾的灌丛中。

[习性]喜光,也耐阴。耐寒。对土壤要求不严,微酸性及中性土都能生长。根系发达,移植容易成活。

[繁殖]扦插或播种繁殖。

[用途]天目琼花树姿清秀,叶绿、花白、果红,是春季观花、秋季观果的优良树种。嫩枝、叶、果入药。种子可榨油,制肥皂及作润滑油。

图[22]-8 天目琼花
1. 花 2. 花枝 3. 果枝 4. 种子

5. 六道木属 Abelia R. Br.

落叶灌木。老枝有时具6棱。单叶对生，有短柄，全缘或有锯齿；无托叶。单花、双花或多花组成圆锥状聚伞花序；苞片2~4；萼2~5裂，花后增大，宿存；花冠漏斗状、钟状，5裂；雄蕊4，2长2短，生于花冠筒基部；子房3室，仅1室发育。瘦果状核果，果皮革质。

全世界约20种，分布于东亚及墨西哥；中国有9种，主产于长江以南及西南地区。

(1) 六道木 Abelia biflora Turcz. {图[22]-9}

[识别要点]灌木，高约3m。枝具明显6条沟棱，幼枝有倒生刚毛。叶长圆形或长圆状披针形，长2~7cm，全缘或有缺刻状疏齿，两面及叶缘有毛；叶柄短，基部膨大，被刚毛。双花生于枝梢叶腋，无花总梗；花萼筒被短刺毛，裂片4；花冠高脚碟状，白色、淡红色，裂片4，外有短柔毛及刺毛。瘦果状核果，常弯曲，具4缩萼。花期5月，果期8~9月。

[分布]产于辽宁、河北、山西、内蒙古、陕西等地。

[习性]耐阴，耐寒，耐干旱贫瘠，喜湿润土壤。根系发达，萌芽力、萌蘖力强。

[繁殖]播种、扦插及分株繁殖。

[用途]六道木叶秀花美，花萼裂片特异，常在林荫下栽植，也可栽植于建筑背阴面。树干可制作拐杖。叶、花入药。

图[22]-9 六道木
1. 花枝 2. 花

(2) 糯米条 Abelia chinensis R. Br.

[识别要点]与六道木的区别是：枝节不膨大。叶卵形，叶基圆形或心形，叶柄基部不膨大。圆锥状聚伞花序，花萼5裂，花冠漏斗状，雄蕊伸出花冠外。花期7~9月，果期10~11月。

[分布]产于长江流域以南。

[习性]喜湿润温暖气候。在北方建筑背风向阳处可露地越冬。耐干旱贫瘠。根系发达，萌芽力、萌蘖力强。

[繁殖]播种或扦插繁殖。

[用途]糯米条是秋季良好观花灌木。

6. 接骨木属 Sambucus L.

全世界约28种，分布于北半球温带和亚热带地区；中国有4~5种。

接骨木 Sambucus williamsii Hance {图[22]-10}

[识别要点]落叶大灌木。小枝红褐色，无毛；髓心粗，淡褐色。奇数羽状复叶对生，小叶5~7，有细锯齿，搓揉后有臭味；托叶条形或退化成浅蓝色突起。圆锥状聚伞花序，

花叶同放,无毛;萼5小裂,萼筒长1mm;花冠辐状,5裂,初为粉红色,后变为白色或淡黄色;雄蕊5,花药黄色;子房3室,半下位,柱头3裂。球形浆果状核果,红色。花期4~5月,果期9~10月。主要品种有:

'金叶'接骨木'Aurea' 新叶黄色。

[分布]产于东北、华北、华东、华中、华南及西南。

[习性]喜光,耐寒,耐旱。根系发达,萌芽力、萌蘖力强。

[繁殖]采用播种、扦插、分株等方法繁殖。

[用途]接骨木初夏开白花,初秋结红果,可盆栽或配置花境供观赏。茎叶入药,祛风活血,行瘀止痛。

图[22]-10 接骨木
1. 果枝 2. 果 3. 花

  现场教学

双子叶植物识别与应用现场教学(二)

现场教学安排	内 容
教学目标	通过现场教学,使学生掌握园林中蜡梅科、苏木科、含羞草科、蝶形花科、虎耳草科、山茱萸科、珙桐科(蓝果树科)、五加科、忍冬科的绿化特点,各科的区别,以及园林绿化中存在的问题
教学地点	校园、树木园等有蜡梅科、苏木科、含羞草科、蝶形花科、虎耳草科、山茱萸科、珙桐科(蓝果树科)、五加科、忍冬科植物生长的地点
教学组织	1. 教师现场引导学生观察。 2. 学生观察并讨论。 3. 教师总结并布置作业
教学内容	1. 观察科、种。 (1)蜡梅科 Calycanthaceae 蜡梅 *Chimonanthus praecox*　　夏蜡梅 *Calycanthus chinensis* (2)苏木科 Caesalpiniaceae 紫荆 *Cercis chinensis*　　黄山紫荆 *Cercis chingii*　　巨紫荆 *Cercis gigantea* 皂荚 *Gleditsia sinensis*　　山皂荚 *Gleditsia japonica* (3)含羞草科 Mimosaceae 合欢 *Albizia julibrissin*　　金合欢 *Acacia farnesiana* (4)蝶形花科 Fabaceae 黄檀 *Dalbergia hupeana*　　紫穗槐 *Amorpha fruticosa*　　紫藤 *Wisteria sinensis* 刺槐 *Robinia pseudoacacia*　　无刺刺槐 *Robinia pseudoacacia* f. *inermis* 红花刺槐 *Robinia pseudoacacia* f. *decaisneanac*　　胡枝子 *Lespedeza bicolor* 红豆树 *Ormosia hosiei*　　槐树 *Sophora japonica*　　龙爪槐 *Sophora japonica* var. *pendula*

(续)

现场教学安排	内容
教学内容	(5) 虎耳草科　Saxifragaceae 太平花　*Philadelphus pekinensis*　　山梅花　*Philadelphus incanus*　　溲疏　*Deutzia scabra* 大花溲疏　*Deutzia grandiflora*　　八仙花　*Hydrangea macrophylla* (6) 山茱萸科　Cornaceae 灯台树　*Cornus controversa*　　红瑞木　*Cornus alba*　　毛梾　*Cornus walteri* 四照花　*Dendrobenthamia japonica* var. *chinensis* 山茱萸　*Macrocarpium officinale*　　桃叶珊瑚　*Aucuba japonica* 洒金桃叶珊瑚　*Aucuba japonica* f. *variegata* (7) 珙桐科(蓝果树科)　Nyssaceae 珙桐　*Davidia involucrata*　　喜树　*Camptotheca acuminata*　　蓝果树　*Nyssa sinensis* (8) 五加科　Araliaceae 常春藤　*Hedera nepalensis*　　刺楸　*Kalopanax pictus*　　八角金盘　*Fatsia japonica* (9) 忍冬科　Caprifoliaceae 锦带花　*Weigela florida*　　海仙花　*Weigela coraeensis*　　金银花　*Lonicera japonica* 金银木　*Lonicera maackii*　　珊瑚树　*Viburnum awabuki* 木本绣球　*Viburnum macrocephalum*　　琼花　*Viburnum macrocephalum* f. *keteleeri* 大花六道木　*Abelia biflora*　　糯米条　*Abelia chinensis* 2. 观察内容提示。 (1) 叶 单叶、1回羽状复叶、2回羽状复叶；柄下芽、托叶刺、枝刺；叶被柔毛、"丁"字形毛、星状毛。 (2) 花 两侧对称、辐射对称；蝶形花冠、假蝶形花冠；旗瓣、翼瓣、龙骨瓣；头状花序、伞形花序、聚伞圆锥花序、总状花序。 (3) 果 聚花果、蒴果、核果、浆果、荚果；种子颜色
课外作业	1. 描述黄檀、刺槐、槐树、紫荆、皂荚、紫藤、四照花、常春藤、金银忍冬的主要特征。 2. 比较以上列举的同科树种的特征。 3. 根据树种的观赏特性，总结园林树种的园林应用。

思考题

一、比较题

1. 皂荚与山皂荚　　2. 紫荆与巨紫荆　　3. 合欢与山槐
4. 喜树与紫树　　　5. 山梅花与锦带花　6. 刺槐与槐树

二、简答题

1. 蜡梅科植物的花期在什么时候？蜡梅有哪些常见品种？
2. 简述含羞草科、苏木科和蝶形花科植物的异同点。
3. 何为蝶形花冠？紫荆的花是否为蝶形花冠？为什么？
4. 虎耳草科植物的花有什么特征？在园林中如何运用？
5. 山茱萸科植物的主要特征是什么？如何区分山茱萸属与四照花属？
6. 五加科植物的主要特征是什么？具掌状复叶的属有哪些？叶具观赏价值的树种有哪些？

7. 有哪些五加科植物常用作垂直绿化材料?
8. 如何识别忍冬科树种?荚蒾属树种的果实是什么颜色?观赏价值如何?
9. 金银花与金银木有何区别?在搭配上应注意什么?
10. 木本绣球和天目琼花的主要区别有哪些?在园林中如何运用最能体现其观赏价值?

[23] 金缕梅科 Hamamelidaceae

乔木或灌木。单叶互生,稀对生;常有托叶。花较小,两性或单性同株,稀异株、杂性,头状、穗状或总状花序;萼片、花瓣、雄蕊通常均为4~5,有时无花瓣;雌蕊由2心皮合成;子房通常下位或半下位,2室,花柱2,分离,中轴胎座。蒴果木质,2裂。种子多数。

全世界约27属140种,主产于东亚的亚热带地区;中国有17属约76种。

分属检索表
1. 花无花冠。
　2. 落叶性,掌状叶脉,叶有分裂;头状花序 ························ 枫香属 *Liquidambar*
　2. 常绿性,羽状叶脉,叶不分裂;总状花序 ························ 蚊母树属 *Distylium*
1. 花有花冠,头状花序;叶全缘,羽状叶脉 ························ 檵木属 *Loropetalum*

1. 枫香属 *Liquidambar* L.

落叶乔木,树液芳香。叶互生,掌状3~5(7)裂,边缘有齿,具长柄;托叶线形,早落。花单性同株,无花瓣;雄花无花被,头状花序常数个排成总状,花间有小鳞片混生;雌花常有数枚刺状萼片,头状花序单生;子房半下位,2室,每室具数胚珠。果序球形,由木质蒴果集成,每果有宿存花柱或萼齿,针刺状,成熟时顶端开裂,果内有1~2粒具翅发育种子,其余为无翅的不发育种子。

全世界共约6种,产于北美及亚洲;中国有2种。

(1) 枫香(枫树、路路通) *Liquidambar formosana* Hance {图[23]-1}

[识别要点] 乔木,高可达40m。树冠广卵形或略扁平。树皮幼时平滑,灰白色,浅纵裂;老时不规则深裂,黑褐色。单叶互生,掌状3裂,长6~12cm,基部心形或截形,裂片先端尖,叶缘有锯齿;幼叶有毛,后渐脱落。果序较大,径3~

图[23]-1 枫 香
1. 果枝　2. 花枝　3. 雄蕊　4. 雌蕊花柱及假雄蕊
5. 果序一部分　6. 种子

4cm，刺状萼片宿存。花期3~4月，果10月成熟。常见变种有：

①短萼枫香 var. *brevicalycina* Cheng et P. C. Huang　宿存花柱粗短，长不足1cm；刺状萼片也短。产于江苏。

②光叶枫香 var. *monticola* Rehd. et Wils.　幼枝及叶均无毛，叶背面为粉白色，叶基截形或圆形。产于湖北西部、四川东部一带。

[分布] 产于中国长江流域及其以南地区。垂直分布一般在海拔1500m以下的丘陵及平原。日本也有分布。

[习性] 喜光，幼树稍耐阴。喜温暖湿润气候及深厚、湿润土壤，也能耐干旱瘠薄，较不耐水湿。耐火烧。萌蘖性强，可天然更新。深根性，抗风力强。对二氧化硫、氯气等有较强抗性。

[用途] 枫香树高干直，树冠宽阔，气势雄伟，深秋叶色红艳，美丽壮观，是南方著名的秋色叶树种。在园林中栽作庭荫树，或于草地孤植、丛植，或于山坡、池畔与其他树木混植。如与常绿树或其他秋叶变黄色的色叶树丛配合种植，秋季红绿、红黄相衬，会显得格外美丽。又因具有较强的耐火性和对有毒气体的抗性，也可用于厂矿区绿化。一般不宜用作行道树。

(2) 北美枫香(胶皮糖香树、美国彩叶树) *Liquidambar styraciflua* L.

[识别要点] 乔木，树高可达30m。树冠广卵形。小枝红褐色，通常有木栓质翅。叶5~7掌状裂，每个裂片边缘都有细锯齿，叶背主脉有明显白簇毛。有许多栽培品种。

[分布] 原产于北美。我国南京、杭州等地有引种栽培。

[习性] 喜光照。不耐水湿，在潮湿、排水良好的微酸性土壤中生长最好。适应性强，深根性，抗风能力强。

[用途] 北美枫香树形优美，秋叶红色或紫色，如与常绿树或其他秋叶变黄色的色叶树丛配合种植，秋季红绿、红黄相衬，会显得格外美丽。抗寒力强于枫香，是庭园绿化的良好树种。树脂可作胶皮糖的香料，并含苏合香，有药效。

2. 蚊母树属 *Distylium* Sieb. et Zucc.

常绿小乔木或灌木。单叶互生，全缘，稀有齿，羽状脉，革质；托叶早落。花单性或杂性，腋生总状花序，花小而无花瓣；萼片1~5，或无；雄蕊2~8；子房上位，2室；花柱2，自基部离生。蒴果木质，每室具1种子。

全世界共18种；中国有12种3变种。

蚊母树(蚊子树) *Distylium racemosum* Sieb. et Zucc. {图[23]-2}

[识别要点] 常绿乔木，高可达16m，栽培时常呈灌木状。树冠开展，呈球形。小枝略呈"之"字形曲折，嫩枝端具星状鳞

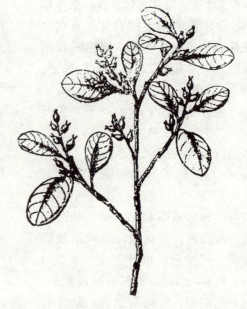

图[23]-2　蚊母树

毛。叶倒卵状长椭圆形，长3~7cm，先端钝或稍圆，全缘，厚革质，光滑无毛，侧脉在上面不显著，在下面略隆起。总状花序，花药红色。蒴果卵形，密生星状毛，顶端有2宿存花柱。花期4~5月，果期8~10月。品种有：

'斑叶'蚊母树'Variegatum'　又名'彩叶'蚊母树。叶较宽，具黄白色条斑。

[分布] 产于我国广东、海南、福建、台湾、浙江等地。日本、朝鲜也有分布。

[习性] 喜光，稍耐阴。喜温暖湿润气候，耐寒性不强。对土壤要求不严，但以排水良好、肥沃、湿润的酸性、中性土壤最好。萌芽力、发枝力强，耐修剪。对烟尘及多种有毒气体抗性很强，能适应城市环境。

[用途] 蚊母树枝叶密集，树形整齐，叶色浓绿，经冬不凋，抗性强，防尘及隔音效果好，是理想的城市、工矿区绿化及观赏树种。可植于路旁、庭前草坪及大树下，或成丛、成片栽植用于分隔空间或作为其他花木的背景。也可作绿篱、盆栽桩景、基础种植及防护林带。如果修剪成球形，宜对植于门旁。

3. 檵木属 *Loropetalum* R. Brain

常绿灌木或小乔木。有锈色星状毛。叶互生，较小，全缘。花两性，头状花序顶生；萼筒与子房合生，有不明显4裂片；花瓣4，带状线形；雄蕊4，药隔伸出如刺状；子房半下位。蒴果木质，卵圆形，熟时2瓣裂，每瓣又2浅裂，具2黑色有光泽种子。

全世界约4种，分布于东亚的亚热带地区；中国有3种。

檵木(檵花) *Loropetalum chinense*（R. Br.）Oliv. ｛图[23]-3｝

[识别要点] 常绿灌木或小乔木，高4~9(12)m。小枝、嫩叶及花萼均有锈色星状短柔毛。单叶互生，卵形或椭圆形，长2~5cm，基部歪圆形，先端锐尖，全缘，背面密生星状柔毛。花3~8朵簇生于小枝端；苞片线形；花瓣带状线形，浅黄白色，长1~2cm。蒴果褐色，近卵形。花期4~5月，果8月成熟。主要变种与品种有：

红花檵木 var. *rubrum* Yieh.　又名红檵木。叶周年暗紫，花紫红色，春日花叶红艳，群植满园尽赤，蔚然壮观。

有'大红袍'(叶、花大红色)、'淡红袍'(叶、花淡红色)、'紫红袍'(叶、花红紫色，须根红色)和'珍珠红'(叶小，形如红色珍珠，须根红色)等品种。

[分布] 产于长江中下游及其以南、北回归线以北地区。印度、日本也有分布。

[习性] 喜光，也耐半阴。喜温暖。耐旱，喜土层深厚、肥沃、排水良好的酸性土壤，适应性较强。发枝力强，耐修剪。

图[23]-3 檵　木
1. 花　2. 花枝　3. 开裂的蒴果　4. 种子

[用途]檵木叶密花繁,盛开时如积雪,颇为美丽。宜丛植于草地、林缘或园路转角,也可植为花篱。广泛用于绿地中的色块构建。还是盆栽桩景的好材料。

[24]悬铃木科 Platanaceae

落叶大乔木。树皮片状剥落。单叶互生,掌状分裂;托叶早落。花单性,雌雄同株,密集成球形头状花序,下垂;萼片3~9,花瓣与萼片同数,雄花有3~8雄蕊,雌花有3~8分离心皮,花柱伸长,子房上位。聚合果呈球形,小坚果有棱角,基部有褐色长毛,内有种子1粒。

全世界共1属6~7种,分布于北温带和亚热带地区;中国引入栽培3种。

悬铃木属 *Platanus* L.

形态特征同科。

分种检索表

1. 叶通常5~7深裂至中部或更深,总果柄具3~6个球形果序 ················ 法桐 *P. orientalis*
1. 叶通常3~5裂,总果柄常具2个球形果序或单生。
   2. 叶的中部裂片宽度大于长度,果序常单生 ················ 美桐 *P. occidentalis*
   2. 叶的中部裂片长度与宽度近于相等,总果柄常具2个球形果序 ········ 英桐 *P. acerifolia*

(1) 法桐(三球悬铃木) *Platanus orientalis* L. {图[24]-1}

[识别要点]大乔木,高20~30m。树冠阔钟形。干皮灰褐绿色至灰白色,呈薄片状剥落。幼枝、幼叶密生褐色星状毛。叶掌状5~7裂,深裂达中部,裂片长大于宽,叶基阔楔形或截形,叶缘有齿牙,掌状脉;托叶圆领状。花序头状,黄绿色。多数坚果聚合呈球形,3~6球组成一串;宿存花柱长,呈刺毛状;果柄长而下垂。花期4~5月,果9~10月成熟。主要变种与品种有:

①楔叶法桐 var. *cuneata* Loud. 叶片2~5裂。

②'掌叶'法桐 'Digitata' 叶5深裂。

[分布]原产于欧洲东南部,印度、小亚细亚也有分布。中国有栽培。

[习性]喜阳光充足,喜温暖湿润气候,略耐寒。较能耐湿及耐干旱。生长迅速,寿命长。

[用途]法桐萌芽力强,耐修剪,对城市环境耐性强,是世界著名的优良庭荫树和行道树。

(2) 美桐(一球悬铃木) *Platanus occidentalis* L. {图[24]-1}

[识别要点]大乔木,高40~50m。树

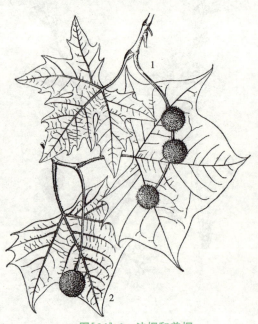

图[24]-1 法桐和美桐
1. 法桐 2. 美桐

冠圆形或卵圆形。叶3~5浅裂，宽度大于长度，裂片呈广三角形，基部平截或心形。球果多数单生，偶有2球一串的，宿存花柱短，故球面较平滑，小坚果之间无突伸毛。变种有：

光叶美桐 var. *glabrata* Sarg. 叶背无毛，叶较小，深裂，叶基截形。

[分布]原产于北美，在美国东南部很普遍。我国长江流域及华北南部有少量栽培。

[习性]耐寒力比法桐稍差。

[用途]美桐可作行道树及庭荫树。

(3)英桐(悬铃木、二球悬铃木)*Platanus acerifolia* Willd.{图[24]-2}

[识别要点]本种是前两种的杂交种。树高达35m。干皮呈片状剥落，内皮淡绿白色。枝条开展，幼枝密生褐色茸毛。叶片广卵形至三角状广卵形，宽12~25cm，3~5裂，叶裂形状似美桐，裂片三角形、卵形或宽三角形，叶裂深度约达全叶的1/3；叶柄长3~10cm。球果通常为2球一串，偶有单球或3球一串，有由宿存花柱形成的刺毛。花期4~5月，果9~10月成熟。常见栽培品种有：

①'银斑'英桐'Argento Variegata' 叶有白斑。

②'金斑'英桐'Kelseyana' 叶有黄色斑。

③'塔形'英桐'Pyramidalis' 树冠呈狭圆锥形。叶通常3裂，长度常大于宽度，叶基圆形。

[分布]世界各国多有栽培。中国各地栽培的以本种为多。

图[24]-2 英桐
1. 果枝 2. 叶

[习性]喜光，喜温暖气候，有一定抗寒力。对土壤的适应能力极强，既耐干旱瘠薄，又耐水湿。喜微酸性或中性、深厚、肥沃、排水良好的土壤。生长迅速，萌芽性强，很耐重剪，易于控制树形。抗烟性强，对臭氧及硫化氢等有毒气体有较强的抗性。本种是3种悬铃木中对不良环境因子抗性最强的一种。

[用途]英桐树形雄伟端正，叶大荫浓，树冠广阔，干皮光洁，繁殖容易，生长迅速，具有极强的抗烟、抗尘能力，对城市环境的适应能力极强，故世界各国广为应用，有"行道树之王"的美称。还可作为庭荫树、水边护岸固堤树等。由于幼枝叶上具有大量星状毛及春季果毛飞扬，人吸入呼吸道会引起肺炎，故幼儿园、医院、休疗养院附近不宜栽植应用。

[25]黄杨科 Buxaceae

常绿灌木或小乔木。单叶对生或互生，全缘，革质或纸质；无托叶。花单性，辐射对称；无花瓣，萼片4~12或无；雄蕊4或更多；子房上位。蒴果或核果，种子具胚乳。

全世界共6属约100种，分布于温带和亚热带；中国有3属约40种。

黄杨属 *Buxus* L.

灌木或小乔木，多分枝。单叶对生，羽状脉，全缘，革质，有光泽。花单性同株，簇生于叶腋或枝端，通常花簇中顶生1雌花，其余为雄花；雄花萼片、雄蕊各4；雌花萼片4~6，花柱3，粗而短。蒴果，花柱宿存，室背开裂成3瓣，每室含2黑色光亮种子。

全世界共约70种；中国约30种。

(1) 黄杨（瓜子黄杨、豆瓣黄杨）*Buxus sinica* (Rehd. et Wils.) Cheng ex M. Cheng ｛图[25]-1｝

图[25]-1 黄杨
1. 种子 2. 蒴果 3. 果枝 4. 叶片背、腹面

[识别要点] 常绿灌木或小乔木，高达7m。枝叶较疏散，小枝及冬芽外鳞均有短柔毛。叶倒卵形、倒卵状椭圆形至广卵形，长2~3.5cm，先端圆或微凹，基部楔形，叶柄及叶背中脉基部有毛。花簇生于叶腋或枝端，黄绿色。蒴果球形。花期4月，果7月成熟。

[分布] 产于华东、华中及华北。

[习性] 喜半阴，在无庇荫处生长时叶常发黄。喜温暖湿润气候及肥沃的中性及微酸性土。耐寒性不强。生长缓慢，耐修剪。对多种有毒气体抗性强。

[用途] 黄杨枝叶茂密，叶春季嫩绿，夏季深绿，冬季带红褐色，经冬不落。在华北南部、长江流域及其以南地区广泛植于庭园供观赏。宜在草坪、庭前孤植或丛植，或于路旁列植、点缀山石，也常作绿篱及基础种植材料。

(2) 雀舌黄杨（细叶黄杨、匙叶黄杨）*Buxus bodinieri* Levl. ｛图[25]-2｝

[识别要点] 小灌木，高通常不及1m。分枝多而密集。叶较狭长，倒披针形或倒卵状长椭圆形，长2~4cm，先端钝圆或微凹，革质，有光泽，两面中肋及侧脉均明显隆起；叶柄极短。花小，黄绿色，呈密集短穗状花序。蒴果卵圆形，熟时紫黄色。花期4月，果7月成熟。

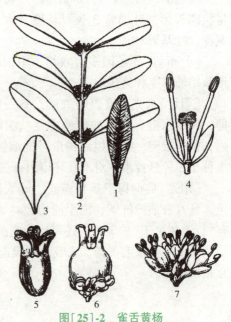

图[25]-2 雀舌黄杨
1、3. 叶片背、腹面 2. 花枝 4. 雄花
5. 蒴果（幼果） 6. 雌蕊 7. 雄花序

[分布]产于长江流域至华南、西南地区。

[习性]喜光,也耐阴。喜温暖湿润气候,耐寒性不强。浅根性,萌蘖力强。生长极慢。

[用途]雀舌黄杨植株低矮,枝叶茂密,且耐修剪,是优良的矮绿篱材料,最适宜布置模纹图案及花坛边缘。也可点缀草地、山石,或与落叶花木相配置。还可盆栽,或制成盆景供观赏。

[26] 杨柳科 Salicaceae

落叶乔木或灌木。单叶互生,稀对生,全缘或锯齿,稀分裂;有托叶。花单性,雌雄异株,柔荑花序,无花被,生于苞腋,有腺体或花盘;雄蕊2至多数;雌蕊由2~4心皮合成,子房上位。蒴果2~4裂。种子细小,基部有白色丝状长毛,无胚乳。

全世界共3属500余种;中国有3属300余种,各地均有分布。

1. 杨属 Populus L.

乔木。小枝较粗,髓心五角形。有顶芽,芽鳞数枚,常有树脂。叶卵形、长卵形或三角形;叶柄较长。花序下垂,先于叶开放,苞片多具不规则的缺刻,花盘杯状。蒴果2~4裂。种子广卵形或卵形。

全世界约100种;我国约50种,分布以华北、西北及西南为主。

> **分种检索表**
> 1. 芽具柔毛,叶缘具缺裂、缺刻或波状锯齿 ············· 毛白杨 P. tomentosa
> 1. 芽无毛,叶缘具整齐锯齿。
>   2. 叶片近正三角形,基部截形,叶缘具圆钝锯齿 ············· 加杨 P. canadensis
>   2. 叶片卵状三角形,基部宽楔形或近圆形,叶缘具腺质浅钝锯齿 ····· 响叶杨 P. adenopoda

(1) 毛白杨 *Populus tomentosa* Carr. {图[26]-1}

[识别要点]乔木,树高可达30m。树冠卵圆锥形。树皮幼时青白色,皮孔菱形;老时暗灰色,纵裂。嫩枝密被灰白色茸毛,渐脱落。长枝叶三角状卵形,先端渐尖,基部心形或截形,叶缘具缺刻或锯齿,叶柄扁平,先端常具腺体,叶表面光滑或稍有毛,背面密被白茸毛,后几乎脱净;短枝叶三角状卵圆形,叶缘具波状缺刻,叶柄常无腺体。果序长达14cm,果圆锥形或长卵形。花期2~3月,果期4~5月。主要品种有:

'抱头'毛白杨 'Fastigiata' 侧枝直立向上,形成紧密狭长的树冠。山东、河北等地有分布。

[分布]我国特产,主要分布于黄河流域,北起辽宁南部,南达江苏、浙江,西至甘肃东部,西南至云南均有分布。

[习性]强喜光树种,不耐庇荫。较耐寒冷,要求凉爽气候,忌高温多雨。对土壤要求不严,适于排水良好的中性或微碱性土壤,在深厚、肥沃、湿润的土壤生长最好。深根性,生长快,寿命可达200年以上。抗烟尘和抗污染能力强。

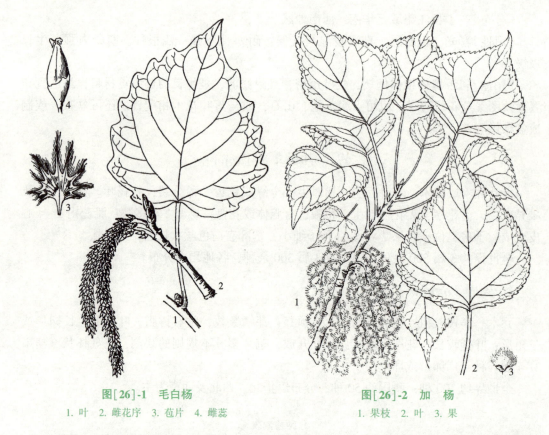

图[26]-1 毛白杨
1. 叶 2. 雌花序 3. 苞片 4. 雌蕊

图[26]-2 加杨
1. 果枝 2. 叶 3. 果

[用途]毛白杨树干端直,树冠广阔,具雄伟气概,给人以豪爽的感受。宜作行道树及庭荫树。可孤植于草坪上,或列植于广场、干道两侧,也可作工厂绿化、"四旁"绿化和防护林、用材林的重要树种。

(2) 加杨(加拿大杨、欧美杨) *Populus canadensis* Moench[*P. euramericana* (Dode) Guinier]{图[26]-2}

[识别要点]乔木,树高达30m。树冠开展,呈卵圆形。树皮初时灰绿色,老皮暗灰黑色、粗糙纵裂。小枝在叶柄下具3条棱脊。叶近正三角形,长7~10cm,先端渐尖,基部截形,边缘半透明,具圆钝锯齿,两面无毛;叶柄扁平而长,顶端有时具1~2个腺体。蒴果卵圆形,2~3裂瓣。花期4月,果熟期5月。目前,栽培品种很多,重要的有:

①'健杨''Robusta' 树干通直,高达40m。树冠塔形,树枝近于轮生。树皮光滑,老时下部浅纵裂。小枝被柔毛。芽圆锥形,紧贴枝。叶三角形或扁三角形,叶柄扁,带红色。产于德国的雄株无性系,我国东北、华北及西北地区有栽培。

②'意大利214杨''I-214' 树干稍弯,树冠长卵形。树皮灰绿色或灰褐色,老时基部浅纵裂,裂纹浅而密。幼枝、叶红色。叶三角形,长略大于宽,基部心形,有2~4腺体,叶质厚;叶柄扁、细长。天然杂交种,生长快,我国宜在黄河下游及长江中下游地区推广。

③'沙兰杨''Sacrau 79' 树冠宽阔,圆锥形。树皮灰白或灰褐色,皮孔大而显著,菱形。叶卵状三角形,先端长渐尖,长枝之叶较大,基部具1~4棒状腺体。起源于欧洲的雌株无性系。因生长快、适应性强而栽培遍及世界各地。

④'科伦158杨''Selektion Nr. 158' 阔卵形树冠。树皮灰绿色或灰白色,平滑;老时下部灰褐色,浅纵裂。小枝褐色,雌株。苞片三角形,基部楔形。

⑤'金叶杨''Aurea' 叶色金黄,是近年在我国河南选育出的优良色叶树种。

[分布]本种为美洲黑杨(*P. deltoides* Marsh.)与欧洲黑杨(*P. nigra* L.)的杂交种,现广植于欧洲、亚洲、美洲。19世纪中叶引入我国,南岭以北普遍栽培,以华北、东北及长江流域最多。

[习性]杂种优势明显,生长势和适应性都较强。喜光,较耐寒。喜湿润而排水良好的土壤,对水涝、盐碱和瘠薄土壤均有一定耐性。生长快,萌芽力、萌蘖力较强,寿命较短。对二氧化硫抗性强。

[用途]加杨枝条开展,树冠宽阔,叶大光亮。适作行道树、庭荫树和防护林,也是厂矿区和"四旁"绿化的好树种。

(3) 响叶杨 *Populus adenopoda* Maxim. {图[26]-3}

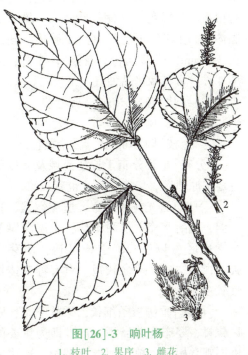

图[26]-3 响叶杨
1. 枝叶 2. 果序 3. 雌花

[识别要点]乔木,树高可达30m。幼树皮灰绿色,不裂;大树皮深灰色,纵裂。幼枝被柔毛,老枝无毛。叶片卵状三角形、卵形或卵圆形,长5~20cm,先端渐尖,基部宽楔形或近圆形,叶缘为具腺点的浅钝锯齿,近叶基部有2个显著腺体,多呈红色。果序长10~20cm,序轴有毛。

[分布]产于华东、华中、西南及陕西、甘肃海拔100~2500m山地。

[习性]喜光,喜温暖,不耐寒。生长快,根际萌蘖性强。

[用途]响叶杨树体高大,夏季绿荫浓密,夜晚万籁俱寂之际,微风拂过,树叶窃窃私语,更显夜色沉静。适合作行道树、庭荫树及防护林。

2. 柳属 *Salix* L.

乔木或灌木。髓心近圆形。无顶芽,侧芽芽鳞1。叶互生,稀对生,通常较狭长,叶柄较短。花序直立,苞片全缘,花基部具腺体1~2。蒴果,2瓣裂。

全世界约520种,主产于北半球;我国约250种,遍及全国各地。

分种检索表

1. 乔木。
　2. 叶狭长,披针形或条状披针形,稀倒披针形。
　　3. 枝条直伸或斜展;叶柄短,2~4mm;子房背、腹面各具腺体1 ………… 旱柳 *S. matsudana*
　　3. 小枝细长下垂;叶柄长,5~15mm;子房仅腹面具腺体1 ………… 垂柳 *S. babylonica*

2. 叶较宽阔，卵状披针形至长椭圆形 …………………………… 河柳 S. chaenomeloides
1. 灌木。
    4. 叶下面无毛或初被柔毛，易脱落，苍白色；叶条状倒披针形，边缘具细齿 …………
    ………………………………………………………………………… 簸箕柳 S. suchowensis
    4. 叶下面密被白色绢毛，不脱落，银白色；叶长椭圆形，边缘具浅钝齿 ……………
    ………………………………………………………………………… 银芽柳 S. leucopithecia

（1）垂柳（水柳）Salix babylonica L. {图[26]-4}

[识别要点] 落叶乔木，树高可达 18m。树冠广倒卵形，小枝细长下垂。叶片狭披针形或条状披针形，长 8~16cm，先端长渐尖，叶缘有细锯齿，叶表面绿色，背面有白粉、灰绿色；叶柄长约 1cm。雄花具腺体 2，雌花仅子房腹面具 1 腺体。蒴果长 3~4mm，带黄褐色。花期 2~3 月，果期 4 月。常见栽培品种有：

① '卷叶'柳 'Crispa'　叶卷曲。
② '曲枝'柳 'Tortuosa'　枝扭曲。
③ '金枝'柳 'Aurea'　枝金黄色。

[分布] 主要分布于长江流域及其以南各地平原地区，华北、东北也有栽培。

[习性] 喜光，较耐寒。适应性强，喜水湿，既耐水淹，也耐干旱，土层深厚的高燥地区可以生长。生长迅速，萌芽力强，根系发达，寿命较短。对有毒气体抗性较强。

[用途] 垂柳枝条细长，柔软下垂，随风飘舞，姿态优美潇洒，自古即为重要的庭园观赏树种。植于河岸及湖边、池边最为理想，枝条依依拂水，别有风趣。若与

图[26]-4 垂 柳
1.雌花枝　2.叶　3.雄花　4、5.果

桃间植，则桃红柳绿，婀娜多姿，实为江南园林春景特色。也可作行道树、庭荫树、固堤护岸树及平原造林树种。还适合用于厂矿区绿化。需注意选择雄株，以避免春天飞絮问题。

（2）旱柳（柳树）Salix matsudana Koidz. {图[26]-5}

[识别要点] 乔木，树高可达 20m。树冠卵圆形，枝条直伸或斜展。叶披针形或狭披针形，长 5~10cm，先端长渐尖，基部楔形，边缘具细锯齿，背面微被白粉；叶柄短，长 2~8mm。雌、雄花各具 2 个腺体。花期 2~3 月，果期 4 月。常见栽培品种有：

① '馒头'柳 'Umbraculifera'　分枝密，枝端稍齐整，树冠半圆形，状如馒头。多作

庭荫树及行道树。北京常见栽培。

②'龙须'柳'Tortuosa' 又名'龙爪'柳。小乔木，枝条扭曲向上，生长势较弱，易衰老，寿命短。

③'金枝龙须'柳'Tortuosa Aurea' 枝条扭曲，金黄色。

④'绦柳''Pendula' 又名'旱垂'柳。枝条细长下垂，易被误认为垂柳。小枝黄色，较短。叶柄长5~8mm。雌花具2腺体。我国北方城市常栽培。

[分布]产于东北、华北、西北至淮河流域，以黄河流域为分布中心，是北方平原地区最常见的乡土树种。俄罗斯、朝鲜、日本也有分布。

[习性]喜光，耐寒性强。既耐水湿，又耐干旱。对土壤要求不严，在干瘠沙地、低湿沙滩和弱盐碱地均能生长。深根性，抗风力强。萌芽力强，耐修剪。

[用途]旱柳树冠丰满，枝叶柔软嫩绿，给人以亲切优美之感，是北方园林常用的庭荫树、行道树，最宜沿河、湖岸边及低湿处或草地上栽植。也可作防护林和

图[26]-5 旱柳
1. 雌花枝 2. 雄花枝 3. 雄蕊 4. 雌蕊 5. 果

用于沙荒造林。作庭荫树、行道树时最好选用雄株，以避免柳絮(种子)污染。

(3) 河柳（腺柳）Salix chaenomeloides Kimura{图[26]-6}

[识别要点]小乔木。幼枝红褐色或褐色，无毛。叶片椭圆形、卵圆形至椭圆状披针形，长4~8cm，边缘有腺齿，两面无毛；叶柄顶端有腺体，幼叶有时腺体不明显；托叶半圆形，边缘有锯齿。主要品种有：

'红叶'河柳'Purpurea' 生长季节新叶保持亮紫红色。河北、河南及辽宁等地有栽培。

[分布]产于华东、华中、华北。多生于溪边沟旁。朝鲜、日本也有

图[26]-6 河柳
1. 雄花及苞片 2. 叶枝 3. 雄花枝 4. 蒴果

分布。

　　[习性]喜光，耐寒，喜水湿。

　　[用途]河柳可作一般绿化及护堤、护岸树种。

　　(4)簸箕柳(筐柳、杞柳) *Salix suchowensis* Cheng ｛图[26]-7｝

　　[识别要点]灌木。当年生枝淡黄绿色或淡紫色，细长柔韧，初被柔毛，后无毛。叶片条状倒披针形，长7～11cm，先端短渐尖，基部楔形，边缘具细锯齿，背面苍白色，幼叶有短柔毛，沿脉尤密；叶柄有短茸毛。花期3月，果熟期4～5月。

　　[分布]产于江苏、浙江、安徽、山东南部、河南东部。

　　[习性]喜光，喜冷凉、水湿环境。适应性强，对土壤要求不严。萌芽力强，生长快速。

　　[用途]簸箕柳可作"四旁"绿化、工厂绿化及防风固沙树种。枝条柔软，韧性强，是编织筐、篮、簸箕、藤椅等的最佳材料。

　　(5)银芽柳(棉花柳、银柳) *Salix leucopithecia* Kimura ｛图[26]-8｝

　　[识别要点]灌木，高2～3m。分枝稀疏，枝条绿褐色，具红晕，幼时有绢毛，后脱落。冬芽红紫色，有光泽。叶长椭圆形，长9～15cm，先端尖，基部近圆形，叶面微皱，深绿色，背面密被白毛，边缘具细浅齿，半革质。雄花序椭圆状圆柱形，长3～6cm，早春于叶前开放；初时芽鳞舒展，包被于花序基部，红色而有光泽，盛开时花序密被银白色绢毛。

　　[分布]原产于日本。我国江苏、浙江、上海等地有栽培。

　　[习性]喜光，喜湿润土壤，颇耐寒。

　　[用途]银芽柳雄花花芽萌发成花序时十分美观，供春节前后插瓶观赏。也可栽植于常绿灌木中。

图[26]-7　簸箕柳
1. 枝叶　2. 雄花枝　3. 雌花

图[26]-8　银芽柳
1. 枝叶　2. 花枝　3. 雄花及苞片
4. 雌花及苞片　5. 果枝

[27] 杨梅科 Myricaceae

常绿或落叶，灌木或乔木。具油腺体，芳香。单叶互生，全缘。花单性，雌雄同株或异株；柔荑花序腋生，无花被，雄花序圆柱状，花丝下部稍合生；雌花序卵状或球状，子房上位。核果，外果皮有树脂和蜡质形成的小疣体。

全世界共2属约50种；我国有1属4种。

杨梅属 Myrica L.

常绿灌木或小乔木。叶羽状脉，叶柄短，无托叶。花单性异株。核果，外果皮具乳头状突起。

全世界共60种；我国有4种1变种。

杨梅(山杨梅、朱红) *Myrica rubra* (Lour.) S. et Z. {图[27]-1}

[识别要点]常绿灌木或小乔木，树高可达12m。树冠近球形。树皮黄灰黑色，老时浅纵裂。小枝粗糙，皮孔明显，幼枝及叶背面有金黄色小油腺点。叶常密集于小枝上端，革质，倒卵状披针形或倒卵状长椭圆形，长4~12cm，先端较钝，基部狭楔形，全缘或近端部有浅齿。花单性，雌雄异株，雄花序穗状紫红色，雌花序卵状长椭圆形。核果圆球形，熟时深红、紫红或白色，味酸甜。花期3~4月，果熟期6~7月。

[分布]产于长江流域以南，西南至云南、贵州等地。

图[27]-1 杨 梅
1. 雄花枝　2. 叶　3. 叶下面腺体
4. 果枝　5. 雌蕊　6. 雄蕊　7. 果纵剖面

[习性]耐阴，不耐强烈日晒。喜温暖湿润气候，不耐寒。喜排水良好的酸性土壤，中性至微碱性土壤也能生长。深根性，萌芽力强，寿命长。对二氧化硫等有毒气体有一定抗性。

[用途]杨梅树冠整齐，枝叶茂密，初夏累累红果缀于绿叶丛中，玲珑可爱，为园林绿化结合生产的优良树种。宜孤植、丛植于草坪、庭园，或列植于路边。若密植，可分隔空间或作隐蔽遮挡的绿墙。果味酸甜，是南方著名水果，可生食、制果干、酿酒。叶可提取芳香油。

[28] 桦木科 Betulaceae

落叶乔木或灌木。无顶芽，腋芽具芽鳞或裸露。幼枝、幼叶常具树脂。单叶互生，托叶早落。花单性同株；雄花为下垂柔荑花序，1~3朵生于苞腋，具花被；雌花为球果状、穗状或柔荑状，2~3 朵生于苞腋，无花被，雌蕊由 2 心皮合成，子房下位。果序圆柱形或卵球形。每果苞具坚果 2~3，坚果小而扁。

全世界共 6 属约 200 种；我国有 6 属约 96 种。

赤杨属（桤木属）*Alnus* B. Ehrh.

乔木或灌木。冬芽具柄。单叶互生，边缘多具单锯齿，稀重锯齿。雄花 3 朵生于苞腋，雄蕊 4，花丝顶端不分裂；雌花 2 朵生于苞腋。果序球果状；果苞木质，5 裂，宿存；翅果。根具根瘤或菌根。

全世界约 40 种，产于北半球寒温带至亚热带；我国约 10 种，除西北外，各地均有分布。

分种检索表

1. 果序单生，果序梗细长下垂；叶片倒卵形或倒卵状椭圆形 ·················· 桤木 *A. cremastogyne*
1. 果序 2~8 个集生于总梗上；叶片最宽处在中部或下部。
  2. 叶片狭椭圆形至长椭圆状披针形，先端渐尖，基部楔形 ·················· 赤杨 *A. japonica*
  2. 叶片椭圆形或宽卵形，先端短尖，基部圆形 ·················· 江南桤木 *A. trabeculosa*

(1) 桤木 *Alnus cremastogyne* Burkill {图[28]-1}

[识别要点] 落叶乔木，树高可达 25m。树皮褐色，老后斑块状开裂。小枝有棱，幼时被毛，后渐脱落。叶片倒卵形至倒卵状椭圆形，长 6~17cm，基部楔形或近圆形，幼时叶背有毛，后脱落或仅脉腋有毛；叶缘疏生细齿。雌、雄花序均单生。果序椭圆形，单生；果序梗细长下垂，长 2~8cm；果翅膜质。花期 3~4 月，果熟期 10~11 月。

[分布] 产于四川、贵州、陕西等地。

[习性] 喜光，喜温暖湿润气候。耐水湿，也耐干旱瘠薄，对土壤适应性较强。根系发达，生长迅速。根具根瘤，可改良土壤。

[用途] 桤木是优良的护岸固堤、速生用材树种。在园林水滨种植，颇有野趣。

(2) 赤杨（日本桤木）*Alnus japonica* Sieb. et Zucc. {图[28]-2}

[识别要点] 乔木，树高可达 25m。小枝无毛，具树脂点。叶片狭椭圆形、卵状矩圆形，长 3~12cm，先端渐尖或突短尖，基部楔形，背面脉腋具簇生毛，叶缘具细尖单锯齿。果序椭圆形或卵圆形，长 1.5~2cm，2~6 个集生于总梗上。花期 3 月，果期 7~8 月。

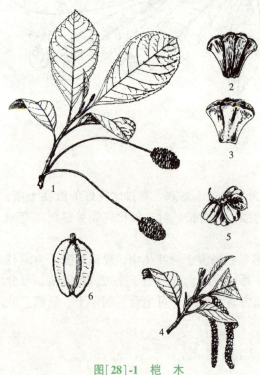

图[28]-1 桤木
1. 果枝　2、3. 果苞　4. 雄花序
5. 雄花　6. 小坚果

图[28]-2 赤杨
1. 果枝　2. 果苞　3. 小坚果　4. 雄花

[分布]产于我国东北南部及河北、山东、江苏、安徽等地。日本、朝鲜也有分布。

[习性]喜光,喜温暖气候,耐水湿。生长快,萌芽力强。

[用途]赤杨适合在低湿地、河滩及沟溪两岸种植,是良好的护岸固土及土壤改良树种。

(3) 江南桤木 *Alnus trabeculosa* Hand.-Mazz. {图[28]-3}

[识别要点]乔木,树高可达15~20m。小枝有棱,无毛。芽具柄。叶片椭圆状长圆形或倒卵形,长4~16cm,边缘有不规则细齿。果序2~4个集生成总状。花期2~3月,果期8~9月。

[分布]产于长江中下游以南地区。多生于溪边、河滩等低湿地。

[习性]喜光。宜在湿润、肥沃土壤中生长。根萌蘖力强,生长快。

[用途]江南桤木宜用于护堤保土及低湿地造林绿化。根瘤可增加土壤氮素。

[29] 壳斗科(山毛榉科)
Fagaceae

常绿或落叶乔木,稀灌木。单叶互生,托叶早落。花单性同株,无花瓣,萼4~6深裂;雄花多为柔荑花序,稀头状花序,雄蕊常与萼片同数或为其倍数;雌花单生或2~3(5)生于总苞内,总苞单生或排成短穗状,子房下位。总苞在果熟时木质化,并形成盘状、杯状或球状的壳斗,每壳斗具1~3个坚果。种子无胚乳。

全世界共8属900余种,分布于温带、亚热带和热带;我国有7属约300种,分布几乎遍及全国。其中,落叶种类主产东北、华北及其他地区高山地带,常绿种类主产秦岭淮河以南地区,以西南、华南最盛,是亚热带常绿阔叶林的主要树种。

图[28]-3　江南桤木
1. 果枝　2. 叶背面(局部)　3. 雄花
4. 果苞　5、6. 小坚果

分属检索表

1. 雄花序为直立或斜展的柔荑花序。
  2. 落叶，枝无顶芽；叶在枝上排成二列；壳斗球状，密被分枝长刺，内有坚果1~3 ··· 栗属 *Castanea*
  2. 常绿，枝有顶芽。
    3. 芽鳞和叶均二列状，稀螺旋状；壳斗全包坚果，稀杯状包住坚果下部，果脐隆起 ··· 栲属 *Castanopsis*
    3. 芽鳞和叶均为螺旋状；壳斗包住坚果的下部或基部，果脐凹陷或隆起 ··· 石栎属 *Lithocarpus*
1. 雄花序为下垂的柔荑花序。
  4. 常绿；壳斗的苞片鳞形，结合成轮状的同心环 ············ 青冈栎属 *Cyclobalanopsis*
  4. 落叶，稀常绿；壳斗的苞片覆瓦状排列，不结合成同心环 ············ 栎属 *Quercus*

1. 栗属 *Castanea* Mill.

落叶乔木。无顶芽。叶二列状互生，叶缘锯齿芒状。雄柔荑花序直立，腋生；雌花2~3朵聚生于总苞内，着生于雄花序基部或单独成花序。壳斗近球形，密生分枝长刺。总苞内有坚果1~3，果大，褐色。

全世界共约12种；我国有3种，除新疆、青海等地外，各地均有分布。

(1) 板栗(栗、毛板栗) *Castanea mollissima* Bl. {图[29]-1}

[识别要点]乔木，树高可达20m。树冠扁球形。树皮深灰色，交错深纵裂。小枝有灰色茸毛。叶卵状椭圆形至椭圆状披针形，长9~18cm，先端渐尖，基部圆形或广楔形，缘齿尖芒状，下面被灰白色星状短柔毛。雌雄同株，雄花序直立或斜伸；雌花常3朵生于总苞内，排在雄花序基部。壳斗球形或扁球形，直径6~8cm，密被长针刺，内有坚果1~3个。花期6月，果熟期9~10月。

[分布]为我国特有树种，产于辽宁以南各地，栽培历史悠久，以华北及长江流域各地栽培最为集中。

[习性]喜光。对气候和土壤适应性强，耐寒、耐旱，较耐水湿。以阳坡、湿润、排水良好、富含有

图[29]-1 板 栗
1. 果枝 2. 花枝 3. 叶面一部分(示被毛) 4. 雄花
5、7. 雄、雌花图式 6. 雌花 8. 果 9. 刺状苞片

机质的沙壤土中生长最好,在黏重土、钙质土和盐碱地中生长不良。深根性,根系发达。生长较快,寿命长。萌芽性较强,较耐修剪。

[用途]板栗树冠宽圆,枝茂叶大,是园林绿化结合生产的优良树种。在公园草坪及坡地孤植或群植均适宜,也可用作山区绿化和水土保持树种。

(2)茅栗(毛栗)*Castanea seguinii* Dode

[识别要点]落叶小乔木,高达10~15m,常呈灌木状。小枝有短柔毛。叶长椭圆形至椭圆状倒卵形,长7~14cm,边缘具尖锯齿,背面有鳞片状黄褐色腺点。总苞较小,内含2~3坚果。花期6月,果熟期9~10月。

[分布]产于淮河、长江流域及其以南地区。

[习性]喜光,喜温暖湿润气候及山地酸性土壤,适应性强,耐干旱瘠薄。

[用途]茅栗作板栗的砧木,木材坚固耐湿,果可食用或酿酒,是重要的果材兼用树种。

2. 栲属(苦槠属)*Castanopsis* Spach

常绿乔木,稀灌木。小枝有顶芽。叶多二列状互生,稀螺旋状;有锯齿或全缘,基部不对称,革质。雄花序直立,萼5~6裂;雌花单生或2~5朵聚生于总苞内。壳斗近球形,稀杯状;苞片针刺形,稀鳞形或瘤状,常全包,内有坚果1~3。果脐隆起。

全世界约130种;我国有60余种,产于长江以南各地。

苦槠(苦槠栲)*Castanopsis sclerophylla*(Lindl.) Schott. {图[29]-2}

[识别要点]乔木,树高可达20m。树冠球形。树皮暗灰色,浅纵裂。小枝无毛,常有棱沟,绿色。叶厚革质,长椭圆形至卵状矩圆形,长7~14cm,顶端渐尖或短尖,基部楔形或圆形,叶缘中部以上有疏生锐锯齿,叶下面有灰白色或浅褐色蜡层。壳斗成串生于干枝上。坚果单生于球状壳斗内,外被环列的瘤状苞片。花期4~5月,果熟期10月。

[分布]产于长江中、下游以南各地,南至南岭以北,为该属分布最北的一种。

[习性]喜光,耐阴,喜温暖湿润气候。喜深厚、湿润的中性和酸性土壤,也能耐干旱和瘠薄。深根性,主根发达。萌芽力极强,寿命长。

[用途]苦槠枝叶浓密,树冠浑圆,适宜孤植、丛植于草坪或山麓坡地,或混植

图[29]-2 苦 槠
1. 雌花枝 2. 雄花枝 3. 果枝
4. 雄花 5. 雌花 6. 果

于片林中作常绿基调树种，或作花木丛的背景树。又因抗毒、防尘、隔音及防火性能好，适作工厂绿化和防护林树种。种仁可制豆腐，为苦槠豆腐。材质坚硬致密、耐久，是优良建筑、家具用材。

3. 石栎属 Lithocarpus Bl.

常绿乔木。枝有顶芽。叶螺旋状互生，厚革质，全缘或有锯齿。雄花序直立，雌花在雄花序的下部，萼4~6裂，雄蕊10~12，子房3室。壳斗杯状或盘状，部分包围坚果。果单生于壳斗内。

全世界约300种，主产于东南亚；我国有122种，分布于长江以南各地。

石栎(柯、椆木)*Lithocarpus glaber* (Thunb.) Nakai {图[29]-3}

[识别要点]乔木，树高可达20m。树冠半球形。树皮灰色不裂。小枝密生灰黄色茸毛。叶厚革质，椭圆形或椭圆状卵形，长6~14cm，先端尾尖，基部楔形，全缘或近顶端有几个浅齿，上面深绿色，下面有灰白色蜡层。花序粗而直立。壳斗浅碗状，苞片三角形，排列紧密，包住坚果基部1/5。坚果椭圆形，略具白粉。花期8~9月，果熟期翌年9~10月。

[分布]分布于长江以南各地，南达广东、广西。日本也有分布。

[习性]喜光，稍耐阴。喜温暖气候和湿润、深厚土壤，能耐干旱瘠薄。萌芽力强，耐修剪。

[用途]石栎树冠浑圆，枝叶茂密，绿荫深浓，宜作庭荫树，适于在庭园、草坪孤植或丛植，也可作为其他花木的背景树。对有毒气体抗性强，防火阻燃效果好，也可作厂矿绿化和隔音、防火林的优良树种。种仁可食用、制酱、做豆腐或酿酒。叶及壳斗可提取栲胶。

图[29]-3 石 栎
1. 花枝 2. 雄花及雌花 3. 果枝
4. 壳斗 5. 坚果

4. 青冈栎属 Cyclobalanopsis Oerst.

常绿乔木。枝有顶芽。叶全缘或有锯齿。雄柔荑花序下垂；雌花序穗状，直立，雌花单生于总苞内，子房通常3室。壳斗杯状、碟状或钟形，小苞片结合紧密，形成同心环带。坚果单生，当年或翌年成熟。

全世界约150种；我国约75种，产于秦岭及淮河流域以西各地。

青冈栎(青冈)*Cyclobalanopsis glauca* (Thunb.) Oerst. {图[29]-4}

[识别要点]乔木，树高可达20m。树冠扁球形。树皮平滑不裂。小枝无毛。叶片倒

卵状椭圆形至长椭圆形，长 8~14cm，先端渐尖或短尾状，基部宽楔形或圆形，边缘中部以上有钝锯齿；叶面深绿色，有光泽，背面灰绿色，有整齐平伏白色单毛。壳斗杯状，包围坚果 1/3~1/2，苞片合生成 5~8 条同心环带，环带全缘或有稀缺刻。花期 4 月，果熟期 10 月。

[分布] 主要分布在长江流域以南各地，南达广东、广西，西南至云南、西藏，北至河南、陕西、青海、甘肃南部，是本属分布范围最广、最北的 1 种。

[习性] 较耐阴，喜温暖多雨气候。对土壤适应能力强，在酸性、弱碱性和石灰性土壤上均能生长。生长速度中等，萌芽力强，耐修剪。深根性，抗有毒气体能力较强。

[用途] 青冈栎树姿优美，枝叶茂密，四季常绿，是良好的厂矿绿化、观赏和造林树种。宜丛植、群植或作观花灌木的背景树，一般不宜孤植。也可作绿篱、绿墙或营造隔音林带、防火林带、防风林带。

图 [29]-4　青冈栎

1. 果枝　2. 雄花枝　3. 雌花枝　4. 雌花　5. 雄花及苞片　6. 雄花被下面　7. 雄蕊　8. 苞片　9. 幼苗

5. 栎属 *Quercus* L.

常绿、半常绿或落叶乔木，稀灌木。枝有顶芽。叶螺旋状互生，边缘具细或粗的锯齿，少有深裂或全缘。雄柔荑花序下垂，雌花单生于总苞内。壳斗杯状、碗状、盘状等，苞片线形、鳞形或钻形，覆瓦状排列。坚果单生，当年或翌年成熟。

全世界约 300 种，主产于北半球温带及亚热带；我国约 60 种，南北各地均有分布，多为温带阔叶林的主要成分。木材坚硬、耐久，是优良硬木用材。

分种检索表

1. 叶片长椭圆状披针形，叶缘有细尖芒状锯齿；坚果翌年成熟。
　 2. 叶片下面绿色，无毛或微有毛，渐脱落；坚果顶圆形 ················ 麻栎 *Q. acutissima*
　 2. 叶片下面密被灰白色星状毛；坚果顶平圆形 ······················ 栓皮栎 *Q. variabilis*
1. 叶片倒卵形或椭圆形，叶缘具波状缺刻或粗锯齿；坚果当年成熟。
　 3. 叶柄长不足 1cm，叶倒卵形，叶缘具波状缺刻。
　　 4. 小枝粗壮，被黄色星状毛，叶缘波状缺刻深，近指形 ················ 槲树 *Q. dentata*
　　 4. 小枝较细，被灰褐色茸毛，叶缘波状缺刻较浅 ···················· 白栎 *Q. fabri*

3. 叶柄较长，1~3cm。
　　5. 叶下面淡绿色，无毛或疏生毛，叶缘具粗尖锯齿，尖头微内弯 …… 枹树 Q. glandulifera
　　5. 叶下面密被灰白色星状毛层，叶缘具波状锯齿。
　　　　6. 叶缘具波状粗钝齿，先端钝圆 ………………………………… 槲栎 Q. aliena
　　　　6. 叶缘具波状粗锐锯齿，齿尖有腺体 ………… 尖齿槲栎 Q. aliena var. acutiserrata

(1) 麻栎(橡树、柴栎) *Quercus acutissima* Carr. {图[29]-5}

[识别要点] 落叶乔木，树高可达25~28m。树冠广卵形。树皮交错深纵裂。幼枝褐黄色，初被毛，后光滑。叶片长椭圆状披针形，长8~18cm，先端渐尖，基部圆形或宽楔形，叶缘锯齿刺芒状；幼叶有短茸毛，后脱落，老叶下面无毛或仅脉腋有毛，淡绿色；侧脉直达齿端，叶有光泽。壳斗杯状，包围坚果1/2；苞片锥形，粗长刺状，反曲，有毛。果卵球形或长卵形，果顶圆形。花期4~5月，果翌年10月成熟。

[分布] 分布极广，北起辽宁、河北，南至广东、广西，东至华东各地，西至云南、四川及西藏东部。

[习性] 喜光，不耐阴。耐寒、耐旱、耐瘠薄，以深厚、湿润、肥沃、排水良好的中性至酸性土壤生长最好。深根性，萌芽力强，寿命长。抗

图[29]-5 麻栎
1. 果枝 2. 花枝 3. 雄花 4. 雌花序 5. 雌花 6. 壳斗与果

火耐烟能力也较强。

[用途] 麻栎树干通直，树冠开展，树姿雄伟，浓荫如盖，叶入秋转橙褐色，季相变化明显。在园林中孤植、群植或与其他树混植成风景林都很适宜。同时，也是营造防风林、水源涵养林及防火林的重要树种。为我国著名的硬阔叶树优良用材树种。叶可饲养柞蚕。枝及朽木是培养食用菌的好材料。种子含淀粉，可酿酒或作饲料。壳斗及树皮含单宁，可作工业原料。

(2) 栓皮栎(软木栎) *Quercus variabilis* Bl. {图[29]-6}

[识别要点] 落叶乔木，树高可达25~30m。树冠广卵形。树皮灰褐色，深纵裂，栓皮层发达。小枝淡褐黄色，无毛。叶长椭圆形或长椭圆状披针形，长8~15cm，边缘具刺芒状锯齿，叶上面密生灰白色星状毛。坚果果顶平圆。花期4~5月，果翌年10月成熟。

[分布] 产于华北、华东、华南及西南各地，鄂西、秦岭及大别山区为其分布中心。

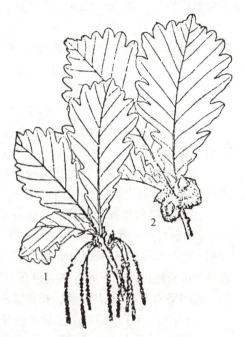

图[29]-6 栓皮栎
1. 果枝 2. 雄花枝 3. 叶片下面局部(示星状毛)
4. 雄花 5. 果

图[29]-7 槲 树
1. 雄花枝 2. 果枝

[习性]喜光。对气候、土壤的适应性强，耐旱、耐瘠薄，不耐积水。深根性，根系发达，抗风、耐火。萌芽力强，寿命长。

[用途]栓皮栎树干通直，树冠雄伟，浓荫如盖，秋叶呈褐色，是良好的绿化、观赏、防风、防火及用材树种。此外，栓皮层可作绝缘、隔热、隔音、瓶塞的原材料。

(3) 槲树(波罗栎、柞栎) *Quercus dentata* Thunb. {图[29]-7}

[识别要点]落叶乔木，树高可达 20~25m。树冠椭圆形，不整齐。小枝粗壮，有沟棱，密生黄褐色茸毛。叶片倒卵形，长 10~20(30)cm，先端钝圆，基部耳形或楔形，叶缘具波状圆裂齿，背面灰绿色，密被星状茸毛；叶柄极短，密被棕色茸毛。壳斗杯状，包围坚果1/2~2/3；苞片长披针形，棕红色，柔软反曲。坚果卵圆形或椭圆形。花期4~5月，果9~10月成熟。

[分布]产于东北东部及南部、华北、西北、华东、华中及西南各地。朝鲜、日本也有分布。

[习性]喜光，耐寒，耐干旱瘠薄。在酸性土、钙质土及轻度石灰性土上均能生长。深根性，萌芽力强，抗风、抗烟尘和有毒气体，抗病虫害能力强。

[用途]槲树树形优雅，枝叶扶疏，入秋叶呈紫红色，别具风格。可于庭园中孤植，或与其他树种混交成风景林。也可用于厂矿区绿化和华北、东北南部荒山绿化造林。幼叶可饲养柞蚕。

(4) 槲栎(细皮栎、细皮青冈) *Quercus aliena* Bl. {图[29]-8}

[识别要点]落叶乔木,树高可达20~25m。树冠广卵形。小枝无毛,有条沟。叶片倒卵状椭圆形,长10~22cm,先端钝圆,基部楔形或圆形,叶缘具波状粗齿,叶背面灰绿色,有星状毛;叶柄长1~3cm,无毛。壳斗杯状,包着坚果约1/2,苞片鳞状。坚果椭圆状卵形。花期4~5月,果10月成熟。变种有:

锐齿槲栎 var. *acutiserrata* Maxim. 叶较小,长9~20cm,叶缘波状粗齿的先端锐尖、内弯,齿尖有腺体。

[分布]产于辽宁、华北、华中、华南及西南各地。

[习性]喜光,稍耐阴。耐寒,耐干旱瘠薄,喜湿润、深厚而排水良好的酸性至中性土壤。萌芽力强。

[用途]槲栎是暖温带落叶阔叶树种,可于园林绿地作绿化树种。幼叶可饲养柞蚕。木材坚硬,可供建筑用。

(5) 白栎(白皮栎、青冈树) *Quercus fabri* Hance {图[29]-9}

[识别要点]落叶乔木或灌木,树高可达20m。树皮灰白色。小枝密生灰褐色茸毛及沟槽。叶片倒卵形至椭圆状倒卵形,长7~15cm,顶端钝或短渐尖,基部窄楔形,叶缘具波状齿或粗钝齿,叶下面有灰褐色星状茸毛,网脉明显;叶柄长3~5mm,有毛。壳斗杯状,包围坚果1/3;苞片鳞状,排列紧密。坚果圆柱状卵形。花期4月,果10月成熟。

[分布]广布于淮河以南、长江流域和华南、西南各地。

[习性]喜光,幼树稍耐阴,喜温暖。耐干旱瘠薄。萌芽力强。

[用途]白栎木材坚硬,树干可培植香菇。树皮及总苞含丹宁,可提取栲胶。

图[29]-8 槲 栎
1. 果枝 2. 果 3. 壳斗

图[29]-9 白 栎
1. 果枝 2. 叶下面局部(示星毛)
3. 坚果 4. 雄花 5. 雌花

[30] 胡桃科 Juglandaceae

落叶，稀常绿乔木。羽状复叶互生，无托叶。花单性，雌雄同株；雄花柔荑花序，萼3~6裂，与苞片合生；雌花数朵簇生或柔荑花序，花萼与子房合生，顶端4裂，子房下位，花柱短，常呈羽毛状。核果、坚果或具翅的坚果。

全世界8属约50种，分布于北半球热带及温带地区；我国有7属25种，南北均有分布。

分属检索表

1. 枝髓实心。
　2. 雄柔荑花序3个簇生，下垂；雌花序穗状，直立；核果，外果皮4瓣裂 …… 山核桃属 Carya
　2. 雌、雄柔荑花序均直立，伞房状着生于枝顶；果序球果状，坚果具翅、有苞 ……………………………………………………………………………………… 化香属 Platycarya
1. 枝髓片状。
　3. 核果无翅 ……………………………………………………………………… 核桃属 Juglans
　3. 坚果具翅。
　　4. 果翅较狭长，两侧展开 ……………………………………………… 枫杨属 Pterocarya
　　4. 果翅圆形，扁平，围绕坚果周围而生 ……………………………… 青钱柳属 Cyclocarya

1. 山核桃属 Carya Nutt.

落叶乔木。枝髓实心。裸芽或鳞芽。奇数羽状复叶互生，小叶有锯齿。雄柔荑花序3个，下垂，簇生于总梗上，花腋生于3裂的苞片内，花萼3~6裂，雄蕊3~10枚；雌花2~10朵集生于枝顶，短穗状，无花萼，具4裂总苞。核果，外果皮木质，成熟时4瓣裂；果核微皱，微具纵棱。

全世界约21种，产于北美及东亚；我国约4种，引入1种。

(1) 山核桃（小核桃、山胡桃）Carya cathayensis Sarg. {图[30]-1}

[识别要点] 乔木，树高可达30m。树冠开展，呈扁球形。树皮灰白色，平滑。裸芽，幼枝、芽、叶下面、果皮均被褐黄色腺鳞。小叶5~7，椭圆状披针形或倒卵状披针形，长10~18cm，先端渐尖，基部楔形，锯齿细尖。雌花1~3生于枝顶。果卵球形或倒卵形，长2.5~2.8cm，具4纵棱，核壳较厚。花期4~5月，果熟期9~10月。

[分布] 我国特有，产于长江以南、南岭以北的广大山区和丘陵，尤其集中分布在浙江西北部至安徽东南部一带山区。

[习性] 喜光，但能耐侧方庇荫。喜温暖湿润、夏季凉爽、雨量充沛、光照不太

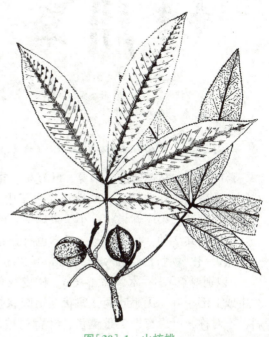

图[30]-1 山核桃

强烈的山区环境，不耐寒。对土壤要求不严，能耐瘠薄，但最适于在深厚、富含有机质及排水良好的沙壤土生长。生长缓慢，寿命长达200年。

[用途]山核桃为南方山区重要的木本油料和干果树种。可作山区绿化造林树种。

(2)薄壳山核桃(长山核桃、美国山核桃) *Carya illinoensis* K. Koch {图[30]-2}

[识别要点]乔木，在原产地高达45~55m。树冠初为圆锥形，后变为长圆形至广卵形。鳞芽被黄色短柔毛。小叶11~17，为不对称的卵状披针形，常镰状弯曲，长4.5~21cm，先端长渐尖，基部偏斜，楔形，边缘具不整齐重锯齿或单锯齿。雌花3~10朵，短穗状。果长圆形，长3.5~5.7cm，有4条纵棱；果核长卵形或长圆形，长2.5~4.5cm，平滑，淡褐色，核壳较薄。花期5月，果熟期10~11月。

[分布]原产于美国东南部及墨西哥。20世纪初引入我国，各地常有栽培，以江苏南部、浙江、福建一带较集中。

[习性]喜光，喜温暖湿润气候，有一定抗寒性。耐水湿，不耐干旱。在平原、河谷之深厚疏松而富含腐殖质的沙壤土及冲击土生长最快。深根性，根萌蘖性强。生长速度中等，寿命长。

[用途]薄壳山核桃树体高大，树姿优美，树荫浓密，是优良的城乡绿化树种，在长江中下游地区可作行道树、庭荫树或成片营造果材两用林。很适于河流沿岸、湖泊周围及平原地区"四旁"绿化和营造防护林带。在园林绿地中孤植、丛植于坡地或草坪，也很壮观。本种果核壳薄，仁肥味甘，也是优良的木本油料树种。

图[30]-2 薄壳山核桃
1. 花枝 2. 果枝 3. 叶下面(局部)
4、5. 雌花 6. 雄花 7. 裂开的果

2. 化香属 *Platycarya* Sieb. et Zucc.

落叶乔木。枝髓实心。鳞芽。叶互生，奇数羽状复叶，小叶有锯齿。花为直立柔黄花序，伞房状排列在枝顶，两性花序生于中央顶端，下方周围均为雄花序；花无花被，生于苞片腋部。果序球果状；小坚果扁平，两侧具2窄翅。

全世界共2种，我国均产。日本也有分布。

化香(化香树) *Platycarya strobilacea* Sieb. et Zucc. {图[30]-3}

[识别要点]小乔木，高4~6m。树皮灰色，老时不规则纵裂。小叶(5)7~19(23)，对生或上部小叶，无小叶柄，卵状至矩圆状披针形，长4~14cm，先端渐长尖，基部偏斜，不对称，叶缘有细尖重锯齿；叶背初被毛，后仅沿中脉或脉腋有毛。果序球果状，卵状椭圆形或长椭圆状圆柱形，长3~5cm；果苞披针形，先端刺尖，黑褐色；小坚果两

侧具狭翅。花期5~6月，果熟期10月。

[分布]主要分布于长江流域及西南各地，是低山丘陵常见树种。

[习性]极喜光，耐瘠薄，耐湿。深根性，萌芽性强，生长迅速。

[用途]化香可作为荒山绿化的先锋树种，也可作为嫁接胡桃、山核桃和薄壳山核桃的砧木。

3. 核桃属(胡桃属) *Juglans* L.

落叶乔木。小枝粗壮，髓心片状分隔。鳞芽。奇数羽状复叶，互生，有香气。雄蕊8~40，子房不完全2~4室。核果大型，肉质，外果皮成熟时不规则开裂或不开裂，内果皮硬骨质，具皱纹及纵脊。

全世界约18种，分布于北温带；我国有4种1变种，引入2种。

核桃(胡桃) *Juglans regia* L. {图[30]-4}

[识别要点]乔木，树高可达25~30m。树冠广卵形至扁球形。树皮幼时灰绿色，平滑；老时灰白色，纵向浅裂。1年生枝绿色，无毛或近无毛。小叶5~9，椭圆形、卵状椭圆形至倒卵形，长6~14cm，先端钝尖，基部楔形或圆形，侧生小叶基部偏斜，全缘，幼树及萌芽枝上的叶有锯齿；表面光滑，背面脉腋有簇毛，幼叶背面有油腺点。雄花为柔荑花序，生于上一年生枝上；雌花1~5朵生于枝顶构成穗状花序。核果球形，径4~5cm，无毛；果核近

图[30]-3 化 香
1. 花枝 2. 果序 3、4. 苞片及雄蕊
5. 苞片及雌花 6. 果 7. 苞片

图[30]-4 核 桃
1. 雌花枝 2. 雌花 3. 雄花枝 4. 果
5. 雄蕊 6. 雄花 7. 果核

球形，径长2.8~3.7cm，先端钝，有不规则浅刻纹和2纵脊。花期4~5月，果熟期9~11月。

[分布]原产于中亚。我国广为栽培，北起辽宁南部，南至广东、广西，东自华东，西至新疆及西南，以西北、华北为主要产区。

[习性]喜光。喜温暖凉爽气候，耐干冷，不耐湿热。喜深厚、肥沃、湿润而排水良好的微酸性至微碱性土壤，不耐盐碱。深根性，根肉质，怕水淹。不耐移栽，根际萌蘖力强。生长较快，寿命可达500年以上。

[用途]核桃树冠庞大，枝叶茂密，绿荫覆地，树干灰白洁净，是良好的庭荫树。孤植、丛植于草地或园中隙地都很合适。也可成片、成林栽植于风景疗养区，其花、枝、叶、果挥发的气味具有杀菌、杀虫的保健功效。为山区园林绿化结合生产的好树种。果仁油是高级食用油。木材坚韧，是高级用材。国家二级保护树种。

4. 枫杨属 *Pterocarya* Kunth

落叶乔木。枝髓心片状。冬芽有柄。奇数羽状复叶，小叶有锯齿。雄花序单生于上一年生枝侧，柔荑花序，下垂，雄花生于苞腋；雌花序单生于新枝顶，穗状，直立。果序下垂，坚果有2枚由2小苞片发育而成的翅。

全世界共约9种，分布于北温带；我国有7种1变种。

枫杨(平柳、水麻柳) *Pterocarya stenoptera* C. DC. {图[30]-5}

[识别要点]乔木，树高可达30m。幼树皮红褐色，平滑；老树皮浅灰色，深纵裂。裸芽密被褐色毛。羽状复叶，叶轴有翼；小叶10~28，纸质，矩圆形至矩圆状披针形，长5~10cm，先端短尖或钝，基部偏斜，边缘有细锯齿，两面有细小腺鳞，叶背脉腋有簇生毛。果序下垂，坚果近球形，具2长圆形果翅。花期3~4月，果熟期8~9月。

[分布]我国黄河流域、长江流域最常见，广布于华北、华中、华南、西南各地。朝鲜也有分布。

[习性]喜光，喜温暖湿润气候，较耐寒。耐湿性强，但不耐长期积水。对土壤要求不严，在酸性至微碱性土壤上均可生长，而以深厚、肥沃、湿润的土壤生长最好。深根性，主根明显，侧根发达。生长快，萌芽力强。

[用途]枫杨树冠宽广，枝叶茂密，可作庭荫树和行道树，也常用作水边护岸固堤及防风林树种。对二氧化硫等有毒气体有一定的抗性，适用于工厂绿化。还可作嫁接核桃的砧木。

图[30]-5 枫 杨
1. 雄花枝 2. 果枝 3. 冬态枝 4. 雄花
5、6. 苞片及雌花 7. 果

5. 青钱柳属 *Cyclocarya* Iljinsk.

落叶乔木。枝具片状髓心。裸芽。奇数羽状复叶，叶轴无翼。雄花序 2~4 集生于上一年生枝叶腋，雄花具 2 小苞片及 2 花萼；雌花序单生于枝顶，雌花具 2 小苞片及 4 花萼。坚果，周围具圆盘状翅。

全世界共 1 种，我国特产。

青钱柳(麻柳、摇钱树) *Cyclocarya paliurus* (Batal.) Iljinsk. {图[30]-6}

[识别要点]乔木，树高可达 30m。幼树树皮灰色，平滑；老树皮灰褐色，深纵裂。幼枝密被褐色毛，后渐脱落。芽被褐色腺鳞。叶轴被白色弯曲毛及褐色腺鳞；小叶 7~9(13)，椭圆形或长椭圆状披针形，长 3~14cm，先端渐尖，基部偏斜，具细锯齿，叶面中脉密被褐色毛及腺鳞，背面被灰色腺鳞，叶脉及脉腋被白色毛。果翅圆形，果序长 25~30cm。花期 5~6 月，果熟期 9 月。

[分布]产于华东、华中、华南及西南。

[习性]喜光，稍耐旱，喜深厚、肥沃土壤。萌芽性强。抗病虫害。

[用途]青钱柳树形高大雄伟，果形奇特，可作庭荫树、行道树。木材细致，可制作家具等。

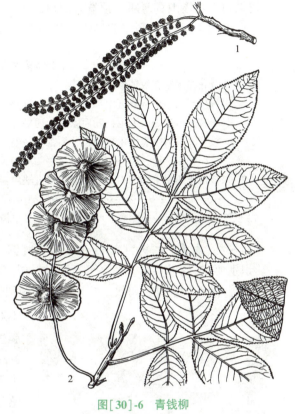

图[30]-6 青钱柳
1. 花枝 2. 果枝

[31] 榆科 Ulmaceae

落叶乔木或灌木。小枝细，无顶芽。单叶互生，叶基部通常偏斜，羽状脉或三出脉，边缘有锯齿，稀全缘；托叶早落。花小，两性或单性同株；花单被，雄蕊 4~8，与萼片同数且对生；雌蕊由 2 心皮合成，子房上位，1~2 室，柱头 2 裂，羽状。翅果、坚果或核果。

全世界约 16 属 220 余种，主产于北半球温带地区；我国有 8 属 5 余种，分布遍及全国。

分属检索表

1. 叶具羽状脉，侧脉 7 对以上，侧芽先端不紧贴小枝。
  2. 两性花；翅果，果核扁，周围具膜质薄翅 ·············· 榆属 *Ulmus*
  2. 杂性花；坚果不规则扁球形，上部歪斜 ·············· 榉属 *Zelkova*
1. 叶具三出脉，侧脉 6 对以下，侧芽先端紧贴小枝。
  3. 核果，无翅；叶片质地较厚；花药先端无毛 ·············· 朴属 *Celtis*
  3. 坚果，两侧具薄木质翅；叶片质地较薄；花药先端无毛 ·············· 青檀属 *Pteroceltis*

1. 榆属 *Ulmus* L.

乔木，稀灌木。树皮不规则纵裂，粗糙。芽鳞紫褐色，花芽近球形。单叶互生，叶缘多为重锯齿，稀单锯齿，羽状脉直伸叶缘。花两性，簇生或短总状花序；萼钟形，浅裂。翅果扁平，周围具薄翅，顶端有缺口。

全世界约 45 种，分布于北温带；我国有 25 余种，南北均产。

分种检索表

1. 春季开花结果，花被钟形、浅裂。
    2. 果核位于翅果中部或近中部，上端不接近缺口。
        3. 小枝无木栓翅，无毛；叶面无毛；翅果长 1~2cm ·················· 白榆 *U. pumila*
        3. 枝有时具对生扁平木栓翅；叶面密生硬毛，粗糙；翅果长 2~3.5cm ··· 大果榆 *U. macrocarpa*
    2. 果核位于翅果上部或中上部，上端接近缺口；翅果长 1~1.9cm，果核淡红色 ································· 红果榆 *U. szechuanica*
1. 秋季开花结果，花被深裂；叶质厚，叶缘具单齿；翅果长约 1cm ········ 榔榆 *U. parvifolia*

(1) 白榆（家榆、榆树）*Ulmus pumila* L. ｛图[31]-1｝

[识别要点]落叶乔木，树高可达 25m。树冠卵圆形。树皮暗灰色，纵裂而粗糙。小枝灰白色，细长，排成二列状。叶片卵状长椭圆形，长 2~7cm，先端尖或渐尖，基部稍不对称，叶缘多为单锯齿。春季叶前开花，簇生于上一年生枝上。翅果近圆形，长 1~2cm，熟时黄白色，无毛，果核位于翅果中部。花期 3 月，果熟期 4~5 月。主要栽培品种有：

① '垂枝'榆 'Pendula'　枝下垂，树冠伞形。

② '龙爪'榆 'Tortuosa'　树冠球形，小枝卷曲、下垂。

③ '钻天'榆 'Pyramidalis'　树干直，树冠窄。生长快。

[分布]产于华东、华北、东北、西北等地区，尤以东北、华北和西北平原栽培最为普遍。朝鲜、俄罗斯、蒙古也有分布。

[习性]喜光。耐寒性强，能适应干冷气候。对土壤要求不严，耐干旱瘠薄，耐轻度盐碱，不耐水湿。根系发达，抗风。萌芽力强，耐修剪。生长迅速，寿命可达百年以上。对烟尘和氟化氢等有毒气体的抗性较强。

图[31]-1 白 榆
1. 花枝　2. 果枝　3. 花　4. 果

[用途]白榆树干通直,树形高大,树冠浓荫,宜作行道树、庭荫树、防护林及用于"四旁"绿化。在干瘠、严寒之地常呈灌木状,可作绿篱。残桩可制作树桩盆景。也是盐碱地造林和营造防风林、水土保持林的主要树种之一。嫩叶、嫩果可食。果、树皮及叶可供药用。此外,还是重要的蜜源树种。

(2) 榔榆(小叶榆、脱皮榆) *Ulmus parvifolia* Jacq. {图[31]-2}

[识别要点]落叶乔木,树高可达25m。树冠扁球形或卵圆形。树皮灰褐色,呈不规则薄片状剥落。小枝灰褐色,初有毛,后渐脱落。叶较小而质厚,长椭圆形至卵状椭圆形,长2~5cm,先端尖,基部歪斜,边缘具单锯齿(萌芽枝的叶常有重锯齿)。花簇生于叶腋。翅果长椭圆形或卵形,较小,长0.8~1.0cm;果核位于翅果中央,无毛。花期8~9月,果熟期10~11月。

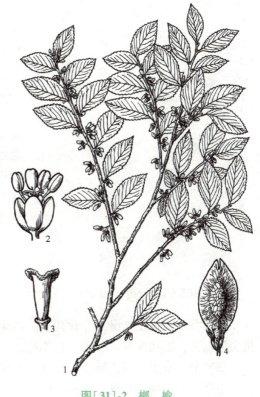

图[31]-2 榔 榆
1.花枝 2.花 3.雌蕊 4.果

主要栽培品种有:

①'白斑'榔榆'Variegata' 叶有白色斑纹。

②'金斑'榔榆'Aurea' 叶片黄色,但叶脉绿色。

③'金叶'榔榆'Golden Sun' 嫩枝红色,幼叶金黄或橙黄色,老叶变绿色。

④'锦叶'榔榆'Rainbow' 新芽红色,幼叶有白色或奶黄色斑纹,老叶变绿色。

⑤'垂枝'榔榆'Pendula' 枝条下垂。

⑥'红果'榔榆'Erythrocarpus' 果熟时红色。

[分布]产于长江流域及其以南地区,北至山东、河南、山西、陕西等地。日本、朝鲜也有分布。

[习性]喜光,稍耐阴。喜温暖湿润气候,也能耐寒。喜肥沃、湿润土壤,也有一定耐干旱瘠薄能力。适应性广,在酸性、中性、石灰性的坡地、平原、溪边均能生长。深根性,萌芽力强。生长速度中等,寿命较长。对烟尘及有毒气体的抗性较强。

[用途]榔榆树形优美,姿态潇洒,树皮斑驳可爱,枝叶细密,观赏价值较高。在园林中孤植、丛植或与亭、榭、山石配置,都十分合适,也可栽作行道树、庭荫树或制作盆景。还可作厂矿区绿化树种。

(3) 大果榆(黄榆、山榆) *Ulmus macrocarpa* Hance {图[31]-3}

[识别要点]落叶乔木或灌木,高可达10m。树皮浅裂。小枝淡黄褐色,有时具2(4)木栓质翅,有毛。叶互生,倒卵形,长3~9cm,质地较厚,先端突尖,基部偏斜,边缘具重锯齿。翅果大,径2.5~3.5cm,具黄褐色长毛,果核位于中部。花期3~4月,果熟期5月。

图[31]-3 大果榆
1. 果枝 2. 小枝(示具木栓翅) 3. 翅果

[分布]产于东北、华北地区。朝鲜、俄罗斯也有分布。

[习性]喜光，耐寒。耐干旱瘠薄，在干瘠的山坡、石缝、黄土丘陵及沙地、轻度盐碱地均能生长。根系发达，侧根萌蘖力强。寿命长。

[用途]大果榆秋叶红褐色，点缀山地颇为美观，是北方秋色叶树种。果大可食用，种子可榨油。

(4)红果榆(蓉榆、明陵榆)Ulmus szechuanica Fang (*Ulmus erythrocarpa* Cheng)

[识别要点]落叶乔木。树皮暗灰色，不规则纵裂。叶互生，倒卵形或椭圆状倒卵形，先端急尖，基部不对称，边缘具重锯齿。翅果倒卵形，长1~1.9cm；果核淡红色、红色或淡紫色，位于翅果上部；翅较薄。花期4月，果熟期5月。

[分布]产于长江中下游以南地区。

[习性]喜生于微酸性土壤。

2. 榉属 Zelkova Spach

落叶乔木。树皮光滑，片状开裂。冬芽卵形，先端不贴近小枝。叶互生，叶缘具小桃尖形锯齿，羽状脉直伸叶缘。花单性同株，雌花单生或数朵生于上部叶腋，雄花簇生于下部叶腋。坚果小而歪斜，果皮皱，无翅。

全世界共6种，分布于亚洲各地；我国有4种。

分种检索表

1. 小枝密被白色柔毛；叶长椭圆状卵形或椭圆状披针形，叶面被脱落性硬毛，粗糙 ………………………………………………………………………………… 榉树 Z. schneideriana
1. 小枝无毛；叶面无毛，不粗糙。
   2. 叶厚纸质，背面有疏毛或无毛，边缘具锐尖锯齿 ………… 光叶榉 Z. serrata
   2. 叶薄纸质，背面脉腋有簇生毛，边缘具钝尖锯齿 ………… 大果榉 Z. sinica

(1)榉树(大叶榉)*Zelkova schneideriana* Hand. -Mazz. {图[31]-4}

[识别要点]落叶乔木，树高可达30m。树冠倒卵状伞形。树皮深灰色，不开裂；老时薄鳞片状剥落。小枝细，红褐色，密被白柔毛。叶厚纸质，长椭圆状卵形或椭圆状披针形，长2~8(10)cm，先端尖，基部广楔形，小桃尖形锯齿钝尖，齿端略向前伸，正面粗糙，背面密被灰色柔毛。坚果小，果径2.5~4mm，歪斜且果皮皱。花期3~4月，果熟期10~11月。

[分布]中国特有，产于黄河流域以南。

[习性]喜光，稍耐阴。喜温暖气候和肥沃、湿润的土壤，在酸性、中性及石灰性土

壤上均可生长。忌积水，不耐干旱瘠薄。深根性，侧根广展，抗风力强。生长慢，寿命长。耐烟尘，抗有毒气体。

[用途]榉树树姿高大雄伟，枝细叶美，夏日浓荫如盖，秋季叶色转暗紫红色，观赏价值在榆科树种中最高。适作行道树、庭荫树，在园林绿地中孤植、丛植、列植皆可。也可用于厂矿区绿化和营造防风林，还是制作盆景的好材料。

(2) 大果榉(小叶榉) *Zelkova sinica* Schneid.

[识别要点]小枝常无毛。叶较小，薄纸质，卵形或卵状长圆形，小桃尖形锯齿钝尖，正面平滑，背面脉腋有毛，叶柄被柔毛。坚果大，径5~7mm，无毛及皱纹，顶端几乎不偏斜。

[分布]产于我国中东部地区。

其他同榉树。

(3) 光叶榉(台湾榉) *Zelkova serrata* Makino {图[31]-5}

[识别要点]乔木，树高可达30m。树冠扁球形。小枝无毛。叶片卵形、椭圆状卵形或卵状披针形，厚纸质；小桃尖形锯齿锐尖，齿尖向外斜张；正面深绿色，较光滑，背面淡绿色，无毛或沿中脉稍有疏毛。果有皱纹。

[分布]产于东北南部、陕西、甘肃、湖南、湖北、东部沿海和西南各地。

[习性]喜光，喜湿润，较耐寒冷和瘠薄，在石灰岩谷地生长良好。寿命长。

[用途]光叶榉树形优美端庄，秋叶变黄色、古铜色或黄色，是优良的园林绿化树种和盆景材料。

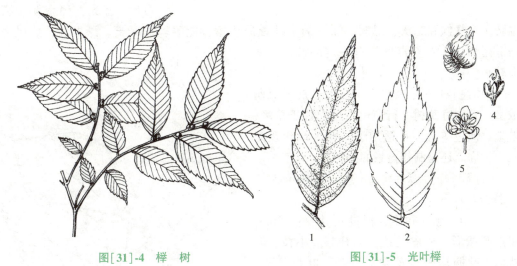

图[31]-4　榉　树　　　　　　　图[31]-5　光叶榉
　　　　　　　　　　　　　1. 叶正面　2. 叶背面　3. 雄花　4. 雌花　5. 果

3. 朴属 *Celtis* L.

落叶，稀常绿，乔木，稀灌木。树皮不裂。冬芽小，卵形，先端紧贴枝条。叶互生，基部全缘，三出脉，侧脉弧曲向上，不伸入齿端。花杂性同株。核果近球形，果皮肉质，核上多具凹点及网纹。

全世界有70~80种，产于北温带至热带；中国有21种，南北各地均有分布。

(1) 朴树(沙朴、霸王树)*Celtis sinensis* Pers. {图[31]-6}

[识别要点]落叶乔木,树高可达20m。树皮灰色,不开裂。树冠扁球形。小枝幼时密被柔毛,后渐脱净。叶卵状椭圆形,长2.5~10cm,先端短渐尖、钝尖或微渐尖,基部不对称,中部以上有浅钝锯齿,上面无毛,下面沿脉疏生短柔毛。花1~3朵生于当年生枝叶腋。核果单生或2个并生,果梗与叶柄近等长,果熟时橙红色或黄色,果核有网纹及棱脊。花期4~5月,果熟期9~10月。栽培品种:

'垂枝'朴树'Pendula' 枝条下垂。

[分布]产于淮河流域、秦岭以南至华南各地。

[习性]喜光,稍耐阴。喜

图[31]-6 朴 树
1. 花枝 2. 果枝 3. 两性花 4. 雄花
5. 果核 6. 幼苗

温暖湿润气候和肥沃、湿润、深厚的中性黏质土壤,能耐轻盐碱土。深根性,抗风力强。耐烟尘,对有毒气体有一定的抗性。寿命较长。

[用途]朴树树冠宽广,枝条开展,绿荫浓郁。宜作庭荫树、行道树,可配置于草坪、坡地、池边等处。也适用于厂矿区绿化及防风、护堤。还是制作盆景的好材料。

(2) 珊瑚朴(大果朴)*Celtis julianae* Schneid. {图[31]-7}

[识别要点]乔木,树高可达25~30m。树冠圆球形。树皮灰色,不开裂。小枝、叶背面、叶柄均密被黄褐色茸毛。叶形宽大,广卵形、卵状椭圆形、倒卵状椭圆形,长7~16cm,先端短尖,基部近圆形;上面稍粗糙,下面网脉隆起;密被黄柔毛,中部以上有钝锯齿。核果大,径1~1.3cm,熟时橙红色,单生于叶腋,味甜可食。花期4月,果熟期10月。

[分布]产于浙江、安徽、湖北、贵州及

图[31]-7 珊瑚朴
1. 果枝 2. 果

陕西南部。

[习性]喜光，稍耐阴。喜温暖湿润气候和肥沃、湿润的土壤。能耐干旱瘠薄，在微酸性、中性及石灰性土壤上均可生长。深根性，生长较快。抗烟尘和有毒气体，较能适应城市环境。少病虫害。

[用途]珊瑚朴树高干直，冠大荫浓，树姿雄伟，春季枝上生满红褐色花序，状如珊瑚，入秋则有红果，均颇美观。可在园林中栽作庭荫树，孤植、丛植或点缀于风景林中。也可作厂矿区绿化和"四旁"绿化树种。

(3) 小叶朴(黑弹树) *Celtis bungeana* Bl.

[识别要点]乔木，树高可达20m。树冠倒广卵形。小枝无毛。叶长卵形至卵状椭圆形，先端渐尖，基部偏斜，中部以上有疏浅钝齿或全缘；叶柄长0.3~1cm。核果近球形，常单生于叶腋，熟时紫黑色；果柄长为叶柄长的2倍或2倍以上；果核平滑，略有不明显的网纹。

[分布]产于东北南部、华北、长江流域及西南各地。

[习性]喜光，较耐阴。耐寒，耐旱，喜黏质土。深根性，萌芽力强。生长慢，寿命长。

[用途]小叶朴树冠宽广，枝叶茂密，树形美观，树皮光滑。宜作庭荫树、行道树及城乡绿化树种。

4. 青檀属 *Pteroceltis* Maxim.

本属仅1种，我国特产。

青檀(翼朴)*Pteroceltis tatarinowii* Maxim. {图[31]-8}

[识别要点]落叶乔木，树高可达20m。树皮暗灰色，薄片状剥落，内皮灰绿色。单叶互生，卵形，长3.5~13cm，先端长尖，基部宽楔形或近圆形，边缘具钝锯齿，近基部全缘；三出脉，侧脉先端上弯，不达齿端；上面粗糙，下面脉腋有簇生毛。花单性同株。坚果，两侧具薄木质翅；有细长果柄，长1~2cm。花期4月，果熟期8~9月。

[分布]主产于黄河流域及长江流域，南达华南及西南各地。

[习性]喜光，稍耐阴。耐干旱瘠薄，喜生于石灰岩质地的低山区及河流溪谷沿岸。根系发达，萌芽性强，寿命较长。

[用途]青檀树体高大，树皮片状剥落，树形美观，可作为石灰岩山地的绿化造林树种，也可栽作庭荫树。

图[31]-8 青檀

[32] 紫茉莉科 Nyctaginaceae

草本或木本，有时攀缘状。单叶互生或对生，全缘；无托叶。花两性或单性，整齐；通常为聚伞花序；总苞片彩色显著，萼片状；花萼呈花瓣状，圆筒形；无花瓣；雄蕊1至多数；子房上位，1室，1胚珠。瘦果。

全世界约30属300余种，主产于美洲热带地区；我国有1属4种，引入栽培2属4种。

叶子花属(三角花属) *Bougainvillea* Comm. ex Juss.

藤状灌木。茎有枝刺。叶互生，有柄。花小，由3枚红色或紫色的叶状大苞片所包围，常3朵簇生，花梗与苞片的中脉合生；花被管状，顶端5~6裂；雄蕊6~8，内藏；子房有柄。瘦果具5棱。

全世界10余种，主产于南美洲，有一些种常栽培于热带及亚热带地区；我国引入栽培2种。

(1) 叶子花(三角花、毛宝巾、九重葛、三角梅) *Bougainvillea spectabilis* Willd.

[识别要点] 常绿攀缘灌木。茎枝和叶片密生柔毛。单叶互生，叶卵形至卵状椭圆形，长5~10cm。花常3朵顶生，各具1枚叶状大苞片，鲜红色。园艺品种很多，主要如下：

① '白叶子花' 'Alba' 苞片白色。

② '红叶子花' 'Crimson' 苞片鲜红色。

③ '砖红'叶子花 'Lateritia' 苞片砖红色。

[分布] 原产于巴西。在我国华南、西南可露地栽培。

[习性] 喜温暖湿润气候，不耐寒。要求强光照和富含腐殖质的肥沃土壤。不耐水涝。萌芽力强，耐修剪。

[用途] 叶子花花瓣状苞片大而美丽，花期特长，是优良的攀缘花灌木。植于庭院、宅旁，在棚架、长廊或攀附于假山、岩石、围墙之上效果均佳。长江流域及其以北可盆栽观赏，置于温室越冬。

(2) 光叶子花(宝巾) *Bougainvillea glabra* Choisy. {图[32]-1}

与叶子花近似，但其枝、叶无毛或稍有毛，苞片多为紫红色。常见栽培品种有：

① '金叶'光叶子花 'Aurea' 叶片金黄色。

② '斑叶'光叶子花 'Variegata' 叶具白色斑纹。

③ '黄花'光叶子花 'Salmonea' 花黄色。

④ '白花'光叶子花 'Snow White' 花白色。

其他同叶子花。

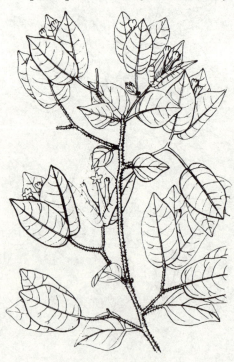

图[32]-1 光叶子花

现场教学

双子叶植物识别与应用现场教学(三)

现场教学安排	内　容
教学目标	通过现场教学，使学生掌握园林中金缕梅科、悬铃木科、黄杨科、杨柳科、杨梅科、桦木科、壳斗科、胡桃科、榆科、紫茉莉科的绿化特点，各科的区别，以及园林绿化中存在的问题
教学地点	校园、树木园等有金缕梅科、悬铃木科、黄杨科、杨柳科、杨梅科、桦木科、壳斗科、胡桃科、榆科、紫茉莉科植物生长的地点
教学组织	1. 现场教师引导学生观察。 2. 学生观察并讨论。 3. 教师总结并布置作业
教学内容	1. 观察科、种。 (1) 金缕梅科　Hamamelidaceae 枫香　*Liquidambar formosana*　　北美枫香　*Liquidambar styraciflua*　　蚊母树　*Distylium racemosum* 檵木　*Loropetalum chinense*　　红花檵木　*Loropetalum chinense* var. *rubrum* (2) 悬铃木科　Platanaceae 法桐　*Platanus orientalis*　　美桐　*Platanus occidentalis*　　英桐　*Platanus acerifolia* (3) 黄杨科　Buxaceae 黄杨　*Buxus sinica*　　雀舌黄杨　*Buxus bodinieri* (4) 杨柳科　Salicaceae 毛白杨　*Populus tomentosa*　　加杨　*Populus canadensis*　　响叶杨　*Populus adenopoda* 垂柳　*Salix babylonica*　　旱柳　*Salix matsudana* '龙须'柳　*Salix matsudana* 'Tortuosa'　　　　河柳　*Salix chaenomeloides* 簸箕柳　*Salix suchowensis*　　银芽柳　*Salix leucopithecia* (5) 杨梅科　Myricaceae 杨梅　*Myrica rubra* (6) 桦木科　Betulaceae 桤木　*Alnus cremastogyne*　　赤杨　*Alnus japonica*　　江南桤木　*Alnus trabeculosa* (7) 壳斗科　Fagaceae 板栗　*Castanea mollissima*　　茅栗　*Castanea seguinii*　　苦槠　*Castanopsis sclerophylla* 石栎　*Lithocarpus glaber*　　青冈栎　*Cyclobalanopsis glauca*　　麻栎　*Quercus acutissima* 栓皮栎　*Quercus variabilis*　　槲树　*Quercus dentata*　　槲栎　*Quercus aliena* 锐齿槲栎　*Quercus aliena* var. *acutiserrata*　　白栎　*Quercus fabri* 小叶栎　*Quercus chenii* (8) 胡桃科　Juglandaceae 山核桃　*Carya cathayensis*　　薄壳山核桃　*Carya illinoensis*　　化香　*Platycarya strobilacea* 核桃　*Juglans regia*　　枫杨　*Pterocarya stenoptera*　　青钱柳　*Cyclocarya paliurus* (9) 榆科　Ulmaceae 白榆　*Ulmus pumila*　　榔榆　*Ulmus parvifolia*　　大果榆　*Ulmus macrocarpa* 红果榆　*Ulmus szechuanipa*　　榉树　*Zelkova schneideriana*　　大果榉　*Zelkova sinica* 光叶榉　*Zelkova serrata*　　朴树　*Celtis sinensis*　　珊瑚朴　*Celtis julianae* 小叶朴　*Celtis bungeana*　　青檀　*Pteroceltis tatarinowii* (10) 紫茉莉科　Nyctaginaceae 叶子花　*Bougainvillea spectabilis*

(续)

现场教学安排	内　　容
教学内容	2. 观察内容提示。 (1) 芽 有无顶芽、鳞芽、裸芽，芽鳞多数或少数、松散或紧密。 (2) 枝叶 髓心形态片状或实心；常绿或落叶；螺旋状、二列状排列；缺裂、锯齿芒状或波状，稀全缘；单叶或复叶。 (3) 花序 花序单生或数个集生，直立或下垂；苞片形态：三裂、叶状、全缘。 (4) 果 蒴果、坚果、核果；球果状、圆柱形、叶状、囊状果苞。 (5) 壳斗 全包坚果或为杯状、盘状；有刺或无刺；苞片发育或退化为同心圆环
课外作业	1. 区别同科树种的特征并编制检索表。 2. 掌握以上列出树种的园林用途。 3. 熟记壳斗科、胡桃科、榆科主要园林树种的特征及应用方法。 4. 编制板栗、苦槠、石栎、青冈栎、麻栎、薄壳山核桃、榔榆、榉树等树种检索表

思考题

一、判断题

1. 金缕梅科植物多具有星状毛，果实为蒴果。(　　)
2. 金缕梅、蜡瓣花都是非常好的早春先叶开花植物，均开黄花。(　　)
3. "世界行道树之王"是指桦木，该树种非常美丽，适于作行道树。(　　)
4. 枫香是优美观赏树种，树形高大，树干通直，非常适于作行道树。(　　)
5. 悬铃木科树木为柄下芽，聚合果呈球形。(　　)
6. 法桐为英桐与美桐的杂交种。(　　)
7. 法桐叶裂深，果球3~6个一串。(　　)
8. 杨柳科植物花被退化，杨属退化为蜜腺，柳属则退化为花盘。(　　)
9. 杨柳科植物是我国南方主要的造林树种。(　　)
10. 黄杨、大叶黄杨、雀舌黄杨都是常用绿篱树种，同属黄杨科。(　　)
11. 薄壳山核桃为偶数羽状复叶，叶片常镰状弯曲。(　　)
12. 青檀为石灰岩山地的指示树种。(　　)
13. 叶子花是南方优良的开花乔木。(　　)
14. 麻栎群植于风景林中，秋天叶色金黄，季相变化明显。(　　)
15. 枫杨耐水湿，耐轻盐碱，适宜作固堤护岸的绿化树种。(　　)

二、单项选择题

1. 下列植物中，单叶对生，羽状脉，全缘的是(　　)。
A. 大叶冬青　　　B. 雀舌黄杨　　　C. 大叶黄杨　　　D. 桂花

2. 下列植物中，叶的中部裂片长、宽近于相等，总果柄常具2个球形果序的是(　　)。
   A. 英桐　　　B. 美桐　　　C. 法桐　　　D. 三球悬铃木
3. 杨柳科的主要特征是(　　)。
   A. 单叶或复叶互生　　　　B. 双被花
   C. 单被花　　　　　　　　D. 无被花
4. 金缕梅科著名的观叶树种是(　　)。
   A. 枫香　　　B. 蚊母树　　C. 蜡瓣花　　D. 檵木
5. 下列壳斗科植物中，密被长针刺，壳斗全包坚果的是(　　)。
   A. 石栎　　　B. 板栗　　　C. 青冈栎　　D. 栓皮栎
6. 下列树木中，果序下垂，坚果具2长圆形果翅，形似元宝，成串悬挂的是(　　)。
   A. 石栎　　　B. 丝棉木　　C. 枫杨　　　D. 山核桃
7. 叶具羽状脉，单锯齿，果实为坚果的树种是(　　)。
   A. 白榆　　　B. 榉树　　　C. 朴树　　　D. 青檀
8. 下列树木中，枝髓不是片状的是(　　)。
   A. 枫杨　　　B. 核桃　　　C. 薄壳山核桃　D. 青钱柳
9. 耐水湿的树种有(　　)。
   A. 枫杨、垂柳　B. 合欢、桃　C. 柿树、紫藤　D. 杜鹃花、月季
10. 树干斑驳，可以观赏的树种有(　　)。
    A. 核桃、雪松　B. 木瓜、榔榆　C. 白皮松、桃花　D. 牡丹、山茶
11. 核桃科树种中小枝髓心不呈片状的是(　　)。
    A. 核桃　　　B. 核桃楸　　C. 枫杨　　　D. 化香
12. 榆科树种中秋叶红色的是(　　)。
    A. 白榆　　　B. 朴树　　　C. 榉树　　　D. 青檀

三、比较题

1. 黄杨与雀舌黄杨　　2. 垂柳与旱柳　　3. 白榆与榔榆
4. 英桐、法桐、美桐　5. 石栎与青冈栎　6. 麻栎与青冈栎
7. 榉树与朴树　　　　8. 枫杨与薄壳山核桃

四、简答题

1. 金缕梅科的主要识别依据是什么？
2. 简述枫香、红花檵木、蚊母树、黄杨、雀舌黄杨在园林绿化中的应用。
3. 杨柳科植物的主要特点是什么？杨属和柳属有何区别？
4. 适于平原地区水边栽植的杨柳科植物有哪些？
5. 杨梅的分布区如何？有何用途？
6. 桦木科有何主要特征？其主要的生态习性如何？
7. 壳斗科植物的果实有何特点？壳斗科植物中有哪些属雄花序直立？
8. 如何区别栗属与栎属、青冈栎属与石栎属？
9. 胡桃科植物中哪些属的髓心是片状分隔的？枫杨的果实是翅果还是坚果？
10. 简述榉树的园林观赏价值与经济价值。
11. 比较榆属、榉属和朴属的形态差异。
12. 榆科植物中适合于石灰岩山地造林的树种有哪些？秋色叶树种有哪些？

[33] 桑科 Moraceae

常绿或落叶，乔木、灌木或本质藤本，稀草本。体内具乳汁。单叶互生，稀对生，全缘、具锯齿或缺裂；托叶小，早落。头状、柔荑或隐头花序，花小，单性；萼片4，雄蕊与萼片同数对生，子房上位或下位。聚花果（桑葚果）或隐花果（榕果），由瘦果、核果或坚果组成，通常外被肉质宿存的花萼。

全世界约70属1800余种，主产于热带和亚热带；我国有17属160余种，分布在长江以南各地。

分属检索表

1. 柔荑花序或头状花序。
　　2. 雌、雄花均为柔荑花序，聚花果圆柱形 ··· 桑属 Morus
　　2. 雄花为柔荑花序，雌花为头状花序，聚花果球形 ···························· 构属 Broussonetia
1. 隐头花序，花集中于中空的总花托（花序轴）的内壁上，小枝有环状托叶痕 ······ 榕属 Ficus

1. 桑属 Morus Linn.

落叶乔木或灌木。无顶芽。单叶互生，边缘有锯齿或缺裂，掌状脉3~5。花单性，异株或同株，组成柔荑花序。聚花果卵圆形或圆柱形，由瘦果组成，外被肉质宿存的花萼。

全世界约12种，分布于北半球温带及亚热带；我国约9种。

桑树（家桑、白桑）Morus alba L. {图[33]-1}

[识别要点] 落叶乔木，树高可达16m。树冠宽广倒卵形。树皮灰黄色或黄褐色。叶卵形至宽卵形，长5~18cm，先端尖，基部圆形或心形，边缘具粗锯齿，不裂或不规则分裂；叶基三出脉；叶上面有光泽，无毛，下面沿脉有疏毛，脉腋有簇生毛。花单性异株。聚花果长1~2.5cm，成熟时紫褐色、红色或白色，多汁味甜。花期4月，果期5~7月。常见栽培品种有：

① '垂枝'桑 'Pendula' 枝条下垂，叶缘多裂或3~5缺刻。

② '龙桑' 'Tortuosa' 枝条扭曲向上，叶不裂。

③ '裂叶'桑 'Laciniata' 叶具深裂。

[分布] 原产于我国中部地区，现各地广泛栽培，以长江流域和黄河流域中下游各地栽培最多。

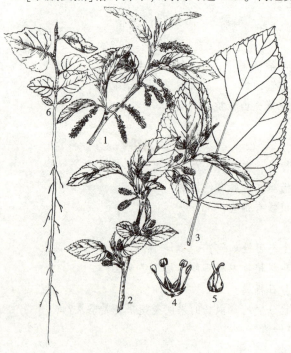

图[33]-1 桑 树
1. 雌花枝　2. 雄花枝　3. 叶片　4. 雄花　5. 雌花　6. 幼苗

[习性]喜光，喜温暖湿润气候，耐寒。耐干旱瘠薄和水湿，对土壤适应性强，能耐轻盐碱土。深根性，根系发达，有较强的抗风力。萌芽力强，耐修剪。抗污染能力强。

[用途]桑树枝叶茂密，树冠广阔，秋季叶色变黄，有一定的观赏性。适宜城市、厂矿区和农村"四旁"绿化，或栽作防护林。其观赏品种更适于庭园栽培。叶可饲蚕，可营建桑园。果可生食或酿酒。幼果、枝、叶、根皮可入药。

2. 构属 Broussonetia L' Herit. et Vent.

落叶乔木或灌木。无顶芽，侧芽小。叶有锯齿，不裂或分裂，三出脉；托叶卵状披针形，早落。花雌雄异株，雄花序为柔荑花序，雌花序为头状花序。聚花果球形，由多数橙红色小瘦果组成，外被肉质宿存的花萼及肉质伸长的子房柄。

全世界4种；我国有3种，南北均有。

构树(谷树) Broussonetia papyrifera (L.) L' Herit. et Vent. {图[33]-2}

[识别要点]乔木，树高可达20m。树皮浅灰色，不易开裂。全株含乳汁。小枝密生白色茸毛。叶片卵形，长7～20cm，先端渐尖或短尖，基部圆形或近心形，边缘具粗锯齿，不裂或不规则3～5裂，两面密被粗毛；叶柄密生粗毛。聚花果球形，熟时橘红色。花期5月，果期9月。

[分布]分布极广，主产于华东、华中、华南、西南及华北。

[习性]强喜光树种。适应性强，能耐干冷和湿热气候，既耐干旱瘠薄，又能生长于水边。萌芽力强，生长快。病虫害少。抗烟尘、粉尘和多种有毒气体。

[用途]构树树冠庞大，遮阴效果极好，可用作庭荫树、行道树，特别是大气污染严重的化工厂等处的绿化树。雌株聚花果成熟时易诱引苍蝇，且果落下时会污染行人衣服，因此作为行道树应选用雄株。

3. 柘属 Cudrania Trec.

乔木或小乔木。叶互生，花雌雄异株，聚花果肉质。

全世界约6种，分布于大洋洲至亚洲；中国有5种。

柘树 Cudrania tricuspidata (Carr.) Bur. {图[33]-3}

[识别要点]落叶小乔木，常呈灌木状，高达10cm。树皮薄片状剥落。小枝有刺，无顶芽。单叶互生，卵形至倒卵形，长2.5～11cm，全缘或有时3裂。雌雄异株，雌、雄花均为腋生球形头状

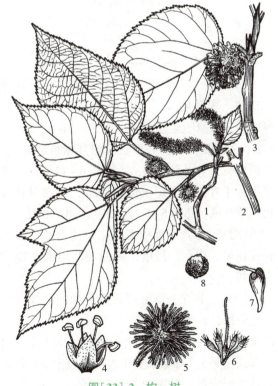

图[33]-2 构 树
1. 雄花枝 2. 雌花枝 3. 果序枝 4. 雄花
5～7. 雌花序及雌花 8. 果核

图[33]-3 柘 树
1. 叶枝(具刺枝) 2. 雌花枝 3. 雌花
4. 雌蕊 5. 雄花 6. 果枝

(1) 无花果 Ficus carica L. {图[33]-4}

[识别要点]落叶小乔木，或灌木状。树皮灰褐色，皮孔明显。小枝粗壮无毛。叶互生，厚纸质，倒卵形至近圆形，长 11~24cm，常 3~5 裂，先端钝，基部心形，边缘具锯齿或缺裂，上面粗糙，下面有短毛；叶柄长 4~14cm。隐花果单生于叶腋，梨形，长 5~8cm，成熟时黄绿色至紫红色。花期 5~6 月，果熟期 8~10 月。

[分布]原产于地中海沿岸及西南亚。我国长江流域、山东、河南、陕西及其以南各地均有栽培。

[习性]喜光，喜温暖而稍干燥的气候，具一定耐寒性。耐干旱，宜在肥沃、排水良好的沙壤土栽培。浅根性。生长快，结果早（2~3 年开始结果），寿命长（可达百年以上）。萌芽力强，耐修剪。对烟尘及有毒气体抗性较强。

[用途]无花果适应性强，栽培管理容易，果实营养丰富，为绿化观赏结合生产的良

花序。聚花果球形，红色，肉质。

[分布]主产于我国华东、中南及西南，华北也有分布。

[习性]喜光。耐干旱瘠薄，适生于石灰性土，为喜钙树种。生长速度缓慢。

[用途]柘树可作绿篱、刺篱、荒山绿化及水土保持树种。根皮可入药。

4. 榕属 Ficus L.

常绿或落叶，乔木、灌木或藤本。常具气生根。树冠宽阔。托叶合生，包被幼芽，脱落后枝上留有环状托叶痕；叶互生或对生，全缘，稀有锯齿或分裂。花雌雄同株，隐头花序，花生于囊状、中空、顶端开口的总花托内壁上。总花托膨大为肉质的隐花果，瘦果藏于总花托内。

全世界约 1000 种，主要分布于热带地区；我国约 120 种，产于南部及西南。

图[33]-4 无花果

好树种。宜作庭园树，也可丛植或成片作果树栽培。

（2）薜荔 Ficus pumila L. {图[33]-5}

［识别要点］常绿攀缘藤本，借气生根攀缘。小枝有褐色茸毛。叶互生，椭圆形，全缘，基部三出脉；营养枝上的叶薄而小，心状卵形或椭圆形，长约2.5cm，柄短而基部歪斜；结果枝上的叶大而宽，革质，卵状椭圆形，长3~9cm，上面光滑，下面网脉隆起并构成显著小凹眼。隐花果单生于叶腋，梨形或倒卵形，熟时暗绿色。花期4~5月，果熟期7~10月。常见栽培品种有：

①'小叶'薜荔'Minima' 叶特细小，是点缀假山及矮墙的理想材料。

②'斑叶'薜荔'Variegata' 绿叶上有白斑。

［分布］产于长江流域及其以南地区。

［习性］喜阴。喜温暖湿润气候，耐寒性差。耐旱，在酸性、中性土中均能生长。

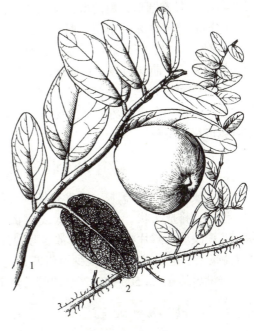

图[33]-5 薜 荔
1. 果枝　2. 匍匐枝

［用途］薜荔叶厚革质，深绿有光泽，经冬不凋，可配置于岩坡、假山、墙垣上，或点缀于石矶、树干上，郁郁葱葱，增强自然情趣。

[34]杜仲科 Eucommiaceae

落叶乔木。体内有弹性胶丝。小枝髓心片状分隔。无顶芽。单叶互生，有锯齿，无托叶。花单性异株，无花被；雄花簇生于苞腋内，具短柄；雌花单生于苞腋。翅果扁平，长椭圆形的果翅顶端微凹。全世界仅1属1种；我国特产。

杜仲属 Eucommia Oliv.

形态特征同科。

杜仲 Eucommia ulmoides Oliv. {图[34]-1}

［识别要点］落叶乔木，树高可达20m。树冠卵形，枝叶密集。树干端直。小枝无毛，有明显皮孔。叶片椭圆形或椭

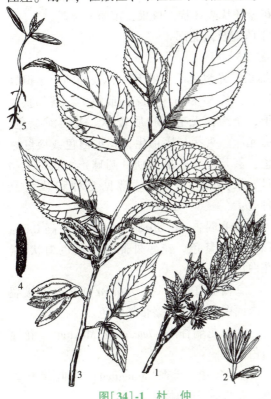

图[34]-1 杜 仲
1. 雄花枝　2. 雄花　3. 果枝　4. 种子　5. 幼苗

圆状卵形，长6~18cm，先端渐尖，基部宽楔形或圆形，边缘有锯齿。雌雄异株。翅果长3~4cm，长椭圆形，扁而薄，顶端两裂，熟时棕褐色。花期3~4月，果熟期10月。

[分布]产于华东、中南、西北、西南各地，主要分布于长江流域以南。

[习性]喜光，不耐庇荫。耐寒，对气候、土壤适应能力强。忌黏性土，忌涝。深根性，侧根发达。萌芽力强。对氯化氢、氯气抗性弱，对二氧化硫较敏感。

[用途]杜仲树形整齐，枝叶茂密，适宜作庭荫树和行道树。体内胶丝可提炼优质硬性橡胶，树皮为名贵中药材，是我国重要的特用经济树种。在园林风景区及防护林带可结合生产绿化造林。

[35]瑞香科 Thymelaeaceae

乔木或灌木，稀草本。树皮有韧性纤维。单叶对生或互生，全缘；无托叶。花两性，整齐，排成头状、伞形、总状或穗状花序；花萼通常管状或钟状，4~5裂，花瓣状；花瓣缺或为鳞片状；雄蕊通常与萼裂片同数或为其2倍；雌蕊子房上位，1室，胚珠1。浆果、坚果或核果，很少为蒴果。

全世界约41属500种，产于温带及热带地区；我国约9属90种，主产于长江以南。

1. 瑞香属 *Daphne* L.

灌木。叶互生，稀对生，全缘，具短柄。花两性，具芳香，排成短总状花序或簇生成头状花序，通常具总苞；萼筒花冠状，钟形或筒形，端4~5裂；无花冠；雄蕊8~10，2轮着生于萼筒内壁；花柱短，柱头头状；花盘环状或杯状。核果，革质或肉质。

全世界约70种；我国约35种，主要产于西南及西北部。

(1) 瑞香(睡香) *Daphne odora* Thunb. {图[35]-1}

[识别要点]常绿灌木，高1.5~2m。枝细长，光滑无毛。叶互生，长椭圆形至倒披针形，长5~8cm，先端钝或短尖，基部狭楔形，全缘，无毛，叶质较厚，上面深绿色、有光泽。头状花序顶生，花被白色或淡红紫色，甚芳香。核果肉质，圆球形。花期3~4月，果熟期7~8月。常见变种和栽培品种有：

①毛瑞香 var. *atrocaulis* Rehd. 高0.5~1m。枝深紫色。花萼外侧被灰黄色绢状毛，花白色。

②蔷薇红瑞香 var. *rosacea* Mak. 花被裂片内面白色，背面略带粉红色。

③白花瑞香 var. *leucantha* Makino. 花纯白色。

④'金边'瑞香 'Manginata' 叶缘金黄色。花极香。较耐寒。

⑤'红瑞香' 'Rubra' 花酒红色。

图[35]-1 瑞 香
1. 花枝 2. 花 3. 花纵剖面

[分布]原产于中国和日本。在中国分布于长江流域以南各省份。

[习性]喜阴凉通风环境,耐阴,不耐暴晒及高温、高湿,耐寒性差。要求排水良好、富含腐殖质的酸性土壤,不耐积水。萌芽力强,耐修剪,易造型。不耐移栽。

[用途]瑞香枝干丛生,四季常绿,早春开花,香味浓郁,观赏价值较高。在暖地宜配置于建筑物、假山、岩石的阴面及树丛的前缘。北方多于温室栽培或作盆景。

(2)芫花 *Daphne genkwa* Sieb. et Zucc. {图[35]-2}

[识别要点]落叶灌木,高达1m。枝细长直立,幼时密被淡黄色绢状毛。叶对生或近对生,叶片长椭圆形,长3~4cm,先端急尖,基部楔形,全缘,下面脉上有绢状毛。花淡紫色,3~7朵簇生于枝侧,无香气,外面有绢状毛,先于叶开放。白

图[35]-2 芫 花
1. 花枝 2. 果枝 3. 花(展开) 4. 果

色肉质核果,长圆形。花期3月,果熟期5~6月。

[分布]长江流域及山东、河南、陕西等地均有分布,常野生于路旁及山坡林间。

[习性]喜光,不耐阴。耐寒性较强。

[用途]芫花早春叶前开花,鲜艳美丽,颇似紫丁香。可丛植于庭园角隅,群植于花坛,或点缀于假山、岩石之间。

2. 结香属 *Edgeworthia* Meissn.

落叶灌木。茎皮强韧。枝疏生而粗壮。单叶互生,常集生于枝顶。头状花序腋生于上一年生枝端,先于叶开花或与叶同放,具芳香;花萼管状,4裂,外面密被毛;无花瓣;雄蕊8,在萼管内排成2轮;花柱长,柱头线状圆筒形。核果,包藏于宿存的萼管基部,果皮革质。

本属共4种,我国均产。

图[35]-3 结 香
1. 花枝 2. 花枝 3. 花(展开,含雄蕊)
4. 雄蕊 5. 雌蕊

结香（黄瑞香、打结花）*Edgeworthia chrysantha* Lindl. {图[35]-3}

[识别要点] 落叶灌木。枝条粗壮柔软，常三叉分枝，棕红色；枝上叶痕隆起。单叶互生，常集生于枝端，长椭圆形至倒披针形，长8~16cm，先端急尖，基部楔形并下延，上面有疏柔毛，下面有长硬毛。花黄色，有浓香，40~50朵集成下垂的花序，花瓣状的萼筒外面密被绢状柔毛。果卵形，果序状如蜂窝。花期3月，果期5~6月。

[分布] 产于长江流域以南及西南、河南、陕西等地。

[习性] 喜半阴，耐日晒。喜温暖湿润气候和肥沃、排水良好的沙壤土。耐寒性不强。根肉质，过干和积水处不宜生长。根颈处易萌蘖，但不耐修剪。

[用途] 结香花多成簇，芳香浓郁，可孤植、对植、丛植于庭前、路边、墙隅或作疏林下木，也可点缀于假山、岩石之间或街头小游园内。枝条柔软，弯之可打结而不断，在北方可盆栽进行曲枝造型。

[36]海桐科 Pittosporaceae

常绿灌木或乔木。单叶互生或轮生，全缘，稀有锯齿；无托叶。花两性，整齐，单生或组成伞房、聚伞或圆锥花序；萼片、花瓣与雄蕊均为5，子房上位。蒴果或浆果。种子多数，生于黏质的果肉中。

全世界共9属360余种，分布于东半球热带及亚热带地区；我国有1属约44种。

海桐属 *Pittosporum* Banks. ex Soland

常绿灌木或小乔木。叶互生或轮生状，常集生于枝顶，全缘或有波状齿缺。花单生或为圆锥、伞房花序，花瓣分离或稍合生，常向外反卷。蒴果，成熟时2~4瓣裂。种子常具红色黏质假种皮。

全世界约160种；我国约34种。

海桐（海桐花、山矾）*Pittosporum tobira* （Thunb.） Ait. {图[36]-1}

[识别要点] 常绿灌木或小乔木，树高可达6m。树冠近球形。小枝及叶集生于枝顶。叶革质，全缘，倒卵状椭圆形，长5~12cm，基部窄楔形，边缘略向下反卷，上面深绿色，有光泽。伞房花序，花小，芳香，白色，后渐变黄色。果近球形，有棱角，熟时3瓣裂。种子红色，有黏液。花期5月，果熟期10月。常见栽培品种有：

①'斑叶'海桐'Variegatum' 叶面有不规则白斑。

②'矮'海桐'Nana' 枝叶密生，株高仅40~60cm。

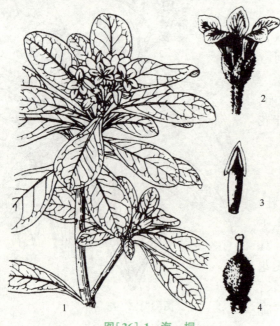

图[36]-1 海桐
1. 果枝 2. 花 3. 雄蕊 4. 雌蕊

[分布]产于江苏南部、浙江、福建、台湾、广东等地,长江流域及东南沿海各地常见栽培。

[习性]喜光,略耐阴。喜温暖,耐寒性不强。对土壤要求不严,能耐轻盐碱土。萌芽力强,生长快,耐修剪。抗海潮、海风,对有毒气体抗性较强。对粉尘的吸附能力强,并有隔音、减弱噪声的功能。

[用途]海桐枝叶茂密,下枝覆地,叶色浓绿而有光泽,经冬不凋,初夏花朵清丽芳香,入秋果熟时露出红色种子,非常美观,是我国南方城市和庭园常见绿化观赏树种。通常用作基础栽植及绿篱材料。于建筑物四周孤植,丛植于草坪边缘、林缘,列植于路边,或对植于门旁,皆合适。还用于营造海岸防潮林、防风林及厂矿区绿化。

[37]柽柳科 Tamaricaceae

落叶灌木或小乔木。枝条细弱,圆筒形。单叶互生,叶鳞状或针形,无柄;无托叶。花小,两性,淡红色或白色,整齐,单生或排成穗状、总状或圆锥花序。蒴果。种子顶端有束毛或翅。

全世界45属约120种,分布于热带及亚热带地区;我国有3属32种。多生长于干旱气候及盐碱土地区。

柽柳属 *Tamarix* L.

灌木或小乔木。非木质化小枝纤细,冬季凋落。叶鳞形,抱茎。总状花序,有时组成圆锥状,白色或淡红色;雄蕊4~10,离生;花盘具缺裂;花柱顶端扩大。果3~5瓣裂。种子多数,微小,顶部有束毛。

全世界约90种;我国约18种。产于温带干旱荒漠及盐碱地区。

(1)柽柳(三春柳、红荆条)
Tamarix chinensis Lour. {图[37]-1}

[识别要点]小乔木,树高达7m。小枝细长下垂,红褐色或淡棕色。叶细小,鳞片状,互生。总状花序集生为圆锥状复花序,多柔弱下垂;花粉红色或紫红色。花期春、夏季,有时1年3次开花;果期10月。

[分布]产于长江流域中下游至华北、辽宁南部各地,华南、西南有栽培。

图[37]-1 柽 柳
1~7. 春季花(1. 花枝 2. 萼片 3. 花瓣 4. 苞片
5. 花 6. 雄蕊和雌蕊 7. 花枝上的叶)
8~10. 夏季花(8. 花枝 9. 花盘 10. 花药)

[习性]强喜光树种。适应性强,耐寒,耐热,耐干且耐湿。对土壤要求不严,耐盐土(0.6%)及盐碱土(pH 7.5~8.5)能力极强,叶能分泌盐分,为盐碱地指示植物。深根性,根系发达,抗风力强。萌蘖力强,耐修剪,耐沙埋。

[用途]柽柳花色美丽,经久不落,干红枝柔,叶纤如丝,适宜配置于盐碱地的池边、湖畔、河滩,或作为绿篱、林带下木。老桩可作盆景。有降低土壤含盐量的显著功能和保土固沙等防护功能,是海滨防护林和改造盐碱地的优良树种。枝条可编筐。嫩枝、叶可药用。

(2) 多枝柽柳(红柳、西河柳)*Tamarix ramosissima* Ledeb.

[识别要点]灌木或小乔木,高达6m。分枝多,小枝淡红色。叶鳞形,长0.5~2mm,先端稍内倾。总状花序组成顶生大型圆锥状花序,花粉红色或紫色,苞片卵圆状披针形。蒴果三角状圆锥形。花期5~9月。

[分布]产于西北、华北、东北,以新疆沙漠地区最普遍。

[习性]比柽柳更耐酷热和严寒,可耐吐鲁番盆地47.6℃的高温及-40℃的低温。极抗沙埋,易生不定根,易发不定芽。

[用途]多枝柽柳花繁色艳,是珍贵绿化树种。清代诗人肖雄有诗"红柳花妍莫可俦,白杨风惨易悲秋。萧萧落木榆关冷,最动乡心倚戍楼",是对多枝柽柳的赞美。枝叶可供药用。

[38] 椴树科 Tiliaceae

乔木或灌木,稀为草本。树皮富含纤维。单叶互生,全缘或具锯齿或分裂;托叶小,常早落。花两性或单性,整齐;聚伞或圆锥花序;花瓣与萼片同数,基部常有腺体;雄蕊常多数,子房上位。浆果、核果、坚果或蒴果,有时具翅。

全世界共约52属500种,主要分布于热带及亚热带,少数分布于温带;我国有13属85种,主产于长江以南。

1. 椴树属 *Tilia* L.

落叶乔木。顶芽缺,侧芽单生,芽鳞2。叶互生,基部常心形或平截,偏斜,边缘有锯齿;具长柄。花两性,花序梗下部有一枚大而宿存的舌状或带状苞片连生,花瓣基部常有1腺体。坚果,稀浆果。种子1~3。

全世界约80种,主产于北温带;我国约32种,南北均产。

南京椴(密克椴、米格椴、菩提椴)*Tilia miqueliana* Maxim. {图[38]-1}

[识别要点]树高达20m。树干通直,小枝及芽密被星状毛。单叶互生,卵圆形至三角状

图[38]-1 南京椴
1. 花枝 2. 花 3. 雄蕊 4. 雌蕊

卵圆形，基部偏斜，边缘具粗锯齿，有短尖头；叶上面深绿色，无毛；下面密被星状毛。花序梗的苞片无柄或近无柄。坚果球形，无纵棱。

[分布]分布于江苏、浙江、安徽、江西等地。

[习性]喜光，较耐阴。有一定耐寒力。喜湿润、肥沃的沙壤土。深根性，生长慢，寿命长。萌蘖性强。抗烟尘能力较强。

[用途]南京椴树冠整齐，枝叶茂密，花黄色而芳香，是较理想的行道树和庭荫树。目前城市绿地及园林应用较少，值得推广。

2. 扁担杆属 *Grewia* L.

灌木或乔木，直立或攀缘状。有星状毛。叶互生，基部3~5出脉。花丛生或排成聚伞花序或有时花序与叶对生，花萼显著，花瓣基部有腺体。核果2~4裂。

全世界共约150种；我国约30种，主产于长江以南。

扁担杆(娃娃拳、棉筋条)*Grewia biloba* G. Don{图[38]-2}

[识别要点]落叶灌木，高达3m。小枝密被黄褐色短毛。单叶互生，菱状卵形，长3~9cm，先端渐尖，基部圆形或阔楔形，边缘具不规则小锯齿，基部三出脉，叶柄、叶背均疏生灰色星状毛；叶柄顶端膨大。聚伞花序与叶对生，花淡黄绿色；萼片外面密生灰色短毛，内面无毛；子房有毛。果橙黄色或红色。花期6~7月，果期8~10月。变种有：

扁担木 var. *parviflora* Hand.-Mazz. 又名小花扁担杆。叶较短，宽大，两面均有星状短柔毛，背面毛更密。花较大。

[分布]分布于长江流域及其以南各地，华北也有。

[习性]喜光，略耐阴。耐寒，耐干旱。对土壤要求不严，在富含腐殖质的土壤中生长更为旺盛。耐修剪。

[用途]扁担杆果实橙红鲜艳，可宿存枝头数月，为良好观花、观果灌木。在园林中可丛植或与假山、岩石配置，是值得开发推广的园林绿化树种。果枝可瓶插。

图[38]-2 扁担杆
1. 花枝 2. 叶的星状毛 3. 花纵剖面
4. 子房横剖面 5. 果

[39]杜英科 Elaeocarpaceae

乔木或灌木。单叶，互生或对生，有托叶或缺。花两性或杂性，单生、簇生或总状花序；萼片4~5，花瓣4~5或缺；雄蕊多数，有花盘；子房上位，2至多室，每室胚珠2至多数。核果、浆果或蒴果，有时外果皮有针刺。

全世界共12属约400种，分布于热带、亚热带；我国有2属51种，产于西南至华东。

杜英属 *Elaeocarpus* L.

常绿乔木。叶互生,有托叶。花常两性,腋生总状花序;萼片4~6;花瓣4~6,白色,顶端常撕裂;雄蕊8至多数;具外生花盘;子房2~5室,每室胚珠2~6。核果,内果皮硬骨质,表面常有沟纹,每室具1种子。

全世界共约200种;我国有38余种,产于华东至西南。

(1)杜英(山杜英、胆八树)*Elaeocarpus sylvestris* (Lour.) Poir. {图[39]-1}

[识别要点]乔木,高达20m。小枝及叶无毛,小枝红褐色。叶片倒卵形,长4~8cm,叶缘有钝锯齿,脉腋有时具腺体,绿叶中常存有鲜红的老叶。花瓣上部10裂,外被毛;雄蕊13~15。果长1~1.2cm。花期6~8月,果期10~12月。

[分布]浙江、福建、江西、湖南、广东、广西、贵州、云南有分布。

[习性]稍耐阴。喜温暖湿润气候,不耐寒,不耐积水。根系发达,萌芽力强,耐修剪。抗二氧化硫。

[用途]杜英树冠圆整,枝叶繁茂,秋、冬、早春叶片常显绯红色,红绿相间,鲜艳夺目。宜植于草坪、坡地、林缘,也可用作工矿企业绿化及防护林树种。

图[39]-1 杜 英　　　　　　　　　　图[39]-2 中华杜英
1.花枝　2.果枝　3.花瓣　4.雄蕊　5.雌蕊　　1.花枝　2.果枝　3.花瓣　4.雄蕊　5.雌蕊

(2)中华杜英 *Elaeocarpus chinensis* (Gardn. et Champ.) Hook. f. {图[39]-2}

[识别要点]小乔木。小枝被短柔毛。叶片卵状披针形至披针形,长5~8cm,叶缘有钝锯齿,两面无毛,下面有黑色腺点。花瓣先端有锯齿,雄蕊8~10。果长7mm。

[分布]分布于浙江、福建、江西、广东、广西、贵州、云南。

其他同杜英。

[40] 梧桐科 Sterculiaceae

乔木、灌木或草本。植物体常被星状毛。单叶掌状分裂,稀掌状复叶,互生,稀对生；托叶早落。花两性、单性或杂性，聚伞或圆锥花序；花瓣 5 或缺；雄蕊多数，花丝常连合成管状，稀少数而分离，外轮常有退化雄蕊 5；子房上位，心皮 5（2～10），连合或分离，胚珠 2 至多数，中轴胎座，稀为单心皮。蓇葖果、蒴果或核果。

全世界共约 68 属 1100 种，主产于热带；我国有 19 属 84 种 3 变种，分布于华南至西南。

梧桐属 *Firmiana* Marsili

落叶乔木。小枝粗壮。顶芽发达，密被锈色茸毛。叶掌状分裂，互生。花单性，顶生圆锥花序；萼 5 深裂，花瓣状；无花瓣；雄蕊 10～12，花药聚生于雄蕊筒顶端；子房有柄，5 心皮，5 室，基部分离，上部靠合，每室胚珠 2～4。蓇葖果成熟前沿腹缝线开裂，果瓣匙状，膜质，有 2～4 种子着生于果瓣近基部的边缘。种子球形，种皮皱缩。

全世界共 15 种；我国有 3 种。

梧桐（青桐）*Firmiana platanifolia* (L. f.) W. F. Marsili ｛图[40]-1｝

[识别要点] 落叶乔木，树高达 16m。树干端直，树冠卵圆形。树皮灰绿色，不开裂。枝翠绿色，平滑。单叶互生，掌状 3～5 中裂，裂片全缘，径 15～30cm，基部心形，下面被星状毛；叶柄约与叶片等长。萼裂片长条形，黄绿色带红，向外卷；子房基部有退化雄蕊。果匙形，网脉明显。花期 6 月，果熟期 9～10 月。常见栽培品种有：

'斑叶'梧桐'Variegata' 叶有白斑。

[分布] 产于华东、华中、华南、西南及华北各地。

[习性] 喜光，喜温暖气候及土层深厚、肥沃、湿润、排水良好、含钙丰富的土壤。不耐涝。深根性，直根粗壮。萌芽力弱，不耐修剪。春季萌芽较晚，且秋季落叶很早，故有"梧桐一叶落，天下尽知秋"之说。

图[40]-1 梧 桐
1. 花枝　2. 果　3. 雄花　4. 雌花

[用途] 梧桐树干端直，干枝青翠，绿荫深浓，叶大而形美，且秋季转为金黄色，为优美的庭荫树和行道树。与棕榈、竹子、芭蕉等配置，点缀假山石园景，协调古雅，具有我国民族特色。"栽下梧桐树，引来金凤凰"中的梧桐树即为此树。对多种有毒气体有较强抗性，可用于厂矿区绿化。

[41] 锦葵科 Malvaceae

草本、灌木或乔木。单叶互生，多掌状裂；有托叶。花两性，单生、簇生或聚伞花序；萼 5 裂，常具副萼；花瓣 5，在芽内旋转；雄蕊多数，花丝合生成筒状；子房上位，2 至多室，中轴胎座。蒴果，室背开裂或分裂为数果瓣。

全世界共约 50 属 1000 种，广布于温带至热带；我国约 16 属 80 种。

木槿属 Hibiscus L.

草本或灌木，稀为乔木。叶掌状脉。花常单生于叶腋；花萼5裂，宿存，副萼较小；花瓣5，基部与雄蕊筒合生，大而显著；子房5室，花柱顶端5裂。蒴果室背5裂。种子无毛或有毛。

全世界共约200种；我国有24种。多为观赏花木。

(1) 木槿 *Hibiscus syriacus* L. {图[41]-1}

[识别要点]落叶灌木。小枝幼时密被茸毛，后脱落。叶菱状卵形，基部楔形，端部常3裂，边缘有钝齿，三出脉，仅下面脉上稍有毛。花单生于枝端叶腋，单瓣或重瓣，淡紫、红白等色。蒴果卵圆形，密生星状茸毛。花期6~9月，果9~11月成熟。

[分布]原产于东亚。我国东北南部至华南各地有栽培。

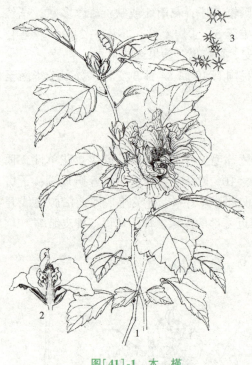

图[41]-1 木 槿
1. 花枝　2. 花纵剖面　3. 星状毛

[习性]喜光，耐半阴。喜温暖湿润气候，也耐寒。适应性强，耐干瘠，不耐积水。萌蘖性强，耐修剪。对二氧化硫、氯气等抗性较强。

[用途]木槿夏、秋开花，花期长，花朵大，且有许多花色、花型不同的变种和品种，是优良的园林观花树种。常作围篱及基础种植材料，也宜丛植于草坪、路边或林缘。因具有较强抗性，还是工厂绿化的好树种。

(2) 木芙蓉(芙蓉花) *Hibiscus mutabilis* L. {图[41]-2}

[识别要点]落叶灌木或小乔木。小枝、叶片、叶柄、花萼均密被星状毛和短柔毛。叶广卵形，掌状3~5(7)裂，基部心形，边缘有浅钝齿。花大，单生于枝端叶腋，花冠白色、淡紫色，后变深红色；花梗长5~8cm，近顶端有关节。蒴果扁球形，有黄色刚毛及绵毛，果瓣5。种子肾形，有长毛。花期8~10月，果9~11月成熟。常见栽培品种有：

① '红花'木芙蓉 'Rubra'　花红色，单瓣。

② '白花'木芙蓉 'Alba'　花白色，单瓣。

图[41]-2 木芙蓉
1. 花枝　2. 果　3. 种子

③'重瓣'木芙蓉'Plenus' 花重瓣，由粉红变紫红色。

④'醉芙蓉''Versicolor' 花在一天中初开为纯白色，渐变为淡黄色、粉红色，最后为红色。

［分布］原产于我国西南部，华南至黄河流域以南广泛栽培。成都栽培最盛，故称"蓉城"。

［习性］喜光，稍耐阴。喜温暖湿润气候，不耐寒。在长江流域及其以北地区露地栽培时，冬季地上部分常冻死，但翌春能从根部萌发新条，秋季能正常开花。生长较快，萌蘖性强。对二氧化硫抗性特强，对氯气、氯化氢也有一定抗性。

［用途］木芙蓉秋季开花，花大而美，其花色、花型随品种不同变化丰富，是一种很好的观花树种。因喜水，种在水畔最为适宜。花开时波光花影，互相掩映，景色妩媚，因此有"照水芙蓉"之称。此外，丛植于庭院、坡地、路边、林缘及建筑前，或栽作花篱，都很适宜。

(3) 扶桑（朱槿）*Hibiscus rosa-sinensis* L. ｛图[41]-3｝

［识别要点］常绿大灌木，高达6m。叶卵形至长卵形，边缘有粗齿，基部全缘，三出脉，表面有光泽。花冠通常鲜红色，径6~10cm；花丝和花柱较长，伸出花冠外；近顶端有关节。蒴果卵球形，顶端有短喙。全年花开不断，夏、秋最盛。

［分布］产于我国福建、台湾、广东、广西、云南、四川等。

［习性］喜光。喜温暖湿润气候，很不耐寒。在长江流域及其以北地区需温室越冬。

［用途］扶桑为美丽的观赏花木，花大色艳，花期长，有单瓣和重瓣品种，花色有红、粉红、橙黄、黄、粉边红心及白色等，是盆栽布置公园、宾馆、会场及家庭养花的好材料。

图[41]-3 扶 桑

［42］大戟科 Euphorbiaceae

草本或木本。多具乳汁。单叶或三出复叶，互生，稀对生；具托叶。花单性，同株或异株，聚伞、伞房、总状或圆锥花序；单被花，稀双被花；花盘常存在或退化为腺体；雄蕊1至多数；子房上位，常3心皮合成3室，每室胚珠1~2，中轴胎座。蒴果，少数为浆果或核果。

全世界共约300属5000余种；中国有60余属370余种，主产于长江流域以南。

分属检索表
1. 三出复叶，小叶有锯齿；浆果 ················· 重阳木属 *Bischofia*
1. 单叶；蒴果或核果。
2. 核果，有花瓣及萼片，掌状脉 ················· 油桐属 *Aleurites*
2. 蒴果，羽状脉。

3. 有花瓣，花序腋生 …………………………………………………… 变叶木属 *Codiaeum*
3. 无花瓣。
　　4. 全体无毛，叶全缘，雄蕊 2~3，叶柄顶端有腺体 2 个 ………… 乌桕属 *Sapium*
　　4. 全体有毛，叶常有粗齿，雄蕊 6~8，叶片基部有腺体 2 或更多…… 山麻杆属 *Alchornea*

1. 乌桕属 *Sapium* P. Br.

乔木或灌木。有乳汁，全体多无毛。无顶芽。单叶互生，全缘，羽状脉；叶柄顶端有 2 腺体。花雌雄同株或同序，圆锥状聚伞花序顶生；雄花极多，生于花序上部；雌花 1 至数朵生于花序下部；花萼 2~3 裂；无花瓣和花盘；雄蕊 2~3 枚；子房 3 室，每室 1 胚珠。蒴果，3 裂。

全世界共约 120 种，主产于热带；我国约 10 种。

(1) 乌桕(蜡子树) *Sapium sebiferum* (L.) Roxb. {图[42]-1}

[识别要点] 落叶乔木，高达 15m。树冠近球形。树皮暗灰色，浅纵裂。小枝纤细。叶菱形至菱状卵形，长 5~9cm，先端尾尖，基部宽楔形；叶柄顶端有 2 腺体。花序穗状，长 6~12cm，花黄绿色。蒴果三棱状球形，径约 1.5cm，熟时黑色；果皮 3 裂，脱落。种子黑色，外被白蜡，固着于中轴上，经冬不落。花期 5~7 月，果期 10~11 月。

[分布] 原产于我国，分布甚广。南至广东，西南至云南、四川，北至山东、河南、陕西，均有分布。

[习性] 喜光，喜温暖气候，较耐旱。对土壤要求不严，在排水不良的低洼地和间断性水淹的江河堤塘两岸都能良好生长，在酸性土和含盐量达 0.25% 的土壤也能适应。对二氧化硫及氯化氢抗性强。

[用途] 乌桕叶形秀美，秋日叶色红艳，绚丽诱人。在园林中可孤植、散植于池畔、河边、草坪中央或边缘；列植于堤岸、路旁作护堤树、行道树；混生于风景林中，秋日红绿相间，尤为壮观。冬日柏籽挂满枝头，经久不落，古人有"偶看柏树梢头白，疑是江梅小着花"的诗句。种子可取蜡和榨油，是我国南方重要的工业用木本油料树种。根、皮和乳液可入药。

(2) 山乌桕(红叶乌桕) *Sapium discolor* Muell.-Arg.

[识别要点] 落叶小乔木，高 6~12m。叶片椭圆状卵形，长 3~10cm，下面粉绿色；叶柄长 2~7.5cm。果球形。种子近球形，黑色，外被蜡层。花期 4~12 月。

[分布] 分布于浙江、福建、江西、台

图[42]-1　乌桕
1. 花枝　2. 果枝　3. 雌花　4. 雄花
5. 雄蕊　6. 种子

湾、广东、广西、贵州、云南。

[习性]喜光，喜温暖湿润气候和深厚、肥沃土壤，不耐寒，适应性较强。

[用途]山乌桕秋叶红艳，适作风景树。

2. 重阳木属（秋枫属）*Bischofia* Bl.

乔木。有乳汁。顶芽缺。羽状三出复叶，互生，叶缘具锯齿。花单性，雌雄异株；总状或圆锥花序，腋生；萼片5；无花瓣；雄蕊5，与萼片对生；子房3室，每室胚珠2。浆果球形。

全世界共2种，产于大洋洲及亚洲热带、亚热带地区；我国均产。

重阳木（朱树）*Bischofia polycarpa*（Levl.）Airy-Shaw｛图[42]-2｝

[识别要点]落叶乔木，高可达15m。树冠伞形。树皮褐色，纵裂。小叶片卵形至椭圆状卵形，长5~11cm，基部圆形或近心形，边缘具细锯齿。总状花序，雌花具2（3）花柱。

图[42]-2 重阳木
1. 果枝 2. 雄花枝 3. 雄花 4. 雌花枝
5. 雌花 6. 子房横剖面

果较小，径0.5~0.7cm，熟时红褐色至蓝黑色。花期4~5月，果期8~10月。

[分布]产于秦岭、淮河流域以南至广东、广西北部。长江流域中下游地区常见树种。山东、河南有栽培。

[习性]喜光，稍耐阴。喜温暖气候。耐水湿，对土壤要求不严。根系发达，抗风力强。

[用途]重阳木树姿优美，绿荫如盖，秋日红叶可形成层林尽染的壮丽秋景。宜作庭荫树和行道树，也可点缀于湖边、池畔。对二氧化硫有一定抗性，可用于厂矿区、街道绿化。

3. 山麻杆属 *Alchornea* Sw.

乔木或灌木。植物体常有细柔毛。单叶互生，全缘或有齿，基部有2或更多腺体。花单性同株或异株，总状、穗状或圆锥花序，无花瓣和花盘；雄花萼2~4裂，雄蕊6~8或更多；雌花萼3~6裂，子房2~4室，每室1胚珠。蒴果分裂成2~3个果瓣，中轴宿存。种子球形。

全世界约70种，主产于热带地区；我国有6种。

山麻杆 *Alchornea davidii* Franch.｛图[42]-3｝

[识别要点]落叶丛生直立灌木，高1~

图[42]-3 山麻杆
1. 雄花枝 2. 果枝

2m。新生嫩叶及新枝均为紫红色。幼枝有茸毛,老枝光滑。叶宽卵形至圆形,长7~17cm,上面绿色,有短毛疏生,下面带紫色,密生茸毛,叶缘有粗齿,三出脉。雌雄同株;雄花密生,组成短穗状花序,萼4裂,雄蕊8;雌花疏生,组成总状花序,位于雄花序下面,萼4裂,子房3室,花柱3。蒴果扁球形,密生短柔毛。种子球形。花期4~6月,果期7~8月。

[分布]产于长江流域、西南及河南、陕西等地。山东济南和青岛有栽培。

[习性]喜光,稍耐阴。喜温暖湿润气候,抗寒力较强。对土壤要求不严。萌蘖力强。

[用途]山麻杆春季嫩叶及新枝均紫红色,艳丽醒目,是园林中重要的春日观叶树种。可植于庭前、路边、草坪或山石旁。

4. 油桐属 Aleurites Forst.

乔木。有乳汁。顶芽发达,托叶包被芽体。单叶互生,全缘或3~5裂,掌状脉;叶柄顶端有2腺体。花单性,同株或异株,聚伞花序顶生;花萼2~3裂;花瓣5;雄蕊8~20;子房2~5室,每室胚珠1。核果大。种皮厚木质,种仁含油质。

全世界共3种,产于亚洲南部;我国有2种,主产于长江以南。

图[42]-4 油桐
1. 花枝 2. 果 3. 种子

(1) 油桐(油桐树、三年桐) Aleurites fordii Hemsl. {图[42]-4}

[识别要点]落叶乔木,高达12m。树冠扁球形。枝、叶无毛。叶片卵形至宽卵形,长10~20cm,全缘,稀3浅裂,基部截形或心形;叶柄顶端具2紫红色扁平无柄腺体。雌雄同株;花瓣白色,有淡红色斑纹。果球形或扁球形,径4~6cm,果皮平滑。种子3~5粒。花期3~4月,果期10月。

[分布]产于长江流域及其以南地区。河南、陕西和甘肃南部有栽培。

[习性]喜光。喜温暖湿润气候,不耐寒。不耐水湿及干旱瘠薄。在背风向阳的缓坡地带,以及深厚、肥沃、排水良好的酸性、中性或微石灰性土壤上生长良好。对二氧化硫污染极为敏感,可作大气中二氧化硫污染的监测植物。

[用途]油桐是珍贵的特用经济树种,种仁含油量51%,桐油为优质干性油,是我国重要传统出口物资。树冠圆整,叶大荫浓,花大而美丽,可植为行道树和庭荫树,是园林结合生产的树种之一。

(2) 木油桐(千年桐) Aleurites montana (Lour.) Wils.

与油桐的区别为:叶全缘或3~5中裂,在裂缺底部常有腺体,叶基心形,具2枚有柄腺体;花雌雄异株;核果卵圆形,有纵脊和皱纹。产于我国东南至西南部。耐寒性比油桐差;生长快,寿命比油桐长;抗病性强,可作嫁接油桐的砧木。种子榨油,质量较桐油差。

5. 变叶木属 Codiaeum A. Juss.

全世界共15种，产于马来西亚至澳大利亚北部；我国引入栽培1种。

变叶木 Codiaeum variegatum (L.) Bl. {图[42]-5}

[识别要点]常绿灌木或乔木。幼枝灰褐色，有大而平的圆形叶痕。叶互生，叶形多变，披针形为基本形，长8~30cm，宽0.5~4cm，不分裂或叶片中断成上、下两片，质厚，绿色或杂以白色、黄色或红色斑纹。花单性同株，腋生总状花序；雄花花萼5裂，花瓣5，雄蕊约30个，花盘腺体5个，无退化雌蕊；雌花花萼5裂，无花瓣，花盘杯状，子房3室，每室1胚珠，花柱3。蒴果球形，径约7mm，白色。

[分布]原产于马来西亚，品种很多（大部分杂交育成），世界各地广为栽培。我国南方均有引栽。

[习性]喜高温、湿润和阳光充足的环境，不耐寒。

[用途]变叶木叶形多变，美丽奇特，呈现绿、黄红、青铜、褐、橙黄等油画般斑斓的色彩，十分美丽，是一种珍贵的热带观叶树种。丛植、盆栽均宜。

图[42]-5 变叶木

[43] 山茶科 Theaceae

乔木或灌木。单叶互生，羽状脉；无托叶。花两性，通常大而整齐，单生或簇生于叶腋，稀形成花序；萼片5~7，常宿存；花瓣5，稀4或更多；雄蕊多数，有时基部连合或成束；子房上位，2~10室，每室2至多数胚珠，中轴胎座。蒴果，室背开裂，浆果或核果状不开裂。

全世界共约30属500种，产于热带至亚热带；我国有15属400种，主产于长江流域以南。

分属检索表

1. 蒴果，开裂。
  2. 种子大，球形，无翅；芽鳞5枚以上 ················· 山茶属 Camellia
  2. 种子小而扁，边缘有翅；芽鳞3~4枚 ················· 木荷属 Schima
1. 浆果，不开裂；叶簇生于枝端，侧脉不明显 ········· 厚皮香属 Ternstroemia

1. 山茶属 Camellia L.

常绿小乔木或灌木。叶革质，有锯齿，具短柄。花单生或簇生于叶腋；萼片5至多数；花瓣5；雄蕊多数，2轮，外轮花丝连合，着生于花瓣基部，内轮花丝分离；子房上位，3~5室，每室4~6胚珠。蒴果，室背开裂。种子球形或有角棱，无翅。

全世界共约200种；我国有170余种，主产于南部及西南部。

本属树种喜温暖、湿润、半阴环境，要求空气湿度大，不耐烈日暴晒，不耐寒，过热、过冷、干燥、多风均不适宜。喜肥沃、疏松、排水良好、富含腐殖质的沙质酸性土壤。云南山茶对环境条件要求最严格，山茶次之，茶梅适应性最强。

分种检索表

1. 花大，径4～19cm，无花梗或近于无梗；果皮厚。
   2. 子房无毛 ·· 山茶 *C. japonica*
   2. 子房被毛
      3. 芽鳞表面有粗长毛；叶卵状椭圆形 ············· 油茶 *C. oleifera*
      3. 芽鳞表面有倒生柔毛；叶椭圆形至长椭圆状卵形 ··········· 茶梅 *C. sasangua*
1. 花较小，径4cm以下，具下弯花梗，萼片宿存，花瓣白色，子房有毛；果皮薄······ 茶 *C. sinensis*

(1) 山茶(山茶花、耐冬) *Camellia japonica* L. {图[43]-1}

[识别要点]灌木或小乔木。小枝淡绿色或紫绿色。叶卵形、倒卵形或椭圆形，先端渐尖，基部楔形，叶缘有细齿，叶表有光泽，网脉不显著。花单生或对生于枝顶或叶腋，无梗；萼密被短毛；花瓣5～7或重瓣，大红色，顶端微凹；花丝基部连合成筒状；子房无毛。果近球形，径2～3cm，无宿存花萼。种子椭圆形。花期2～4月，果秋季成熟。常见变种有：

①白山茶 var. *alba* Lodd. 花白色。

②红山茶 var. *anemoniflora* Curtis. 花红色，花型似牡丹，有5枚大花瓣，雄蕊部分瓣化。

③紫山茶 var. *lilifolia* Mak. 花紫色。叶呈狭披针形，形似百合。

[分布]原产于我国和日本、朝鲜。秦岭、淮河以南为露地栽培区，东北、华北、西北于温室盆栽。

[习性]喜半阴。喜温暖湿润气候，有一定的耐寒能力，酷热和严寒均不适宜。喜肥沃、湿润、排水良好的酸性土壤。在整个生长发育过程中需要较多水分，水分不足会引起落花、落蕾、萎蔫现象。对海潮风有一定抗性。

[用途]山茶是我国传统名花，品种多达2000种，通常分3个类型：单瓣、半重瓣、重瓣。本种叶色翠绿而有光泽，四季常青，花朵大，花色从红到白，从11月即可开始观赏早

图[43]-1 山 茶
1. 花枝 2. 雌蕊 3. 开裂的蒴果

图[43]-2 茶 梅

花品种，晚花品种至翌年 3 月始盛开，故观赏期长达 5 个月。其开花期正值其他花较少的季节，故更为珍贵。

(2) 茶梅 *Camellia sasangua* Thunb. {图[43]-2}

[识别要点] 本种与云南山茶及金花茶的主要区别为：小枝、芽鳞、叶柄、子房、果皮均有毛，且芽鳞表面有倒生柔毛。叶椭圆形至长卵形。花白色，较小，径小于 4cm，无柄。蒴果，无宿存花萼，内有种子 3 粒。花期 11 月至翌年 1 月。

[分布] 分布于长江以南地区。

[习性] 喜光，也稍耐阴。喜温暖气候和排水良好的酸性土壤，不耐寒，有一定的抗旱性。

[用途] 茶梅可作基础种植及篱垣材料，开花时为花篱，落花后又为常绿绿篱，故很受欢迎。也可盆栽供观赏。

(3) 茶 *Camellia sinensis* (L.) O. Kuntze {图[43]-3}

[识别要点] 灌木或乔木，常呈丛生灌木状。叶革质，长椭圆形，叶端渐尖或微凹，基部楔形，叶缘浅锯齿，侧脉明显，下面幼时有毛。花白色，芳香，1~4 朵腋生；花梗下弯；萼片 5~7；花瓣 5~9；子房有长毛，花柱顶端 3 裂。蒴果扁球形，萼宿存。种子棕褐色。花期 10 月，果翌年 10 月成熟。

[分布] 原产于我国，栽培历史悠久，现秦岭、淮河流域以南及山东广泛栽培。

[习性] 喜光，稍耐阴。喜温暖湿润气候，年平均气温 15~25℃，能忍受短期低温。喜深厚、肥沃、排水良好的酸性土壤。深根性，生长慢，寿命长。

[用途] 茶花色白，花朵具芳香，在园林中可作绿篱栽培。可结合茶叶生产，是园林结合生产的优良灌木。

(4) 油茶 *Camellia oleifera* Abel {图[43]-4}

[识别要点] 小乔木或灌木。嫩枝略

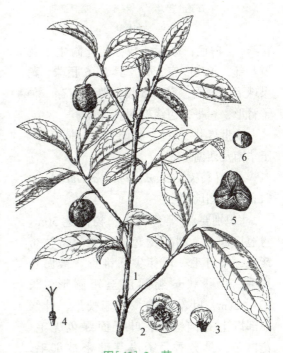

图[43]-3 茶
1. 果枝 2. 花萼及花瓣 3. 花瓣连生雄蕊
4. 雌蕊 5. 果 6. 种子

有毛,芽鳞有黄色粗长毛。叶卵状椭圆形,厚革质,有锯齿;叶柄有毛。花白色,1~3朵腋生或顶生,无花梗;萼片多数,脱落;花瓣5~7,顶端2裂;雄蕊多数,外轮花丝仅基部合生;子房密生白色丝状茸毛。蒴果厚木质,2~3裂。种子1~3粒,黑褐色,有棱角。花期10~12月,果翌年9~10月成熟。

[分布]分布于长江流域及以南各地,以河南南部为北界。

[习性]喜光,喜温暖湿润气候,喜深厚、肥沃、排水良好的酸性土壤。

[用途]油茶是南方重要木本油料树种,种子榨油,供食用和工业用。可作山茶的砧木。可供园林观赏。

2. 木荷属 *Schima* Reinw.

常绿乔木。芽鳞少数。单叶互生,革质,全缘或有钝齿。花两性,单生或短总状花序,腋生,具长柄;萼片5,宿存;

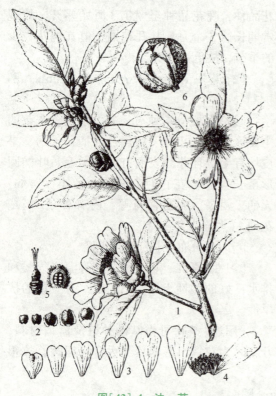

图[43]-4 油 茶
1. 花枝 2. 花萼渐变为花瓣 3. 花瓣
4. 花瓣连生雄蕊 5. 雌蕊及子房纵剖面
6. 果及种子

花瓣5,白色;雄蕊多数,花丝附生于花瓣基部;子房5室,每室具2~6胚珠。蒴果球形,木质,室背5裂,萼片宿存。种子肾形,扁平,边缘有翅。

全世界共30种;我国有19种,主产于华南及西南。

木荷(荷树) *Schima superba* Gaerdn. et Champ. {图[43]-5}

[识别要点]常绿乔木,树高达30m。树冠广卵形。树皮褐色,纵裂。嫩枝带紫色,略有毛。顶芽尖圆锥形,被白色长毛。叶卵状长椭圆形至矩圆形,长10~12cm,叶端渐尖,叶基楔形,叶缘中部以上有钝锯齿,叶下面绿色无毛。花白色,具芳香,子房基部密被细毛。蒴果球形,径约1.5cm。花期5月,果9~11月成熟。

图[43]-5 木 荷
1. 花枝 2. 花瓣连生雄蕊 3. 雌蕊
4. 果 5. 种子

[分布] 原产于华南、西南。长江流域以南广泛分布。

[习性] 喜光，适生于温暖气候及肥沃的酸性土壤，生长较快。

[用途] 木荷树冠浓荫，花具芳香，可作庭荫树、风景树。

3. 厚皮香属 Ternstroemia Mutis ex L. f.

常绿乔木或灌木。叶常簇生于枝顶，革质，全缘，侧脉不明显。花两性，单生于叶腋；萼片5，宿存；花瓣5；雄蕊多数，2轮排列，花丝连合；子房2~4室，每室胚珠2至多数。浆果。种子2~4粒。

全世界共100种；我国有16种，主产于南部及西南部。

厚皮香 Ternstroemia gymnanthera (Wight et Arn.) Sprague {图[43]-6}

[识别要点] 小乔木或灌木。叶椭圆形至椭圆状倒披针形，先端钝尖，叶基渐窄且下延，叶表中脉显著下凹，侧脉不明显。单花腋生，淡黄色。浆果球形，花柱及萼片均宿存。花期7~8月。

[分布] 产于湖北、湖南、贵州、云南、广西、广东、福建、台湾等地。多生于海拔700~3500m的酸性土山坡及林地。

[习性] 喜光，也较耐阴。喜温热湿润气候，不耐寒。

[用途] 厚皮香树冠整齐，枝叶繁茂，光洁可爱，叶青绿，花黄色，姿色不凡。可植于庭园供观赏。

图[43]-6 厚皮香
1. 花枝 2. 花果枝 3. 花 4. 花瓣连生雄蕊
5. 花萼及雌蕊 6. 种子

[44] 猕猴桃科 Actinidiaceae

木质藤本。单叶互生，有粗毛或星状毛，羽状脉，无托叶。花两性或单性异株，单生、簇生、聚伞或圆锥花序；萼片5；花瓣5；雄蕊10或多数，离生或基部合生；子房上位，3~5或多室，胚珠多数，中轴胎座。浆果或蒴果。

全世界共2属80余种；我国有2属约80种。

猕猴桃属 Actinidia Lindl.

落叶藤本。冬芽小，包于膨大的叶柄内。叶缘有齿或偶为全缘，叶柄长。单生或聚伞花序腋生；雄蕊多数，离生；子房多室，胚珠多数。浆果。种子细小，多数。

全世界约 50 种；我国有 52 种，主产于黄河流域以南。

猕猴桃（中华猕猴桃）Actinidia chinensis Planch. {图[44]-1}

[识别要点] 落叶藤本。幼枝密生灰棕色柔毛，老时渐脱落；髓白色，片隔状。单叶互生，圆形、卵圆形或倒卵形，先端突尖或平截，边缘有刺毛状细齿，上面暗绿色，下面灰白色，密生星状茸毛；叶柄密生茸毛。花3~6朵组成聚伞花序，乳白色，后变黄，具芳香。浆果椭球形，密被棕色茸毛，熟时橙黄色。花期6月，果熟期9~10月。

[分布] 分布于黄河及长江流域以南各地。

[习性] 喜光，耐半阴。喜温暖湿润气候，较耐寒。喜深厚、湿润、肥沃土壤。肉质根，不耐涝，不耐旱。主、侧根发达，萌芽力强。萌蘖性强，耐修剪。

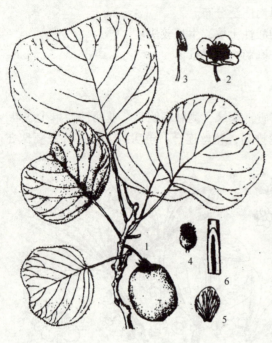

图[44]-1　猕猴桃
1. 果枝　2. 花　3. 雄蕊　4. 雌蕊
5. 花瓣　6. 髓心

[用途] 猕猴桃花淡雅芳香，硕果垂枝，适于棚架、绿廊、栅栏攀缘绿化，也可攀附在树上或山石陡壁上。果实营养丰富，味酸甜，鲜食或制果酱、果脯。花是蜜源，也可提取香料。为园林结合生产的好树种。

[45] 杜鹃花科 Ericaceae

灌木，稀乔木。单叶互生，稀对生或轮生；全缘，稀有锯齿；无托叶。花两性，单生、簇生、总状、穗状、伞形或圆锥花序；花萼宿存，4~5裂；花冠合瓣，4~5裂，稀离瓣；雄蕊为花冠裂片的2倍或同数，花药常具芒，孔裂；具花盘；子房上位，2~5室，每室胚珠多数，中轴胎座，花柱1。蒴果，稀浆果或核果。

全世界共约 50 属 1300 种；我国有 14 属约 800 种。

杜鹃花属 *Rhododendron* L.

常绿或落叶灌木，稀小乔木。叶互生，全缘，稀有毛状小锯齿。花有梗，顶生伞形总状花序，稀单生或簇生；萼5裂，花后不断增大；花冠钟形、漏斗状或管状，裂片与萼片同数；雄蕊5或10，有时更多，花药无芒，顶孔开裂；花盘厚；子房上位，5~10室或更多，胚珠多数。蒴果。

全世界共约 900 种；我国约 650 种，全国均产，尤以四川、云南最多，是杜鹃花属的世界分布中心。

杜鹃花属是重要观赏花木，为酸性土指示植物。

(1) 杜鹃花(映山红、照山红) *Rhododendron simsii* Planch. {图[45]-1}

[识别要点]落叶灌木。分枝多,枝细而直。枝条、苞片、花柄、花萼、叶两面均有棕褐色扁平糙伏毛。叶纸质,卵状椭圆形或椭圆状披针形,长 2~6cm。花 2~6 朵簇生于枝顶,鲜红色或深红色,有紫斑;雄蕊 10,花药紫色;子房密被伏毛。蒴果卵形,密被糙伏毛。花期 4~6 月,果 10 月成熟。

[分布]原产于长江流域及珠江流域,东至我国台湾,西南至四川、云南,北至河南、山东,均有分布。

[习性]本种原产于高海拔地区,喜凉爽、湿润气候,忌酷热干燥。不耐暴晒,夏、秋要适当遮阴。要求富含腐殖质、疏松、湿润及 pH 5.5~6.5 的酸性土壤。耐修剪,根系浅,寿命长。

图[45]-1 杜鹃花
1. 花枝 2. 雄蕊 3. 雌蕊 4. 果

[用途]杜鹃花春日红花盛开,鲜艳夺目,可用于布置景点或点缀风景区,也可盆栽供观赏。

(2) 满山红(三叶杜鹃) *Rhododendron mariesii* Hemsl. et Wils. {图[45]-2}

[识别要点]落叶灌木。枝轮生,幼枝有黄褐色长柔毛。叶厚纸质,常 3 枚轮生于枝顶,卵状披针形。花常双生于枝顶(少有 3 朵),花冠玫瑰红色;花梗直立,有硬毛;萼 5 裂,有棕色伏毛;雄蕊 10;子房密生棕色长柔毛。蒴果圆柱形,密生棕色长柔毛。花期 4 月,果期 8 月。

[分布]产于长江下游,南至福建、台湾。多野生于疏林下或富含腐殖质的酸性土中。

[习性]喜凉爽湿润气候和富含腐殖质的酸性土,耐干旱、瘠薄。

[用途]满山红可植于庭院供观赏。

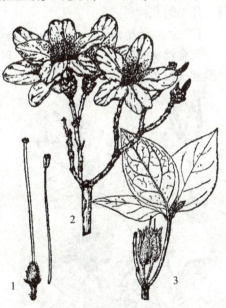

图[45]-2 满山红
1. 雌蕊与雄蕊 2. 花枝 3. 果枝

[46]金丝桃科 Hypericaceae

乔木、灌木或草本。单叶对生,全缘,有腺点;无托叶。花两性或单性,单生或聚伞花序,萼片、花瓣各 4~5;雄蕊多数,常合生成束;子房上位,常 3~5 心皮,3~5 室,胚珠多数。蒴果或浆果。

全世界共约 10 属 400 种;我国有 3 属 60 种。

金丝桃属 Hypericum L.

多年生草本或灌木。单叶对生或轮生，有透明或黑色腺点；无柄或具短柄。花两性，单生或聚伞花序，黄色；萼片、花瓣各5，雄蕊分离或合生为3~5束，花柱3~5。蒴果，室间开裂。

全世界共约400种；我国约50种。

(1) 金丝桃 Hypericum monogynum L. {图[46]-1}

[识别要点]常绿或半常绿灌木，高约1m。全株光滑无毛。小枝红褐色，圆柱形。叶无柄，长椭圆形，长4~8cm，基部渐狭而稍抱茎，上面绿色，下面粉绿色，网脉明显。花鲜黄色；雄蕊多数，5束，较花瓣长；花柱连合，仅顶端5裂。果卵圆形。花期6~7月，果熟期8~9月。

[分布]产于山东、河南以南至华中、华东、华南、西南至四川。常野生于湿润河谷或溪旁半阴坡。

[习性]喜光，也耐阴，稍耐寒。喜肥沃的中性壤土，忌积水。萌芽力强，耐修剪。

[用途]金丝桃花似桃花，花丝金黄，仲夏叶色嫩绿，黄花密集，是南方庭院中常见的观赏花木。列植、丛植于路旁、草坪边缘、花坛边缘、门庭两旁均可。也可植为花篱。还是切花材料。

(2) 金丝梅 Hypericum patulum Thunb. ex Murray {图[46]-2}

与金丝桃的区别：幼枝有2棱；叶卵形至卵状长圆形；雄蕊短于花瓣，花柱离生。比金丝桃耐寒。

图[46]-1 金丝桃
1. 花枝 2. 雌蕊 3. 果序
4. 果 5. 种子

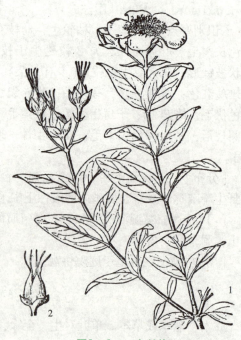

图[46]-2 金丝梅
1. 花枝 2. 果

[47]石榴科 Punicaceae

灌木或乔木。小枝先端常呈刺状。单叶,对生或近于簇生,全缘;无托叶。花两性,1~5朵聚生于枝顶或叶腋;萼筒钟状或管状,5~8裂,革质,宿存;花瓣5~8;雄蕊多数;子房下位,多室,上部侧膜胎座,下部中轴胎座,胚珠多数,花柱1。浆果球形,外果皮革质,花萼宿存。种子多数,外种皮肉质、多汁,内种皮近木质。

全世界仅1属2种;我国引栽1种。

石榴属 Punica L.

形态特征同科。

石榴 Punica granatum L. {图[47]-1}

[识别要点]落叶灌木或小乔木。小枝具4棱,先端常呈刺状。叶倒卵状长椭圆形,长2~8cm,先端尖或钝,基部楔形。花萼钟形,橙红色;花瓣红色,有皱褶;子房9室,上部6室,下部3室。果近球形,径6~8cm,深黄色。花期5~6月,果期9~10月。

石榴经数千年栽培驯化,发展成为花石榴和果石榴两类:

①花石榴 观花兼观果。常见栽培品种有:

'白石榴''Albescens' 花近白色,单瓣。

'千瓣白'石榴'Multiplex' 花白色,重瓣。花红色者称'千瓣红'石榴。

'黄石榴''Flavescens' 花单瓣,黄色。花重瓣者称'千瓣黄'石榴。

'玛瑙'石榴'Legrellei' 花大,重瓣,花瓣有红色、白色条纹或白色、红色条纹。

'千瓣月季'石榴'Nana Plena' 矮生种。花红色,重瓣,花期长,在15℃以上时可常年开花。单瓣者称'月季'石榴。

'墨石榴''Nigra' 矮生种花红色,单瓣。果小,熟时果皮呈紫黑褐色。

'月季'石榴'Nana' 丛生矮小灌木。枝、叶、花均小。花期长,单瓣,易结果。为盆栽观赏的好材料。

②果石榴 以食用为主,兼有观赏价值。有70多个品种,花多单瓣。

[分布]原产于地中海地区。我国黄河流域以南均有栽培。

[习性]喜阳光充足和温暖气候,在-18~-17℃时受冻害。较耐瘠薄和干旱,

图[47]-1 石榴
1. 花枝 2. 花纵剖面 3. 果 4. 种子

不耐水涝。对土壤要求不严,但喜肥沃、湿润、排水良好的石灰质土壤。萌蘖力强。

[用途]石榴枝繁叶茂,花果期长达4~5个月。初春新叶红嫩,入夏花繁似锦,仲秋硕果高挂,深冬铁干虬枝。对有毒气体抗性较强,为有污染地区的重要观赏树种。也是盆景和桩景的好材料。果被喻为繁荣昌盛、和睦团结的吉庆佳兆,象征多子、多福、多寿。西班牙、利比亚的国花。

[48]冬青科 Aquifoliaceae

多常绿,乔木或灌木。单叶互生,托叶小而早落。花单性或杂性异株,簇生或聚伞花序,腋生,无花盘;萼3~6裂,常宿存;花瓣4~5;雄蕊与花瓣同数且互生;子房上位,3至多室,每室1~2胚珠。核果。

全世界共3属400余种;我国有1属约200种,主产于长江流域以南。

冬青属 *Ilex* L.

常绿,稀落叶。单叶互生,有锯齿或刺状齿,稀全缘。花单性异株,稀杂性;腋生聚伞、伞形或圆锥花序,稀单生;萼片、花瓣、雄蕊常为4。浆果状核果,球形,核4,萼宿存。

全世界共约400种;我国约200种。其中不少为观叶、观果树种。

(1)枸骨(鸟不宿)*Ilex cornuta* Lindl. {图[48]-1}

[识别要点]常绿灌木或小乔木。树冠阔圆形。树皮灰白色,平滑。叶硬革质,矩圆状四方形,长4~8cm,先端有3枚坚硬刺齿,顶端1齿反曲,基部两侧各有1~2刺齿,上面深绿色、有光泽,下面淡绿色。聚伞花序,黄绿色,丛生于2年生小枝叶腋。核果球形,鲜红色。花期4~5月,果期10~11月。

变种与栽培品种有:

①无刺枸骨 var. *fortunei* S. Y. Hu 叶缘无刺齿。

②'黄果'枸骨 'Luteocarpa' 果暗黄色。

[分布]长江中下游各地均有分布。山东有栽培,生长良好。

[习性]喜阳光充足,也耐阴。耐寒性较差。在气候温暖及排水良好的酸性肥沃土壤上生长良好。生长缓慢,萌芽力强,耐修剪。

[用途]枸骨枝叶茂盛,叶形奇特,叶质坚硬而光亮,且经冬不凋。入秋后红果累累,艳丽可爱。为良好的观果、观叶树种,可用于庭院观赏或作绿篱。

图[48]-1 枸 骨
1. 果枝 2. 花

图[48]-2 冬 青
1. 果枝　2. 花枝

(2) 冬青 *Ilex purpurea* Hassk. (*Ilex chinensis* Sims) {图[48]-2}

[识别要点]常绿乔木，高达15m。树冠卵圆形。树皮暗灰色。小枝浅绿色，具棱线。叶薄革质，长椭圆形至披针形，长5~11cm，先端渐尖，基部楔形，有疏浅锯齿，上面深绿色，有光泽，侧脉6~9对。聚伞花序生于当年嫩枝叶腋，花淡紫红色，有香气。核果椭圆形，红色光亮，经冬不落。花期5月，果期10~11月。

[分布]产于长江流域及其以南，西至四川，南达海南。

[习性]喜温暖湿润气候和排水良好的酸性土壤。不耐寒，较耐湿。深根性，萌芽力强，耐修剪。

[用途]冬青枝叶繁茂，果实红若丹珠，分外艳丽，是优良庭园观赏树种，也可作绿篱。

(3) 大叶冬青 *Ilex latifolia* Thunb.

[识别要点]全体无毛，小枝粗而有纵棱。叶片长椭圆形，厚革质，长8~18cm，上面中脉凹下，有光泽，侧脉15~17对，具疏锯齿。聚伞花序圆锥状，花黄绿色。果球形，红色。

[分布]分布于长江流域各地及福建、广东、广西。

[用途]大叶冬青树姿优美，可栽培观赏。

其余同冬青。

(4) 钝齿冬青(波缘冬青) *Ilex crenata* Thunb. {图[48]-3}

[识别要点]常绿灌木或小乔木，高达5m。多分枝，小枝有灰色细毛。叶较小，椭圆形至长倒卵形，长1~2.5cm，先端钝，边缘有浅钝齿，下面有腺点，厚革质。花白色，雄花3~7朵组成聚伞花序生于当年生枝叶腋，雌花单生。果球形，黑色。花期5~6月，果熟期10月。常见变种有：

龟甲冬青(豆瓣冬青) var. *convexa* 矮灌木。枝叶密生，叶面凸起，是良好的盆景材料。

[分布]产于日本及中国广东、福建、山东等省份。

[习性]喜温暖湿润气候和排水良好的土壤。

[用途]钝齿冬青多于江南庭园栽培供

图[48]-3 钝齿冬青
1. 果枝　2. 雌花枝　3. 雄花

观赏，或作盆景材料。

(5) 大果冬青 *Ilex macrocarpa* Oliv.

[识别要点]落叶乔木，高达15m。树皮青灰色，平滑无毛。有长枝和短枝。叶纸质，卵状椭圆形，长5~8cm，宽3.5~5cm，顶端短渐尖，基部圆形，边缘有疏细锯齿，两面均无毛。花白色，雄花序有花2~5朵，簇生于2年生长枝及短枝上，或单生于长枝的叶腋或基部鳞片内，雌花单生于叶腋。果实球形，直径8~11mm，成熟时黑色，宿存柱头头状；果柄长6~14mm；分核7~9，背部有纵纹，木质。花期5月，果熟期7~8月。

[分布]产于我国西南及中南部，南京等地有栽培。

[习性]喜光，不耐寒。

[用途]大果冬青可作园林绿化树种。

[49]卫矛科 Celastraceae

乔木、灌木或藤本。单叶对生或互生，羽状脉。花单性或两性，花小，多为聚伞花序；萼片4~5，宿存；花瓣4~5，分离；雄蕊与花瓣同数互生；有花盘；子房上位，2~5室，胚珠1~2。蒴果、浆果、核果或翅果。种子常具假种皮。

全世界共55属约800种；我国有11属约200种，全国均产。

1. 卫矛属 *Euonymus* L.

乔木或灌木，稀藤本。小枝绿色，具四棱。叶对生，稀互生或轮生。花两性，聚伞或圆锥花序，腋生，花4~5数，雄蕊与花瓣同数互生，子房与花盘结合。蒴果4~5瓣裂，有角棱或翅。假种皮肉质，橘红色。

全世界共约200种；我国约100种，南北均产。

(1) 大叶黄杨（冬青卫矛、正木）*Euonymus japonicus* Thunb. {图[49]-1}

[识别要点]常绿灌木或小乔木，高达8m。小枝绿色，稍有四棱。叶革质，有光泽，倒卵形或椭圆形，长3~6cm，先端尖或钝，基部楔形，锯齿钝；叶柄短。聚伞花序，绿白色，4基数。果扁球形，熟时4瓣裂，淡粉红色。假种皮橘红色。花期6~7月，果熟期10月。常见变种有：

①银边大叶黄杨 var. *albo-marginatus* T. Moore 叶缘有窄白边。

②金边大叶黄杨 var. *aureo-marginatus* Nichols. 叶缘黄色。

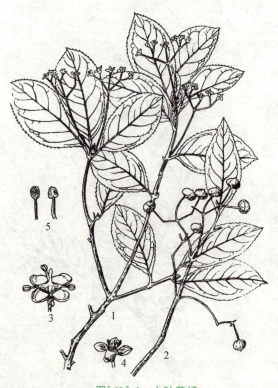

图[49]-1 大叶黄杨
1. 花枝 2. 果枝 3、4. 花 5. 雄蕊

③金心大叶黄杨 var. *aureo-pictus* Reg. 叶面具黄色斑纹，但不达边缘。
④斑叶大叶黄杨 var. *viridi-variegatus* Rehd. 叶面有黄色和深绿色斑纹。

[分布]原产于日本南部。我国南北各地庭院普遍栽培，长江流域各城市尤多。

[习性]喜光，也耐阴。喜温暖气候，较耐寒，-17℃即受冻。黄河流域以南可露地栽培。在北京，幼苗、幼树冬季须防寒。对土壤要求不严，耐干瘠，不耐积水。萌芽力极强，耐整形修剪。抗各种有毒气体，耐烟尘。

[用途]大叶黄杨枝叶茂密，叶色亮绿，四季常青，是常用的观叶树种。主要用作绿篱或基础种植材料。也可修剪成球形等。街头绿地、公园等都可配置。

(2) 扶芳藤 *Euonymus fortunei*（Turcz.）Hand.-Mazz. {图[49]-2}

[识别要点]与大叶黄杨的区别：藤本，靠气生根攀缘生长，长可达10m。茎枝上有瘤状突起，并能随处生细根，枝较柔软。叶长卵形至椭圆状倒卵形。果径约1cm，黄红色。假种皮橘黄色。花期6~7月，果熟期10月。常见变种和栽培品种有：

①爬行卫矛 var. *radicans*（Mig.）Rehd. 茎匍匐，贴地而生。叶小，长椭圆形，先端较钝，背面叶脉不明显。

②'花叶爬行'卫矛'Gracilis' 叶似爬行卫矛，有白色、黄色或粉红色边缘。

③'金边'扶芳藤'Emerald Gold' 叶边缘金黄色。

④'银边'扶芳藤'Emerald Gaiety' 叶边缘银白色。

上述变种、品种，叶较小，叶缘金黄或银白，茎匍匐地面，易生不定根，是良好的木本地被植物，极有推广价值。

图[49]-2 扶芳藤
1. 花 2. 果枝 3. 匍匐地面的带根植株

[分布]产于我国长江流域，黄河流域以南多栽培，山东栽培较多。

[习性]耐阴，喜温暖，耐寒性不强。较耐水湿，易生不定根。

[用途]扶芳藤秋叶经霜变红，攀缘能力较强。在园林中可掩覆墙面、山石，或攀缘枯树、花架，也可匍匐地面蔓延生长作地被。还可种植于阳台、栏杆等处，任其枝条自然垂挂。

(3) 丝棉木(桃叶卫矛、白杜) *Euonymus maackii* Rupr. {图[49]-3}

[识别要点]落叶小乔木，高达8m。小枝绿色，四棱形，无木栓翅。叶卵形至卵状椭圆形，先端急长尖，边缘有细锯齿；叶柄长2~3.5cm。花淡绿色，3~7朵组成聚伞花序。蒴果粉红色，4深裂。种子具红色假种皮。花期5月，果熟期10月。常见栽培品种有：

'垂枝'丝棉木'Pendulus' 枝细长下垂。

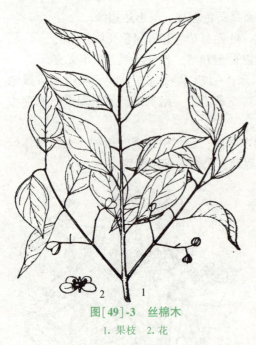

图[49]-3 丝棉木
1. 果枝 2. 花

[分布]产于华东、华中、华北各地。

[习性]喜光,稍耐阴。耐寒。对土壤要求不严,耐干旱,也耐水湿。生长较慢,根系发达,萌蘖性强。对有害气体有一定抗性。

[用途]丝棉木枝叶秀丽,秋季叶、果红艳。宜丛植于草坪、坡地、林缘、石隙、溪边、湖畔。也可用作防护林及工厂绿化树种。

(4) 卫矛(斩鬼箭)*Euonymus alatus* (Thunb.) Sieb. {图[49]-4}

[识别要点]落叶灌木。小枝有2~4条木栓翅。叶倒卵形或倒卵状椭圆形,先端渐尖,基部楔形;叶柄极短。蒴果紫色,1~3深裂,4心皮不全发育。假种皮橘红色。花期5~6月,果期9~10月。

[分布]产于东北、华北、华中、华东、西北地区。

[习性]喜光,耐寒。耐干瘠,对土壤适应性强。萌芽力强,耐整形修剪。对二氧化硫有较强抗性。

[用途]卫矛枝叶繁茂,枝翅奇特,早春嫩叶、秋天霜叶均红艳可爱,蒴果紫色,假种皮橘红色,是优美的观果、观枝、观叶树种。可丛植于草坪、水边、亭阁旁、山石间,为园林添色增趣。也可植作绿篱,或制作盆景。枝上的木栓翅可供药用,有活血祛瘀功效。

2. 南蛇藤属 Celastrus L.

落叶藤本。叶互生,有锯齿。花杂性异株,总状、圆锥或聚伞花序,腋生或顶生;花5数,内生花盘杯状。蒴果,室背3裂。种子1~2,假种皮红色或橘红色。

全世界共约50种;我国约20种,全国都有分布,以西南最多。

南蛇藤(落霜红)*Celastrus orbiculatus* Thunb. {图[49]-5}

[识别要点]落叶藤本,长达15m。

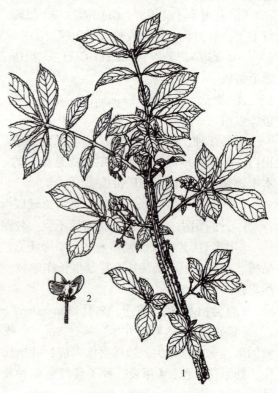

图[49]-4 卫 矛
1. 花枝 2. 果

小枝圆，皮孔粗大而隆起，枝髓白色、充实。叶近圆形、倒卵形，先端突尖，基部近圆形，锯齿细钝。短总状花序腋生，花小，黄绿色。果橙黄色，球形。假种皮红色。花期5~6月，果熟期9~10月。

[分布]东北、华北、华东、西北、西南及华中均有分布。常生于山地沟谷及灌木丛中。

[习性]喜光，耐半阴。耐寒，耐旱，适应性强，对土壤要求不严。生长强健。

[用途]南蛇藤霜叶红艳，蒴果橙黄，假种皮鲜红，长势旺，攀缘能力强。可作棚架、岩壁攀缘及地面覆盖材料，绿化效果好，且颇具野趣。为极有开发价值的藤本树种。

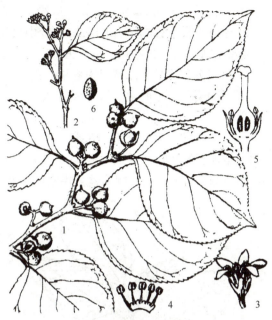

图[49]-5 南蛇藤
1. 果枝 2. 花枝 3. 花 4. 雄蕊
5. 花纵剖面 6. 种子

[50]胡颓子科 Elaeagnaceae

落叶或常绿，灌木或乔木。常有刺。植物体被银白色或黄褐色盾状鳞片。单叶互生，稀对生，羽状脉，全缘；无托叶。花两性或单性，单生、簇生或总状花序；单被花，花被4裂；雄蕊4或8；子房上位，1室，1胚珠。坚果或瘦果，为肉质萼筒所包被。

全世界共3属80余种；我国有2属约60种。

胡颓子属 *Elaeagnus* Linn.

常绿或落叶，灌木或小乔木。常有枝刺。单叶互生，叶柄短。花两性或杂性，单生或簇生于叶腋；萼筒长，4裂；雄蕊4，有蜜腺，虫媒传粉。核果状坚果，外包肉质萼筒。

全世界共80余种；我国约50种。

分种检索表

1. 常绿性；秋季开花，翌年5月果熟 ·············· 胡颓子 *E. pungens*
1. 落叶性；春季开花，9~10月果熟
  2. 枝有刺；果卵圆形，长5~7mm ·············· 木半夏 *E. multiflora*
  2. 枝无刺；果长倒卵形至椭圆形，长15~45mm；果梗下垂 ·············· 秋胡颓子 *E. umbellata*

(1) **胡颓子(羊奶子)** *Elaeagnus pungens* Thunb. {图[50]-1}

[识别要点]常绿灌木。枝条开展，有枝刺，有褐色鳞片。叶椭圆形至长椭圆形，长5~7cm，革质，边缘波状或反卷，上面有光泽，下面被银白色及褐色鳞片。花1~3朵腋生，下垂，银白色，具芳香。果椭球形，红色，被褐色鳞片。花期10~11月，果熟期翌年5月。常见变种有：

①金边胡颓子 var. *aurea* Serv. 叶缘深黄色。
②金心胡颓子 var. *federici* Bean. 叶中央深黄色。
③银边胡颓子 var. *variegata* Rehd. 叶缘黄白色。该树种极有开发价值。

[分布]分布于长江流域以南各地。山东有栽培,可露地越冬。

[习性]喜光,也耐阴。喜温暖气候,较耐寒。对土壤要求不严。萌芽、萌蘖性强,耐修剪。有根瘤菌。耐烟尘,对多种有害气体有较强抗性。

[用途]胡颓子枝叶茂密,花香果红,银白色叶片在阳光下闪闪发光,且其变种叶色美丽,是理想的观叶、观果树种。可用于公园、街头绿地,常修剪成球形丛植于草坪。还可用作绿篱,或盆栽、制作盆景供室内观赏。

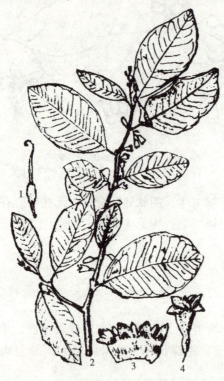

图[50]-1 胡颓子
1. 雄蕊 2. 花枝 3. 花萼筒(展开) 4. 花

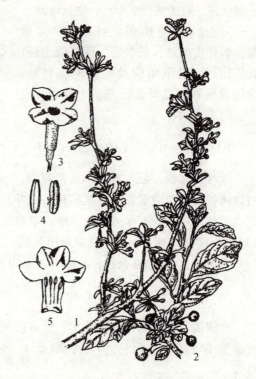

图[50]-2 秋胡颓子
1. 花枝 2. 果枝 3. 花 4. 花药背、腹面
5. 花萼筒展开(示雄蕊着生)

(2) 秋胡颓子(牛奶子) *Elaeagnus umbellata* **Thunb.** {图[50]-2}

[识别要点]落叶灌木,高4m。枝开展,常具刺,幼枝密被银白色和淡褐色鳞片。叶卵状椭圆形至椭圆形,长3~5cm,边缘上下波状,叶下面有银白色和褐色鳞片,幼叶上面也有银白色鳞片。花黄白色,有香气。果近球形,径5~7mm,红色或橙红色。花期4~5月,果9~10月成熟。

[分布]华北、西南至长江流域各地有分布。多生于向阳林缘、灌丛、荒山坡地和河边沙地。

[习性]喜光。适应性强,耐旱,耐瘠薄。萌蘖性强。

[用途]秋胡颓子枝叶茂密,花香果红,叶片银光闪烁,园林中常用作观叶、观果树

种，可增添野趣。也极适合作水土保持及防护林树种。

（3）木半夏 *Elaeagnus multiflora* Thunb.

[识别要点]落叶灌木，高 3m。枝常无刺，常密被褐色鳞片。叶椭圆形至倒卵状长椭圆形，长 3~7cm，叶端尖，叶基阔楔形，幼叶上面有银色鳞片，后脱落，叶下面银白色杂有褐色鳞片。花黄白色，1~3 朵腋生。果实椭圆形至长倒卵形，密被锈色鳞片，熟时红色；果梗细长，达 3cm。花期 4~5 月，果 6 月成熟。

[分布]河北、河南、山东、江苏、安徽、浙江、江西等地均有分布。

习性与用途与秋胡颓子相似。

[51]鼠李科 Rhamnaceae

乔木或灌木，稀藤本或草本。常有枝刺或托叶刺。单叶互生，稀对生；具托叶。花小，两性或杂性异株，聚伞或圆锥花序，腋生或簇生；萼 4~5 裂；花瓣 4~5 或缺；雄蕊与花瓣同数对生，内生花盘；子房上位或埋藏于花盘下，基底胎座。核果、蒴果或翅果。

全世界共约 58 属 900 种，广布于温带至热带；我国有 14 属约 133 种。

1. 枣属 *Ziziphus* Mill.

乔木或灌木。单叶互生，叶基 3 出脉，少 5 出脉，具短柄，具托叶刺。花两性，聚伞花序腋生，花黄色，5 数；子房上位，埋于花盘内，花柱 2 裂。核果，1~3 室，每室种子 1。

全世界共约 100 种，广布于温带至热带；我国有 12 种。

枣树 *Ziziphus jujuba* Mill. {图[51]-1}

[识别要点]落叶乔木。枝有长枝、短枝和脱落性小枝 3 种：长枝俗称"枣头"，红褐色，光滑，有托叶刺或不明显；短枝俗称"枣股"，在 2 年生以上长枝上互生；脱落性小枝俗称"枣吊"，为纤细的无芽枝，簇生于短枝上，冬季与叶同落。叶卵状椭圆形，长 3~8cm，先端钝尖，基部宽楔形，具钝锯齿。核果长 1.5~6cm，椭圆形，淡黄绿色，熟时红褐色，核锐尖。花期 5~6 月，果熟期 8~10 月。常见变种和栽培品种有：

①'龙爪'枣 'Tortuosa'　小枝游蛇状，果实小而质差。生长缓慢，以观赏为主。

②酸枣 var. *spinosa*（Bunge）Y. L. Chen. 常呈灌木状，但也可长成高达 10m 的大树。托叶刺明显，一长一短，长者直伸，短者向后钩曲；叶较小。核果小，近球形，味酸，果核两端钝。

③无刺枣 var. *inermis*（Bunge）Rehd.　枝无托叶刺，果较大。各地栽培多为此类。

[分布]东北南部、黄河、长江流域以南

图[51]-1　枣树
1. 花枝　2. 果枝　3. 花　4. 托叶刺
5. 果　6. 果核　7. 花图式

各地有分布。华北、华东、西北地区是枣的主要产区。

[习性]喜光。对气候、土壤适应性强，耐寒，耐干瘠和盐碱，在轻度盐碱土上果肉的糖度增加。根系发达，萌蘖性强。耐烟尘及有害气体，抗风沙。

[用途]枣树是我国北方果树及林粮间作树种，被称为"铁秆庄稼"。栽培历史悠久，自古就用作庭荫树、园路树，是园林结合生产的好树种。树叶垂荫，红果挂枝，老树干枝古朴，可孤植、丛植于庭院，在居民区的房前屋后丛植几株能添景增色。果实营养丰富，富含维生素C，可鲜食、加工成多种食品或入药。也是优良的蜜源树种。木材可供雕刻。

2. 枳椇属 *Hovenia* Thunb.

落叶乔木。芽鳞2，顶芽缺；叶迹3。叶互生，基部三出脉，有锯齿；托叶早落。花两性，聚伞花序或圆锥状；花部5数；子房下部埋藏于花盘中，3室，花柱3裂。核果球形，外果皮革质，内果皮膜质；果序分枝肥大肉质并扭曲。

全世界共3种2变种；我国均产。

(1) 枳椇(拐枣) *Hovenia dulcis* Thunb. {图[51]-2}

[识别要点]落叶乔木，树高，达45m。小枝红褐色，初有毛。叶片宽卵形，长10~15cm，先端渐尖，基部近圆形，具粗钝锯齿；叶柄长3~5cm。聚伞圆锥花序，生于主枝及侧枝顶端。果熟时黑色。

[分布]黄河流域至长江流域普遍分布。多生于阳光充足的沟边、路旁、山谷中。

[习性]喜光，有一定的耐寒力。对土壤要求不严。深根性，萌芽力强。

[用途]枳椇树姿优美，叶大荫浓，是良好的庭荫树、行道树。果序梗肥大可食，果实可入药。

(2) 南方枳椇(鸡爪树、金钩子) *Hovenia acerba* Lindl.

[识别要点]叶片锯齿细尖。花序为对称二歧式聚伞圆锥花序，顶生或腋生。果熟时黄色。花期6月，果期9~10月。

[分布]产于长江流域以南至西南及甘肃、陕西、河南。

[习性]喜温暖湿润气候。对土壤要求不严，耐沙荒，耐瘠薄。

[用途]同枳椇。

3. 雀梅藤属 *Sageretia* Brongn.

落叶有刺或无刺攀缘灌木。单叶对生或近对生，羽状脉，边缘有细齿；托叶小，早落。花小，无柄或近无柄，穗状花序或排成圆锥花序；萼裂、花瓣、雄蕊各5；子房埋在花盘内，2~3室。核果。

全世界共约35种，我国约14种。

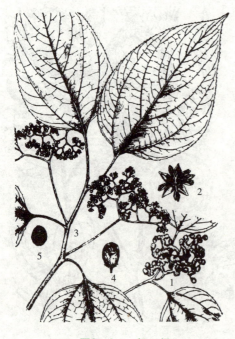

图[51]-2 枳 椇
1. 果枝 2. 花 3. 花枝 4. 果 5. 种子

雀梅藤(对节刺) *Sageretia thea* (Osbeck) Johnst.

[识别要点]落叶攀缘灌木。小枝灰色或灰褐色,密生短柔毛,有刺状短枝。单叶近对生,卵状椭圆形,长1~3cm,边缘有细锯齿,侧脉4~5对,表面有光泽。穗状圆锥花序,花小,绿白色。核果近球形,熟时紫黑色。

[分布]产于我国长江流域及其以南地区,多生于山坡、路旁。朝鲜、日本、越南、印度也有分布。

[习性]喜光,稍耐阴。喜温暖气候,不耐寒。耐修剪。

[用途]雀梅藤在各地常栽作盆景,也可作绿篱。嫩叶可代茶。

[52] 葡萄科 Vitaceae

藤本,稀为直立灌木或小乔木。卷须分叉,常与叶对生。单叶或复叶,互生;有托叶。花两性或杂性,聚伞、圆锥或伞房花序,且与叶对生;花部5数,花瓣分离或黏合成帽状,花时整体脱落;雄蕊与花瓣同数对生,着生于花盘外围;子房上位,2~6室,每室胚珠1~2。浆果。

全世界共约12属700种,分布于热带至温带;我国有8属112种,南北均产。

本科许多藤木是垂直绿化的优良材料,但仍处于野生状态,值得开发利用。

1. 葡萄属 *Vitis* L.

藤本,以卷须攀缘其他物体上升。髓心棕色,节部有横隔。单叶,稀复叶,叶缘有齿。花杂性异株,圆锥花序与叶对生;萼微小;花瓣黏合而不张开,帽状,整体脱落;花盘具5蜜腺;子房2(4)室,每室胚珠2,花柱短圆锥状。果肉质,内有种子2~4粒。

全世界共约70种;我国约30种,南北均有分布。

葡萄 *Vitis vinifera* L. {图[52]-1}

[识别要点]落叶藤本,蔓长达30m。茎皮紫褐色,长条状剥落;卷须分叉,与叶对生。叶卵圆形,长7~20cm,3~5掌状浅裂,裂片尖,具粗锯齿;叶柄长4~8cm。花序长10~20cm,与叶对生;花黄绿色,有香味。果圆形或椭圆形,成串下垂,绿色、紫红色或黄绿色,表面被白粉。花期5~6月,果期8~9月。

[分布]原产于亚洲西部。我国引种栽培已有2000余年,分布极广,南北均产,品种繁多。

[习性]喜光。喜干燥和夏季高温的

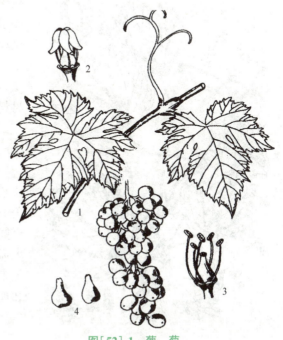

图[52]-1 葡 萄
1. 果枝 2. 花 3. 去花瓣的花(示雄蕊、雌蕊及花盘) 4. 种子

大陆性气候，较耐寒。要求通风和排水良好环境，对土壤要求不严。

[用途]葡萄是世界主要水果树种之一，是园林垂直绿化结合生产的理想树种。常用于布置长廊、门廊、棚架、花架等，翠叶满架，硕果晶莹，果、叶兼赏。

2. 地锦属 *Parthenocissus* Planch.

落叶藤本。卷须顶端扩大成吸盘，髓白色。叶互生，掌状复叶或单叶；具长柄。花两性，稀杂性，聚伞花序与叶对生；花部常5数；花瓣离生；子房2室，每室胚珠2，花柱长。浆果小。

全世界共约15种；我国约9种。

(1) 地锦（爬山虎、爬墙虎）*Parthenocissus tricuspidata* (Sieb. et Zucc.) Planch. {图[52]-2}

[识别要点]落叶藤本，长达20m。卷须短，多分枝，顶端有吸盘。叶形变异很大，通常宽卵形，长8~18cm，宽6~16cm，先端多3裂，或深裂成3小叶，基部心形，边缘有粗锯齿，三主脉。花序常生于短枝顶端两叶之间，花黄绿色。果球形，径6~8mm，蓝黑色，被白粉。花期6月，果期10月。常见栽培品种有：

'金虎' 'Jinhu' 4~6月嫩叶金黄色。

[分布]分布于华南、华北至东北各地。

[习性]喜阴，耐寒，耐旱，对土壤及气候适应能力很强。在较阴湿、肥沃的土壤中生长最佳。生长力强。

[用途]地锦蔓茎纵横，能借吸盘攀附，秋季叶色变为红色或橙色。可配置于建筑物墙壁、墙垣、庭园入口、假山石峰、桥头石壁或老树干上。对氯气抗性强，可用于厂矿区、居民区垂直绿化。也可作护坡保土植被，是盘山公路及高速公路挖方路段绿化的优良材料。

(2) 五叶地锦（美国地锦、美国爬山虎）*Parthenocissus quinquefolia* Planch.

本种与地锦的区别：掌状复叶，小叶5，质较厚，叶缘具大而圆的粗锯齿。原产于北美洲，在我国华北、东北等地有栽培。在北京能旺盛生长，但攀缘能力不如地锦，易被大风刮落。喜湿润、肥沃土壤。生长快。充足阳光能促使秋叶变红。为很好的垂直绿化和地面覆盖材料。

3. 蛇葡萄属 *Ampelopsis* Michx.

落叶藤木。以卷须攀缘，髓心白色。叶互生，单叶或复叶；具长柄。花小，两性，

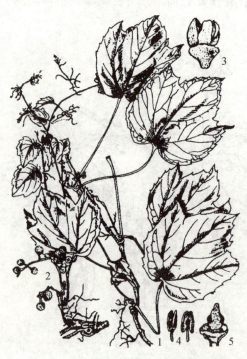

图[52]-2 地　锦
1.花枝 2.果枝 3.花
4.花药背、腹面 5.雌蕊

聚伞花序具长梗，与叶对生或顶生；花部常为5数，花萼全缘，花瓣离生并开展；雄蕊短；子房2室，花柱细长。浆果，具1~4种子。

蛇葡萄 *Ampelopsis glandulosa*（Wall.）Momiy

木质藤本。枝条粗壮，嫩枝具柔毛。叶互生，阔卵形，通常3浅裂。聚伞花序与叶对生；花多数，细小，绿黄色；萼片5；花瓣5，镊合状排列；雄蕊5；雌蕊1，子房2室。浆果小，近球形或肾形，由深绿色变蓝黑色。花期6~7月，果熟期9~10月。

[53] 柿树科 Ebenaceae

乔木或灌木。单叶互生，稀对生，全缘；无托叶。花单性异株或杂性，单生或聚伞花序，常腋生；萼3~7裂，宿存，花后增大；花冠3~7裂；雄蕊为花冠裂片的2~4倍，稀同数，生于花冠基部；雌花中有退化雄蕊或无；子房上位，2至多室，每室有胚珠1~2。浆果。

全世界共3属500余种；我国有1属约57种。

柿树属 *Diospyros* L.

落叶，稀常绿，乔木或灌木。顶芽缺，芽鳞2~3。叶二列状互生。花杂性，雄花为聚伞花序，雌花及两性花多单生；萼4(3~7)裂，绿色；花冠钟形或壶形，白色，4~5(7)裂；雄蕊4~16；子房4~12室。果基部有增大而宿存的花萼。种子扁平，稀无种子。

全世界共约500种；我国约57种。

(1) 柿树 *Diospyros kaki* **Thunb.** ｛图[53]-1｝

[识别要点] 落叶乔木。树冠球形或圆锥形。树皮长方块状深裂，不易剥落。小枝及叶下面密被黄褐色柔毛。叶片宽椭圆形至卵状椭圆形，长6~18cm，近革质，上面深绿色，有光泽，下面淡绿色。花钟状，黄白色，多为雌雄同株异花。果卵圆形或扁球形，形状多变，大小不一，熟时橙黄色或鲜黄色；萼宿存，称"柿蒂"。花期5~6月，果期9~10月。常见变种有：

野柿树 var. *sylvestris* Makino 与柿树的区别：小枝、叶柄被锈色毛，叶片下面密生黄褐色短柔毛。叶较小而薄。果较小。

[分布] 我国特有树种，自长城以南各地均有栽培，其中以华北栽培最多。

[习性] 喜光。喜温暖，也耐寒，能耐-20℃的短期低温。对土壤要求不严。根系发达，寿命长，300年生的古树还能结果。对有毒气体抗性较强。

图[53]-1 柿 树

1. 花枝 2. 雄花 3. 雌花 4. 去花瓣后的雌花(示退化雄蕊及花柱) 5. 雄花的花冠筒（展开）6. 雄蕊腹、背面 7. 果

[用途]柿树树冠开展如伞,叶大荫浓,秋日叶色转红,丹实似火,至11月落叶后还高挂于树上,极为美观,是观叶、观果和结合生产的重要树种。可用于厂矿区绿化,也是优良行道树。久经栽培,品种多达300个以上,如'盖柿'、'镜面'柿、'磨盘'柿。通常分甜柿和涩柿两大类。

(2) 君迁子 *Diospyros lotus* L.

与柿树的区别:冬芽先端尖。叶长椭圆形,表面深绿色,下面被灰色柔毛。果小,蓝黑色。适应性强,耐寒、耐干瘠薄能力都比柿树强。深根性。一般用作嫁接柿树的砧木。

(3) 老鸦柿 *Diospyros rhombifolia* Hemsl.

[识别要点]落叶灌木。枝有刺,无毛或近无毛。叶卵状菱形至倒卵形,长3~6cm。花白色,单生于叶腋;宿存萼片椭圆形或披针形,有明显纵脉纹。浆果卵球形,径约2cm,顶端有小突尖,有柔毛,熟时红色;果柄长约2cm。花期4月,果熟期10月。

[分布]产于我国东南部,常野生于山坡灌丛或林缘。

[习性]喜温暖湿润环境,较耐旱。适生于土质疏松、肥沃、排水良好的微酸性土。

[用途]老鸦柿可用于庭园观赏,或栽作绿篱。

(4) 油柿 *Diospyros oleifera* Cheng

[识别要点]落叶乔木,高5~10m。树皮灰褐色,薄片状剥落。幼枝密生茸毛。叶质地较薄,椭圆形至卵状椭圆形,长6~18cm,两面被柔毛。浆果扁球形或卵圆形,径4~7cm,无光泽,幼果密生毛,老时毛少并有黏胶物渗出。花期9月,果熟期10~11月。

[分布]产于我国东南部,苏州洞庭山一带多栽培。

[习性]喜光,喜温。中度喜湿,喜肥。

[用途]冬景树种。果可食,并可提取柿漆供制油伞、油布等。

 现场教学

双子叶植物识别与应用现场教学(四)

现场教学安排	内 容
教学目标	通过现场教学,使学生掌握园林中桑科、杜仲科、瑞香科、海桐花科、柽柳科、椴树科、杜英科、梧桐科、锦葵科、大戟科、山茶科、猕猴桃科、杜鹃花科、金丝桃科、石榴科、冬青科、卫矛科、胡颓子科、鼠李科、葡萄科、柿树科的绿化特点,各科的区别,以及园林绿化中存在的问题
教学地点	校园、树木园等有桑科、杜仲科、瑞香科、海桐花科、柽柳科、椴树科、杜英科、梧桐科、锦葵科、大戟科、山茶科、猕猴桃科、杜鹃花科、金丝桃科、石榴科、冬青科、卫矛科、胡颓子科、鼠李科、葡萄科、柿树科植物生长的地点
教学组织	1. 教师引导学生观察。 2. 学生观察并讨论。 3. 教师总结并布置作业

单元 3　双子叶植物识别与应用

(续)

现场教学安排	内　容
教学内容	1. 观察科、种。 (1) 桑科　Moraceae 桑树　*Morus alba*　　　　　构树　*Broussonetia papyrifera*　　柘树　*Cudrania tricuspidata* 无花果　*Ficus carica* (2) 杜仲科　Eucommiaceae 杜仲　*Eucommia ulmoides* (3) 瑞香科　Thymelaeaceae 瑞香　*Daphne odora*　　　　芫花　*Daphne genkwa*　　　结香　*Edgeworthia chrysanth* (4) 海桐科　Pittosporaceae 海桐　*Pittosporum tobira* (5) 柽柳科　Tamaricaceae 柽柳　*Tamarix chinensis*　　多枝柽柳　*Tamarix ramosissima* (6) 椴树科　Tiliaceae 南京椴　*Tilia miqueliana*　　扁担杆　*Grewia biloba* (7) 杜英科　Elaeocarpaceae 杜英　*Elaeocarpus sylvestris*　中华杜英　*Elaeocarpus chinensis* (8) 梧桐科　Sterculiaceae 梧桐　*Firmiana platanifolia* (9) 锦葵科　Malvaceae 木槿　*Hibiscus syriacus*　　　木芙蓉　*Hibiscus mutabilis* (10) 大戟科　Euphorbiaceae 乌桕　*Sapium sebiferum*　　　重阳木　*Bischofia polycarpa*　　山麻杆　*Alchornea davidii* 变叶木　*Codiaeum variegatum* (11) 山茶科　Theaceae 山茶　*Camellia japonica*　　　茶梅　*Camellia sasanqua*　　　茶　*Camellia sinensis* 木荷　*Schima superba*　　　　厚皮香　*Ternstroemia gymnanthera* (12) 猕猴桃科　Actinidiaceae 猕猴桃　*Actinidia chinensis* (13) 杜鹃花科　Ericaceae 杜鹃花　*Rhododendron simsii*　满山红　*Rhododendron mariesii* (14) 金丝桃科　Hypericaceae 金丝桃　*Hypericum monogynum*　金丝梅　*Hypericum patulum* (15) 石榴科　Punicaceae 石榴　*Punica granatum* (16) 冬青科　Aquifoliaceae 枸骨　*Ilex cornuta*　　　　　冬青　*Ilex purpurea*　　　　　大叶冬青　*Ilex latifolia* 大果冬青　*Ilex macrocarpa* (17) 卫矛科　Celastraceae 大叶黄杨　*Euonymus japonicus*　　银边大叶黄杨　*Euonymus japonicus* var. *albo-marginatus* 金边大叶黄杨　*Euonymus japonicus* var. *aureo-marginatus*　　扶芳藤　*Euonymus fortunei* 丝棉木　*Euonymus maackii*　　卫矛　*Euonymus alatus*　　　南蛇藤　*Celastrus orbiculatus* (18) 胡颓子科　Elaeagnaceae 胡颓子　*Elaeagnus pungens*　　秋胡颓子　*Elaeagnus umbellata*　木半夏　*Elaeagnus multiflora*

(续)

现场教学安排	内　　容
教学内容	(19) 鼠李科　Rhamnaceae 枣树　*Ziziphus jujuba*　　　枳椇　*Hovenia dulcis*　　　南方枳椇　*Hovenia acerba* 雀梅藤　*Sageretia thea* (20) 葡萄科　Vitaceae 葡萄　*Vitis vinifera*　　　地锦　*Parthenocissus tricuspidata* (21) 柿树科　Ebenaceae 柿树　*Diospyros kaki*　　　君迁子　*Diospyros lotus* 2. 观察内容提示。 (1) 枝 常绿或落叶；有乳汁、胶丝或无。 (2) 叶 对生或互生；网状脉或三出脉；基部心形或偏斜，边缘有锯齿或分裂。 (3) 花 单性花、单被花；花单生、簇生；柔荑花序有无花盘；雌蕊及心皮的数目。 (4) 果 核果、翅果、聚花果；浆果、蒴果、核果。
课外作业	描述以上树种的识别要点，熟记它们的园林用途

思考题

一、判断题

1. 榕属树种一般具环状托叶痕。（　　）
2. 瑞香为落叶树种，早春开花，香味浓郁，观赏价值较高。（　　）
3. 扶桑为我国南方的美丽观赏花木。（　　）
4. "梧桐一叶落，天下尽知秋"是形容梧桐落叶早。（　　）
5. 榕树是我国华北地区常见的庭荫树和行道树。（　　）
6. 结香为落叶树种，早春开花，香味浓郁，观赏价值较高。（　　）
7. 杜英为落叶乔木，叶互生。（　　）
8. 柽柳是柳属中最耐盐碱的树种，为盐碱土的指示植物。（　　）
9. 小枝具有环状托叶痕是木兰科特有的特征。（　　）
10. 扶芳藤为单叶对生的落叶藤本。（　　）
11. 丝棉木的种子具红色假种皮。（　　）
12. 乌桕与重阳木都是耐水湿的园林观赏树种。（　　）
13. 变叶木又名洒金榕，是著名的南方观叶树种。（　　）
14. 茶与油茶都是"花果同树"的树种。（　　）
15. 诗句"喜看柏树梢头白，疑是红梅小着花"是形容乌桕的种子。（　　）
16. 山茶属植物都喜半阴环境及酸性沙质壤土。（　　）
17. 龟甲冬青是落叶乔木，常作庭荫树。（　　）
18. 石榴的小枝具四棱，枝端常刺状。（　　）

19. 胡颓子是双色叶树种。( )

二、单项选择题

1. 叶两面、叶柄、小枝密生粗毛的工厂绿化优良树种是( )。
   A. 桑树　　　　B. 榕树　　　　C. 无花果　　　D. 构树
2. 下列树种枝条柔软，弯之可打结而不断的是( )。
   A. 结香　　　　B. 瑞香　　　　C. 三角花　　　D. 海桐
3. 常年绿叶中常存有鲜红的老叶的树种是 ( )。
   A. 香樟　　　　B. 杜英　　　　C. 重阳木　　　D. 乌桕
4. "屋前植桐，屋后种竹"，其中的"桐"是指( )。
   A. 法桐　　　　B. 英桐　　　　C. 海桐　　　　D. 梧桐
5. 下列树种叶撕断后有丝状胶质，树皮为著名中药材的是( )。
   A. 桑树　　　　B. 榕树　　　　C. 杜仲　　　　D. 构树
6. 下列树种为盐碱地指示植物的是( )。
   A. 三角花　　　B. 柽柳　　　　C. 木槿　　　　D. 海桐
7. 结香是( )观花灌木。
   A. 春末黄色　　B. 早春黄色　　C. 早春红色　　D. 春末红色
8. 桑科中吸滞粉尘、抗污染效果最好的是( )。
   A. 构树　　　　B. 桑树　　　　C. 无花果　　　D. 柘树
9. 种子黑色，外被白蜡，经冬不落的树种是( )。
   A. 香樟　　　　B. 杜英　　　　C. 重阳木　　　D. 乌桕
10. 枝与嫩叶均为紫红色的落叶丛生直立灌木是( )。
    A. 山麻杆　　　B. 杜英　　　　C. 红叶石楠　　D. 乌桕
11. 下列两个树种均为酸性土指示树种的是( )。
    A. 茶、杜鹃花　B. 杜鹃花、梧桐　C. 山茶、金丝桃　D. 梧桐、山茶
12. 枝条、苞片、花柄、花萼、叶两面均有棕褐色扁平糙伏毛的树种是( )。
    A. 茶　　　　　B. 杜鹃花　　　C. 金丝桃　　　D. 梧桐
13. 叶无柄，对生，全缘，叶背有透明腺点的树种是 ( )。
    A. 迎春花　　　B. 杜鹃花　　　C. 金丝桃　　　D. 山茶
14. 下列属于卫矛科树种的是( )。
    A. 大叶黄杨　　B. 大叶冬青　　C. 黄杨　　　　D. 冬青
15. 可攀缘于墙壁的木质藤本是( )。
    A. 葡萄　　　　B. 地锦　　　　C. 忍冬　　　　D. 紫藤
16. 下列叶互生的树种是( )。
    A. 大叶黄杨　　B. 蜡梅　　　　C. 黄杨　　　　D. 杜英

三、比较题

1. 木槿与木芙蓉　　2. 桑树与构树　　3. 山茶与油茶
4. 冬青与大叶黄杨　5. 葡萄与地锦　　6. 扶芳藤与大叶黄杨

四、简答题

1. 请描述海桐的形态特征与观赏价值。

2. 瑞香科植物的花有何特点？在园林中如何配置？
3. 锦葵科植物的花有何显著特点？园林应用中如何体现其特色？
4. 简述杜仲的识别要点、习性及用途。
5. 分别谈谈乌桕、重阳木、山麻杆的观赏特性及园林用途。
6. 如何识别山茶科中山茶属、木荷属和厚皮香属？
7. 列表比较茶、茶梅、油茶、山茶在形态上的区别特征。
8. 石榴科的花期有何特点？园林中如何应用？
9. 猕猴桃在园林上有何用途？
10. 枸骨为何又名鸟不宿？它的主要用途是什么？
11. 列表比较冬青、大叶冬青、钝齿冬青、大果冬青的形态特征。
12. 可用于垂直绿化的卫矛科树种有哪些？它们的主要特征是什么？
13. 胡颓子科植物的主要识别要点是什么？有哪些观赏特性？
14. 葡萄科植物在园林中如何配置？简述葡萄的生态习性及主要用途。
15. 五叶地锦与地锦在形态上有何区别？举例说明它们的观赏特性和园林用途。
16. 简述柿树的识别要点、习性及应用。

[54] 芸香科 Rutaceae

木本或草本。具挥发性芳香油。复叶或单身复叶，互生或对生，叶片上常有透明油腺点；无托叶。花两性，稀单性，整齐，单生、聚伞或圆锥花序；萼 4～5 裂；花瓣 4～5；雄蕊与花瓣同数或为其倍数，有花盘；子房上位，心皮 2～5 或多数，每室 1～2 胚珠。柑果、浆果、蒴果、蓇葖果、核果或翅果。

全世界约 150 属 1700 种，产于热带、亚热带，少数产于温带；我国有 28 属 154 种。

分属检索表

1. 花单性；蓇葖果或核果。
  2. 枝有皮刺，复叶互生，蓇葖果 ·············· 花椒属 *Zanthoxylum*
  2. 枝无皮刺，复叶对生，核果 ·············· 黄檗属 *Phellodendron*
1. 花两性，心皮合生；柑果。
  3. 三出复叶，落叶性；茎有枝刺；果密被短柔毛 ·············· 枸橘属 *Poncirus*
  3. 单身复叶或单叶；果无毛。
    4. 子房 8～15 室，每室 4～12 胚珠；果较大 ·············· 柑橘属 *Citrus*
    4. 子房 2～6 室，每室 2 胚珠；果较小 ·············· 金橘属 *Fortunella*

1. 花椒属 *Zanthoxylum* L.

小乔木或灌木，稀藤本。具皮刺。奇数羽状复叶或三小叶，互生，有锯齿或全缘。花单性异株或杂性，簇生、聚伞或圆锥花序；萼 3～8 裂；花瓣 3～8，稀无花瓣；雄蕊 3～8；子房 1～5 心皮，离生或基部合生，各具 2 并生胚珠。聚合蓇葖果，外果皮革质，被油腺点。种子黑色，有光泽。

全世界本属约 250 种；我国有 45 种，主产于黄河流域以南。

花椒 *Zanthoxylum bungeanum* Maxim. {图[54]-1}

[识别要点]落叶小乔木。树皮上有许多瘤状突起，枝具扁平三角状尖锐皮刺。奇数羽状复叶，小叶5~11，卵形至卵状椭圆形，先端尖，基部近圆形或广楔形，锯齿细钝，齿缝处有透明油腺点；叶轴具窄翅。顶生聚伞状圆锥花序，花单性或杂性同株，子房无柄。果球形，红色或紫红色，密生油腺点。花期4~5月，果7~9月成熟。

[分布]原产于我国中北部。以河北、河南、山西、山东栽培最多。

[习性]喜较温暖气候，不耐严寒。对土壤要求不严。生长慢，寿命长。

[繁殖]播种或分株繁殖。

[用途]花椒在园林绿化中可作绿篱。果是香料，可结合生产进行栽培。

2. 黄檗属 *Phellodendron* Rupr.

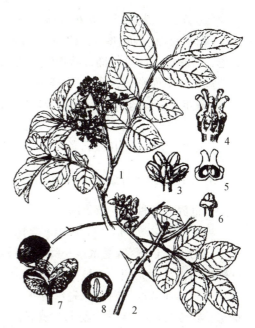

图[54]-1 花椒
1. 雌花枝 2. 果枝 3. 雄花
4. 雌花 5. 雌蕊纵剖面 6. 退化雌蕊
7. 果 8. 种子横剖面

落叶乔木。顶芽缺，侧芽为柄下芽。奇数羽状复叶，对生，叶缘有油腺点。花雌雄异株，聚伞或伞房状圆锥花序顶生；萼片、花瓣、雄蕊各5；雌花有退化雄蕊，心皮5，合生，每室1胚珠，柱头5裂。核果，具5核，种子各1。

(1)黄波罗(黄檗) *Phellodendron amurense* Rupr. {图[54]-2}

[识别要点]落叶乔木，树高达22m。树皮木栓层发达，深纵裂，富弹性，内皮鲜黄色。小枝无毛。小叶卵状披针形，先端尾尖，基部偏斜，锯齿细钝，下面中脉基部有长茸毛。花黄绿色。果球形，熟时紫黑色。花期5~6月，果期10月。

[分布]东北大兴安岭、长白山及华北北部有分布。

[习性]喜光，稍耐阴。要求冷凉湿润气候及深厚、肥沃土壤，耐寒力强。深根性，抗风力强。

[繁殖]播种繁殖，也可根蘖繁殖。

[用途]黄波罗树冠整齐，生长旺盛，是理想的庭荫树及行道树。与核桃楸、水曲柳等组成混交林，是"东北三大阔叶用材树种"之一。内皮入药，药名"黄柏"。

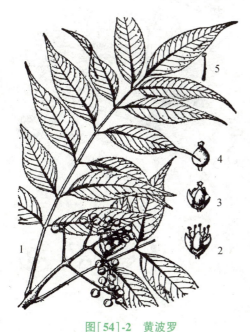

图[54]-2 黄波罗
1. 果枝 2. 雄花 3. 雌花 4. 雌蕊 5. 雄蕊

(2) 黄皮树(川黄檗) *Phellodendron chinense* Schneid. {图[54]-3}

[识别要点] 落叶乔木，树高达 20m。树皮灰棕色，薄而开裂，木栓层不发达，内皮黄色，有黏性。小叶长椭圆状披针形至长椭圆状卵形，先端尾尖，基部偏斜，上面中脉密被短毛，下面密被长茸毛；叶轴有密毛。果球形，黑色，果序密集成团。

[分布] 主产于四川、云南、湖北、湖南、陕西、甘肃有分布。

[习性] 喜光，喜温凉气候。对土壤适应性广。

[用途] 可作庭荫树及行道树。

3. 枸橘属(枳属) *Poncirus* Raf.

全世界共 2 种；均产我国。

枸橘(枳) *Poncirus trifoliate* (L.) Raf. {图[54]-4}

[识别要点] 落叶灌木或小乔木。枝绿色，扁而有棱，枝刺粗长而略扁。三出复叶，叶轴有翅；小叶无柄，有波状浅齿；顶生小叶大，倒卵形，叶基楔形；侧生小叶较小，基稍歪斜。花两性，白色，先花后叶；萼片、花瓣各5；雄蕊8~10；子房6~8室。柑果球形，径 3~5cm，密被短柔毛，黄绿色。花期 4 月，果熟期 10 月。

[分布] 原产于华中。河北、山东、山西以南都有栽培。

[习性] 喜光。喜温暖湿润气候，耐寒，能耐 -28~-20℃ 低温。喜微酸性土壤。生长速度中等，萌枝力强，耐修剪。

图[54]-3 黄皮树
1. 果枝 2. 叶(示毛)

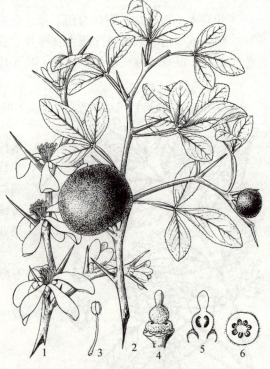

图[54]-4 枸橘
1. 花枝 2. 果枝 3. 雄蕊 4. 雌蕊
5. 雌蕊纵剖面 6. 子房横剖面

[繁殖]播种或扦插繁殖。

[用途]枸橘枝条绿色、多刺，春季叶前开花，秋季黄果累累，是观花、观果的好树种。可作为绿篱或刺篱栽培，也可作为造景树及盆景材料。盆栽时常控制在春节前后果实成熟，供室内摆设。还是柑橘的优良砧木。

4. 柑橘属 Citrus L.

常绿小乔木或灌木。常具枝刺。单身复叶，互生，革质；叶柄常有翼。花两性，单生、簇生、聚伞或圆锥花序；花白色或淡红色，常为5数；雄蕊多数，束生；子房无毛，8~15室，每室4~12胚珠。柑果较大，无毛或有毛。

全世界共约20种，产于东南亚；我国有10种，产于长江流域以南至东南部，北方盆栽。本属树种喜温暖湿润气候和深厚、肥沃、疏松、排水良好的酸性及中性土壤。为南方著名果树或观果树种。

(1) 柚 *Citrus maxima*(Burm.)Merr. {图[54]-5}

[识别要点]小乔木。小枝扁，有毛，有刺。叶卵状椭圆形，叶缘有钝齿；叶柄具宽大倒心形的翼。花两性，白色，单生或簇生于叶腋。果球形、扁球形或梨形，径15~25cm；果皮平滑，淡黄色。3~4月开花，9~10月果熟。

[用途]柚为常绿香花观果树种，观赏价值较高，在江南园林庭园常见栽培。近年来，常作为盆栽观果的年花。

(2) 甜橙(广柑) *Citrus sinensis* (L.)Osbeck. {图[54]-6}

[识别要点]小乔木。小枝无毛，枝刺短或无。叶椭圆形至卵形，全缘或有不显著钝齿；叶柄具狭翼，柄端有关节。花白色，1至数朵簇生于叶腋。果近球形，橙黄色，果皮不易剥离，果瓣10，果心充实。花期5月，果熟期11月至翌年2月。

图[54]-5 柚
1. 果枝 2. 花 3. 去雄蕊的花

图[54]-6 甜橙
1. 果枝 2. 花 3. 去雄蕊的花

[分布]分布于热带、亚热带地区。在中国主产于四川、广东、台湾等地。

[习性]喜温暖湿润气候及半阴环境。最适温度23~29℃，耐寒力较差。不耐干旱。在肥沃、疏松、深厚的土壤中生长。土壤积水时，会引起落叶、落果，甚至导致烂根、死亡。

[用途]甜橙树姿挺立，枝叶稠密，终年碧绿，开花多次，花朵洁白、具芳香，果实鲜艳可食，是园林结合生产的优良果树。

(3) 柑橘 *Citrus reticulata* Blanco.

[识别要点]小乔木或灌木。小枝较细，无毛，有刺。叶长卵状披针形，叶端渐尖，叶基楔形，全缘或有细锯齿；叶柄近无翼。花黄白色，单生或簇生于叶腋。果扁球形，橙黄或橙红色；果皮薄，易剥离。春季开花，10~12月果熟。

[分布]原产于亚洲东南部及南部。中国大部分地区有栽培。

[习性]喜温暖湿润气候，耐寒性较强。宜排水良好、含有机质不多的赤色黏质壤土。

[用途]柑橘四季常青，枝叶茂密，树姿整齐，春季满树白花，芳香宜人，秋季黄果累累。除作果树栽培外，可用于园林栽培。

(4) 佛手 *Citrus medica* L. var. *sarcodactylis* (Hoola van Nooten) Swingle

[识别要点]常绿小乔木或灌木。老枝灰绿色，幼枝略带紫红色，有短而硬的刺。单叶互生，叶片革质，长椭圆形或倒卵状长圆形，长5~16cm，宽2.5~7cm，先端钝，有时微凹，基部近圆形或楔形，边缘有浅波状钝锯齿；叶柄短，长3~6mm，无翼叶，无关节。花单生、簇生或为总状花序；花萼杯状，5浅裂，裂片三角形；花瓣5，内面白色，外面紫色；雄蕊多数；子房椭圆形，上部窄尖。柑果卵形或长圆形，先端分裂如拳状，或张开似指尖，其裂数代表心皮数，表面橙黄色、粗糙，果肉淡黄色。种子数颗，卵形，先端尖，有时不完全发育。花期4~5月，果熟期10~12月。

[分布]主产于福建、广东、四川、江苏、浙江等省份。在广东多种植在海拔300~500m的丘陵或平原开阔地带，而在四川则多分布于海拔400~700m的丘陵地带，尤其在丘陵顶较多。

[习性]佛手为热带、亚热带植物，喜温暖湿润、阳光充足的环境，耐阴，不耐严寒，怕冰霜及干旱，耐瘠，耐涝。以雨量充足、冬季无冰冻的地区栽培为宜。

[繁殖]播种、扦插、嫁接繁殖。

[用途]佛手花朵洁白，香气扑鼻，并且一簇簇开放，十分惹人喜爱。果实形状犹如伸指形、握拳形、拳指形，状如人手，惟妙惟肖。成熟的果实颜色金黄，并时时溢出芳香。挂果时间长，3~4个月甚至更久，可供长期观赏。根、茎、叶、花、果均可入药。

5. 金橘属 *Fortunella* Swingle

灌木或小乔木。枝圆形，无或少有枝刺。单叶，叶柄有狭翼。花瓣5，罕4或6，雄蕊18~20或组成不规则束。果实小，肉瓤3~6，罕为7。

全世界约4种；我国原产，分布于浙江、福建、广东等地。

金橘(金柑、牛奶橘) *Fortunella margarita* Swingle {图[54]-7}

[识别要点]常绿灌木。树冠半圆形。枝细密,通常无刺,嫩枝有棱角。叶互生,披针形至长圆形,叶柄有狭翼。花白色,芳香,单生或2~3朵集生于叶腋。柑果椭圆形或倒卵形,长约3cm,金黄色,果皮厚,有香气,果肉多汁而微酸。花期6~8月,果熟期11~12月。

[分布]我国特有,原产于我国南方,广泛分布在秦岭、长江以南一带。

[习性]喜光,较耐阴。喜温暖湿润气候。要求 pH 6~6.5,富含有机质的沙壤土。

[用途]金橘是重要的园林观赏花木和盆景材料。盆栽时常控制在春节前后果实成熟,供室内摆设。

图[54]-7 金 橘
1. 果枝　2. 果横剖面

[55]苦木科 Simaroubaceae

乔木或灌木。树皮味苦。羽状复叶互生,稀单叶。花单性或杂性,花小,整齐,圆锥或总状花序;萼3~5裂;花瓣5~6,稀无花瓣;雄蕊与花瓣同数或为其2倍;子房上位,心皮2~5,离生或合生,胚珠1。核果、蒴果或翅果。

全世界共约20属120种;我国有5属11种。

臭椿属 *Ailanthus* Desf.

落叶乔木。奇数羽状复叶互生,小叶全缘,基部常有1~4对腺齿。顶生圆锥花序,花杂性或单性异株;花萼、花瓣各5;雄蕊10;花盘10裂;子房2~6深裂,结果时分离成1~5个长椭圆形翅果。种子居中。

全世界共 10 种,产于温带至亚热带;我国有 5 种。

臭椿 *Ailanthus altissima* Swingle {图[55]-1}

[识别要点]落叶乔木,高达30m,胸径1m。树冠开阔。树皮灰色,粗糙不裂。小枝粗壮,无顶芽。叶痕大,奇数羽状复叶,小叶13~25,卵状披针形,先端渐长尖,基部

图[55]-1 臭 椿
1. 果枝　2. 花枝　3. 两性花　4. 雄花
5. 翅果　6. 种子

具腺齿1~2对，中上部全缘，下面稍有白粉，无毛或仅沿中脉有毛。花杂性，黄绿色。翅果淡褐色，纺锤形。花期4~5月，果熟期9~10月。常见栽培品种有：

①'红叶'椿'Hongyechun'　叶常年红色，在炎热的夏季红色变淡，观赏价值极高。

②'红果'椿'Hongguochun'　果实红色。

③'千头'椿'Qiantouchun'　树冠圆球形，分枝密而多，腺齿不明显。

[分布]原产于我国华南、西南、东北南部各地，现华北、西北分布最多。

[习性]喜光。适应干冷气候，能耐-35℃低温。对土壤适应性强，耐干瘠，是石灰岩山地常见树种。可耐含盐量0.6%的盐碱土，不耐积水。深根性，根蘖性强，生长快，寿命可达200年。耐烟尘，抗有毒气体。

[繁殖]播种繁殖，也可分蘖及根插繁殖。

[用途]臭椿树干通直高大，树冠开阔，叶大荫浓，新春嫩叶红色，秋季翅果红黄相间，是优良的庭荫树、行道树。臭椿适应性强，适于荒山造林和盐碱地绿化，更适于街头、污染严重的工矿区绿化。臭椿还是华北山地及平原防护林的重要速生用材树种。臭椿颇受国外欢迎，在许多国家用作行道树，誉称"天堂树"，值得推广。

[56]楝科 Meliaceae

乔木或灌木，稀草本。羽状复叶，稀单叶；互生，稀对生；无托叶。花两性，整齐，圆锥或聚伞花序，顶生或腋生；萼4~5裂；花瓣4~5(3~7)，分离或基部连合；雄蕊4~12，花丝合生为筒状，内生花盘；子房上位，常2~5室，胚珠2。蒴果、核果或浆果。种子有翅或无翅。

全世界共约50属1400种；我国有15属约62种，另引入3属3种，主产于长江以南。

1. 楝属 Melia Linn.

落叶灌木或乔木。皮孔明显，2~3回奇数羽状复叶，互生，小叶有锯齿或缺齿，稀近全缘。花两性，较大，淡紫色或白色，圆锥花序腋生；萼5~6裂；花瓣5~6，离生；雄蕊10~12，花丝连合成筒状，顶端有10~12齿裂；子房3~6室。核果。

全世界共约3种；我国共有2种，产于东南至西南部。

(1)楝树(苦楝)*Melia azedarach* Linn.{图[56]-1}

[识别要点]落叶乔木，高达30m，胸

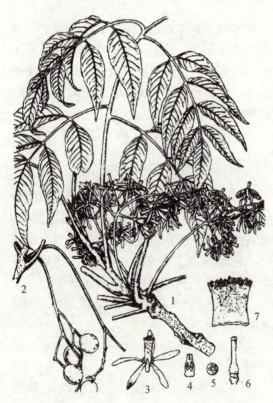

图[56]-1　楝 树
1. 花枝　2. 果序分枝　3. 花　4. 子房纵剖面
5. 果横剖面　6. 雌蕊　7. 展开的雄蕊管

径 1m。树冠宽阔。小叶卵形、卵状椭圆形，先端渐尖，基部楔形，锯齿粗钝。圆锥花序，花芳香，淡紫色。核果球形，熟时黄色，经冬不落。花期 4~5 月，果熟期 10~11 月。

[分布]山西、河南、河北南部、山东、陕西、甘肃南部，以及长江流域及其以南各地均有分布。

[习性]喜光。喜温暖气候，不耐寒。对土壤要求不严，稍耐干瘠，较耐湿，耐轻度盐碱。浅根性，侧根发达，主根不明显。萌芽力强，生长快，但寿命短。耐烟尘，对二氧化硫抗性强。

[繁殖]播种繁殖，也可分蘖繁殖。

[用途]楝树树形优美，叶形秀丽，春夏之交开淡紫色花朵，颇为美丽，且有淡香，是优良的庭荫树、行道树。耐烟尘、抗二氧化硫，因此也是良好的城市及工矿区绿化树种。楝树是江南地区"四旁"绿化常用树种，也是黄河以南低山平原地区速生用材树种。

(2) 川楝 *Melia toosendan* Sieb. et Zucc.

与楝树的区别：小叶全缘，稀疏锯齿。子房 6~8 室。果较大，长约 3cm。产于湖北及西南，各地有栽培。极喜光，速生。

2. 香椿属 *Toona* Roem.

落叶或常绿乔木。偶数或奇数羽状复叶，互生，小叶全缘或有不明显的粗齿。花两性，圆锥花序；花白色，5 基数；花丝分离；子房 5 室，每室胚珠 8~12。蒴果木质或革质，5 裂。种子多数，上部有翅。

全世界共 15 种；我国共有 4 种，产于华北至西南。

香椿 *Toona sinensis* (A. Juss) Roem{图[56]-2}

[识别要点]落叶乔木，高达 25m，胸径 1m。树皮暗褐色，浅纵裂。有顶芽，小枝粗壮，叶痕大。偶数、稀奇数羽状复叶，有香气；小叶 10~20，矩圆形或矩圆状披针形，先端渐长尖，基部偏斜，有锯齿。圆锥花序顶生，花白色，芳香。蒴果椭圆形，红褐色。种子上端具翅。花期 6 月，果熟期 10~11 月。

[分布]原产于我国中部，辽宁南部、黄河及长江流域各地普遍栽培。

[习性]喜光，有一定耐寒性。对土壤要求不严，稍耐盐碱，耐水湿。萌蘖性、萌芽力强，耐修剪。对有害气体抗性强。

[用途]香椿树干通直，树冠开阔，枝叶浓密，嫩叶红艳，常用作庭荫树、行道树、"四旁"绿化树。香椿是华北、华东、华中低山丘陵或平原地区重要用材树种，有"中国桃花心木"之称。嫩芽、嫩叶可食，可培育成灌木状以利于

图[56]-2 香 椿
1. 花枝　2. 果序及果　3. 花　4. 去花瓣的花(示雄蕊和雌蕊)　5. 种子

采摘嫩叶。也是重要的经济林树种。

3. 米仔兰属 *Aglaia* Lour.

乔木或灌木。各部常被鳞片。羽状复叶或三出复叶，互生；小叶全缘，对生。圆锥花序，花小，杂性异株；萼裂片4~5；雄蕊5，花丝合生为坛状；子房1~3(5)室，每室1~2胚珠。浆果，内具种子1~2，常具肉质假种皮。

全世界共约300种；我国有7种，主要分布在华南。

米兰(米仔兰) *Aglaia odorata* Lour. {图[56]-3}

[识别要点] 常绿灌木或小乔木，高2~7m。树冠圆球形，多分枝。小枝顶端被星状锈色鳞片。羽状复叶，小叶3~5，倒卵形至椭圆形，叶轴与小叶柄具狭翅。圆锥花序腋生，花小而密，黄色，径2~

图[56]-3 米兰
1. 果实 2. 花枝 3. 花

3mm，极香。浆果卵形或近球形。花期自夏至秋。

[分布] 广东、广西、福建、四川、台湾等地有分布。

[习性] 喜光，略耐阴。喜温暖湿润气候，不耐寒。不耐旱，喜深厚、肥沃土壤。

[繁殖] 采用嫩枝扦插、高压等方法繁殖。

[用途] 米兰枝繁叶茂，姿态秀丽，四季常青，花香似兰，花期长，是南方优良的庭园观赏香花树种。可植于庭前，或盆栽置于室内。

[57] 无患子科 Sapindaceae

乔木或灌木，稀草本。叶常互生，羽状复叶，稀掌状复叶或单叶；无托叶。花单性或杂性，圆锥、总状或伞房花序；萼4~5裂；花瓣4~5，有时无；雄蕊8~10；子房上位，多3室，每室具1~2或更多胚珠，中轴胎座。蒴果、核果、坚果、浆果或翅果。

全世界共约150属2000种；我国有25属56种，主产于长江以南各地。

分属检索表

1. 蒴果；奇数羽状复叶。
  2. 果皮膜质而膨胀；1~2回奇数羽状复叶 ················· 栾树属 *Koelreuteria*
  2. 果皮木质；1回奇数羽状复叶 ··················· 文冠果属 *Xanthoceras*
1. 核果；偶数羽状复叶，小叶全缘。
  3. 果皮肉质；种子无假种皮 ······················ 无患子属 *Sapindus*
  3. 果皮革质或脆壳质；种子有假种皮，并彼此分离。
    4. 有花瓣；果皮平滑，黄褐色 ··················· 龙眼属 *Dimocarpus*
    4. 无花瓣；果皮具瘤状小突起，绿色或红色 ············· 荔枝属 *Litchi*

1. 栾树属 *Koelreuteria* Laxm.

落叶乔木。芽鳞2枚。1~2回奇数羽状复叶，互生，小叶有齿或全缘。大型圆锥花序，通常顶生；花杂性，不整齐，萼5深裂；花瓣5或4，鲜黄色，披针形，基部具2反转附属物。蒴果具膜质果皮，膨大如膀胱状，熟时3瓣裂。种子球形，黑色。

全世界共4种；我国有3种1变种。

（1）栾树 *Koelreuteria paniculata* Laxm. {图[57]-1}

[识别要点]落叶乔木。树冠近球形。树皮灰褐色，细纵裂。无顶芽，皮孔明显。奇数羽状复叶，有时部分小叶深裂而为不完全2回羽状复叶；小叶卵形或卵状椭圆形，边缘有不规则粗齿，近基部常有深裂片，背面沿脉有毛。顶生圆锥花序宽而疏散，花金黄色。蒴果三角状卵形，果皮肿胀如膀胱，长4~5cm，顶端尖，成熟时红褐色或橘红色。种子黑褐色。花期6~7月，果9~10月成熟。

[分布]主产于华北，东北南部至长江流域及福建，西至甘肃、四川，均有分布。

[习性]喜光，耐半阴。耐寒。耐干瘠，喜生于石灰质土壤，也能耐盐渍土及短期水涝。深根性，萌蘖力强。生长速度中等，幼树生长较慢，以后渐快。有较强的抗烟尘能力。

[繁殖]播种繁殖。

[用途]栾树树形端正，枝叶茂密而秀丽，春季嫩叶多为红色，夏季开花，满树金黄，秋季叶色变黄，果实摇曳，形如铜钱，又如灯笼，十分美丽，是理想的绿化、观赏树种。宜作庭荫树、行道树及园景树，也可用作防护林、水土保持及荒山绿化树种。

（2）复羽叶栾（西南栾树）*Koelreuteria bipinnata* Franch. {图[57]-2}

[识别要点]落叶乔木，树冠广卵形。树皮暗灰色，片状剥落。小枝暗棕色，密生皮孔。2回羽状复叶，羽片5~10对，每羽片具小叶5~15，卵状披针或椭圆状卵形，先端渐尖，基部圆形，边缘有锯齿。顶生圆锥花序，花黄色。蒴果卵形，红色。花期8~9月，果9~10月成熟。常见变种有：

全缘叶栾树 *K. bipinnata* var. *integrifolia* T. Chen　与原种的区别：小叶7~11，全缘，或偶有锯齿，长椭圆形或广楔形；花金黄色，顶生大型圆锥花序；蒴果椭球形；种子红褐色；花期9月，果10~11月成熟。

[分布]原产于江苏南部、浙江、安徽、江西、湖南、广东、广西等地，云南高原常见，山东有栽培。

[习性]耐寒性差，山东1年生苗须防寒，否则苗干易抽干，翌春从根茎处萌发新干，大树无冻害。

[用途]复羽叶栾枝叶茂密，冠大荫浓，夏末初秋开花，金黄夺目，不久就有淡红色灯笼似的果实挂满树梢，黄花红果交相辉映，十分美丽。宜作庭荫树、行道树及园景树，也可用于居民区、工矿区及农村"四旁"绿化。

2. 文冠果属 *Xanthoceras* Bunge

全世界仅1种，我国特产。

文冠果 *Xanthoceras sorbifolium* Bunge {图[57]-3}

[识别要点]落叶小乔木或灌木。树皮褐色，粗糙条裂。幼枝紫褐色。顶芽明显。奇

图[57]-1 栾 树
1. 花枝 2.——花 3. 花盘及雌蕊 4. 花 5. 果

图[57]-2 复羽叶栾
1. 花序枝 2. 雄花 3. 雌蕊 4. 果

图[57]-3 文冠果
1. 花枝 2. 花 3. 果 4. 种子

数羽状复叶，互生；小叶 9~19，对生或近对生，披针形，长 3~5cm，边缘有锐锯齿。花杂性，整齐，径约 2cm；萼片 5；花瓣 5，白色，基部有由黄变红的斑晕；花盘 5 裂，裂片背面各有一橙黄色角状附属物；雄蕊 8；子房 3 室，每室 7~8 胚珠。蒴果椭球形，径 4~6cm，果皮木质，室背 3 裂。种子球形，径约 1cm，暗褐色。

[分布] 主产于华北，陕西、甘肃、辽宁、内蒙古均有分布。

[习性] 喜光。耐严寒和干旱，不耐涝。对土壤要求不严，在沙荒地、石砾地、黏土及轻盐碱土上均能生长。深根性，主根发达，萌蘖力强。生长尚快，3~4 年生即可开花结果。

[用途] 文冠果花序大而花朵密，春天白花满树，且有秀丽光洁的绿叶相衬，更显美观，花期可持续 20 余天，并有紫花品种，是优良的观赏树种。还是华北地区的重要木本油料树种。

3. 无患子属 Sapindus L.

乔木或灌木。无顶芽。偶数羽状复叶，互生，小叶全缘。花杂性异株，圆锥花序；萼片、花瓣各 4~5；雄蕊 8~10；子房 3 室，每室 1 胚珠，通常仅 1 室发育。核果球形，中果皮肉质，内果皮革质。0 种子黑色，无假种皮。

全世界共约 15 种；我国有 4 种。

无患子 Sapindus mukurossi Gaertn. {图[57]-4}

[识别要点] 落叶或半常绿乔木。树冠广卵形或扁球形。树皮灰白色，平滑不裂。小枝无毛，芽 2 个叠生。小叶 8~14，互生或近对生，卵状披针形，先端尖，基部不对称，薄革质，无毛。顶生圆锥花序，花黄白色或带淡紫色。核果近球形，熟时黄色或橙黄色。种子球形，黑色，坚硬。花期 5~6 月，果熟期 9~10 月。

[分布] 淮河流域以南各地有分布。济南植物园有栽培，露地越冬，枝干冻死，翌年再发。

[习性] 喜光，稍耐阴。喜温暖湿润气候，耐寒性不强。对土壤要求不严，以深厚、肥沃、排水良好的土壤生长最好。深根性，抗风力强。萌芽力弱，不耐修剪。生长尚快，寿命长。对二氧化硫抗性较强。

[用途] 无患子树形高大，树冠广展，绿荫稠密，秋叶金黄，颇为美观。宜作庭荫树及行道树。若与其他秋色叶树种及常绿树种配置，更可为园林秋景增色。

图[57]-4 无患子
1. 果枝　2. 花序　3. 花　4. 两性花（去花瓣）
5. 花瓣　6. 萼片

4. 龙眼属 Dimocarpus Lour.

常绿乔木。偶数羽状复叶，互生，小叶全缘，叶上面侧脉明显。花杂性同株，圆锥花序；萼 5 深裂；花瓣 5 或缺；雄蕊 8；子房 2~3 室，每室 1 胚珠。核果球形，黄褐色，果皮幼时具瘤状突起，熟时较平滑。假种皮肉质，乳白色，半透明而多汁。

全世界共约 20 种，产于亚洲热带地区；我国有 4 种。

龙眼(桂圆) Dimocarpus longan Lour. {图[57]-5}

[识别要点] 常绿乔木。树皮粗糙，薄片状剥落。幼枝及花序被星状毛。小叶 3~6 对，长椭圆状披针形，全缘，基部稍歪斜，表面侧脉明显。花黄色。果球形，黄褐色。种子黑褐色。花期 4~5 月，果 7~8 月成熟。

[分布] 原产于台湾、福建、广东、广西、四川等地。

[习性] 稍耐阴。喜暖热湿润气候，比荔枝稍耐寒和耐旱。

图[57]-5 龙 眼
1. 果枝 2. 雄花 3. 雌花

图[57]-6 荔 枝
1. 果枝 2. 部分花序 3. 雄花 4. 雌花 5. 雄蕊及花盘纵剖面 6. 发育雄蕊 7. 不育雄蕊 8. 果纵剖面

[用途] 龙眼是华南地区的重要果树,栽培品种甚多,也常于庭园种植。

5. 荔枝属 *Litchi* Sonn.

全世界共2种;我国有1种,为热带著名果树。

荔枝 *Litchi chinensis* Sonn. {图[57]-6}

[识别要点] 常绿乔木,高达30m,胸径1m。树皮灰褐色,不裂。偶数羽状复叶,互生;小叶2~4对,长椭圆状披针形,全缘,表面侧脉不甚明显,中脉在叶上面凹下,下面粉绿色。花杂性同株,顶生圆锥花序;无花瓣;雄蕊8;子房3室,每室1胚珠。核果球形或卵形,熟时红色,果皮有显著凸起小瘤体。种子棕褐色,具白色、肉质、半透明、多汁的假种皮。花期3~4月,果5~8月成熟。

[分布] 原产于华南、云南、四川、台湾,海南有天然林。

[习性] 喜光,喜暖热湿润气候及富含腐殖质的深厚、酸性土壤,怕霜冻。

[用途] 荔枝是华南重要果树,品种很多。果除鲜食外,可制成果干或罐头,每年有大量出口。因树冠广阔,枝叶茂密,也常于庭园种植。木材坚重,经久耐用,是名贵用材。

[58] 漆树科 Anacardiaceae

乔木或灌木。树皮常含乳汁。叶互生,多为羽状复叶,稀单叶;无托叶。花小,单性异株、杂性同株或两性，整齐，常为圆锥花序；萼3~5深裂；花瓣常与萼片同数，稀无花瓣；雄蕊5~10或更多；子房上位，1室，稀2~6室，每室1倒生胚珠。核果或坚果。

全世界共约60属500余种，主产于北半球温带地区；我国约16属54种。

分属检索表

1. 羽状复叶。
　2. 无花瓣，雌雄异株；常为偶数羽状复叶 …………………………… 黄连木属 *Pistacia*
　2. 有花瓣，花杂性；奇数羽状复叶。
　　3. 植物体有乳液；核果小，径不及7mm，无小孔；心皮3，子房1室。
　　　4. 顶芽发达，非柄下芽；果黄色 ………………………………… 漆树属 *Toxicodendron*
　　　4. 无顶芽，侧芽为柄下芽；果红色 ………………………………… 盐肤木属 *Rhus*
　　3. 植物体无乳液；核果大，径约1.5cm，上部有5小孔；子房5室 ………………………………………………………………………… 南酸枣属 *Cherospondias*
1. 单叶，全缘。
　5. 落叶；叶倒卵形至卵形；果序上有多数不育花的花梗；核果长3~4mm …… 黄栌属 *Cotinus*
　5. 常绿；叶长椭圆形至披针形；果序上无不育花的花梗；核果长6~20cm ………………………………………………………………………… 杧果属 *Mangifera*

1. 杧果属 *Mangifera* L.

常绿乔木。单叶，全缘。花杂性，顶生圆锥花序；萼4~5裂；花瓣4~6；雄蕊1~5，常1~2发育；子房1室。核果大，肉质，外果皮多纤维。

全世界有8种；我国有5种。

杧果 *Mangifera indica* L. {图[58]-1}

[识别要点] 常绿乔木，树高达25m。叶片长椭圆形至披针形，长10~20cm，侧脉两面隆起。花黄色，具芳香；花序被毛。果卵形或椭圆形，长8~20cm，熟时黄绿色，果面扁平。花期2~4月，果期6~8月。

[分布] 原产于印度及马来西亚。我国华南有栽培。

[习性] 喜温好光，生长适温为25~30℃，不耐寒。对土壤要求不严。

[用途] 世界著名热带水果，也可用于庭园绿化。

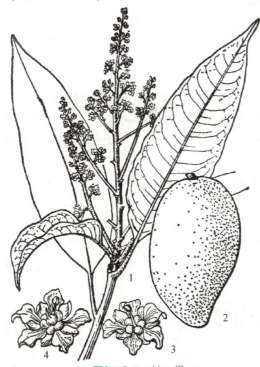

图[58]-1 杧 果
1. 花枝　2. 果　3. 雄花　4. 两性花

2. 南酸枣属 *Choerospondias* Burtt et Hill

落叶乔木。无顶芽。奇数羽状复叶，互生；小叶对生，全缘。花杂性异株，花序腋生，单性花组成圆锥花序，两性花组成总状花序；萼5裂，花瓣5，雄蕊10，子房5室。核果椭圆状卵形，核端有5个大小相等的小孔。

全世界仅1种，产于中国南部及印度。

南酸枣 *Choerospondias axillaris* (Roxb.) Burtt et Hill {图[58]-2}

[识别要点]落叶乔木，树高达30m，胸径1m。树皮灰褐色，浅纵裂，老时条片状脱落。小叶7~15，卵状披针形，先端长尖，基部稍歪斜，全缘，或萌芽枝上叶有锯齿，下面脉腋有簇毛。核果黄色。花期4月，果期8~10月。

[分布]原产于华南及西南，是亚热带低山、丘陵及平原常见树种。

[习性]喜光，稍耐阴。喜温暖湿润气候，不耐寒。喜土层深厚、排水良好的酸性及中性土壤，不耐水淹和盐碱。浅根性，侧根粗大平展。萌芽力强，生长快。对二氧化硫、氯气抗性强。

[繁殖]播种繁殖。

[用途]南酸枣树干端直，冠大荫浓，是良好的庭荫树、行道树，较适合用于厂矿区的绿化。

图[58]-2 南酸枣
1. 果枝 2. 雄花枝 3. 雄花 4. 两性花花枝
5. 两性花 6. 果

3. 黄连木属 *Pistacia* L.

乔木或灌木。顶芽发达。奇数或偶数羽状复叶，稀3小叶或单叶，互生；小叶对生，全缘。花单性异株，圆锥或总状花序，腋生；无花瓣；雄蕊3~5；子房1室，花柱3裂。核果近球形。种子扁。

全世界共10种；我国有2种，引入栽培1种。

黄连木 *Pistacia chinensis* Bunge{图[58]-3}

[识别要点]落叶乔木。树冠近圆球形。树皮薄片状剥落。通常为偶数羽状复叶，小叶10~14，披针形或卵状披针形，先端渐尖，基部偏斜，全缘，有特殊气味。雌雄异株，圆锥花序。核果，初为黄白色，后变红色至蓝紫色。花期3~4月，先于叶开放；果熟期9~11月。

[分布]黄河流域及华南、西南均有分布。山东有栽培。

[习性]喜光，喜温暖。耐干瘠，对土壤要求不严，以肥沃、湿润而排水很好的石灰岩山地生长最好。生长慢，萌芽力强，抗风性强。

[用途]黄连木树冠浑圆，枝叶茂密而秀丽，早春嫩梢和雌花序红色，秋季叶片变红，是良好的秋色叶树种。可片植、混植。

4. 黄栌属 Cotinus Adans.

落叶灌木或小乔木。单叶互生，全缘。花杂性或单性异株，顶生圆锥花序；萼片、花瓣、雄蕊各为5；子房1室，1胚珠，花柱3，偏于一侧。果序上有许多羽毛状不育花的伸长花梗，核果歪斜。

全世界共5种；我国有3种。

黄栌 Cotinus coggygria Scop. {图[58]-4}

[识别要点]落叶灌木或小乔木。树冠卵圆形、圆球形至半圆形。树皮深灰褐色，不开裂。小枝暗紫褐色，被蜡粉。单叶互生，宽卵形、圆形，先端圆或微凹。花小，杂性，圆锥花序顶生。核果小，扁肾形。花期4~5月，果熟期6月。常见变种与品种有：

①红叶栌 var. *cinerea* Engl. 叶椭圆形至倒卵形，两面有毛。

②毛黄栌 var. *pubescens* Engl. 小枝及叶中脉、侧脉脉腋均密生灰色绢毛。叶近圆形。

③'紫叶'黄栌'Atropurpurea' 嫩叶萌发

图[58]-3 黄连木
1. 果枝 2. 雄花序 3. 雌花序 4. 雄花
5. 雌花 6. 子房 7. 苞片 8. 种子

至落叶全年均为紫色。

④'垂枝'黄栌'Pendula' 树冠伞状，枝条下垂。

⑤'四季花'黄栌'Semperfloren' 连续开花直到入秋，可常年观赏粉紫红色羽状花序。

⑥'美国红'栌'Royal Purple' 叶春、夏、秋均紫红色，供观赏。

[分布]产于西南、华北、西北、浙江、安徽。

[习性]喜光，稍耐阴。耐寒。耐干瘠，要求土壤排水良好。萌蘖力强，生长快。

[繁殖]以播种繁殖为主，也可根插、压条、分株繁殖。

[用途]黄栌是重要的秋色叶树种，可用于栽植大面积风景林。北京香山的红叶树种即为本种及其变种。

图[58]-4 黄 栌

5. 漆树属 *Toxicodendron*（Tourn.） Mill.

落叶乔木或灌木。体内含有乳汁。顶芽发达。奇数羽状复叶或三出复叶，小叶对生。花单性异株，圆锥花序腋生；花各部为 5 基数；子房上位，3 心皮，1 室。核果熟时淡黄色，外果皮分离，中果皮与内果皮合生。

全世界共 20 余种；我国有 15 种，主产于长江以南。

(1) 漆树 *Toxicodendron vernicifluum* Stokes {图[58]-5}

[识别要点]落叶乔木。幼树树皮光滑，灰白色；老树树皮浅纵裂。有白色乳汁。奇数羽状复叶，小叶 7~15，卵形至卵状披针形，长 7~15cm，宽 3~7cm，侧脉 8~16 对，全缘，下面脉上有毛。腋生圆锥花序疏散下垂，花小，5 基数。核果扁肾形，淡黄色，有光泽。花期 5~6 月，果熟期 10 月。

[分布]以湖北、湖南、四川、贵州、陕西为分布中心，东北南部至广东、广西、云南都有栽培。

[习性]喜光，不耐阴。喜温暖湿润气候和深厚、肥沃、排水良好的土壤，不耐干风，不耐水湿。萌芽力强，树木衰老后可萌芽更新。侧根发达。

[用途]漆树是较好的经济树种，可割取乳液加工。秋季叶色变红，可于园林栽培观赏。

(2) 野漆树(木蜡树、洋漆树)*Toxicodendron succedaneum*（L.） O. Kuntze {图[58]-6}

[识别要点]落叶乔木。嫩枝及冬芽具棕黄色短柔毛。小叶卵状长椭圆形至卵状披针形，长 4~10cm，宽 2~3cm，侧脉 16~25 对，全缘，上面有毛，下面密生黄色短柔毛。腋生圆锥花序，密生棕黄色柔毛；花小，杂性，黄色。核果扁圆形，光滑无毛。花期 5~6 月，果熟期 9~10 月。

图[58]-5 漆 树
1. 雄花枝 2. 果枝 3. 雄花
4. 花萼 5. 雌花 6. 雌蕊

图[58]-6 野漆树
1. 果枝 2. 雄花 3. 两性花
4. 去花被的花(示花盘) 5. 果

图[58]-7 木蜡树
1. 果枝　2. 雄花　3. 雌花

[分布]原产于长江中下游。

[习性]喜光。喜温暖，不耐寒。耐干瘠，忌水湿。

[用途]野漆树是园林及风景区的良好秋色叶树种。

(3) 木蜡树 (野漆树、野毛漆) *Toxicodendron sylvestre* (Sieb. et Zucc.) O. Kuntze {图[58]-7}

与野漆树的区别：嫩枝、花序及小叶柄被毛。小叶侧脉较多(18~25对)，上面被短柔毛或近无毛，下面密被黄色短柔毛。分布于华东、华中。

6. 盐肤木属 *Rhus* L.

乔木或灌木。体内有乳液。顶芽缺，柄下芽。叶互生，奇数羽状复叶或三出复叶。花杂性异株或同株，圆锥花序顶生；花各部5基数；子房上位，3心皮，1室，1胚珠，花柱3。核果小，果肉蜡质。种子扁球形。

全世界共250种，分布于亚热带和北温带；我国有6种，另引入1种。

(1) 盐肤木 *Rhus chinensis* Mill. {图[58]-8}

[识别要点]落叶小乔木，高8~10m。树冠圆球形，枝开展。小枝有毛，柄下芽。奇数羽状复叶，叶轴有狭翅；小叶7~13，卵状椭圆形，边缘有粗钝锯齿，背面密被灰褐色柔毛，近无柄。圆锥花序顶生，密生柔毛；花小，5基数，乳白色。核果扁球形，橘红色，密被毛。花期7~8月，果10~11月成熟。

[分布]我国大部分地区有分布，北起辽宁，西至四川、甘肃，南至海南。

[习性]喜光。喜温暖湿润气候，也耐寒冷和干旱。不择土壤，不耐水湿。生长快，寿命短。

[用途]盐肤木秋叶鲜红，果实橘红色，颇为美观。可植于园林绿地或用于点缀山林。

(2) 火炬树 *Rhus typhina* L. {图[58]-9}

[识别要点]落叶小乔木。分枝多，小枝粗壮，密生长茸毛。奇数羽状复叶，小叶19~23(11~31)，长椭圆状披针形，边缘有锯齿，先端长渐尖，下面有白粉，叶轴无翅。雌雄异株，顶生圆锥花序，密生

图[58]-8 盐肤木
1. 花枝　2. 五倍子着生于复叶轴上
3、4. 雄花及退化雄蕊　5、6. 雌花及雌蕊　7. 果

毛；雌花序及果穗鲜红色，呈火炬形；花小，5基数。果扁球形，密生深红色刺毛。花期6~7月，果8~9月成熟。

[分布]原产于北美。我国华北、华东、西北20世纪50年代引进栽培。

[习性]喜光。适应性极强，抗寒，抗旱，耐盐碱。根系发达，根萌蘖力极强，生长快。

[用途]火炬树是较好的观花、观叶树种，雌花序和果序均红色且形似火炬，在冬季落叶后，雌树上仍可见满树"火炬"，颇为奇特。秋季叶色红艳或橙黄，是著名的秋色叶树种。可用于点缀山林或园林栽培。但其根萌芽力极强，栽植后易成为优势种，配置应用时应注意。

图[58]-9　火炬树
1. 花枝　2. 花

[59]槭树科 Aceraceae

乔木或灌木。叶对生，单叶或复叶；无托叶。花单性、杂性或两性，总状、圆锥状或伞房状花序；萼片4~5；花瓣4~5或无；雄蕊4~10；雌蕊由2心皮合成，子房上位，扁平，2室，每室2胚珠。翅果，两侧或周围有翅。

全世界共2属约200种，主产于北半球温带；我国有2属约140种。

槭树属 *Acer* L.

乔木或灌木，落叶或常绿。单叶掌状裂或不裂，或奇数羽状复叶，稀掌状复叶。花杂性同株，或雌雄异株；萼片5；花瓣5，稀无花瓣；雄蕊8；花盘环状或无花盘。双翅果。

全世界共200种；我国有140种。

分种检索表

1. 单叶。
　2. 叶不分裂。
　　3. 常绿；叶片下面灰白色，有白粉，全缘；伞房花序；果翅张开成直角 ……………………………………………………………………………………… 飞蛾槭 *A. oblongum*
　　3. 落叶；叶片下面绿色，无白粉，叶缘有锯齿；总状花序；果翅张开成钝角 ……………………………………………………………………………… 青榨槭 *A. davidii*
　2. 叶掌状裂3~9。
　　4. 叶裂片全缘，或疏生浅齿。
　　　5. 叶掌状5~7裂，裂片全缘，下面绿色。

6. 叶 5~7 裂，基部常截形，稀心形；果翅与果核约等长 ············ 元宝枫 A. truncatum
6. 叶常 5 裂，基部常心形，有时截形；果翅长为果核的 2 倍或 2 倍以上 ···············
　　　　　　　　　　　　　　　　　　　　　　　　　　　　　　　五角枫 A. mono
5. 叶掌状 3 裂或不裂，裂片全缘或略有浅齿，下面灰白色 ········ 三角枫 A. buergerianum
4. 叶裂片具单锯齿或重锯齿。
7. 叶常 3 裂(中裂片特大)，有时不裂，边缘有重锯齿；两果翅近于平行 ···············
　　　　　　　　　　　　　　　　　　　　　　　　　　　　　　　茶条槭 A. ginnala
7. 叶 7~9 深裂；叶柄、花梗及子房均光滑无毛 ··············· 鸡爪槭 A. palmatum
1. 羽状复叶，小叶 3~7；小枝无毛，有白粉 ················ 复叶槭 A. negundo

(1) 元宝枫(平基槭) Acer truncatum Bunge. {图[59]-1}

[识别要点]落叶乔木。树冠伞形或倒广卵形。干皮浅纵裂。小枝浅黄色，光滑无毛。叶掌状 5 裂，有时中裂片又 3 小裂，叶基常截形，全缘，两面无毛；叶柄细长。花杂性，黄绿色，顶生伞房花序。翅果扁平，两翅展开约成直角，翅长等于或略长于果核。花期 4 月，果熟期 10 月。

[分布]主产于黄河中、下游各地，山东常见。

[习性]喜弱光，耐半阴，喜生于阴坡及山谷。喜温凉气候及肥沃、湿润而排水很好的土壤，稍耐旱，不耐涝。萌蘖力强，深根性，抗性强，对环境适应性强，移植易成活。

[用途]元宝枫树冠大，树形优美，叶形奇特，秋叶红艳，是优良的秋色叶树种。可作庭荫树和行道树。

(2) 五角枫(色木) Acer mono Maxim. {图[59]-2}

与元宝枫的区别：叶掌状 5 裂，基部心形，裂片卵状三角形，中裂片无小裂，网状脉两面明显隆起。果翅展开成钝角，长为果核 2 倍。花期 4 月，果熟期 9~10 月。分布比元宝枫广泛。

(3) 三角枫 Acer buergerianum Miq. {图[59]-3}

[识别要点]落叶乔木。树皮暗褐色，薄条片状剥落。叶常 3 浅裂，有时不裂，基部圆形或广楔形，3 主脉，裂片全缘，或上部疏生浅齿，下面有白粉。花杂性，黄绿色，顶生伞房花序。果核部分两面凸起，果翅张开成锐角或近于平行。花期 4 月，果 9 月成熟。

[分布]原产于长江中下游各地，北到山东，南到广东、台湾。

图[59]-1 元宝枫
1. 花枝　2. 果枝　3. 雄花
4. 两性花　5. 种子

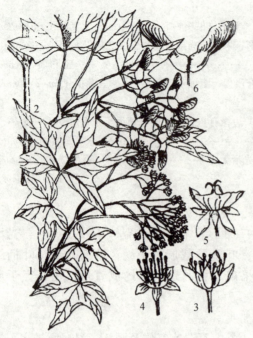

图[59]-2 五角枫
1. 花枝 2. 果枝 3. 雄花 4. 去花瓣的雄花（示花盘及雄蕊） 5. 雌花 6. 果(放大)

图[59]-3 三角枫
1. 花枝 2. 果枝 3. 雄花 4. 果

[习性]喜弱光。喜温暖湿润气候及酸性、中性土壤，较耐水湿，有一定耐寒力，在北京可露地越冬。萌芽力强，耐修剪。根系发达，耐移植。

[用途]同元宝枫。

(4) 茶条槭 *Acer ginnala* Maxim. {图[59]-4}

[识别要点]落叶灌木或小乔木，树高6~10m。树皮灰色，粗糙。叶卵状椭圆形，常3裂，中裂片较大，有时不裂或羽状5浅裂，基部圆形或近心形，边缘有不整齐重锯齿，上面无毛，下面脉上及脉腋有长柔毛。花杂性，伞房花序圆锥状，顶生。果核两面凸起；果翅张开成锐角或近于平行，紫红色。花期5~6月，果期9月。

[分布]原产于东北、华北及长江下游各地。

[习性]喜弱光，耐半阴。耐寒，也喜温暖。萌蘖性强，深根性，生长较元宝枫快。抗风雪，耐烟尘，能适应城市环境。

[用途]茶条槭树干直而洁净，花有清香，夏季果翅红色，秋叶鲜红色，适合作为秋色叶

图[59]-4 茶条槭

树种点缀园林及山景，也可作行道树、庭荫树。

(5) 鸡爪槭 *Acer palmatum* Thunb. {图[59]-5}

[识别要点]落叶小乔木。树冠伞形，树姿开展。树皮平滑，灰褐色。小枝细长，光滑。叶掌状7~9深裂，基部心形，裂片卵状长椭圆形至披针形，先端锐尖，边缘有重锯齿，下面脉腋有白簇毛。花杂性，紫色，伞房花序顶生，无毛。翅果紫红色至棕红色，两翅成钝角。花期5月，果期10月。常见变种和栽培品种有：

①'紫红叶'鸡爪槭 'Atropurpureum' 即红枫。枝条紫红色。叶掌状，常年紫红色。

②'金叶'鸡爪槭 'Aureum' 即黄枫。叶全年金黄色。

图[59]-5 鸡爪槭
1. 果枝 2. 叶 3. 雄花 4. 两性花

③细叶鸡爪槭 var. *dissectum*（Thunb.）Miq. 即羽毛枫。枝条开展下垂。叶掌状7~11深裂，裂片有皱纹。

[分布]产于华东、华中各地。北京、天津、河北有栽培。

[习性]喜弱光，耐半阴，夏季需遮阴。耐寒性不强。喜温暖湿润气候及肥沃、湿润、排水良好的土壤。

[繁殖]播种繁殖，园艺变种常用嫁接或扦插繁殖。

[用途]鸡爪槭叶形秀丽，树姿婆娑，入秋叶色红艳，是较为珍贵的观叶树种。在园林绿化和盆景艺术中经常应用。

(6) 复叶槭 *Acer negundo* L. {图[59]-6}

[识别要点]落叶乔木，高达20m。小枝绿色，无毛。奇数羽状复叶，小叶3~7，卵形至长椭圆状披针形，叶缘有不规则缺刻，顶生小叶有3浅裂。花单性异株，雄花序伞房状，雌花序总状。果翅狭长，两翅成锐角。常见栽培品种有：

'花叶'复叶槭 'Variegatum' 叶片有金黄色或银白色斑点。

[分布]原产于北美。我国华东、东北、华北有引种栽培。

图[59]-6 复叶槭
1. 果枝 2. 雌花枝 3. 雄花枝

[习性]喜光。喜冷凉气候，耐干冷。对土壤要求不严。在东北生长较好，在长江下游生长不

良，在山东生长一般。

[用途]复叶槭在北方可作庭荫树、行道树。

(7) 青榨槭 *Acer davidii* Franch. {图[59]-7}

[识别要点]落叶乔木，高达15m。叶片卵形或长卵形，长6~15cm，先端尖，基部圆形，下面绿色，叶缘有锯齿，幼叶下面沿脉有柔毛，老时脱落。花杂性，总状花序顶生。果翅夹角大于90°。花期5月，果期9月。

[分布]分布于华北、华东、华中、华南、西南。

[习性]耐寒，能抵抗-35~-30℃的低温。耐瘠薄，对土壤要求不严，适宜中性土。萌芽力强。

[用途]青榨槭用作庭院绿化树种。

(8) 飞蛾槭 *Acer oblongum* Wall. {图[59]-8}

[识别要点]常绿乔木，高达15m。叶片矩圆形或卵形，长8~11cm，全缘，上面光绿色，下面常被白粉，羽状脉，基部3出。伞房花序顶生。小坚果隆起，果翅张开成直角，熟时淡黄褐色。花期4月，果期9月。

[分布]产于西南及陕西、湖南、湖北。

[习性]耐低温，耐水湿。

[用途]飞蛾槭可作观赏树。

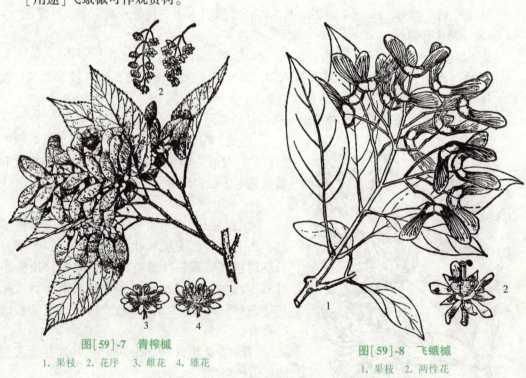

图[59]-7 青榨槭
1. 果枝 2. 花序 3. 雌花 4. 雄花

图[59]-8 飞蛾槭
1. 果枝 2. 两性花

[60]七叶树科 Hippocastanaceae

落叶乔木，稀灌木。掌状复叶对生，无托叶。花杂性同株，圆锥或总状花序，顶生，两性花生于花序基部，雄花生于上部；萼4~5；花瓣4~5，大小不等；雄蕊5~9，着生于花盘内；子房上位，3室，每室2胚珠，花柱细长。蒴果，3裂。种子常1，大型，种脐大，无胚乳。

全世界共2属30余种；我国有1属10余种。

七叶树属 Aesculus L.

形态特征同科。本属全世界有30余种，我国有10种，引入栽培3种。

(1) 七叶树 Aesculus chinensis Bunge {图[60]-1}

[识别要点]落叶乔木，高达27m，胸径150cm。树冠庞大圆球形。树皮灰褐色，片状剥落。小枝光滑粗壮，髓心大，顶芽发达。掌状复叶，小叶5~7，长椭圆状披针形至矩圆形，长9~16cm，先端渐尖，基部楔形，边缘具细锯齿，仅上面脉上疏生柔毛；小叶柄长5~17mm。圆锥花序密集圆柱状，长约25cm；花白色。果近球形，径3~4cm，黄褐色，无刺，也无尖头。种子形如板栗，深褐色，种脐大，占一半以上。花期5月，9~10月果熟。

图[60]-1 七叶树
1. 果实纵剖面 2. 花枝 3、4. 两性花
5. 果实

[分布]原产于黄河流域，陕西、甘肃、山西、河北、江苏、浙江、山东等有栽培。甘肃陇南分布较多，如小陇山党川林区，徽县高桥林场，成县、康县有大量散生分布。陇东有一株300多年生的古树。

[习性]喜光，稍耐阴。喜温暖湿润气候，较耐寒，畏酷热。喜深厚、肥沃、湿润而排水良好的土壤。深根性，萌芽力不强，生长较慢，寿命长。

[繁殖]播种繁殖。

[用途]七叶树树姿壮丽，枝叶扶疏，冠如华盖，叶大而形美，开花时硕大的花序竖立于绿叶簇中，似一个华丽的大烛台，蔚为奇观，是世界著名观赏树种。最宜作为行道树和庭荫树，与悬铃木、鹅掌楸、银杏、椴树共称为"世界五大行道树"。

(2) 欧洲七叶树 Aesculus hippocastanum L.

[识别要点]落叶乔木，高达35~40m。树冠卵形，下部枝下垂。掌状复叶，小叶5~7，无柄，倒卵状长椭圆形，长10~25cm，基部楔形，先端突尖，边缘有不整齐重锯齿，下面绿色，幼时有褐色柔毛，后仅脉腋有褐色簇毛。花瓣4~5，白色，基部有红、黄色斑。果近球形，果皮有刺。5月开花。

[分布]原产于欧洲巴尔干半岛。

[习性]喜光，稍耐阴。耐寒。

[用途]欧洲七叶树可作行道树及庭荫树。

(3) 杂种七叶树（红花七叶树）Aesculus × carnea Hayne.

[识别要点] 欧洲七叶树与美洲七叶树（A. pavia L.）的杂交种，国内常称为红花七叶树。高达 12m。小叶通常 5，倒卵状椭圆形，先端尖，近无柄。花肉红色，圆锥花序长 15~20cm。5 月开花。

[分布] 我国华北、华中、华东有引种。

[习性] 喜光，耐遮阴。耐寒。喜排水良好的土壤。适应城市环境，抗风力强。

[用途] 在欧洲广泛栽作行道树和庭园观赏树。

[61] 木樨科 Oleaceae

乔木、灌木或藤本。单叶或复叶，对生或互生，稀轮生；无托叶。花两性，稀单性；整齐，辐射对称，组成圆锥、总状或聚伞花序，有时簇生或单生；萼 4 齿裂，稀无花萼；花冠合瓣，4 裂或缺；雄蕊 2（3~5），着生于花冠筒上；子房上位，2 心皮，2 室，每室常 2 胚珠。蒴果、浆果、核果或翅果。

全世界共约 27 属 400 余种；我国有 12 属 178 种 6 亚种，南北各地都有分布。

分属检索表

1. 翅果或蒴果。
　2. 翅果，果体浆状，顶端有长翅；复叶，小叶具齿 …………………… 白蜡树属 *Fraxinus*
　2. 蒴果。
　　3. 枝中空或片隔状髓；花黄色，先于叶开放 …………………… 连翘属 *Forsythia*
　　3. 枝实心；花紫色、红色或白色 …………………… 丁香属 *Syringa*
1. 核果或浆果。
　4. 核果；单叶，对生。
　　5. 花冠裂片 4~6，线形，仅在基部合生 …………………… 流苏树属 *Chionanthus*
　　5. 花冠裂片 4，短，有长短不等的花冠筒。
　　　6. 花簇生或短总状，腋生 …………………… 木樨属 *Osmanthus*
　　　6. 圆锥或总状花序，顶生 …………………… 女贞属 *Ligustrum*
　4. 浆果；复叶，稀单叶，对生或互生 …………………… 素馨属 *Jasminum*

1. 白蜡树属 *Fraxinus* L.

乔木，稀灌木。冬芽鳞芽褐色，稀黑色。奇数羽状复叶，对生。圆锥花序，花小，单性或杂性，雌雄异株；萼 4 裂或缺；花瓣 4（2~6），分离或基部合生，稀缺；子房 2 室，每室胚珠 2。翅果。

全世界共 60 种，主产于温带；我国有 20 余种，各地均有分布。

分种检索表

1. 花序生于当年生枝顶及叶腋；花叶同时或叶后开放。
　2. 裸芽；小叶 5~7；翅果条状披针形 …………………… 光蜡树 *F. griffithii*
　2. 鳞芽；小叶常为 7，下面中脉有短柔毛；翅果倒披针形 …………………… 白蜡树 *F. chinensis*
1. 花序侧生于上一年生枝条叶腋，花先于叶开放。

3. 花有萼；小叶 3~7(9)，有柄，基部无黄褐色毛。
   4. 小叶通常 7，长 8~14cm；果实长 3~6cm，果翅明显长于果核 ⋯ 洋白蜡 *F. pennsylvanica*
   4. 小叶 3~7，通常 5，长 8~14cm；果实长 1~2cm，果翅等于或短于果核 ⋯⋯⋯⋯⋯⋯
     ⋯⋯⋯⋯⋯⋯⋯⋯⋯⋯⋯⋯⋯⋯⋯⋯⋯⋯⋯⋯⋯⋯⋯⋯⋯⋯⋯⋯⋯⋯ 绒毛白蜡 *F. velutina*
3. 花无萼；小叶 7~13，无柄，基部密生黄褐色毛 ⋯⋯⋯⋯⋯⋯⋯⋯ 水曲柳 *F. mandshurica*

(1) 白蜡树 *Fraxinus chinensis* Roxb｛图[61]-1｝

[识别要点] 落叶乔木，高达 15m。树冠卵圆形。树皮灰褐色。小枝光滑无毛，冬芽淡褐色。奇数羽状复叶，小叶 5~9（常 7），椭圆形至椭圆状卵形，长 3~10cm，先端渐尖或突尖，边缘有波状齿，下面沿脉有短柔毛，小叶柄着生处膨大。圆锥花序顶生或侧生于当年生枝，与叶同放或叶后开放；花萼钟状，无花瓣。果倒披针形，长 3~4cm，基部窄，先端尖、钝或微凹。花期 3~5 月，果期 9~10 月。

[分布] 东北中南部至黄河流域、长江流域，西至甘肃，南达广东、广西及福建等地区有分布。

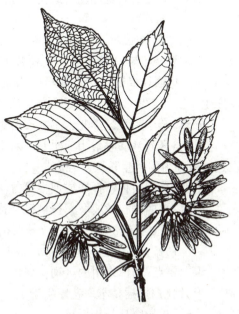

图[61]-1 白蜡树

[习性] 喜光。适宜温暖湿润气候，喜湿耐涝，耐寒冷。也耐干旱，对土壤要求不严。深根性，根系发达。萌芽力、萌蘖力均强，生长快，耐修剪。抗烟尘及有毒气体。

[繁殖] 采用播种、扦插或埋根等方法繁殖。

[用途] 白蜡树端正挺秀，树干通直，枝叶繁茂，秋叶黄色，是优良行道树或庭荫树。我国重要经济树种，可放养白蜡虫，生产白蜡。枝条可供编织用。

(2) 绒毛白蜡 *Fraxinus velutina* Torr. ｛图[61]-2｝

[识别要点] 落叶乔木。树冠伞形。树皮灰褐色，浅纵裂。幼枝、冬芽上均

图[61]-2 绒毛白蜡
1. 果枝 2. 翅果

有柔毛。小叶3~7，通常5，顶生小叶较大，椭圆形至卵形，通常两面有毛，或下面有短柔毛。花序生于2年生枝侧，花萼4~5裂，无花瓣。翅果长圆形，较小，长1.5~3cm。花期4月，果期9~10月。

[分布]原产于北美。我国黄河中、下游及长江下游各地有栽培。

[习性]耐寒，耐旱，较耐盐碱。浅根性，侧根发达。萌芽力强，生长快，寿命长。

[繁殖]采用播种、扦插或埋根等方法繁殖。

[用途]绒毛白蜡是优良行道树或庭荫树。我国重要经济树种，可放养白蜡虫，生产白蜡。

(3) 水曲柳 *Fraxinus mandshurica* Rupr. {图[61]-3}

[识别要点]与白蜡的区别：树皮灰褐色，浅纵裂。小枝四棱形。小叶7~13，长8~16cm，叶轴具窄翅，叶下面沿脉有黄褐色茸毛，小叶与叶轴着生处有黄褐色茸毛。花序生于上一年生枝侧，单性异株，无花被。翅果常扭曲，果翅下延至果基部。

[分布]产于东北、华北，小兴安岭最多。

[习性]喜光，幼时耐阴。耐寒。对土壤适应性强，耐旱，较耐盐碱。浅根性，侧根发达。萌芽力强，生长快，寿命长。

[繁殖]采用播种、扦插或埋根等方法繁殖。

[用途]水曲柳与黄波罗、核桃楸合称为"东北三大阔叶用材树种"。为优良行道树或庭荫树。我国重要经济树种，可放养白蜡虫，生产白蜡。

(4) 洋白蜡(美国红梣) *Fraxinus pennsylvanica* Marsh.

[识别要点]与白蜡树的区别：树皮灰褐色，深纵裂。小枝、叶轴密生短柔毛。小叶常7，叶片比白蜡树稍窄。花序生于上一年生枝侧，雌雄异株，无花瓣。翅果倒披针形，长3~7cm，果翅明显长于果核。

[分布]原产于美国东部。我国东北、华北、西北常见栽培。

其他同白蜡。

(5) 光蜡树 *Fraxinus griffithii* C. B. Clarke {图[61]-4}

[识别要点]与白蜡树的区别：树皮剥落，光滑。幼枝被毛，后脱落，裸芽。小叶5~7，卵形至矩圆形，长5~13cm，革质，全缘或有疏小锯齿；幼叶有毛，后脱落。花萼杯状，花瓣4。翅果条状披针形，长2.5~3cm。花期4月，果期10月。

[分布]分布于台湾、湖南、湖北、广东、广西等地。

[习性]喜光，喜暖热气候。

其他同白蜡树。

2. 连翘属 *Forsythia* Vahl.

落叶灌木。枝中空或片状髓。单叶对生，稀3裂或3小叶，有锯齿。花1~3(5)朵腋生，先于叶开放；花萼4深裂；花冠钟状，黄色，4深裂，裂片长于冠筒；雄蕊2；花柱细长，柱头2裂。蒴果2裂。种子有翅。

全世界共约11种；我国有7种。

(1) 连翘 *Forsythia suspensa* (Thunb.) Vahl. {图[61]-5}

[识别要点]落叶丛生灌木。枝拱形下垂，小枝皮孔明显，髓中空。单叶对生，有时

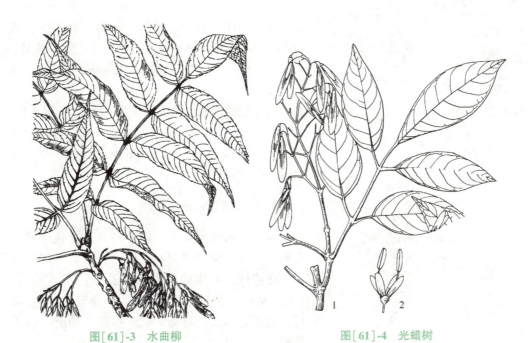

图[61]-3 水曲柳　　　　　图[61]-4 光蜡树
　　　　　　　　　　　　1. 果枝　2. 雄花

3裂或3小叶，卵形或椭圆状卵形，长3~10cm，宽3~5cm，无毛，先端尖锐，基部宽楔形，边缘有粗锯齿。花常单生，稀3朵腋生，先于叶开放；萼裂片长圆形，与花冠筒等长。蒴果卵圆形，瘤点较多，萼片宿存。花期3~4月，果期8~9月。

常见变种与栽培品种有：

①三叶连翘 var. *fortunei* Rehd. 叶通常为3小叶或3裂。花冠裂片窄，常扭曲。

②垂枝连翘 var. *sieboldii* Zabei. 枝较细而下垂，通常可匍匐地面。花冠裂片宽，扁平，微开展。

③'金脉'连翘 'Goldvein' 叶脉金黄色。

[分布]产于东北、华北至西南，各地有栽培。

[习性]喜光，稍耐阴。耐寒冷。耐干瘠，怕涝。抗病虫。萌蘖性强。

[繁殖]采用播种、扦插或压条等方法繁殖。

[用途]连翘枝条拱曲，早春金色花挂满枝头，极为艳丽，是北方优良早春花木。宜丛植于草坪、角

图[61]-5 连翘
1. 叶枝　2. 花枝　3、4. 花
5. 果　6. 种子

隅、建筑周围、路旁、溪边、池畔、岩石间、假山下，也可片植于向阳坡地或列植为花篱、花境。

(2) 金钟花 Forsythia viridissima Lindl. {图[61]-6}

与连翘的区别：枝具片隔状髓心；单叶不裂，上半部有粗锯齿；萼裂片卵圆形，长约为花冠筒的1/2，萼片脱落。产于长江流域至西南，华北各地园林广泛栽培。

3. 丁香属 Syringa L.

落叶灌木或小乔木。枝为假二叉分枝，顶芽常缺。单叶对生，稀羽状复叶，全缘，稀羽状深裂。花两性，顶生或侧生圆锥花序；花萼钟形，4裂，宿存；花冠漏斗状，4裂；雄蕊2；柱头2裂，每室胚珠2。蒴果2裂，每室2种子。种子具翅。

全世界共19种；我国有17种，主产于西南至东北。

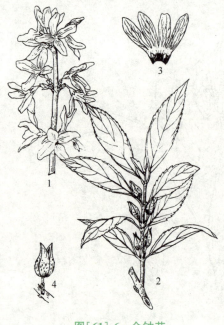

图[61]-6 金钟花
1. 花枝 2. 果枝 3. 花冠
4. 果实

分种检索表

1. 灌木，叶羽状深裂，枝细密 ·················· 裂叶丁香 S. persica var. laciniata
1. 小乔木或灌木，叶不裂，枝较粗壮。
　　2. 叶广卵形；花冠筒甚长于萼，花紫色·················· 紫丁香 S. oblata
　　2. 叶卵形或卵圆形；花冠筒短于或稍长于萼，花白色 ············
　　　　·················· 暴马丁香 S. reticulata var. amurensis

(1) 紫丁香(华北紫丁香) Syringa oblata Lindl. {图[61]-7}

[识别要点]灌木或小乔木，高达4m。枝粗壮无毛。单叶对生，叶片宽卵形，宽大于长，先端短尖，基部心形或截形，全缘，两面无毛。圆锥花序长6~12cm，花冠紫色或暗紫色，花冠筒长1~1.5cm，花药着生于花冠筒中部或稍上。蒴果长圆形，先端尖。花期4~5月，果期9~10月。常见变种有：

①白丁香 var. *alba* Rehd.　　叶较小，下面微有短柔毛。花白色，单瓣。

②紫萼丁香 var. *giraldii* Rehd.　　叶先端狭尖，下面及叶缘有短柔毛。花序较大，花瓣、花萼、花轴以及叶柄均为紫色。

③佛手丁香 var. *plena* Hort.　　花白色，重瓣。

[分布]产于吉林、辽宁、内蒙古、河北、陕西、四川等地。

[习性]喜光，稍耐阴。喜湿润、肥沃、排水良好的壤土。抗寒及抗旱性强。

[繁殖]采用播种、分株、扦插、嫁接等方法繁殖。

[用途]紫丁香枝叶繁茂，花美味香，芬芳袭人，且花期早，秋季叶落时变橙黄色、紫色，是我国北方主要观赏花木。

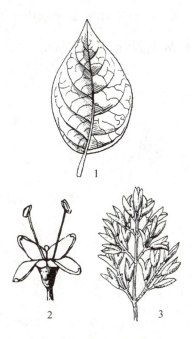

图[61]-7 紫丁香
1. 花枝　2. 花冠筒（展开）　3. 花萼及雌蕊　4. 花药
5. 部分果枝　6. 种子

图[61]-8 暴马丁香
1. 叶下面（示叶脉凹下）
2. 花　3. 果序

(2) 暴马丁香 Syringa reticulata（Bl.）Hara var. *amurensis*（Rupr.）{图[61]-8}

[识别要点]灌木或小乔木，高达8m。树皮及枝皮孔明显。叶卵形至宽卵形，先端渐尖，基部圆形或截形，叶面皱褶，下面无毛或疏生短柔毛，下面侧脉隆起。顶生圆锥花序，长10~15cm；花冠白色，花冠筒短，花冠裂片较花冠筒长；花丝比花冠裂片长1倍，伸出花冠外。蒴果矩圆形，长1~2cm，先端钝，光滑或有疣状突起，经冬不落。花期5~6月，果熟期8~10月。

[分布]产于华中、东北、华北及西北东部。

[习性]喜光，耐寒性强。喜潮湿土壤。

[繁殖]采用播种、嫁接等方法繁殖。

[用途]暴马丁香花期较晚，在丁香园中有延长观花期的效果。乔木性较强，可作其他丁香的乔化砧。为优良蜜源植物。花可提取芳香油。

(3) 裂叶丁香 Syringa persica var. *laciniata* West

[识别要点]灌木，高达2m。分枝细密，小枝暗紫色。单叶对生，羽状深裂；叶柄有窄翅。圆锥花序淡紫色，花冠筒细长。花期5月。

[分布]产于西北部。

[习性]喜光，耐寒性强。喜潮湿土壤。

[繁殖]通常采用嫁接繁殖。

[用途]裂叶丁香为优良景观植物。

4. 流苏树属 *Chionanthus* L.

落叶灌木或乔木。单叶对生，全缘。花单性或两性，排成疏散的圆锥花序；花萼4裂；花冠白色，4深裂，裂片狭窄；雄蕊2；子房2室。核果肉质，卵圆形。种子1。全世界共2种；我国有1种。

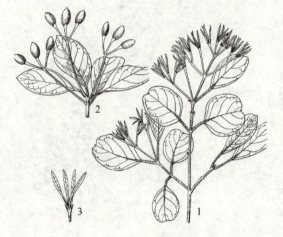

图[61]-9 流苏树
1. 花枝 2. 果枝 3. 花

流苏树 *Chionanthus retusus* Lindl. et Paxt. {图[61]-9}

[识别要点]乔木，高达20m。树皮灰色，大枝皮卷状纸质剥落。小枝初时有毛。叶卵形至倒卵状椭圆形，先端钝或微凹，全缘或有时有小齿；叶柄基部带紫色。花白色，花冠筒极短，4裂片狭长，长1~2cm。核果椭圆形，长1~1.5cm，蓝黑色。花期4~5月，果期9~10月。

[分布]主产于华北、华南、西南，甘肃、陕西均有分布。

[习性]喜光，耐寒。抗旱，喜深厚、肥沃、湿润的土壤。生长较慢。

[繁殖]采用播种、扦插、用白蜡树嫁接等方法繁殖。

[用途]流苏树花密，花形奇特，秀丽可爱，花期可达20d，是优美的观赏树种。叶可代茶。

5. 木樨属 *Osmanthus* Lour.

常绿灌木或小乔木。单叶对生，全缘或有锯齿。花两性、杂性或雌雄异株，白色至橙黄色，在叶腋簇生或组成总状花序；萼4裂；花冠筒短，4裂；雄蕊2，稀4；子房2室。核果。

全世界共30种；我国有25种，产于长江以南。

桂花 *Osmanthus fragrans* (Thunb.) Lour. {图[61]-10}

[识别要点]常绿灌木或小乔木，高达12m。树体无毛。叶革质，椭圆形至椭圆状披针形，长4~10cm，先端急尖或渐尖，全缘或上半部疏生细锯齿。花序簇生于叶腋或聚伞状；花冠橙黄色或白色，浓香，近基部4裂。核果椭圆形，长1~1.5cm，熟时紫黑色。花期9~10月，果期翌年4~5月。常见变种有：

①金桂 var. *thunbergii* Mak.　花金黄色，香味浓或极浓。
②银桂 var. *latifolius* Mak.　花黄白或淡黄色，香味浓至极浓。
③丹桂 var. *aurantiacus* Mak.　花橙黄或橘红色，香味较淡。
④四季桂 var. *semperflorens* Hort.　花黄色或白色，一年内花开数次，香味淡。

[分布]原产于我国西南地区，长江流域广泛栽培。北方盆栽。

[习性]喜光，耐半阴。喜温暖湿润气候，不耐寒。对土壤要求不严，不耐干旱瘠薄，忌积水。萌发力强，寿命长。对有毒气体抗性较强。

[繁殖]采用扦插、嫁接、压条等方法繁殖。

[用途]桂花四季常青,枝繁叶茂,秋日花开,芳香四溢。常作园景树,孤植、对植,或成丛、成林栽植。在古典厅前多采用两株对称栽植,古称"双桂当庭"或"双桂留芳";与牡丹、荷花、山茶等配置,可使园林四时花开。对有毒气体有一定的抗性,可用于厂矿区绿化。花用于食品加工或提取芳香油,叶、果、根等可入药。

6. 女贞属 *Ligustrum* L.

落叶或常绿,灌木或小乔木。单叶对生,全缘。顶生圆锥花序,花小,两性,白色;萼钟状,4齿裂;花冠4裂;雄蕊2,子房2室。浆果状核果,黑色或蓝黑色。

全世界约45种;我国约29种,多分布于长江以南至西南。

图[61]-10 桂 花
1. 花枝 2. 果序

分种检索表
1. 小枝和花轴无毛 ·········· 女贞 *L. lucidum*
1. 小枝和花轴有柔毛或短粗毛。
2. 花冠筒较裂片稍短或近等长。
3. 常绿,小枝疏生短粗毛 ·········· 日本女贞 *L. japonicum*
3. 落叶或半常绿,小枝密生短柔毛。
4. 花有柄,花期早;叶下面中脉有毛 ·········· 小蜡 *L. sinense*
4. 花无柄,花期晚;叶下面无毛 ·········· 小叶女贞 *L. quihoui*
2. 花冠筒较裂片长2~3倍 ·········· 水蜡 *L. obtusifolium*

(1) 女贞 *Ligustrum lucidum* Ait. {图[61]-11}

[识别要点]常绿乔木,高达15m。树皮灰色。全株无毛。叶革质,卵形至卵状披针形,长6~12cm,宽3~7cm,顶端尖,基部圆形或宽楔形。花序长10~20cm;花白色,几无柄,具芳香,花冠裂片与花冠筒近等长。核果椭圆形,长约1cm,紫黑色,有白粉。花期6~7月,果期11~12月。

[分布]长江流域及以南各地有分布,江北地区有栽培。

[习性]喜光,稍耐阴。喜温暖,不耐寒。不耐干旱,在微酸性至微碱性湿润土壤上生长良好。生长快,萌芽力强,耐修剪。侧根发达,移栽极易成活。对二氧化硫、氯气、氟化氢等有害气体抗性强。

[繁殖]播种或扦插繁殖。

[用途]女贞终年常绿，枝叶清秀，苍翠可爱，夏日白花满树，微带芳香，冬季紫果经久不凋，是优良绿化树种。我国北方地区露地多栽植于建筑物的南侧。

(2) 小叶女贞 *Ligustrum quihoui* Carr.

[识别要点]落叶或半常绿灌木，高2~3m。小枝被短柔毛。叶薄革质，椭圆形至倒卵状长圆形，长1.5~5cm，宽0.5~2cm，边缘微反卷，无毛；叶柄有短柔毛。花序长7~21cm；花白色，具芳香，无柄；花冠筒与裂片等长；花药伸出花冠外。核果宽椭圆形，紫黑色。花期7~8月，果期10~11月。

[分布]产于我国华北、华东、华中、西南。

[习性]喜光，稍耐阴。喜温暖湿润环境，较耐寒。耐干旱，对土壤适应性强。萌芽力、萌蘖力均强，耐修剪。对各种有毒气体抗性均强。

图[61]-11 女 贞
1. 花枝 2. 果枝 3. 花 4. 花冠展开(示雄蕊)
5. 雌蕊 6. 种子

[繁殖]播种或扦插繁殖。

[用途]小叶女贞多用作绿篱或修剪成球形植于广场、草坪、林缘，是优良抗污染树种。

(3) 小蜡 *Ligustrum sinense* Lour. {图[61]-12}

与小叶女贞的区别：叶背沿中脉有短柔毛。花序长4~10cm，有细而明显的花梗；花冠筒短于花冠裂片；雄蕊超出花冠裂片。果实近圆形。花期4~5月。

(4) 水蜡 *Ligustrum obtusifolium* Sieb. et Zucc. {图[61]-13}

与小叶女贞的区别：落叶灌木。叶背有短柔毛。花序短而下垂，长约3cm；花冠筒比花冠裂片长2~3倍，花药与花冠裂片近等长。花期7月。

(5) 日本女贞 *Ligustrum japonicum* Thunb.

[识别要点]常绿，灌木或小乔木，高达6m。小枝幼时有毛，皮孔明显。叶革质，平展，卵形至卵状椭圆形，长4~8cm，先端短锐尖，基部圆，叶缘及中脉常带紫红色。顶生圆锥花序，白色，花冠裂片略短于花冠筒。

[分布]原产于日本。我国长江流域以南各地有栽培。

[习性]耐寒力强于女贞。

其他同女贞。

(6) 金叶女贞 *Ligustrum × vicaryi*

[识别要点]半常绿灌木。美国金边女贞和欧洲女贞的杂交品种，新叶鲜黄色，老叶黄绿色。花白色。

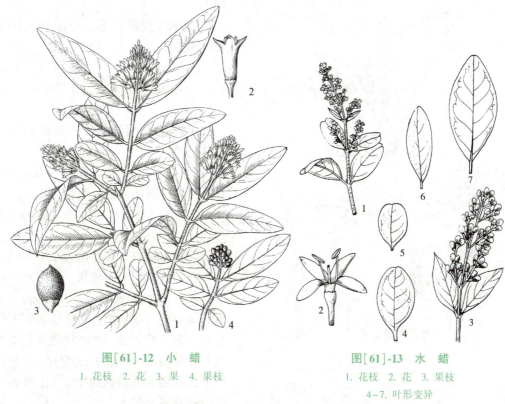

图[61]-12 小 蜡
1. 花枝 2. 花 3. 果 4. 果枝

图[61]-13 水 蜡
1. 花枝 2. 花 3. 果枝
4~7. 叶形变异

[分布]1984年从德国和美国引进，目前我国长江流域以南各地广泛栽培。
[习性]喜光，稍耐阴，耐寒力较强。适应性强，对土壤要求不严。
[用途]常见的色带、色块和色篱树种。

7. 素馨属 *Jasminum* L.

直立或攀缘灌木。枝条绿色，多为四棱形。单叶、三出复叶或奇数羽状复叶，对生，稀互生，全缘。聚伞花序或伞房花序，稀单生；萼钟状，4~9裂；花冠高脚碟状，4~9裂；雄蕊2，内藏。浆果，常双生或其中1个不发育而为单生。

全世界共400种；我国共47种，分布于长江流域以南至西南。

分种检索表

1. 单叶，花白色 ··· 茉莉花 *J. sambac*
1. 奇数羽状复叶或三出复叶，花黄色。
  2. 叶对生。
    3. 落叶；先花后叶，花径2~2.5cm，花冠裂片较筒部短 ············ 迎春花 *J. nudiflorum*
    3. 常绿；花叶同放，花径3.5~4cm，花冠裂片较筒部长 ············ 云南黄素馨 *J. mesnyi*
  2. 叶互生；萼片线形，与萼筒近等长 ····························· 探春花 *J. floridum*

---

(1) 茉莉花 *Jasminum sambac* (L.) Aiton. {图[61]-14}

[识别要点]常绿攀缘状灌木。枝细长，有短柔毛。单叶对生，卵圆形至椭圆形，薄纸质，仅背面脉腋有簇毛。聚伞花序常3朵，顶生或腋生；花白色，浓香。花期5~

图[61]-14 茉莉花
1. 花枝 2. 花

[分布] 产于我国中部、北部及西南，各地广泛栽培。

[习性] 喜光。喜温暖气候及湿润、肥沃的土壤，适应性强，较耐寒、耐旱，但不耐涝。浅根性。生长快，萌芽力、萌蘖力强，耐修剪。

[繁殖] 采用扦插、压条及分株等方法繁殖。

[用途] 迎春花开花极早，绿枝弯垂，金花满枝，为人们所喜爱。宜植于路缘、山坡、池畔、岸边、悬崖、草坪边缘，或作花篱、花丛及岩石园材料。与蜡梅、水仙、山茶构成新春美景。也是良好的插花材料。

(3) 云南黄素馨 (南迎春) Jasminum mesnyi Hance. {图[61]-16}

[识别要点] 常绿灌木。枝细长，拱形下垂。叶对生，3 小叶，表面光滑，顶端 1 枚较大，基部渐狭成一短柄，侧生 2 枚小

10 月。

[分布] 我国广东、福建及长江流域以南各地有栽培。北方盆栽。

[习性] 喜光。喜温暖湿润气候及酸性土壤，不耐寒，低于 3℃ 时易受冻害。

[繁殖] 采用扦插、压条及分株等方法繁殖。

[用途] 茉莉花是著名香花树种，花朵可熏制花茶和提炼茉莉花油。

(2) 迎春花 Jasminum nudiflorum Lindl. {图[61]-15}

[识别要点] 落叶灌木。枝绿色，细长直出或拱形，四棱状。三出复叶对生，小叶卵状椭圆形，长 1~3cm，边缘有短刺毛。花黄色，单生于 2 年生枝叶腋，先于叶开放，有叶状狭窄的绿色苞片；萼裂片 5~6；花冠裂片 6，长椭圆形，长约为花冠筒的 1/2。花期 2~4 月，通常不结实。

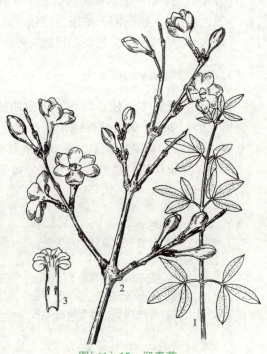

图[61]-15 迎春花
1. 枝条 2. 花枝 3. 花纵剖面

而无柄。花单生于小枝端，径 3.5~4cm；花冠裂片 6 或稍多，呈半重瓣，较花冠筒长。花期 4 月。

[分布] 原产于我国云南，南方各地广泛栽培。

[习性] 喜温暖向阳环境，耐寒性较差。其他同迎春花。

(4) 探春花(迎夏) *Jasminum floridum* Bunge

与迎春花的区别：半常绿灌木。奇数羽状复叶，互生，小叶 3~5。先叶后花，顶生聚伞花序；萼片 5 裂，线形，与萼筒等长；花冠黄色，裂片 5，长约为花冠筒的 1/2。

[62] 夹竹桃科 Apocynaceae

乔木、灌木或藤本，稀多年生草本。植物体具乳汁或水质。单叶对生或轮生，稀互生；全缘，稀有细齿；无托叶。花两性，单生或聚

图[61]-16　云南黄素馨

伞花序；萼 5，稀 4，基部内面常有腺体；花冠 5，稀 4，喉部常有副冠或鳞片或毛状附属物；雄蕊 5，着生在花冠筒上或花冠喉部，花丝分离，通常有花盘；子房上位，稀半下位，1~2 室。浆果、核果、蒴果或蓇葖果。种子一端有毛或膜质翅。

全世界共约 250 属 2000 种，主产于热带、亚热带，少数在温带；我国共有 46 属 176 种 33 变种。

分属检索表

1. 叶对生或轮生。
    2. 叶对生，藤本 ·· 络石属 *Trachelospermum*
    2. 叶轮生或对生，灌木或乔木。
        3. 蒴果；花盘厚，肉质杯状 ·································· 黄蝉属 *Allemanda*
        3. 蓇葖果；无花盘 ·· 夹竹桃属 *Nerium*
1. 叶互生。
    4. 枝肉质肥厚，花冠筒喉部无鳞片，蓇葖果 ················ 鸡蛋花属 *Plumeria*
    4. 枝不为肉质，花冠筒喉部有被毛的鳞片，核果 ·········· 黄花夹竹桃属 *Thevetia*

1. 络石属 *Trachelospermum* Lem.

常绿攀缘藤木。具白色乳汁。单叶对生，有短柄，羽状脉。聚伞花序顶生、腋生或近腋生；花萼 5 裂，内面基部具 5~10 个腺体；花冠白色，高脚碟状，裂片 5，右旋；雄蕊 5 枚，着生于花冠筒内面中部以上，花丝短，花药围绕柱头四周；花盘环状，5 裂；子房由 2 离生心皮组成。蓇葖果双生，长圆柱形。种子顶端有毛。

全世界共约 30 种，分布于亚洲热带或亚热带地区；我国有 10 种 6 变种，几遍全国。

(1) 络石 *Trachelospermum jasminoides*(Lindl.)Lem. {图[62]-1}

[识别要点]常绿藤本。茎长达 10m，赤褐色。幼枝有黄色柔毛，常有气生根。叶薄革质，椭圆形或卵状披针形，长 2~10cm，全缘，脉间常呈白色，上面无毛，下面有柔毛。腋生聚伞花序；萼 5 深裂，花后反卷；花冠白色，具芳香，裂片 5，右旋，形如风车，花冠筒中部以上扩大，喉部有毛；花药内藏。线形蓇葖果，对生，长 15cm。种子有白色毛。花期 4~5 月，果期 7~12 月。常见变种与栽培品种有：

① 石血 var. *heterophyllum* Tsiang 叶形异，通常狭披针形。

② '斑叶'络石 'Variegatum' 叶圆形，色杂，白色、绿色，后变为淡红色。

图[62]-1　络石
1. 花枝　2. 花蕾　3. 花　4. 花冠筒展开(示雄蕊着生)
5. 花萼展开(示腺体和雌蕊)　6. 蓇葖果　7. 种子

[分布]主产于长江、淮河流域以南各地。

[习性]喜光，耐阴。喜温暖湿润气候，耐寒性弱。对土壤要求不严，抗干旱，不耐积水。萌蘖性强。

[繁殖]通常采用扦插、压条等方法繁殖。

[用途]络石冬叶红色，花繁色白，且具芳香，是优美的垂直绿化和地被植物。植于枯树、假山、墙垣之旁，攀缘而上，均颇优美。根、茎、叶、果可入药。乳汁对心脏有毒害作用。

(2) 紫花络石 *Trachelospermum axillare* Hook. f.

与络石的区别：花冠紫色；叶革质，倒披针形、倒卵形或倒卵状矩圆形，长 8~15cm。分布于西南、华南、华东、华中等地区。

2. 夹竹桃属 *Nerium* L.

常绿灌木或小乔木。具乳汁。叶 3~4 枚轮生，稀对生，革质，具柄，全缘，羽状脉，侧脉密生而平行。顶生伞房状聚伞花序；花萼 5，基部内面有腺体；花冠漏斗状，5 裂，裂片右旋；花冠筒喉部有 5 枚阔鳞片状副花冠，顶端撕裂；雄蕊 5，着生于花冠筒中部以上，花丝短，花药内藏且丝状，被长柔毛；无花盘；子房由 2 枚离生心皮组成。蓇葖果 2 枚，离生。种子具白色绵毛。

全世界共约 4 种；我国引入 2 种。

夹竹桃 Nerium indicum Mill. {图[62]-2}

[识别要点]常绿直立大灌木，高达5m。具乳汁。嫩枝具棱。叶3~4枚轮生，枝条下部对生，窄披针形，长11~15cm，上面光亮无毛，中脉明显，叶缘反卷。花序顶生；花冠深红色或粉红色，单瓣5枚，喉部具5枚撕裂状副花冠；重瓣15~18枚，组成3轮，每裂片基部具顶端撕裂的鳞片。蓇葖果细长。种子长圆形，顶端种毛长9~12mm。花期6~10月。

[分布]产于伊朗、印度、尼泊尔。我国长江以南广为栽植，北方盆栽。

[习性]喜光。喜温暖湿润气候，不耐寒。耐旱力强，对土壤适应性强，在碱性土上也能正常生长。性强健，萌蘖性强，病虫害少，管理粗放，生命力强。抗烟尘及有毒气体能力强。

[繁殖]扦插或压条繁殖。

[用途]夹竹桃姿态潇洒，花色艳丽，自夏至秋花开不绝，有特殊香气。可植于公园、庭院、街头绿地等。此外，性强健，耐烟尘，抗污染，是工矿区等环境条件较差地区绿化的好树种。全株有毒，人、畜误食会有危险。

图[62]-2 夹竹桃
1. 花枝 2. 花冠展开 3. 果

3. 黄蝉属 Allemanda L.

全世界共15种，分布于美洲热带地区；我国引入栽培2种。

(1) 黄蝉 Allemanda nerifolia Hook. {图[62]-3}

[识别要点]直立灌木，高达1~2m。具乳汁。枝灰白色。叶3~5枚轮生，椭圆形或倒卵状长圆形，长6~12cm，先端尖或极尖，全缘，除叶背脉上有毛外，其余光滑。花序顶生，花梗有毛；花冠橙黄色，花筒长2cm，内有红褐色条纹，单瓣5枚，左旋。球形蒴果，有长刺。花期5~8月。

[分布]原产于巴西。我国长江以南广为栽植，北方盆栽。

[习性]喜光。喜温暖湿润气候，不耐寒。耐旱力强，萌蘖性强，生命力强。

[繁殖]扦插或压条繁殖。

[用途]黄蝉花大美丽，叶绿而光亮，在我国南方常植于庭院供观赏。全株有毒，应用时注意。

(2) 软枝黄蝉 Allemanda cathartica L.

与黄蝉的区别：藤状灌木，长达4m。枝条软，弯曲，具白色乳汁。叶3~4枚轮生，有时对生，长椭圆形，长10~15cm。花冠大型，长7~11cm；花冠筒长3~4cm，基部圆筒状。

图[62]-3 黄 蝉
1. 花枝 2. 果

图[62]-4 '鸡蛋花'
1. 花序 2. 叶枝 3. 叶柄(示柄槽上的腺体)
4. 花冠展开 5. 蓇葖果 6. 种子

4. 鸡蛋花属 Plumeria L.

全世界约10种,是北美洲和中美洲的特有种;我国引入栽培1种1变种。

鸡蛋花 Plumeria rubra L. {图[62]-4}

[识别要点]落叶小乔木,高达5~8m。具乳汁,全株无毛。枝粗壮肉质。单叶互生,常集生于枝端,长圆状倒披针形或长圆形,长20~40cm,先端短渐尖,基部狭楔形,全缘。顶生聚伞花序;花冠外面白色、带红色斑纹,里面黄色,芳香。蓇葖果双生。花期5~10月。

[分布]原产于墨西哥。我国长江以南广为栽植,北方盆栽。

[习性]喜光。喜湿热气候,不耐寒。耐旱性强,萌蘖性强,生命力强。

[繁殖]扦插或压条繁殖。

[用途]鸡蛋花树形美丽,叶大色绿,花素雅、具芳香,用于庭院观赏。

5. 黄花夹竹桃属 Thevetia L.

全世界15种;我国栽培2种1变种。

黄花夹竹桃 Thevetia perruviana (Pers.) K. Schum. {图[62]-5}

[识别要点]常绿灌木或小乔木,高达5m。具乳汁,全株无毛。树皮棕褐色,皮孔明显。小枝下垂。单叶互生,线形或线状披针形,长10~15cm,两端长,全缘,光亮,革质,中脉下陷,侧脉不明显。顶生聚伞花序,花黄色,具芳香。核果扁三角状球形。花期5~12月。

[分布]原产于美洲热带地区。我国华南地区有栽培,长江流域及以北地区常盆栽。

[习性]喜光。喜干热气候,不耐寒。耐旱力强。

[繁殖]扦插或压条繁殖。

[用途]黄花夹竹桃枝条柔软下垂,叶绿光亮,花叶艳黄,花期长,是一种美丽的观花树种,常用于庭院观赏。全株有毒,可提取药物。

6. 蔓长春花属 Vinca L.

常绿蔓性灌木。叶对生。花单生,生于叶腋,花冠蓝色。

长春蔓(长春花、蔓长春花)Vinca major L.

[识别要点]常绿蔓生亚灌木,丛生。营养枝偃卧或平卧地面;开花枝直立,高30~

图[62]-5 黄花夹竹桃
1. 花枝 2. 果

40cm。叶对生,椭圆形,先端急尖,叶绿而有光泽;开花枝上的叶柄短。全株除叶缘、叶柄、花萼及花冠喉部有毛外,其他无毛。花单生于开花枝叶腋内,花冠高脚碟状,蓝色,5裂。蓇葖果双生,直立。花期4~5月。

[分布]原产于地中海沿岸、印度、美洲热带地区。我国江苏、浙江和台湾等地有栽培。

[习性]喜阳光,也较耐阴,对光照要求不严,尤以半阴环境生长最佳。喜温暖湿润气候,稍耐寒。喜欢生长在深厚、肥沃、湿润的土壤中。适应性强,生长迅速。

[繁殖]多采用分株繁殖,也可扦插、压条繁殖。

[用途]长春蔓是极好的地被植物,在园林上多用作观叶地被材料,可作为花境植物,配置于假山石、卵石或其他植物周边,也可配置于岩石、高坎及花坛边缘用于垂直绿化。在华东地区多作地被栽培,在半阴处的湿润、深厚土壤中生长迅速,枝节间可着地生根,很快覆盖地面。其茎蔓生长速度快、垂挂效果好,还可作为室内观赏植物,配置于楼梯边、栏杆上或盆栽置放在案台上。其花叶品种多盆栽供观赏。

[63]茜草科 Rubiaceae

乔木、灌木、藤本或草本。单叶对生或轮生,常全缘,稀锯齿;托叶位于叶柄间或叶柄内,宿存或脱落。花两性,稀单性,常辐射对称,单生或组成各式花序(多聚伞花序);萼筒与子房合生,全缘或有齿裂,有时其中1裂片扩大成叶状;花冠筒状或漏斗状,4~6裂;雄蕊与花冠裂片同数互生,着生于花冠筒上;子房下位,1至多室(常2室),每室胚珠1至多数。蒴果、浆果或核果。

全世界共约500属6000种,主产于热带、亚热带;我国有98属676种,主产于西南至东南部。咖啡属(Coffea)40种,主产于非洲热带地区,是世界著名三大饮料植物之一，我国引入5种。金鸡纳属（*Cinchona*）40种，主产于南美洲，可提取奎宁（治疗疟疾的特效药），我国引入数种栽培。

分属检索表

1. 子房每室有胚珠2至多数 ·· 栀子属 *Gardenia*
1. 子房每室有胚珠1。
   2. 花序为伞房状聚伞花序，浆果 ·· 龙船花属 *Ixora*
   2. 花单生或簇生，核果 ·· 白马骨属 *Serissa*

1. 栀子属 *Gardenia* Ellis.

常绿灌木，稀小乔木。单叶对生或3枚轮生；托叶膜质鞘状，生于叶柄内侧。花单生，稀伞房花序；萼筒卵形或倒圆锥形，有棱；花冠高脚碟状或漏斗状，5~11裂；雄蕊5~11，生于花冠喉部内侧；花盘环状或圆锥状；子房1室，胚珠多数。革质或肉质浆果，常有棱。

全世界共约250种；我国有5种。

栀子花 *Gardenia jasminoides* Ellis. ｛图[63]-1｝

[识别要点]常绿灌木，高1~3m。小枝绿色，有垢状毛。叶长椭圆形，长5~12cm，先端渐尖，基部宽楔形，全缘，无毛，革质而有光泽。花单生于枝端或叶腋；花萼5~7裂，裂片线形；花冠高脚碟状，先端常6裂，白色，具浓香；花丝短，花药线形。果卵形，黄色，具6纵棱，有宿存萼片。花期6~8月，果期9月。常见变种与栽培变型有：

①大花栀子 f. *grandiflora* Makino　叶较大。花大而重瓣，径7~10cm。

②水栀子 var. *radicana* Makino　又名雀舌栀子。矮小灌木。茎匍匐，叶小而狭长，花较小。

[分布]原产于长江流域以南各地，在江西抚州有人工栽培。

[习性]喜光，也能耐阴，在庇荫条件下叶色浓绿，但开花稍差。喜温暖湿润气候，耐热，也稍耐寒。喜肥沃、排水良好、酸性的轻黏壤土，耐干旱瘠薄，但植株易衰老。萌蘖力、萌芽力均强，耐修剪。抗二氧化硫能力较强。

[繁殖]以扦插、压条繁殖为主。

[用途]栀子花叶色亮绿，四季常青，花大洁白，芳香馥郁，又有一定耐阴和抗有毒气体的能力，是良好的绿化、美化、香化材料，可用于街道和厂矿区绿化。片植或植作花篱均极适宜，用于阳台绿化或作盆花、切花、盆景也十分相宜。

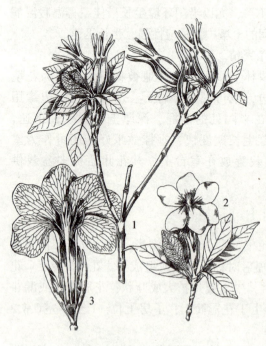

图[63]-1　栀子花
1. 果枝　2. 花枝　3. 花纵剖面

2. 龙船花属 *Ixora* L.

全世界共约 400 种，主产于热带亚洲和非洲；我国有 19 种，产于西南至东部。

龙船花 *Ixora chinensis* Lam. {图[63]-2}

[识别要点] 常绿小灌木，高 0.5~2m。全株无毛。单叶对生，薄革质，椭圆状披针形或倒卵状长椭圆形，长 6~13cm，先端钝或钝尖，基部楔形或浑圆，全缘；叶柄极短。顶生伞房状聚伞花序，花序分枝红色；花冠高脚蝶状，红色或橙红色，筒细长，裂片 4，先端浑圆。浆果近球形，熟时黑红色。花期 6~11 月。

[分布] 原产于热带非洲，我国华南有野生。

图[63]-2 龙船花
1. 花枝 2. 花冠展开(示雄蕊) 3. 花萼 4. 果 5. 托叶

[习性] 耐半阴。喜温暖、高温环境，不耐寒。要求肥沃、疏松、富含腐殖质的酸性土壤。

[繁殖] 播种或扦插繁殖。

[用途] 龙船花株形美丽，花色红艳，花期长，是理想的观赏花木。

3. 白马骨属 *Serissa* Comm.

常绿小灌木。枝、叶及花揉碎有臭味。叶小，对生，全缘；近无柄；托叶宿存。花腋生或顶生，单生或簇生；萼筒 4~6 裂，倒圆锥形，宿存；花冠白色，漏斗状，4~6 裂，喉部有毛；雄蕊 4~6，着生于花冠筒上；花盘大；子房 2 室，每室 1 胚珠。球形核果。

本属共 2 种；我国有 1 种。

六月雪 *Serissa japonica* Thunb. {图[63]-3}

[识别要点] 常绿或半常绿小灌木，高不及 1m。多分枝。单叶对生或簇生于短枝，长椭圆形，长 0.7~2cm，先端有小凸尖，基部渐狭，全缘，两面叶脉、叶缘及叶柄上均有白色毛。花小，单生或数朵簇生，花冠白色或淡粉紫色。核果小，球形。花期 5~6 月，果期 10 月。常见变种有：

①金边六月雪 var. *aureo-marginata* Hort. 叶缘金黄色。

图[63]-3 六月雪
1. 花枝 2. 花

②重瓣六月雪 var. *pleniflora* Nakai　花重瓣，白色。

③荫木 var. *crassiramea* Makino　较原种矮小，小枝直伸。叶质厚，密集。花单瓣，白色带紫晕。

④重瓣荫木 var. *crassiramea* f. *plena* Makino et Nemoto　枝叶似荫木，花重瓣。

[分布]原产于长江流域以南各地。

[习性]喜温暖、阴湿环境，不耐严寒。要求肥沃的沙质壤土。萌芽力、萌蘖力强，耐修剪。

[用途]六月雪枝叶密集，夏日白花盛开，宛如白雪满树。适宜作花坛边界、花篱和下木；在庭园路边及步道两侧作花境配置，极为别致；交错栽植在山石、岩际，也极适宜；还是制作盆景的上好材料。根、茎、叶可入药。

[64]紫葳科 Bignoniaceae

落叶或常绿，乔木、灌木或藤本，稀草本。单叶或复叶，对生或轮生，稀互生；无托叶。花两性，大而美丽，两侧对称，顶生或腋生，单生、簇生或组成总状、圆锥花序；花萼连合，全缘或2~5裂；花冠合瓣，5裂，漏斗状或二唇形，上唇2裂，下唇3裂；雄蕊5或4，与裂片同数而互生，其中发育雄蕊2或4；子房上位，1~2室，中轴或侧膜胎座，胚珠多数。蒴果，稀浆果。种子扁平，有翅或毛。

全世界共约120属650种，分布于热带；我国连同引入共有28属54种，南北各地均有分布。

分属检索表

1. 乔木；单叶，叶下面脉腋有腺斑 …………………………………………………… 梓树属 Catalpa
1. 藤本或半藤状灌木；复叶，叶下面脉腋无腺斑。
　2. 植株有卷须，小叶2~3枚 ………………………………………………… 炮仗藤属 Pyrostegia
　2. 植株无卷须，小叶3枚或更多。
　　3. 落叶藤本，雄蕊内藏 ……………………………………………………… 凌霄属 Campsis
　　3. 常绿半藤状灌木，雄蕊伸出花冠筒外 ………………………………… 硬骨凌霄属 Tecomaria

1. 梓树属 Catalpa Scop.

落叶乔木。无顶芽。单叶对生或3枚轮生，全缘或有缺裂，基出脉3~5，叶背脉腋常具腺斑。花大，顶生总状或圆锥花序；花萼2裂；花冠钟状，二唇形；发育雄蕊2，内藏，着生于下唇；子房2室。蒴果细长。种子多数，两端具长毛。

全世界共约13种；我国有4种，引入3种，主产于长江、黄河流域。

分种检索表

1. 小枝、叶背有毛。
　2. 叶宽卵形，全缘或顶部有裂片；花乳黄色 ……………………………………… 梓树 *C. ovata*
　2. 叶卵形，全缘或幼树叶有裂片；花白色，有紫斑 ……………………………… 灰楸 *C. fargesii*
1. 小枝、叶背无毛。
　3. 叶三角形，全缘或中下部有裂片；花白色、粉红色，有紫斑 ………………… 楸树 *C. bungei*
　3. 叶长卵形，全缘；花白色，有黄条纹及紫斑 …………………………………… 黄金树 *C. speciosa*

(1) 楸树 Catalpa bungei C. A. Mey.｛图[64]-1｝

[识别要点]落叶乔木，树高达20~30m。树干通直，树冠狭长或倒卵形。树皮灰褐色，浅纵裂。小枝无毛。叶三角状卵形至卵状椭圆形，长6~15cm，先端渐尖，基部截形或广楔形，全缘或中下部有裂片，两面无毛，基部脉腋有紫斑。顶生伞房状总状花序，有花5~20朵，花序有分枝毛；花冠白色，内有紫色斑点。蒴果长25~55cm，直径5~6mm。种子连毛长4~5cm。花期4~5月，果期9~10月。

[分布]原产于我国，长江下游和黄河流域各地普遍栽培。

[习性]喜光，苗期耐庇荫。喜温凉气候。在深厚、肥沃、湿润、疏松的中性、微酸性和钙质壤土中生长迅速。不耐干旱和水湿。主根明显、粗壮，侧根发达。萌蘖力、萌芽力都很强。自花不育，需异株或异花授粉。

[繁殖]嫁接或埋根繁殖。

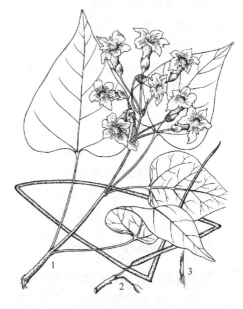

图[64]-1 楸 树
1. 花枝 2. 果 3. 种子

[用途]楸树树姿挺秀，叶荫浓郁，花大美丽。对二氧化硫及氯气有较强抗性，吸滞灰尘、粉尘的能力较强，是优良绿化树种。花可提取芳香油。优质用材树。

(2) 灰楸 Catalpa fargesii Bureau

与楸树的区别：嫩枝、叶片、叶柄和圆锥花序密被簇状毛和分枝毛。叶卵形，全缘或幼树叶有裂片。花冠粉红色或淡紫色，喉部有紫色斑点。种子连毛长5~7.5cm。产于山西、河北、山东、安徽、湖南、湖北、河南、陕西、甘肃等地。

(3) 梓树 Catalpa ovata D. Don.｛图[64]-2｝

[识别要点]落叶乔木。树冠宽阔，枝条开展。树皮灰褐色，浅纵裂。嫩枝被短毛。叶广卵形或近圆形，基部心形或圆形，全缘或中部以上3~5浅裂，叶背沿脉有毛，基部脉腋有紫斑。顶生圆锥花序，花萼绿色或紫色；花冠淡黄色，内面有黄色条纹及紫色斑纹。蒴果细长下垂。种子具毛。花期5~6月，果期8~11月。

[分布]产于辽宁南部至广东北部，西至西南各地。新疆有栽培。

[习性]喜光，稍耐阴。适生于温带地区，耐寒。喜深厚、肥沃、湿润土壤，不耐干瘠，抗性强。深根性。

图[64]-2 梓 树
1. 发育雄蕊 2. 果枝 3. 种子 4. 花

[繁殖]播种或埋根繁殖。

[用途]梓树花大美丽，树冠宽大，是行道树、庭荫树及"四旁"绿化的优良树种。常与桑树配置，"桑梓"意即故乡。木材轻软，易加工，可制作琴底板，在乐器业上有"桐天梓地"之说。

(4) 黄金树 *Catalpa speciosa* Warder

[识别要点]落叶乔木，在原产地树高38m，胸径135cm。叶长卵形，长15~35cm，全缘，稀1~2浅裂，叶下面有柔毛，基部脉腋有绿黄色腺斑。花白色，内有黄色条纹及紫色斑点。蒴果粗短，长20cm，径1~1.8cm。

[分布]原产于美国中北部。我国1911年引入上海，现长江流域以北有栽培。

[习性]喜强光，耐寒性差，喜深厚、肥沃、湿润土壤。

[繁殖]通常采用播种、埋根繁殖。

[用途]黄金树花大美丽，树形优美，多作行道树、庭荫树及"四旁"绿化树。

2. 炮仗藤属 *Pyrostegia* Presl.

全世界共约5种，产于南美；我国引入栽培1种。

炮仗花 *Pyrostegia venusta* (Ker-Gawl.) Miers {图[64]-3}

[识别要点]常绿藤本。茎粗壮，有棱，小枝有纵槽纹。复叶对生，小叶3枚，顶生小叶为线形、3叉的卷须；叶卵形至卵状椭圆形，长5~10cm，全缘，两面无毛，背面有穴状腺体。圆锥状聚伞花序，下垂；花萼5裂，钟状；花冠筒状，橙红色，5裂，二唇形，裂片钝，外反卷，有明显被毛的白边；发育雄蕊4，2枚自筒部伸出；子房线形，2室。蒴果长线形。种子有翅。花期3~4月。

[分布]原产于巴西。我国华南、海南、云南南部、厦门有栽培。

[习性]喜光。喜温暖湿润气候，稍耐寒，在华南可露地越冬。

[繁殖]压条或扦插繁殖。

[用途]炮仗花花形如炮仗，花朵鲜艳，成串下垂，深受人们喜爱。适于作花架、花廊等材料，也可于建筑墙面或屋顶进行垂直绿化。

3. 凌霄属 *Campsis* Lour.

落叶木质藤本，以气生根攀缘。奇数羽状复叶，对生，小叶有粗锯齿。顶生聚伞或圆锥花序；花萼钟状，近革质，不等大5裂；花冠漏斗状，橙红色至鲜红色，裂片5，大而开展；雄蕊4，2强，弯曲，内藏；子房2室，基部有大花盘。蒴果，室背开裂，由隔膜上分裂为2果瓣。种子多数，扁平，有半透明的膜质翅。

全世界共2种；我国有1种。

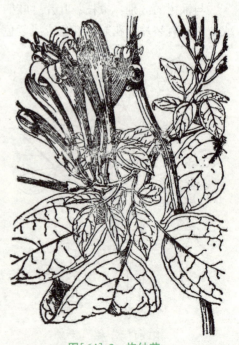

图[64]-3 炮仗花

(1) 凌霄 *Campsis grandiflora* (Thunb.) Loisei. {图[64]-4}

[识别要点] 落叶藤本，借气生根向上攀缘生长。树皮灰褐色，呈细条状纵裂。奇数羽状复叶，对生，小叶7~9，卵形至卵状披针形，长3~7cm，叶缘有7~8锯齿，两面无毛。顶生聚伞状圆锥花序，花大；花萼裂至中部；花冠漏斗状钟形，橘黄色或鲜红色。蒴果顶端钝。种子有膜质翅。花期6~9月，果期10月。

[分布] 我国特有，原产于我国中部，北方常见栽培。

[习性] 喜光，稍耐阴。喜温暖气候和湿润、排水良好的土壤。速生，萌芽力、萌蘖力均强。

[繁殖] 采用播种、扦插、压条、埋根、分株等方法繁殖。

[用途] 凌霄花大色艳，花期较长，适于作花架、花廊等材料，也可于建筑墙面或屋顶进行垂直绿化。花粉有毒，伤眼睛，须注意。

图[64]-4 凌 霄
1. 花枝 2. 雄蕊 3. 花盘和雌蕊

(2) 美国凌霄 (厚萼凌霄) *Campsis radicans* (L.) Seem {图[64]-5}

与凌霄的区别：小叶9~13，椭圆形，叶缘有4~5齿，叶轴及小叶背面均有柔毛；花萼浅裂至1/3，花冠比凌霄小，约4cm，橘黄色；蒴果顶端尖。原产于北美，我国各地引种栽培。耐寒力较强。

4. 硬骨凌霄属 *Tecomaria* Spach.

全世界共2种，产于非洲；我国引入栽培1种。

硬骨凌霄 (南非凌霄) *Tecomaria capensis* (Thunb.) Spach. {图[64]-6}

[识别要点] 常绿半藤状灌木。枝绿褐色，常有小瘤状突起。奇数羽状复叶，对生，小叶7~9，卵形至阔椭圆形，长1~2.5cm，叶缘不规则锯齿，两面无毛。顶生总状花序；花冠长漏斗形，弯曲，橘红色，有深红色条纹；雄蕊伸出。蒴果线形。花期6~10月。

[分布] 原产于非洲好望角。我国华南有露地栽培，长江流域及华北多盆栽。

[习性] 喜光，喜温暖气候及湿润、排水良好的土壤。不耐寒，不耐阴。

[繁殖] 扦插或压条繁殖。

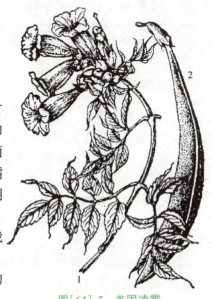

图[64]-5 美国凌霄
1. 花枝 2. 果

图[64]-6 硬骨凌霄

[用途]硬骨凌霄终年常绿，夏、秋季开花不绝。宜布置室内及花坛。

[65] 马鞭草科 Verbenaceae

灌木或乔木，有时为藤本，稀为草本。单叶或掌状复叶，对生，稀轮生；无托叶。花两性，组成顶生或腋生的各种花序；花萼4~5裂，宿存；花冠管口裂成二唇形或略不相等4~5裂；雄蕊4，少数2，稀5~6，着生于花冠筒上部或基部；子房上位，2~5室，每室2胚珠，或生一隔膜而分成4~10室，每室1胚珠。核果、蒴果或浆果状核果。种子胚乳少或无。

全世界共80余属3000余种，主要分布于热带和亚热带地区；我国共有21属175种，主产于长江流域以南各地。

分属检索表

1. 总状、穗状或近头状花序。
    2. 枝上有倒钩状皮刺，穗状或近头状花序，果熟后仅基部被花萼所包围…… 马缨丹属 *Lantana*
    2. 枝上皮刺不为倒钩状或枝无刺，总状花序，果熟后全部被花萼所包围…… 假连翘属 *Duranta*
1. 聚伞花序，或由聚伞花序组成各式花序。
    3. 花萼色杂，在果期显著增大。
        4. 花萼端近全缘，花冠筒弯曲 ……………………………………… 冬红属 *Holmskioldia*
        4. 花萼端深裂、有齿或平截，花冠筒弯曲 ………………………… 大青属 *Clerodendrum*
    3. 花萼绿色，在果期不显著增大。
        5. 掌状复叶，小枝四棱形 …………………………………………… 牡荆属 *Vitex*
        5. 单叶，小枝不为四棱形 …………………………………………… 紫珠属 *Callicarpa*

1. 马缨丹属 Lantana L.

直立或半藤状灌木。有强烈气味。茎四棱形，有或无皮刺。单叶对生，边缘有圆钝齿，表面多皱。花密集成头状，顶生或腋生，具总梗；苞片长于花萼；花萼小，膜质；花冠筒细长，顶端裂；雄蕊着生于花冠筒中部，内藏；子房2室，花柱短，柱头歪斜近头状。核果球形。

全世界共约150种，主产于美洲热带地区；我国引入栽培2种。

马缨丹 *Lantana camara* L. {图[65]-1}

[识别要点]灌木，高1~2m。茎枝均四棱形，有短柔毛，通常有短而倒钩状刺。单叶对生，卵形至卵状长圆形，长3~9cm，先端渐尖，基部圆形，两面有糙毛，揉烂后有强烈的气味。腋生头状花序，花冠黄色或橙黄色、粉红色至深红色。核果圆球形，熟时紫黑色。全年开花。

[分布]原产于美洲热带地区。在我国南方各地已为野生状。

[习性]喜光，喜温暖湿润气候。对土壤要求不严，以深厚、肥沃、排水良好的沙壤土较佳。

[繁殖]通常采用嫁接、扦插、播种等方法繁殖。

[用途]马缨丹花美丽，花期长，我国南方庭园中有栽培，常作花坛和地被植物，北方多盆栽。根、叶、花药用。

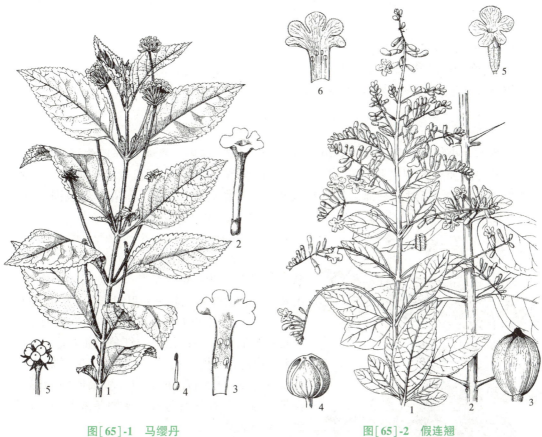

图[65]-1 马缨丹
1. 花果枝 2. 花 3. 花冠展开(示雄蕊)
4. 雄蕊 5. 果序

图[65]-2 假连翘
1. 花枝 2. 中部叶枝 3. 果(外包宿存萼片)
4. 果 5. 花 6. 花冠展开(示雄蕊)

2. 假连翘属 *Duranta* L.

灌木。枝有刺或无刺。单叶对生或轮生，全缘或有锯齿。总状、穗状或圆锥状花序，顶生或腋生；苞片小；花萼顶端有5齿，宿存，结果时增大；花冠顶端5裂；雄蕊4，内藏，2长2短；子房8室，花柱短，柱头为稍偏斜的头状。核果肉质，几乎完全包藏在增大宿存的花萼内。

全世界共约36种，分布于美洲热带地区；我国引种栽培1种。

假连翘 *Duranta repens* L. {图[65]-2}

[识别要点]灌木，高1.5~3m。枝常拱形下垂，具皮刺，幼枝具柔毛。叶对生，少有轮生，卵形或卵状椭圆形，长2~6.5cm，全缘或中部以上有锯齿。顶生或腋生总状花

序，花冠蓝色或淡蓝紫色。球形核果，无毛，有光泽，熟时红黄色，被增大花萼包围。花果期5~10月。常见栽培品种有：

①'白花'假连翘'Alba' 白色。

②'金叶'假连翘'Goldem Leaves' 嫩叶金黄色。花冠淡紫色。

③'花叶'假连翘'Variegata' 叶有黄色或白色斑纹。花冠淡紫色。

[分布]原产于墨西哥和巴西，热带地区广泛栽培。我国南方各地均有栽培。

[习性]喜光，耐半阴。喜温暖湿润气候，耐寒性差。对土壤要求不严，不耐积水。耐修剪。

[繁殖]扦插或播种繁殖。

[用途]假连翘枝条柔软下垂，花色与果色美丽，是良好的观花、观叶、观果树种，常作花坛布置材料，也是优良的绿篱植物。花、叶、果可入药。

3. 冬红属 *Holmskioldia* Retz.

灌木。小枝四棱形，被毛。叶对生，全缘或具锯齿。聚伞花序腋生或集生于枝端；花萼膜质，倒圆锥状碟形或喇叭状，近全缘，有颜色；花冠筒弯曲，5浅裂；雄蕊4，着生于花冠筒基部，伸出花冠外。核果倒卵形，4裂，被花萼所包围。

全世界共约3种，分布于印度及非洲热带地区，我国引入栽培1种。

冬红 *Holmslioldia sanguinea* Retz. {图[65]-3}

[识别要点]常绿灌木，高3~7m。小枝四棱状。叶革质，卵形或宽卵形，具锯齿，两面疏被毛及腺点，沿叶脉毛较密；叶柄长1~2cm，被毛及腺点。2~6聚伞花序组成圆锥花序，花序梗及花梗被腺毛及长毛；花萼朱红色或橙红色，倒圆锥状碟形，径达2cm，网脉明显；花冠朱红色，筒部长达2~2.5cm，被腺点。核果倒卵圆形，4深裂，为宿存萼片所包被。花期冬末春初，种子秋、冬季成熟。

[分布]原产于喜马拉雅山脉至马来西亚。我国台湾、广东及广西有栽培。

[习性]喜光。喜温暖多湿的气候，不耐寒。喜肥沃的沙质土壤。

[繁殖]播种或扦插繁殖。

[用途]冬红花色艳丽，在冬末春初少花季节开花，故而得名。为南方庭园常见木本花卉。

图[65]-3 冬 红

4. 大青属 *Clerodendrum* L.

落叶或半常绿，灌木或小乔木，少为攀缘状藤本或草本。单叶对生或轮生，全缘或具锯齿。聚伞花序，或由聚伞花序组成伞房状或圆锥状花序，顶生或腋生；苞片宿存或早落；花萼钟状或杯状，有色泽，宿存，花后多少增大；花冠筒通常细长，顶端有5裂等形或不等形的裂片；雄蕊4，伸出花冠外；子房4室。浆果状核果，包于宿存增大的花萼内。

全世界共约400种，分布于热带和亚热带，少数分布于温带；我国有34种14变种。

分种检索表

1. 弱藤本；腋生聚伞花序，花萼裂片白色 ·················· 龙吐珠 C. thomsoniae
1. 直立灌木；由聚伞花序组成顶生伞房状或圆锥状花序，花萼裂片不为白色。
　2. 聚伞花序组成大型顶生圆锥花序，花萼、花冠为鲜红色 ············ 赪桐 C. japonicum
　2. 聚伞花序组成顶生伞房花序，花萼、花冠非鲜红色。
　　3. 花序顶生，组成密集的伞房状，花萼小，萼裂片三角形 ············ 臭牡丹 C. bungei
　　3. 花序顶生或腋生，组成松散的伞房状，花萼大，萼裂片5，深达基部··················
　　　·························· 海州常山 C. trichotomum

(1) 赪桐 Clerodendrum japonicum (Thunb.) Sweet {图[65]-4}

[识别要点] 灌木，高达4m。小枝有茸毛，实心髓。叶卵圆形或心形，长10~35cm，先端渐尖，基部圆形或浅心形，边缘具浅锯齿，叶上面疏生伏毛，下面密生锈黄色盾形腺体，掌状脉。顶生大型圆锥状聚伞花序，长14~34cm；花萼大，红色，5深裂；花冠鲜红色，筒部细长，顶端5裂并开展；雄蕊细长，长达花冠筒的3倍，与雌蕊花柱伸于花冠之外。果近球形，蓝黑色，宿存萼片增大，初包被果实，后向外反折呈星状。花果期5~11月。

[分布] 原产于我国长江流域以南各地。印度、马来西亚、日本等也有分布。

[习性] 喜光，耐半阴。喜温暖多湿的气候，不甚耐寒。既耐湿，又耐旱，不择土壤。

[繁殖] 分株、插根或播种繁殖。

[用途] 赪桐花色鲜艳，花期长，为优良的庭园观赏花木，适于在树荫下栽植。

(2) 海州常山(臭梧桐) Clerodendrum trichotomum Thunb. {图[65]-5}

[识别要点] 落叶灌木或小乔木，高达4m。嫩枝、叶柄及花序轴有黄褐色短柔毛，枝髓有淡黄色薄片状横隔。单叶对生，卵形至椭圆形，5~16cm，先端渐尖，基部截形或宽楔形，全缘或有微波状齿牙，两面近无毛。花序顶生或腋生，组成松散的伞房状；花萼大，萼裂片5，深达基部；花冠白色或粉红色，花丝及花柱一起伸出花冠外，花柱不超过雄蕊。球形核果，熟时蓝紫色，被增大的花萼所包围。花果期6~11月。

[分布] 产于华东、中南、西南等地，河北、

图[65]-4 赪桐
1. 花枝 2. 叶 3. 花

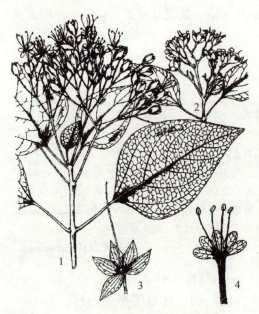

图[65]-5 海州常山
1. 花枝 2. 花序 3. 花
4. 花冠及雄蕊

山东、北京有栽培。

[习性]喜光,也较耐阴。喜凉爽、湿润气候。适应性强,较耐旱和耐盐碱。

[繁殖]播种繁殖。

[用途]海州常山花形奇特美丽,且花期长,宿存的红色花萼及蓝色果亮丽,是良好的观赏花木。

(3) 龙吐珠 *Clerodendrum thomsoniae* Balf. f.

[识别要点]落叶柔弱木质藤本,高2~3m。茎四棱形。单叶对生,叶卵状长圆形,先端渐尖,基部圆形,全缘,有短柄。聚伞花序生于枝顶或上部叶腋,长8~12cm;花萼钟状,白色,基部合生,中部膨大,有5棱脊,顶端5深裂,外被细毛,裂片三角状卵形;花冠鲜红色。果肉质。种子较大,黑色。

[分布]原产于非洲热带西部,各地广为栽培。

[习性]喜光,也较耐阴。要求湿润、排水良好的土壤。

[繁殖]通常采用扦插(枝插、芽插、根插)及播种等方法繁殖。

[用途]龙吐珠开花繁茂,花形奇特,苞片组成的钟状花萼像一个个奶白色的"阳桃仔",观赏价值高。

5. 牡荆属 *Vitex* L.

灌木或乔木。小枝通常四棱状。掌状复叶对生,小叶3~7,具锯齿。顶生或腋生聚伞花序;苞片小;花萼钟状,稀管状,顶端平截或具5裂小齿,有时为二唇形,外面常有腺体,宿存;花冠二唇形,上唇2裂,下唇3裂,浅蓝色、蓝紫色、黄色或白色;雄蕊4,子房4室。核果,包于宿存的花萼内。

全世界共约250种,分布于热带和温带地区;我国有14种,主产于长江流域以南。

黄荆 *Vitex negundo* L. {图[65]-6}

[识别要点]落叶灌木或乔木。小枝通常四棱状,密生灰白色茸毛。掌状复叶对生,小叶5,稀3,卵状长椭圆形至披针形,全缘或疏生锯齿。顶生圆锥状聚伞花序长10~27cm;花萼钟状,顶端5裂,外面被灰白色毛;花冠二唇形,浅蓝色;雄蕊4,伸出花冠外。球形核果,宿存萼片接近果实的长度。花期4~6月。常见变种与栽培变型有:

①牡荆 var. *cannabifolia* (Sieb. et Zucc.) Rand. -Mazz. 小叶有粗锯齿。花冠淡紫色。产于河北以南至华南、西南各地。

②荆条 var. *heterophylla* (Franch.) Rehd. {图[65]-7} 小叶有缺刻状锯齿,浅裂至深裂。花冠紫色。产于东北、华北、西北及西南各地。

③白花荆条 f. *albiflora* Jen et Y. J. Chang 花白色。产于北京地区。

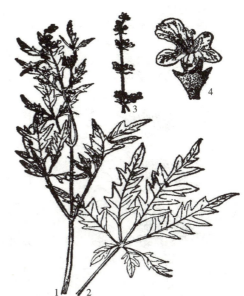

图[65]-6 黄 荆
1. 花枝 2. 花

图[65]-7 荆 条
1. 花枝 2. 叶 3. 花序 4. 花

[分布] 主产于长江流域以南，全国各地都有分布。

[习性] 喜光。耐干旱，耐贫瘠，对土壤适应性强。

[繁殖] 播种或分株繁殖。

[用途] 黄荆叶秀丽，花清香，是良好的绿化材料。树桩可作盆景。花含蜜汁，是良好的蜜源树种。枝编筐，枝叶还可入药。

6. 紫珠属 *Callicarpa* L.

灌木，稀乔木或藤本。小枝被星状毛或粗糠状柔毛。单叶对生，稀3叶轮生；有锯齿，稀全缘。腋生聚伞花序；花萼4深裂至截头状，宿存；花冠4裂；雄蕊4，花丝伸出花冠外或与花冠筒近等长；子房4室。浆果状核果，紫色、红色或白色。

全世界共约190种，分布于亚洲热带地区和大洋洲，少数可达温带地区；我国有46种，主产于长江流域以南。

> **分种检索表**
>
> 1. 叶长3~7cm，叶缘中部以上有锯齿；叶柄长2~5mm，总花梗长为叶柄的3~4倍 ·· 小紫珠 *C. dichotoma*
> 1. 叶长7~15cm，叶缘自基部以上有锯齿；叶柄长5~10mm，总花梗长小于或等于叶柄 ·· 日本紫珠 *C. japonica*

(1) 小紫珠(白棠子树) *Calicarpa dichotoma* (Lour.) K. Koch {图[65]-8}

[识别要点] 落叶灌木，高1~2m。小枝纤细，幼时被星状毛。单叶对生，倒卵形，叶缘中部以上有锯齿，叶背有棕黄色腺点；叶柄长2~5mm。腋生聚伞花序，花萼杯状，花冠

紫色。果球形，直径 2mm，紫色。花期 5~6 月，果期 9~10 月。

[分布] 产于河北、山东、河南至华南地区。

[习性] 喜光，喜温暖、湿润气候和肥沃的土壤。

[繁殖] 扦插或播种繁殖。

[用途] 小紫珠果实紫色，是良好的秋季观果树种。枝叶可提取芳香油。根入药，治疗关节痛。

(2) 日本紫珠 *Calicarpa japonica* Thunb.

与小紫珠的区别：小枝圆柱形，无毛。叶片倒卵形、卵形或椭圆形，长 7~12cm，宽 4~6cm，顶端急尖或长尾尖，基部楔形，两面通常无毛，边缘上半部有锯齿；叶柄长约 6mm。产于东北南部、华北、华东、华中等地。

[66] 小檗科 Berberidaceae

图 [65]-8 小紫珠
1. 果枝 2. 花 3. 果

灌木或多年生草本。叶互生，稀对生或基生，单叶或复叶。花两性，整齐，单生或组成各式花序；萼片和花瓣覆瓦状排列，离生，2~3 轮，每轮 3 枚，花瓣常具蜜腺；雄蕊与花瓣同数对生，或为花瓣数的 2 倍；子房上位，心皮 1，1 室，胚珠 1 至多数。浆果或蒴果。

全世界共 17 属约 650 种；我国有 11 属约 320 种，广布全国。

分属检索表
1. 单叶，枝干节部具针刺 ··· 小檗属 Berberis
1. 羽状复叶，枝无刺。
2. 1 回羽状复叶，小叶缘有刺齿 ······················· 十大功劳属 Mahonia
2. 2~3 回羽状复叶，小叶全缘 ····························· 南天竹属 Nandina

1. 小檗属 *Berberis* L.

落叶或常绿灌木。枝常具刺，茎的内皮或木质部常呈黄色。单叶，互生或在短枝上簇生。萼片 6~9，花瓣状；花黄色，花瓣 6，近基部常有腺体 2；雄蕊 6，离生。浆果红色或黑色。

全世界共 500 种；我国有 250 多种。

分种检索表
1. 叶全缘或有少数齿牙。
2. 叶全缘，倒卵形或匙形；簇生状伞形花序 ················ 日本小檗 B. thunbergii
2. 叶全缘或有时具刺状齿牙，狭倒披针形；总状花序 ············ 细叶小檗 B. poiretii
1. 叶缘具刺毛状细锯齿，刺粗大 ································· 阿穆尔小檗 B. amurensis

(1) 日本小檗(小檗) *Berberis thunbergii* DC. {图[66]-1}

[识别要点] 落叶灌木，高 2~3m。小枝通常红褐色，有沟槽；刺不分叉。叶倒卵形或匙形，长 0.5~2cm，先端钝，基部急狭，全缘，表面暗绿色，背面灰绿色。花浅黄色，1~5 朵组成簇生状伞形花序。浆果长椭圆形，长约 1cm，熟时亮红色。花期 5 月，果期 9 月。常见变种有：

紫叶小檗 var. *atropurpurea* Chenault. 叶紫红至鲜红色，在夏季强光照下更为红艳可爱。

[分布] 原产于日本及中国。各大城市有栽培。

[习性] 喜光，稍耐阴、耐寒。对土壤要求不严，在肥沃、排水良好的沙质壤土上生长最好。萌芽力强，耐修剪。

图[66]-1 日本小檗
1. 花枝 2. 花 3. 枝刺 4. 叶

[繁殖] 分株、播种或扦插繁殖。

[用途] 日本小檗枝细密而有刺，春季开小黄花，入秋叶色变红，果熟后红艳美丽，是良好的观果、观叶和绿篱材料。

(2) 细叶小檗(波氏小檗) *Berberis poiretii* Schneid.

[识别要点] 树高 1~2m。枝灰色，有槽及瘤状突起；刺分三叉，短小或不明显。叶狭倒披针形，全缘或下部叶缘有齿。

[分布] 分布于吉林、辽宁、内蒙古、青海、陕西、山西、河北，常生于石质山坡灌丛中及开阔地。朝鲜、蒙古、俄罗斯也有分布。

[习性] 喜光。耐干旱及瘠薄土壤。

[用途] 细叶小檗花朵黄色而密集，秋果红艳且挂果期长，宜丛植于草地边缘、林缘，也可用于点缀池畔或配置于岩石园中。

(3) 阿穆尔小檗(黄芦木) *Berberis amurensis* Rupr.

[识别要点] 树高达 3m。小枝灰黄色，有沟槽；刺分三叉，长 1~2cm。叶椭圆形或倒卵形，长 5~10cm，边缘有细锯齿，刺粗大，叶下面网脉明显，时有白粉。

[分布] 分布于东北、华北及山东、陕西、甘肃等。生于山坡灌丛中。

[用途] 可栽培供观赏。

2. 十大功劳属 Mahonia Nutt.

常绿灌木。枝上无针刺。1 回奇数羽状复叶，互生，小叶边缘有刺齿；无柄；托叶小。总状花序簇生；花黄色，两性，外有小苞片；萼片 9，3 轮；花瓣 6，2 轮，内常有基生腺体 2 个；雄蕊 6；心皮 1，柱头无柄，盾状。浆果球形，暗蓝色，少数红色，外被白粉。

全世界约 65 种；我国有 35 种。

分种检索表

1. 小叶 2~5 对，狭披针形，叶缘有刺齿 6~13 对 ·················· 十大功劳 *M. fortunei*
1. 小叶 4~10 对，卵形或卵状椭圆形，叶缘有刺齿 2~5 对 ············ 阔叶十大功劳 *M. bealei*

（1）十大功劳（狭叶十大功劳）*Mahonia fortunei*（Lindl.）Fedde ｛图［66］-2｝

[识别要点] 常绿灌木，高 1~2m。树皮灰色，木质部黄色。小叶 5~9，侧生小叶狭披针形至披针形，长 5~11cm，小叶柄短或近无；顶生小叶较大，先端急尖或渐尖，基部楔形，边缘每侧有刺齿 6~13。花黄色，4~8 个总状花序簇生。果卵形，蓝黑色，被白粉。花期 8~9 月，果期 10~11 月。

[分布] 产于长江流域以南。

[习性] 耐阴，喜温暖气候及肥沃、湿润、排水良好的土壤，耐寒性不强。

[繁殖] 播种、插枝、插根或分株繁殖。

[用途] 十大功劳常丛植或单植于庭院、林缘及草地边缘，或作绿篱及基础种植。在华北常盆栽供观赏，于温室越冬。

图［66］-2　十大功劳
1. 花枝　2. 花

（2）阔叶十大功劳 *Mahonia bealei*（Fort.）Carr. ｛图［66］-3｝

[识别要点] 常绿灌木，高 1.5~4m。树皮黄褐色。小叶 4~10 对，卵形至卵状椭圆形，长 5~12cm，叶缘反卷，有大刺齿 2~5 个，顶生小叶较大，侧生小叶无柄。总状花序 6~9 个簇生。浆果卵形，蓝黑色，被白粉。花期 11 月至翌年 3 月，果期翌年 4~8 月。

[分布] 产于浙江、安徽、江西、福建、湖南、湖北、陕西、河南、广东、广西、四川。

[习性] 性强健，半耐阴，喜温暖气候。

[用途] 阔叶十大功劳宜植于建筑物附近或林荫下，丛植或单植皆可。也适于盆栽，用于布置会场或室内绿化装饰。

3. 南天竹属 *Nandina* Thunb.

全世界仅 1 种，产于中国和日本。

南天竹（天竹、天竺）*Nandina domestica* Thunb. ｛图［66］-4｝

[识别要点] 常绿灌木。2~3 回羽状复叶，互生；各级羽片全为对生，小叶全缘，椭圆状披针形，近无柄。圆锥花序顶生，花小，白色；萼片和花瓣多数；雄蕊 6，离生；子房 1 室，胚

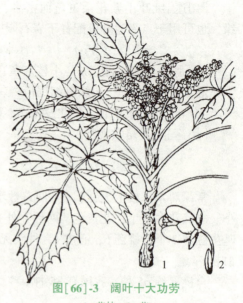

图［66］-3　阔叶十大功劳
1. 花枝　2. 花

珠 2。浆果球形，熟时红色。花期 5~7 月，果期 9~10 月。常见变种有：

①玉果南天竹 var. *leucocarpa* Makino. 叶翠绿色。果黄绿色。

②五彩南天竹 var. *porphyrocarpa* Makino. 叶狭长而密，叶色多变，常呈紫色。

③丝叶南天竹 var. *capillaries* Makino. 叶细如丝。

[分布]分布于长江流域及浙江、福建、广西、陕西等地。山东、河北有栽培。

[习性]喜温暖湿润及通风良好的环境，较耐寒。喜钙质土，对土壤要求不严，中性、微酸性土均能适应。不耐积水，生长较慢。在强烈阳光、土壤瘠薄干燥处生长不良。

[繁殖]分株、播种繁殖。

[用途]南天竹基干丛生，枝叶扶疏，秋、冬叶色变红，累累红果经冬不落，为美丽的观果、观叶佳品。宜丛植于庭前、假山石旁、小径转弯处或漏窗前后。与松、蜡梅配景，绿叶、黄花、红果，色香俱全，于雪中欣赏，效果尤佳。也可制作盆景和桩景。根、茎、叶、果均可入药。

图[66]-4 南天竹
1. 花枝 2. 果枝 3. 花 4. 雌蕊 5. 花瓣

[67]千屈菜科 Lythraceae

草本或木本。枝通常四棱形。单叶对生，稀轮生或互生，全缘；托叶小或无。花两性，整齐或两侧对称，单生或组成总状、圆锥、聚伞花序；萼 4~8(16) 裂，宿存；花瓣与萼片同数或无花瓣；雄蕊 4 至多数，着生于萼筒上；子房上位，2~6 室，胚珠多数，中轴胎座。蒴果。种子无胚乳。

全世界共 25 属约 550 种；我国有 11 属 48 种，其中木本 6 属。

紫薇属 *Lagerstroemia* L.

常绿或落叶，灌木或乔木。树皮光滑。冬芽端尖，具 2 芽鳞。叶对生或在小枝上互生；叶柄短；托叶小，早落。花两性，整齐，艳丽，组成圆锥花序；萼半球形或陀螺形，5~9 裂；花瓣 5~9，波状皱缩，基部具细长爪；雄蕊 6 至多数；子房 3~6 室，无柄，柱头头状。蒴果木质，室背开裂。种子多数，顶端有翅。

全世界共 55 种；我国有 16 种，引入栽培 2 种。

分种检索表

1. 落叶性：叶较小，长 3~7cm；花径 3~4cm，萼筒无纵棱 ·················· 紫薇 *L. indica*
1. 常绿性：叶较大，长 10~25cm；花径 5~7.5cm，萼筒有 12 条纵棱 ····· 大花紫薇 *L. speciosa*

(1) 紫薇(百日红、痒痒树) *Lagerstroemia indica* L. {图[67]-1}

[识别要点]落叶灌木或小乔木，高可达 7m。老树皮呈长薄片状，剥落后平滑细腻。

小枝四棱形，常有狭翅。叶椭圆形至倒卵形，长3~7cm；几无柄。顶生圆锥花序，红色、粉色、紫色，径6~20cm；萼6浅裂；花瓣6；雄蕊40~60。蒴果6瓣裂，径约1.2cm。花期6~9月，果期9~10月。常见变种有：

①银薇 var. *abla* Nichols. 花白色或淡紫色。幼枝及叶背面为黄绿色。

②翠薇 var. *rubra* Lav. 花蓝紫色。叶翠绿，幼枝及叶嫩时为绿紫色。

[分布]我国东北南部、华东、华中、华南及西南均有分布。露地栽培，南至台湾和海南，北以北京、太原为界，西至陕西西安、四川都江堰。

[习性]喜光，略耐阴。喜温暖湿润气候，有一定抗寒力和耐旱力。喜肥沃、湿润而排水良好的石灰性壤土或沙壤土，不耐水涝。开花早，花期长。萌芽力强，耐修剪，寿命长。

图[67]-1 紫薇
1. 花枝　2. 花纵剖面　3. 子房横剖面　4. 种子

[繁殖]播种或扦插繁殖。

[用途]紫薇树形优美，树皮光滑，枝干扭曲，花色艳丽，花朵繁密，花开于少花的夏季，花期长达数月之久。宜栽植于建筑物前或池畔、路边及草坪等处，可成片、成丛栽植。或作街景树、行道树。对多种有毒气体有较强的抗性和吸收能力，且对烟尘有一定吸附力，适用于厂矿区及街道绿化。也可制作盆景和桩景。

(2) 大花紫薇 *Lagerstroemia speciosa* Pers.

[识别要点]常绿乔木，高达20m。树皮条状。小枝有毛。叶大，长10~25cm，革质，下面密生毛。花序大；花大，径5~7.5cm；花萼有12条纵棱；花初开时淡红色，后变紫色；雄蕊常100枚以上。果较大，径约2.5cm。

[分布]原产于东南亚地区。我国华南地区有栽培。

[习性]喜暖热气候，不耐寒。

[繁殖]播种或扦插繁殖。

[用途]大花紫薇为美丽的庭园观赏树种与优质用材树种。

[68] 茄科 Solanaceae

草本、灌木或小乔木，稀为藤本。单叶，稀羽状复叶，互生，叶全缘、齿裂或羽状分裂；无托叶。花两性，各式花序或单生；无苞片；花萼合生，常5裂或截头状，宿存，结果时有的常增大；花冠钟状、坛状、漏斗状或辐射状，常5裂；雄蕊与花冠裂片同数且互生；子房上位，通常2室，中轴胎座。浆果或蒴果。

全世界共30属3000多种，广泛分布于温带及热带地区；我国有24属约105种。

分属检索表

1. 落叶灌木；常有刺；单叶互生或簇生；花紫色 ………………………………………… 枸杞属 *Lycium*
1. 常绿灌木；无刺，枝下垂；单叶互生；花黄绿色，腋生或顶生 ………… 夜香树属 *Cestrum*

1. 枸杞属 *Lycium* L.

落叶或常绿灌木。常有刺。单叶互生或簇生，全缘；具柄或近于无柄。花有梗，单生于叶腋或簇生于短枝上。花、果形态同科。

全世界共约80种；我国有7种，主产于北部与西北部。

(1) 枸杞 *Lycium chinense* Mill. {图[68]-1}

[识别要点] 落叶灌木，多分枝。枝细长，弯曲下垂，有纵条棱，具针状刺。单叶互生或2~4片簇生，叶卵形、卵状菱形及卵状披针形，长1.5~5cm，宽5~25mm，全缘。花单生或2~4朵簇生于叶腋；花萼常为3中裂或4~5齿裂；花冠漏斗状，淡紫色，花冠筒稍短于或近等于花冠裂片。浆果红色，卵状。花期6~9月，果熟期8~11月。种子较大，约3mm。

[分布] 我国各地均有分布。

[习性] 性强健，稍耐阴。喜温暖，较耐寒。对土壤要求不严，耐干旱、耐碱性都很强，忌黏质土。

[繁殖] 采用播种、扦插、压条或分株等方法繁殖。

图[68]-1 枸 杞
1. 花枝 2. 果枝 3. 花冠展开(示雄蕊) 4. 果

[用途] 枸杞花朵紫色，红果累累，状若珊瑚，颇为美丽，是庭园秋季观赏灌木，可栽植于池畔、河岸、山坡等。果实、根皮均可入药。嫩叶为木本蔬菜。

(2) 宁夏枸杞 *Lycium barbarum* L.

与枸杞的区别：叶披针形或长椭圆状披针形，宽4~6mm。花萼常2中裂；花冠筒明显长于花冠裂片，裂片边缘无缘毛。果红色或橙色，长8~20mm。种子较小，约2mm。产于北方各地，宁夏最多。

2. 夜香树属 *Cestrum* L.

夜香树(夜来香) *Cestrum nocturnum* L. {图[68]-2}

[识别要点] 常绿灌木。枝下垂。单叶互生，卵形，先端短尖，叶缘波状。花黄绿色，腋生或顶生，夜间极香。花期7~10月。

图[68]-2 夜香树
1. 花冠展开 2. 果实 3. 花果枝

[分布] 原产于美洲热带地区。我国南方各地普遍栽培。

[习性] 喜光。喜温暖湿润气候，不耐寒。要求疏松、肥沃、湿润的土壤。适应性强。

[繁殖] 扦插或分株繁殖。

[用途] 夜来香枝条细密，花香形美，为良好的观赏花木。叶可入药。

[69] 玄参科 Scrophulariaceae

草本或灌木，稀乔木。单叶，对生、互生或轮生；无托叶。花两性，总状、穗状或聚伞状花序再组成圆锥花序；多为两侧对称；苞片有或无，有时具2枚小苞片；花萼4~5裂，宿存；花冠合瓣，4~5裂，通常2唇形或多少不等；雄蕊通常4，2强，稀2或5，着生在花冠筒上；子房上位，2室，每室具多数胚珠，中轴胎座。蒴果，稀浆果。种子多数，具胚乳。

全世界共约200属3000种；我国共有56属约670种。

泡桐属 *Paulownia* Sieb. et Zucc.

落叶乔木。枝对生，常无顶芽，通常假二叉分枝，小枝粗壮，髓腔大。单叶对生，有时在新枝上3枚轮生，全缘、波状或3~5浅裂；有长柄；无托叶。花3~5朵，聚伞花序组成顶生的圆锥花序；萼钟状，5裂，宿存；花冠大，唇形，紫色或白色，内面有深紫色斑点；雄蕊4，2长2短；子房2室，柱头2裂。蒴果卵圆形或椭圆形，室背开裂，果皮较薄。种子小而多，扁平，两侧具半透明膜质翅。

全世界共7种；我国均产。本属树种多树冠宽大，花大而美丽，为速生用材树种，作行道树和庭荫树。

分种检索表

1. 花冠白色或外面稍带紫色，喉部压扁；花萼浅裂至1/4~1/3；果大，长圆形，长6~10cm ……………………………………………………………………… 白花泡桐 *P. fortunei*
1. 花冠紫色，喉部不压扁；花萼深裂至1/3以上；果小，卵圆形或卵状椭圆形，长3~5.5cm，皮薄。
  2. 聚伞花序有明显总梗，总梗与花梗近等长；花萼深裂至1/3，花后萼毛脱落 …………………………………………………………………………… 兰考泡桐 *P. elongata*
  2. 聚伞花序无总梗或总梗明显短于花梗；花萼深裂至1/2~2/3，花后萼毛不脱落。
    3. 叶、果无黏质腺毛 ………………………………… 四川泡桐 *P. fargesii*
    3. 叶、果有黏质腺毛 ………………………………… 毛泡桐 *P. tomentosa*

(1) 毛泡桐 *Paulownia tomentosa*（Thunb.）Steud. {图[69]-1}

[识别要点]落叶大乔木。树皮褐灰色。小枝有明显的皮孔，幼枝常具黏质短腺毛。叶阔卵形或卵形，长20~29cm，宽15~28cm，全缘或3~5裂，上面具长柔毛、腺毛及分枝毛，下面密被具长柄的白色树枝状毛。顶生圆锥花序；花蕾近圆形，密生黄色毛；花萼深裂至1/2或以上；花冠管状漏斗形，鲜紫色或蓝紫色，长5~7cm。蒴果卵圆形，果小，长3~4cm，径2~2.7cm，果皮薄。种子连翅长3~4mm，宿存萼片不反卷。花期4~5月，果8~9月成熟。

[分布]主产于黄河流域，我国北方普遍栽培。

[习性]喜强光树种，不耐庇荫。对温度适应范围较宽，是泡桐属中最耐寒的一种。根系近肉质，怕积水而较耐干旱。不耐盐碱，喜肥。对二氧化碳、氯气、氟化氢抗性较强。

[繁殖]播种或埋根繁殖。

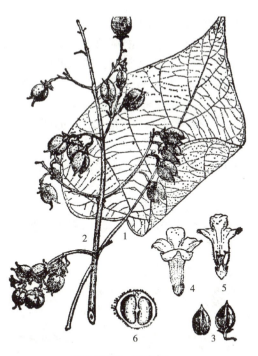

图[69]-1　毛泡桐
1. 叶　2. 果序　3. 果瓣
4. 花　5. 花纵剖面　6. 子房横剖面

[用途]毛泡桐树干端直，树冠宽大，叶大荫浓，花大而美，宜作行道树、庭荫树、"四旁"绿化树种。具有较强的速生性。材质好，木材具有较强的隔热防潮性能，耐腐蚀，导音好，是良好的乐器、航模、家具用材。根、叶、花、果可药用。

(2) 白花泡桐 *Paulownia fortunei*（Seem.）Hemsl {图[69]-2}

与紫花泡桐的主要区别：叶窄，长卵形，长12~25cm，先端长尖，下面被白色星状毛或无柄的树枝状毛，全缘，稀浅裂。花冠乳白色至微带淡紫色，喉部压扁，内有大紫斑；花萼浅裂至1/4~1/3，花后脱毛。果大，长6~11cm，径3~4cm；果皮厚，木质。主产于长江流域以南各地。喜光，不耐贫瘠，不耐积水和盐碱。

(3) 兰考泡桐 *Paulownia elongata* S. Y. Hu

[识别要点]落叶乔木。叶宽卵形或卵形，长15~30cm，全缘或3~5浅裂，背面有树枝状毛。花序窄长；萼裂至1/3；花紫色，

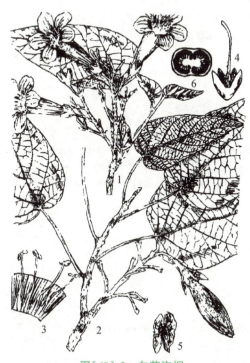

图[69]-2　白花泡桐
1. 花枝　2. 果枝　3. 雄蕊　4. 花萼及雌蕊　5. 种子　6. 子房横剖面

稀白色。蒴果卵圆形。

[分布]产于黄河流域中下游及长江流域以北,华北平原分布最多。

[习性]喜温暖气候,适宜沙壤土。

[用途]兰考泡桐是北方平原及丘陵地区粮桐间作及"四旁"绿化的理想树种。

(4) 四川泡桐 *Paulownia fargesii* Franch.

[识别要点]落叶乔木。叶卵圆形,全缘,表面被短柔毛,下面被白色星状毛。花序宽圆锥形,小聚伞花序在圆锥花序上部无总梗,在下部有短总梗;花萼深裂至1/2,花后黄色萼毛不脱落;花紫色或近白色,内面常无紫斑。蒴果卵圆形或卵状椭圆形,长5.5~7.5cm,果皮厚。

[分布]产于华中至西南。

[习性]喜光,稍耐阴。喜生于多雨潮湿的山区环境,不耐旱。

其他同毛泡桐。

 现场教学

双子叶植物识别应用现场教学(五)

现场教学安排	内 容
教学目标	通过现场教学,使学生掌握园林中芸香科、苦木科、楝科、无患子科、漆树科、槭树科、七叶树科、木樨科、夹竹桃科、茜草科、紫葳科、马鞭草科、小檗科、千屈菜科、茄科、玄参科的绿化特点,各科的区别,以及园林绿化中存在的问题
教学地点	校园、树木园等有芸香科、苦木科、楝科、无患子科、漆树科、槭树科、七叶树科、木樨科、夹竹桃科、茜草科、紫葳科、马鞭草科、小檗科、千屈菜科、茄科、玄参科植物生长的地点
教学组织	1. 教师引导学生观察。 2. 学生观察并讨论。 3. 教师总结并布置作业
教学内容	1. 观察科、种。 (1)芸香科 Rutaceae 花椒 *Zanthoxylum bungeanum*　　黄波罗 *Phellodendron amurense*　　黄皮树 *Phellodendron chinense* 枸橘 *Poncirus trifoliate*　　柚 *Citrus maxima*　　甜橙 *Citrus sinensis* 柑橘 *Citrus reticulata*　　佛手 *Citrus medica* var. *sarcodactylis*　　金橘 *Fortunella margarita* (2)苦木科 Simaroubaceae 臭椿 *Ailanthus altissima* (3)楝科 Meliaceae 楝树 *Melia azedarach*　　川楝 *Melia toosendan*　　香椿 *Toona sinensis* 米兰 *Aglaia odorata* (4)无患子科 Sapindaceae 栾树 *Koelreuteria paniculata*　　复羽叶栾 *Koelreuteria bipinnata* 全缘叶栾树 *Koelreuteria bipinnata* var. *integrifoli*　　文冠果 *Xanthoceras sorbifolium* 无患子 *Sapindus mukurossi*　　龙眼 *Dimocarpus longan*　　荔枝 *Litchi chinensis* (5)漆树科 Anacardiaceae 杧果 *Mangifera indica*　　南酸枣 *Choerospondias axillaris*　　黄连木 *Pistacia chinensis* 黄栌 *Cotinus coggygria*　　漆树 *Toxicodendron vernicifluum*　　野漆树 *Toxicodendron succedaneum* 木蜡树 *Toxicodendron sylvestre*　　盐肤木 *Rhus chinensis*　　火炬树 *Rhus typhina*

（续）

现场教学安排	内　容
教学内容	(6) 槭树科　Aceraceae 元宝槭　*Acer truncatum*　　　　五角枫　*Acer mono*　　　　三角枫　*Acer buergerianum* 茶条槭　*Acer ginnala*　　　　鸡爪槭　*Acer palmatum*　　　复叶槭　*Acer negundo* 青榨槭　*Acer davidii*　　　　飞蛾槭　*Acer oblongum* (7) 七叶树科　Hippocastanaceae 七叶树　*Aesculus chinensis*　　　欧洲七叶树　*Aesculus hippocastanum* 杂种七叶树　*Aesculus × carnea* (8) 木樨科　Oleaceae 白蜡树　*Fraxinus chinensis*　　绒毛白蜡　*Fraxinus velutina*　　水曲柳　*Fraxinus mandshurica* 洋白蜡　*Fraxinus pennsylvanica*　光蜡树　*Fraxinus griffithii*　　连翘　*Forsythia suspensa* 金钟花　*Forsythia viridissima*　紫丁香　*Syringa oblata*　　　白丁香　*Syringa oblate* var. *alba* 紫萼丁香　*Syringa oblata* var. *giraldii*　　　　　　　　　　佛手丁香　*Syringa oblate* var. *plena* 流苏树　*Chionanthus retusus*　桂花　*Osmanthus fragrans*　　女贞　*Ligustrum lucidum* 小叶女贞　*Ligustrum quihoui*　小蜡　*Ligustrum sinense*　　水蜡　*Ligustrum obtusifolium* 日本女贞　*Ligustrum japonicum*　茉莉花　*Jasminum sambac*　迎春花　*Jasminum nudiflorum* 云南黄素馨　*Jasminum mesnyi*　探春花　*Jasminum floridum* (9) 夹竹桃科　Apocynaceae 络石　*Trachelospermum jasminoides*　　　　　　　　　　紫花络石　*Trachelospermum axillare* 夹竹桃　*Nerium indicum*　　黄蝉　*Allemanda nerifolia*　软枝黄蝉　*Allemanda cathartica* 鸡蛋花　*Plumeria rubra*　　　黄花夹竹桃　*Thevetia perruviana* 长春蔓　*Vinca major* (10) 茜草科　Rubiaceae 栀子花　*Gardenia jasminoides*　龙船花　*Ixora chinensis*　　六月雪　*Serissa japonica* (11) 紫葳科　Bignoniaceae 楸树　*Catalpa bungei*　　　　灰楸　*Catalpa fargesii*　　　梓树　*Catalpa ovata* 黄金树　*Catalpa speciosa*　　炮仗花　*Pyrostegia venusta*　凌霄　*Campsis grandiflora* 美国凌霄　*Campsis radicans*　硬骨凌霄　*Tecomaria capensis* (12) 马鞭草科　Verbenaceae 马缨丹　*Lantana camara*　　假连翘　*Duranta repens*　　冬红　*Holmslioldia sanguinea* 赪桐　*Clerodendrum japonicum*　海州常山　*Clerodendrum trichotomum* 龙吐珠　*Clerodendrum thomsoniae*　黄荆　*Vitex negundo*　　小紫珠　*Calicarpa dichotoma* 日本紫珠　*Calicarpa japonicum* (13) 小檗科　Berberidaceae 日本小檗　*Berberis thunbergii*　细叶小檗　*Berberis poiretii*　阿穆尔小檗　*Berberis amurensis* 十大功劳　*Mahonia fortunei*　阔叶十大功劳　*Mahonia bealei*　南天竹　*Nandina domestica* (14) 千屈菜科　Lythraceae 紫薇　*Lagerstroemia indica*　大花紫薇　*Lagerstroemia speciosa* (15) 茄科　Solanaceae 枸杞　*Lycium chinense*　　　宁夏枸杞　*Lycium barbarum*　夜香树　*Cestrum nocturnum* (16) 玄参科　Scrophulariaceae 毛泡桐　*Paulownia tomentosa*　白花泡桐　*Paulownia fortunei*　兰考泡桐　*Paulownia elongata* 四川泡桐　*Paulownia fargesii*

(续)

现场教学安排	内　容
教学内容	2. 观察内容提示。 (1)楝科、苦木科、无患子科均为羽状复叶。芸香科、苦木科具内生花盘，胚珠弯垂；无患子科具外生花盘；楝树多数种(香椿除外)雄蕊花丝连合成花丝管。 (2)芸香科：常具油腺点，散布于叶面或叶缘。花果通常也有油点。 (3)漆树科：全为木本；体内常有乳汁；复叶，极少有单叶；花盘环状。 (4)槭树科：单叶，稀复叶，无托叶；花两性或杂性，具外生花盘；双翅果。 (5)木樨科：单叶或复叶，无托叶；花两性或杂性，稀单性，合瓣花，4出数；雄蕊2；子房上位，2心皮，2室。 (6)紫葳科：木本，稀草本或藤本；单叶叶对生，无托叶；花冠5裂，2唇形；雄蕊4~2，着生于花冠筒上；蒴果
课外作业	1. 区别下列术语。 ①浆果和柑果　②外生花盘和内生花盘 2. 熟记现场教学树种的形态特征及相关应用。 3. 枫杨的果与槭树属树种的果外形十分相似，它们之间有何本质区别？ 4. 将木樨科和小檗科常见的园林树种用检索表的形式加以区别

知识拓展

木本植物常用形态术语

1. 树种的类型

常绿树种　新生叶当年不脱落的树种，叶片寿命长于1年。如侧柏、油松、白皮松等。

落叶树种　新生叶当年秋季脱落的树种，叶片寿命短于1年。如毛白杨、玉兰、杜仲等。

2. 树形(图3-1)

棕榈形　如棕榈等。
尖塔形　如雪松等。
圆柱形　如杜松、箭杆杨等。
卵形　如毛白杨、法桐等。
圆球形　如冬青、南天竹等。
平顶形　如合欢等。
伞形　如龙爪槐、垂枝榆等。

3. 叶

(1)叶的概念(图3-2)

叶片　叶柄顶端的宽扁部分。

叶柄　叶片与枝条连接的部分。

托叶　叶片或叶柄基部两侧的小型叶状体。

叶腋　叶柄与枝条间夹角内的部位，常具腋芽。

单叶　叶柄具1片叶片的叶，叶片与叶柄间不具关节。

复叶　总叶柄具2片以上分离的叶片。

总叶柄　复叶的叶柄，或着生小叶以下的部分。

叶轴　总叶柄以上着生小叶的部分。

小叶　复叶中的每个小叶。其各部分分别称为小叶片、小叶柄及小托叶等。小叶的叶腋不具腋芽。

主脉　叶片中部较粗的叶脉，又称中脉。

侧脉　由主脉向两侧分出的次级脉。

细脉　由侧脉分出，并联络各侧脉的细小脉，又称小脉。

单元3　双子叶植物识别与应用

图 3-1　树　形

1. 棕榈形　2. 尖塔形　3. 圆柱形　4. 卵形　5. 圆球形　6. 平顶形　7. 伞形

图 3-2　叶

(2) 脉序（图 3-3）

脉序是指叶脉在叶片上排列的方式。

网状脉　叶脉数回分枝变细，并互相联结为网状的脉序。

羽状脉　具 1 条主脉，侧脉排列成羽状，如榆树等的叶脉。

三出脉　由叶基伸出 3 条主脉，如肉桂、枣树等的叶脉。

离基三出脉　羽状脉中最下一对较粗的侧脉出自叶基稍上之处，如樟树、浙江桂等的叶脉。

掌状脉　几条近等粗的主脉由叶柄顶端生出，如葡萄、紫荆、法桐等的叶脉。

平行脉　多数次脉紧密平行排列，如竹类等的叶脉。

(3) 叶序（图 3-4）

叶序是指叶在枝上着生的方式。

互生　每节着生一叶，节间有距离，叶

片在枝条上交错排列，如杨、柳、碧桃等的叶序。

对生　每节相对两面各生一叶，如桂花、紫丁香、毛泡桐等的叶序。

轮生　每节有规则地着生3片以上的叶，如夹竹桃等的叶序。

簇生　多数叶片成簇生于短枝上，如银杏、落叶松、雪松等的叶序。

螺旋状着生　每节着生一叶，叶在枝条上螺旋状排列，如杉木、云杉、冷杉等的叶序。

(4) 叶形(图3-5)

叶形是指叶片的形状。

鳞形　叶细小，鳞片状，如侧柏、柽柳、木麻黄等的叶形。

锥形　又称钻形，叶短而先端尖，基部略宽，如柳杉的叶形。

刺形　叶扁平狭长，先端锐尖或渐尖，如刺柏等的叶形。

条形　又称线形，叶扁平狭长，两侧边缘近平行，如冷杉、水杉等的叶形。

针形　叶细长而先端尖如针状，如马尾松、油松、华山松等的叶形。

披针形　叶窄长，最宽处在中部或中部以下，先端渐长尖，长为宽的4~5倍，如柠檬桉的叶形。

倒披针形　颠倒的披针形，最宽处在上部。

匙形　状如汤匙，全形窄长，先端宽而圆，向下渐窄，如紫叶小檗等的叶形。

卵形　状如鸡蛋，中部以下最宽，长为宽的1.5~2倍，如毛白杨等的叶形。

倒卵形　颠倒的卵形，最宽处在上端，如玉兰等的叶形。

圆形　如圆叶乌桕、黄栌等的叶形。

长圆形　又称矩圆形，长方状椭圆形，长约为宽的3倍，两侧边缘近平行。

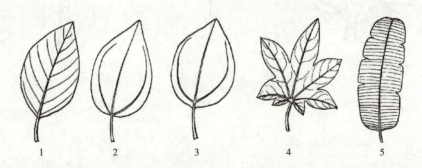

图3-3 脉　序
1. 羽状脉　2. 三出脉　3. 离基三出脉　4. 掌状脉　5. 平行脉

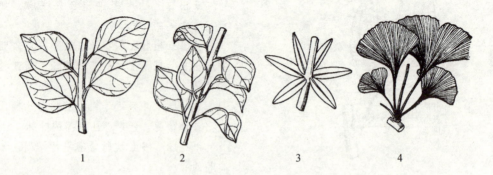

图3-4 叶　序
1. 互生　2. 对生　3. 轮生　4. 簇生

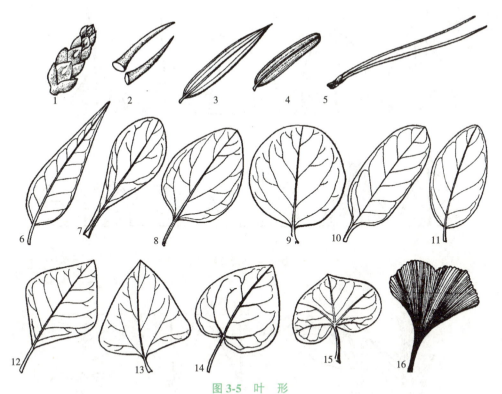

图3-5 叶 形

1. 鳞形 2. 锥形 3. 刺形 4. 条形 5. 针形 6. 披针形 7. 匙形 8. 卵形 9. 圆形
10. 长圆形 11. 椭圆形 12. 菱形 13. 三角形 14. 心形 15. 肾形 16. 扇形

椭圆形　近于长圆形，但中部最宽，边缘自中部起向上、下两端渐窄，长为宽的1.5~2倍，如杜仲、君迁子等的叶形。

菱形　近斜方形，如小叶杨、乌桕、丝棉木等的叶形。

三角形　如加杨等的叶形。

心形　先端尖或渐尖，基部内凹具二圆形浅裂及一弯缺，如紫丁香、紫荆等的叶形。

肾形　先端宽钝，基部凹陷，横径较长。

扇形　顶端宽圆，向下渐狭，如银杏的叶形。

(5) 叶先端(叶尖)(图3-6)

锐尖　又称急尖，先端成一锐角，如女贞的叶尖。

微凸　又称具小短尖头，中脉的顶端略伸于先端之外。

凸尖　又称具短尖头，叶先端由中脉延伸于外而形成一短凸尖或短尖头。

芒尖　凸尖延长成芒状。

尾尖　先端尾状，如菩提树的叶尖。

渐尖　先端渐狭成长尖头，如夹竹桃的叶尖。

骤尖　又称骤凸，先端逐渐尖削成坚硬的尖头，有时也用于表示突然渐尖头。

钝　先端钝或窄圆。

微凹　先端圆，顶端中间稍凹，如黄檀的叶尖。

凹缺　又称微缺，先端凹缺稍深，如黄杨的叶尖。

倒心形　先端深凹。

二裂　先端具二浅裂，如银杏的叶尖。

(6) 叶基(图3-7)

下延　叶基自着生处起贴生于枝上，如杉木、柳杉等的叶基。

渐狭　叶基两侧向内渐缩形成翅状叶基。

楔形　叶下部两侧渐狭成楔子形，如八角等的叶基。

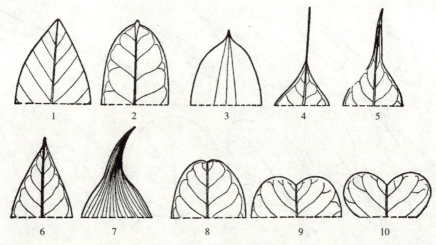

图 3-6 叶先端

1. 锐尖 2. 微凸 3. 凸尖 4. 芒尖 5. 尾尖 6. 渐尖 7. 骤尖 8. 微凹 9. 凹缺 10. 二裂

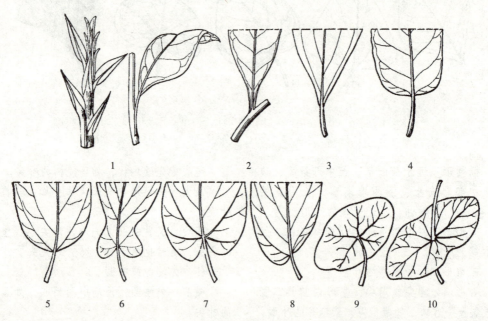

图 3-7 叶基

1. 下延 2. 渐狭 3. 楔形 4. 截形 5. 圆形 6. 耳形 7. 心形 8. 偏斜 9. 盾状 10. 合生穿茎

截形 叶基部平截，如元宝枫等的叶基。

圆形 叶基部渐圆，如山杨、圆叶乌桕等的叶基。

耳形 基部两侧各有一耳形裂片，如辽东栎等的叶基。

心形 如紫荆、山桐子等的叶基。

偏斜 叶基部两侧不对称，如椴树、小叶朴的叶基。

鞘状 叶基部伸展成鞘状，如沙拐枣的叶基。

盾状 叶柄着生于叶背部中间的一点，如柠檬桉幼苗、蝙蝠葛等的叶基。

合生穿茎 两个对生无柄叶的基部合生成一体，如盘叶忍冬、金松的叶基。

(7) 叶缘（图 3-8）

全缘 叶缘不具任何锯齿和缺裂，如丁香、紫荆等的叶缘。

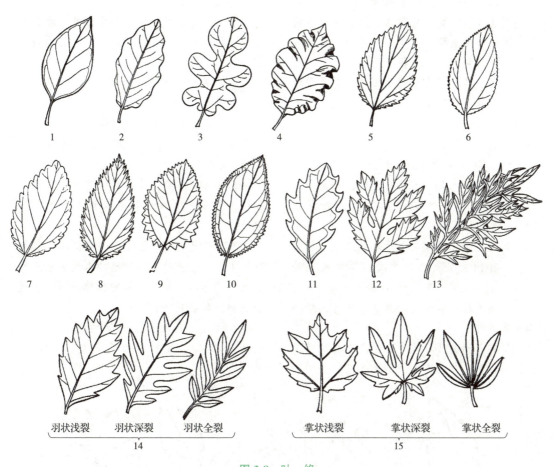

图 3-8 叶 缘

1. 全缘 2. 波状 3. 深波状 4. 皱波状 5. 锯齿 6. 细锯齿 7. 钝齿 8. 重锯齿
9. 齿牙 10. 小齿牙 11. 浅裂 12. 深裂 13. 全裂 14. 羽状分裂 15. 掌状分裂

波状 叶边缘波浪状起伏，如樟树、毛白杨等的叶缘。

浅波状 叶边缘波状较浅，如白桦的叶缘。

深波状 叶边缘波状较深，如蒙古栎的叶缘。

皱波状 叶边缘波状皱曲，如北京杨壮枝的叶缘。

锯齿 叶边缘有尖锐的锯齿，齿端向前，如白榆、油茶等的叶缘。

细锯齿 叶边缘锯齿细密，如垂柳等的叶缘。

钝齿 叶边缘锯齿先端钝，如加杨等的叶缘。

重锯齿 叶边缘锯齿之间具小锯齿，如樱花的叶缘。

齿牙 又称牙齿状，叶边缘有尖锐的齿牙，齿端向外，齿的两边近相等，如苎麻的叶缘。

小齿牙 又称小牙齿状，叶边缘具较小的齿牙，如荚蒾的叶缘。

缺刻 叶边缘具不整齐较深的裂片。

条裂 叶边缘分裂为狭条。

浅裂 叶边缘浅裂至中脉的1/3左右，如辽东栎等的叶缘。

深裂 叶片深裂至离中脉或叶基部不远处，超过叶宽1/2，如鸡爪槭等的叶缘。

全裂 叶片分裂深至中脉或叶柄顶端，

裂片彼此完全分开,如银桦的叶缘。

羽状分裂　裂片排列成羽状,并具羽状脉。因分裂深浅程度不同,又可分为羽状浅裂、羽状深裂、羽状全裂等。

掌状分裂　裂片排列成掌状,并具掌状脉。因分裂深浅程度和裂片数目不同,又可分为掌状浅裂(掌状三浅裂、掌状五浅裂)、掌状深裂、掌状全裂等。

(8)复叶的种类(图3-9)

单身复叶　又称单小叶复叶,外形似单叶,但小叶片与叶柄间具关节,如柑橘的叶。

二出复叶　又称两小叶复叶或假掌状复叶,总叶柄上仅具2个小叶,如歪头菜等的叶。

三出复叶　总叶柄上具3个小叶,如迎春花等的叶。

羽状三出复叶　顶生小叶着生在总叶轴的顶端,其小叶柄较2个侧生小叶的小叶柄长,如胡枝子等的叶。

掌状三出复叶　3个小叶都着生在总叶柄顶端的一点上,小叶柄近等长,如橡胶树等的叶。

羽状复叶　复叶的小叶排列成羽状,生于总叶轴的两侧。

1回奇数羽状复叶:羽状复叶的顶端有一个小叶,小叶的总数为单数,如槐树等的叶。

1回偶数羽状复叶:羽状复叶的顶端有2个小叶,小叶的总数为双数,如皂荚等的叶。

2回羽状复叶:总叶柄的两侧有羽状排列的1回羽状复叶,总叶柄的末次分枝连同其上小叶称为羽片,羽片的轴称为羽片轴或小羽轴,如合欢等的叶。

3回羽状复叶:总叶柄两侧有羽状排列的2回羽状复叶,如南天竹、苦楝等的叶。

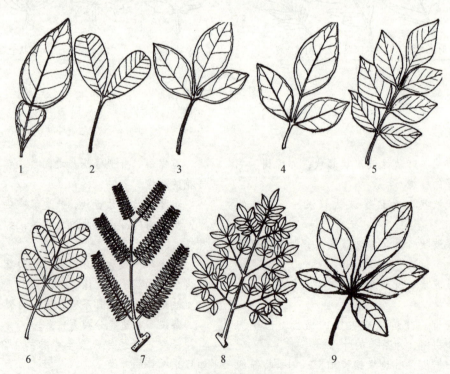

图3-9　复叶的种类

1.单身复叶　2.二出复叶　3.三出复叶　4.羽状三出复叶　5.1回奇数羽状复叶
6.1回偶数羽状复叶　7.2回羽状复叶　8.3回羽状复叶　9.掌状复叶

掌状复叶　几个小叶着生在总叶柄顶端，如荆条、七叶树等的叶。

(9) 叶的变态(图3-10)

叶的变态除冬芽的芽鳞、苞片及竹箨外，尚有下列几种。

托叶刺　由托叶变成的刺，如刺槐、枣树等的托叶刺。

卷须　由叶片(或托叶)变成的纤弱细长的卷须，如地锦、五叶地锦、菝葜的卷须。

叶状柄　小叶退化，叶柄成扁平的叶状体，如相思树等的叶状柄。

叶鞘　由数枚芽鳞组成，包围针叶基部，如松属树木的叶鞘。

托叶鞘　由托叶延伸而成，如木蓼等的托叶鞘。

图3-10　叶的变态
1. 托叶刺　2. 卷须　3. 叶状柄

(10) 幼叶在芽内的卷叠式(图3-11)

对折　幼叶的左、右两半沿中脉向内折合，如桃、玉兰等的幼叶。

席卷　幼叶由一侧边缘向内包卷，如李等的幼叶。

内卷　幼叶自两侧的边缘向内卷曲，如毛白杨等的幼叶。

外卷　幼叶自两侧的边缘向外卷曲，如夹竹桃等的幼叶。

拳卷　由叶片的先端向内卷曲，如苏铁等的幼叶。

折扇状　幼叶折叠如折扇，如葡萄、棕榈等的幼叶。

内折　幼叶对折后，又自上向下折合，如鹅掌楸等的幼叶。

4. 花

(1) 花的概念(图3-12)

完全花　由花萼、花冠、雄蕊和雌蕊4个部分组成的花。花的各部着生处称为花托，承托花的柄称为花梗，又称花柄。

不完全花　缺少花萼、花冠、雄蕊和雌蕊任一部分的花。

两性花　兼有雄蕊和雌蕊的花。

单性花　仅有雄蕊或雌蕊的花。

雄花　只有雄蕊，没有雌蕊或雌蕊退化的花。

雌花　只有雌蕊，没有雄蕊或雄蕊退化的花。

雌雄同株　雄花和雌花生于同一植株上。

雌雄异株　雄花和雌花不生于同一植株上。

杂性花　一种植物兼有单性花和两性花。单性花和两性花生于同一植株的，称为杂性同株；单性花和两性花分别生于同种不同植株上的，称为杂性异株。

花被　花萼与花冠的总称。

双被花　花萼和花冠都具备的花，如玉兰、大花秋葵等的花。若花萼与花冠相似，则称为同被花，花被的各片称为花被片。

单被花　仅有花萼或花冠的花，如白榆、板栗等的花。

整齐花　又称为辐射对称花，通过花的任一直径都可以截得两个对称半面的花，如桃、李的花。

不整齐花　又称为左右对称花，只有一个直径可以截得两个对称半面的花，如泡桐、刺槐的花。

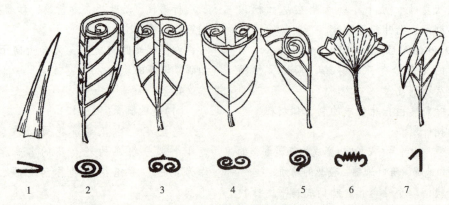

图 3-11　幼叶在芽内的卷叠式
1. 对折　2. 席卷　3. 内卷　4. 外卷　5. 拳卷　6. 折扇状　7. 内折

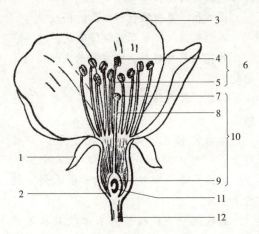

图 3-12　花的组成部分
1. 花萼　2. 花托　3. 花瓣　4. 花药　5. 花丝
6. 雄蕊　7. 柱头　8. 花柱　9. 子房
10. 雌蕊　11. 胚珠　12. 花梗

（2）花萼

花萼指花最外或最下的一轮花被，通常绿色，也有不为绿色的，分离萼和合萼两种。

萼片　花萼分离的各片。

萼筒　花萼的合生部分。

萼裂片　萼筒上部分离的裂片。

副萼　花萼排列为两轮时，其最外的一轮。

（3）花冠

花冠指花的第二轮花被，位于花萼的内面，通常大于花萼，质较薄，呈各种颜色。花冠各瓣彼此分离的，称为离瓣花冠；花冠各瓣多少合生的，称为合瓣花冠。

①花冠各部分的名称

花冠筒　合瓣花冠下部连合的部分。

花冠裂片　合瓣花冠上部分离的部分。

瓣片　花瓣上部扩大的部分。

瓣爪　花瓣基部细窄如爪状的部分。

②花冠的形状（图 3-13）

筒状　又称管状，指花冠大部分连合成管状或圆筒状，如醉鱼草、紫丁香等的花冠。

漏斗状　花冠下部筒状，向上渐渐扩大成漏斗形，如鸡蛋花、黄檀、打碗花等的花冠。

钟状　花冠筒宽而稍短，上部扩大成钟形，如吊钟花等的花冠。

高脚碟状　花冠下部窄筒形，上部花冠裂片突向水平开展，如迎春花等的花冠。

坛状　花冠筒膨大为卵形或球形，上部收缩成短颈，花冠裂片微外曲，如柿树等的花冠。

唇形　花冠稍呈二唇形，上面两裂片多少合生为上唇，下面三裂片为下唇，如唇形科植物的花冠。

舌状　花冠基部成一短筒，上面向一边张开而呈扁平舌状，如菊科某些种中篮状花序的边缘花冠。

蝶形　最大的一片花瓣称为旗瓣，侧面两片较小的称为翼瓣，最下两片下缘稍合生，状如龙骨，称为龙骨瓣，如刺槐、槐树等的花冠。

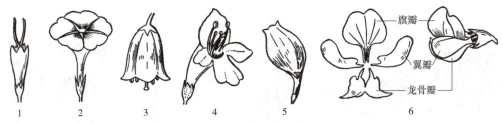

图 3-13　花冠的形状

1. 筒状　2. 漏斗状　3. 钟状　4. 唇形　5. 舌状　6. 蝶形

图 3-14　花被的排列方式

1. 镊合状　2. 旋转状　3. 覆瓦状　4. 重瓦状

③花被的排列方式（图 3-14）

镊合状　指各片的边缘相接，但不相互覆盖。其边缘若全部内弯，称为内向镊合状；若全部外弯，则称为外向镊合状。

旋转状　指一片的一边覆盖其接邻一片的一边，而另一边则为接邻的另一片边缘所覆盖。

覆瓦状　与旋转状相似，唯各片中有一片完全在外，另有一片完全在内。

重瓦状　有两片在外，另有两片在内，其他的每片有一边在外，另一边在内。

（4）雄蕊

由花丝和花药构成。一朵花内的全部雄蕊称为雄蕊群。

①雄蕊的类型（图 3-15）

离生雄蕊　雄蕊彼此分离。

合生雄蕊　雄蕊多少合生。

单体雄蕊　花丝合生为一束，如扶桑等的雄蕊。

二体雄蕊　花丝合生为两束，如刺槐、黄檀等的雄蕊。

多体雄蕊　花丝为多束，如金丝桃等的雄蕊。

聚药雄蕊　花药合生而花丝分离，如菊科、山梗菜等的雄蕊。

雄蕊筒　又称为花丝筒，花丝完全合生成球形或圆筒形，如楝树、梧桐等的雄蕊。

二强雄蕊　雄蕊 4 枚，其中一对较另一对长，如荆条、柚木等的雄蕊。

冠生雄蕊　雄蕊着生在花冠上。

退化雄蕊　雄蕊没有花药，或虽有花药形成，但不含花粉。

②花药　指花丝顶端膨大的囊状体。花药有间隔部分称为药隔，它是由花丝顶端伸出形成的。花药往往被药隔分成若干室，这些室称为药室。

A. 花药开裂方式

纵裂　药室纵向开裂，这是最常见的开裂方式，如玉兰等的花药。

孔裂　药室顶部或近顶部有小孔，花粉由该孔散出，如杜鹃花科、野牡丹科等的花药。

瓣裂　药室有活盖，当雄蕊成熟时，盖就掀开，花粉散出，如樟科、小檗科等的花药。

横裂　药室横向开裂，如铁杉、金钱松等的花药。

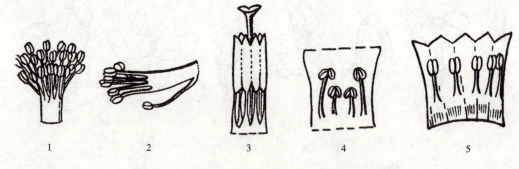

图 3-15 雄蕊的类型
1. 单体雄蕊　2. 二体雄蕊　3. 聚药雄蕊　4. 二强雄蕊　5. 冠生雄蕊

B. 花药着生方式

基着药　花药基部着生于花丝顶。

背着药　花药背部着生于花丝顶。

全着药　花药一侧全部着生在花丝上。

广歧药　药室张开，且完全分离，几成一直线着生在花丝顶端。

丁字药　花药背部的中央着生于花丝的顶端而为"丁"字形。

个字药　药室基部张开而上部着生于花丝顶端。

（5）雌蕊

雌蕊位于花的中央，由心皮（变形的大孢子）连接而成，发育成果实。

① 雌蕊的组成部分

子房　雌蕊的主要部分，通常膨大，一至多室，每室有一至多数胚珠。

花柱　位于柱头与子房之间，通常长柱形，有时极短或无。

柱头　位于花柱顶端，是接受花粉的部位，形状各异。

② 雌蕊的类型

单雌蕊　由一心皮构成一室，如刺槐、紫穗槐等的雌蕊。

复雌蕊　又称为合生心皮雌蕊，由两个以上心皮构成，如楝树、油茶、泡桐等的雌蕊。

离生心皮雌蕊　由若干个彼此分离的心皮组成，如白兰花、八角等的雌蕊。

③ 胎座、胚珠着生的方式

中轴胎座　在合生心皮的多室子房，各心皮的边缘在中央连合形成中轴，胚珠着生在中轴上，如苹果、柑橘等的胎座。

特立中央胎座　在一室的复子房内，中轴由子房腔的基部长出，但不达顶部，胚芽着生在中轴上，如石竹科的胎座。

侧膜胎座　在合生心皮的一室子房内，胚珠生于每一心皮的边缘，胎座稍厚或隆起，有时扩展成一假隔膜，如番木瓜等的胎座。

边缘胎座　在单心皮一室的子房内，胚珠生于心皮的边缘，如含羞草科、苏木科和蝶形花科的胎座。

顶生胎座　胚珠生于子房室的顶部，如瑞香科的胎座。

基生胎座　胚珠生于子房室的基部，如菊科的胎座。

④ 胚珠　发育成种子的部分，通常由珠心和 1~2 层珠被组成。在种子植物中，胚珠着生于子房内的植物称为被子植物，如梅、李、桃等；胚珠裸露，不包于子房内的植物称为裸子植物，如松、杉、柏等。

A. 胚珠的组成部分

珠心　胚珠中心部分，内有胚囊。

珠被　包被珠心的薄膜，通常为 2 层，称外珠被和内珠被。杨柳科植物只有 1 层珠被，檀香科植物无珠被。

珠柄　连接胚珠和胎座的部分。

合点　珠被和珠心的结合点。

珠孔　珠心通往外部的孔道。

B. 胚珠的类型

直生胚珠　中轴甚短，合点在下，珠孔

向上方。

弯生胚珠　胚珠横卧，珠孔弯向下方。

倒生胚珠　中轴颇长，合点在上，珠孔在下。

半倒生胚珠　又称为横生胚珠，胚珠横卧，珠孔向侧方。

(6) 花托

花托指花梗顶端膨大的部分，花的各部着生处。

①子房在花托上的着生方式 (图 3-16)

子房上位　又称下位花，花托圆锥状，子房着生于花托上面，雄蕊群、花冠、花萼依次着生于子房的下方，如金丝桃、八角等的子房。有些花托凹陷，子房着生在中央，雄蕊群、花冠、花萼着生于花托上端内侧周围，虽属子房上位，但应称为周位花，如桃、李等的子房。

子房半下位　又称周位花，子房下半部与花托愈合，上半部与花托分离，如八仙花、秤锤树等的子房。

子房下位　又称上位花，花托凹陷，子房与花托完全愈合，雄蕊群、花冠、花萼着生于花托顶部。如番石榴、苹果等的子房。

②花托上的其他部分

花盘　花托的扩大部分，形状不一，生于子房基部、上部或介于雄蕊与花瓣之间。全缘至分裂，或为疏离的腺体。

蜜腺　雄蕊或雌蕊基部的小凸起物，常分泌蜜液。

雌、雄蕊柄　雌、雄蕊基部延长形成的柄状物，如西番莲科和白花菜的雌蕊柄。

子房柄　子房的基部延长形成的柄状物，如醉蝶花和有些蝶形花科植物的子房柄。

(7) 花序

花有单生的，也有排成花序的，整个花枝的轴称为花轴，也称为总花轴，而支持花序的柄称为总花柄，又称为总花梗。

①花序的类型

无限花序　花序下部的花先开，依次向上开放，或由花序外围向中心依次开放。边成花边开放，所开的花较多。

有限花序　花序最顶端或最中心的花先开，外侧或下部的花后开。

混合花序　有限花序和无限花序混生的花序，即主轴可无限延长，生长无限花序，而侧枝为有限花序。

②常见的花序 (图 3-17)

穗状花序　花多数，无梗，排列于不分枝的主轴上，如水青树等的花序。

柔荑花序　由无被单性花组成的密集的穗状或总状花序，通常花轴细软下垂，开花后 (雄花序) 或果熟后 (果序) 整个脱落，如杨柳科的花序。

头状花序　花轴短缩，顶端膨大，上面着生许多无梗花，全形呈圆球形，如悬铃木、枫香等的花序。

肉穗花序　为一种穗状花序，总轴肉质肥厚，分枝或不分枝，且为一佛焰苞所包被，如棕榈科的花序。

隐头花序　花聚生于凹陷、中空、肉质的总花托内，如无花果、榕树等的花序。

总状花序　与穗状花序相似，但花有梗，近等长，如刺槐、银桦等的花序。

伞房花序　与和总状花序相似，但花梗不等长，最下的花梗最大，向上渐短，使整个花序顶平头状，如梨、苹果等的花序。

伞形花序　花集生于花轴的顶端，花梗近等长，如五加科有些种类及窿缘桉等的花序。

圆锥花序　又称为复总状花序，花轴上每一个分枝是一个总状花序。有时花轴分枝，分枝上着生两花以上，外形呈圆锥状的花丛，如荔枝、槐树的花序。

聚伞花序　为有限花序，最内或中央的花先开，两侧的花后开。

复聚伞花序　花轴顶端着生一花，其两侧各有一分枝，每分枝上着生聚伞花序，或重复连续二歧分枝，如卫矛等的花序。

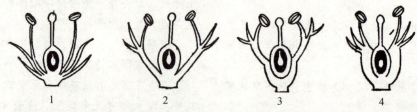

图 3-16 子房在花托上的着生方式

1. 子房上位(下位花)　2. 子房上位(周位花)　3. 子房半下位(周位花)　4. 子房下位(上位花)

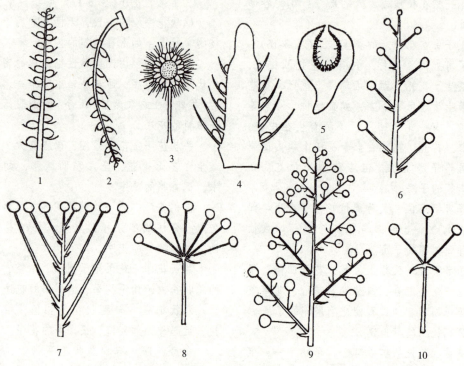

图 3-17 常见的花序

1. 穗状花序　2. 柔荑花序　3. 头状花序　4. 肉穗花序　5. 隐头花序　6. 总状花序
7. 伞房花序　8. 伞形花序　9. 圆锥花序　10. 聚伞花序

复花序　花序的花轴分枝，每一分枝又着生同一种花序，如复总状花序、复伞形花序。

③承托花和花序的器官

苞片　生于花序或花序每一分枝下以及花梗下的变态叶。

小苞片　生于花梗上的次一级苞片。

总苞　紧托花序或花、聚集成轮的数枚或多数苞片，花后发育为果苞，如桦木等的总苞。

佛焰苞　为包围肉穗花序的一枚大苞片。

5. 果实

果实是植物开花后子房受精发育形成的。包围果实的壁称为果皮，一般可分为3层，最外的一层称为外果皮，中间的一层称为中果皮，最内一层称为内果皮。

(1) 果实的主要类型

聚合果　由一朵花内的各离生心皮形成的小果聚合而成。由于小果类型不同，又可分为聚合蓇葖果，如八角属及木兰属的果实；聚合核果，如悬钩子的果实；聚合浆果，如五味子的果实；聚合瘦果，如铁线莲等的果实。

聚花果 由一整个花序形成的合生果，如桑葚、无花果、波罗蜜的果实。

单果 由一朵花中的一个子房或一个心皮形成的单个果实。

(2) 单果类型（图3-18）

蓇葖果 为开裂的干果，成熟时心皮沿背缝线或腹缝线开裂，如银桦、玉兰等的果实。

荚果 由单心皮上位子房形成的干果，成熟时通常沿背、腹两缝线开裂，或不裂，如蝶形花科、含羞草科的果实。

蒴果 由两个以上合生心皮的子房形成。开裂方式有：室背开裂，即沿心皮的背缝线开裂，如橡胶树等的果实；室间开裂，即沿室之间的隔膜开裂，如杜鹃花等的果实；室轴开裂，即室背或室间开裂的裂瓣与隔膜同时分离，但心皮间的隔膜保持连合，如乌桕等的果实。孔裂，即果实成熟时种子由小孔散出；瓣裂，即以瓣片的方式开裂，如窿缘桉等的果实。

瘦果 为小而仅具1心皮、1种子不开裂的干果，如铁线莲等的果实。有时也有多于一个心皮的，如菊科植物的果实。

颖果 与瘦果相似，但果皮和种皮愈合，不易分离，有时还包有颖片，如多数竹类的果实。

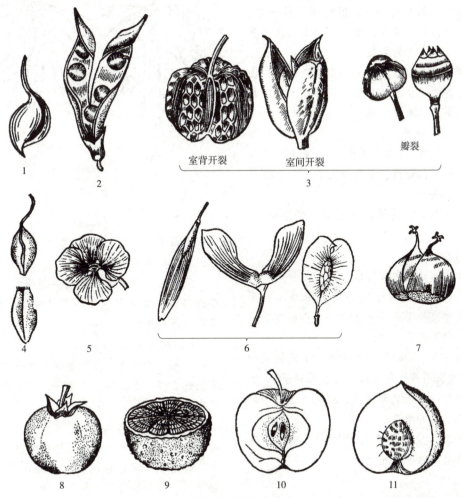

图3-18　单果类型
1. 蓇葖果　2. 荚果　3. 蒴果　4. 颖果　5. 胞果　6. 翅果
7. 坚果　8. 浆果　9. 柑果　10. 梨果　11. 核果

胞果　具有一颗种子，由合生心皮的上位子房形成，果皮薄而膨胀，疏松地包围种子，且与种子极易分离，如梭梭树等的果实。

翅果　瘦果状带翅的干果，由合生心皮的上位子房形成，如榆树、槭树、杜仲、臭椿等的果实。

坚果　具一颗种子的干果，果皮坚硬，由合生心皮的下位子房形成，并常有总苞包围，如板栗、榛子等的果实。

浆果　由合生心皮的子房形成，外果皮薄，中果皮和内果皮肉质，含浆汁，如葡萄、荔枝等的果实。

柑果　浆果的一种，但外果皮软而厚，中果皮和内果皮多汁，由合生心皮上位子房形成，如柑橘类的果实。

梨果　具有软骨质内果皮的肉质果，由合生心皮的下位子房参与花托形成，内有数室，如梨、苹果等的果实。

核果　外果皮薄，中果皮肉质或纤维质，内果皮坚硬(称为果核)，1室1种子或数室数种子，如桃、李等的果实。

6. 种子

种子由胚珠受精发育而成，包括种皮、胚和胚乳3个部分。

(1) 种皮

种皮由珠被发育而成，分为外种皮和内种皮。外种皮是种子的外皮，由外珠被形成。内种皮位于外种皮之内，主要由内珠被形成，常不存在。

假种皮　由珠被以外的部分(珠柄或胎座等)发育而成，部分或全部包围种子。

种脐　种子成熟脱落，在种子上留下的原来着生处的痕迹。

种阜　位于种脐附近的小突起，由珠柄、珠脊或珠孔等处生出。

(2) 胚

胚是包藏于种子内、处于休眠状态的植物幼体，包括胚根、胚轴、胚芽、子叶等部分。一般每颗种子只有一个胚，柑橘类则具两个以上的胚，称为多胚性。

胚根　位于胚的末端，为未发育的根。

胚轴　连接胚芽、子叶与胚根的部分。

胚芽　未发育的幼枝，位于胚的先端子叶内。

子叶　幼胚的叶，位于胚的上端。

7. 根

(1) 根系(图 3-19)

由幼胚和胚根发育成根。根系是植物的主根和侧根的总称。

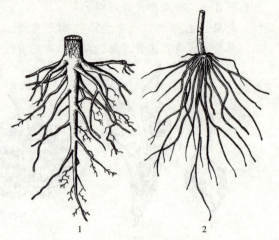

图 3-19　根　系
1. 直根系　2. 须根系

直根系　主根粗长，垂直向下，如麻栎、马尾松等的板根。

须根系　主根不发达或早期死亡，而由茎的基部发生许多较细的不定根，如棕榈、蒲葵等的根系。

(2) 根的变态

板根　树木在干基和根颈之间形成板壁状凸起的根，如榕树、人面子、野生荔枝等的板根。

呼吸根　伸出地面或浮在水面用以呼吸的根，如水松、落羽杉的屈膝状呼吸根。

附生根　用以攀附其他物体的不定根，如络石、凌霄等的附生根。

气生根　生于地面上的根，如榕树从大枝上发生多数向下垂直的气生根。

寄生根　着生在寄主的组织内，以吸收

水分和养料的根,如桑寄生、槲寄生等的寄生根。

8. 芽

芽是尚未萌发的枝、叶和花的雏形。其外部包被的鳞片称为芽鳞,通常是叶的变态。

(1) 芽的类型(图3-20)

①根据着生部位划分

顶芽 生于枝顶的芽。

腋芽 生于叶腋的芽,又称为侧芽,一般较顶芽小。

假顶芽 顶芽退化或枯死后,能代替顶芽生长发育的最靠近枝顶的腋芽。

柄下芽 隐藏于叶柄基部的芽,又称为隐芽。

②根据着生方式划分

单生芽 单个独自生于一处的芽。

并生芽 数个并生在一起的芽,如桃、杏等的芽。位于外侧的芽称为副芽,当中的芽称为主芽。

叠生芽 数个上下重叠在一起的芽,如枫杨、皂荚等的芽。位于上部的芽称为副芽,最下的芽称为主芽。

③根据性质划分

花芽 将来发育成花或花序的芽。

枝芽 将来发育成一段枝条的芽。

混合芽 将来同时发育成枝叶、花的芽。

④根据是否有包被划分

裸芽 没有芽鳞包被的芽,如枫杨、山核桃等的芽。

鳞芽 有芽鳞包被的芽,如樟树、加杨等的芽。

(2) 芽的形状(图3-21)

圆球形 状如圆球,如白榆的花芽等。

卵形 其状如卵,狭端在上,如青冈等的芽。

椭圆形 其纵截面为椭圆形,如青檀等的芽。

圆锥形 向上渐狭,横截面为圆形,如云杉、青杨等的芽。

纺锤形 向上渐窄,状如纺锤,如水青冈等的芽。

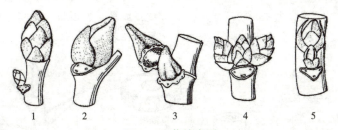

图3-20 芽的类型
1. 顶芽 2. 假顶芽 3. 柄下芽 4. 并生芽 5. 叠生芽

图3-21 芽的形状
1. 圆球形 2. 卵形 3. 椭圆形 4. 圆锥形 5. 纺锤形 6. 扁三角形

扁三角形 纵截面为三角形，横剖面为扁圆形，如柿树等的芽。

9. 枝条

(1) 枝条的概念(图3-22、图3-23)

着生叶、花、果等器官的轴称为枝条。

节 枝上着生叶的部位。

节间 两节之间的部分。节间较长的枝条称为长枝；节间极短的枝条称为短枝，一般生长极为缓慢。

叶痕 叶脱落后，叶柄基部在小枝上留下的痕迹。

维管束痕 叶脱落后，维管束在叶痕中留下的痕迹，又称为叶迹。其形状不一，散生或聚生。

托叶痕 托叶脱落后，留下的痕迹。常条状、三角状或围绕着枝条成环状。

芽鳞痕 芽开放后，顶芽芽鳞脱落留下的痕迹，其数目与芽鳞数相同。根据芽鳞痕可判断枝条年龄。

皮孔 枝条上的表皮破裂所形成的小裂口。根据树种的不同，其形状、大小、颜色、疏密等各有不同。

髓 枝条的中心部分。髓按形状可分为：

空心髓：小枝全部中空或仅节间中空而节内有髓片隔，如竹、连翘等的髓。

片状髓：小枝具片状分隔的髓心，如核桃、杜仲、枫杨等的髓。

实心髓：髓体充满小髓部，其横断面形状有圆形(如榆树等的髓)、三角形(如鼠李属树种等的髓)、方形(如荆条等的髓)、五角形(如麻栎等的髓)、偏斜形(如椴树等的髓)。

(2) 分枝的类型

总状分枝 又称为单轴分枝，主枝的顶芽生长占绝对优势，并长期持续，如银杏、杉木、箭杆杨的分枝。

合轴分枝 无顶芽或当主枝的顶芽生长减缓或趋于死亡后，由其一侧最接近的腋芽相继生长发育形成新枝，以后新枝的顶芽生长停止，又被其下面的新枝代替，如此相继形成"主枝"，如榆树、桑树的分枝。

假二叉分枝 具对生芽的树木，顶芽发育一段时间后停止发育，由两侧的侧芽代替顶芽发育，形成叉状的枝条，以此类推，形成的树冠伞形。

(3) 枝的变态(图3-24)

枝刺 枝条变成硬刺，刺分枝或不分枝，如皂荚、山楂、石榴、贴梗海棠、刺榆等的枝刺。

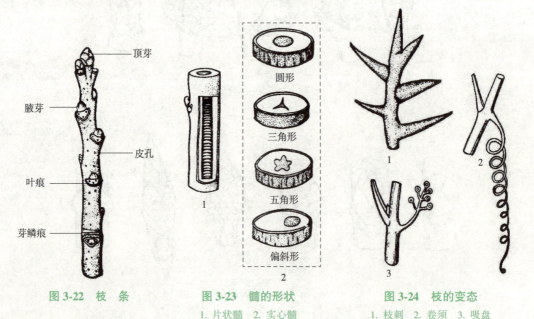

图3-22 枝 条　　图3-23 髓的形状　　图3-24 枝的变态
　　　　　　　　1. 片状髓 2. 实心髓　　1. 枝刺 2. 卷须 3. 吸盘

卷须　柔韧而旋卷,具缠绕性能,如葡萄、五叶地锦等的卷须。

吸盘　位于卷须的末端,呈盘状,能分泌黏质以黏附其他物体,如地锦等的吸盘。

10. 附属物

(1) 毛

毛是由表皮细胞产生的毛状体,可分为几类。

短柔毛　较短而柔软的毛,如柿树叶下面的毛。

微柔毛　细小的短柔毛,如小叶白蜡小枝的毛。

毡毛　羊毛状卷曲,多次交织而贴伏成毡状的毛,如毛白杨叶下面的毛。

茸毛　长而直立,密生如丝绒状的毛。

疏柔毛　长而柔软,直立而较疏的毛,如薄皮木叶下面的毛。

长柔毛　长而柔软,常弯曲,但不平伏的毛,如毛叶石楠幼叶的毛。

绢毛　长、直、柔软贴状、有丝绸光泽的毛,又称为丝状毛,如筅子梢枝叶、绢毛蔷薇叶下面的毛。

刚伏毛　硬、短而贴伏或稍翘起,触之有粗糙感觉的毛,如蜡梅花苞表面的毛。

硬毛　短粗而硬,直立,但触之无粗糙感的毛,如杜鹃花叶下面的毛。

短硬毛　较硬而细短的毛,如大果榆叶面的毛。

刚毛　长而直立,先端尖,触之粗硬的毛,又称为刺毛,如刺毛忍冬枝叶上的毛。

睫毛　成行生于边缘的毛,又称为缘毛,如黄檗叶缘的毛。

星状毛　分枝向四方辐射似星芒的毛,如辽椴叶下面的毛。

丁字毛　两分枝成一直线,外观似一根毛,其着生点在中央,丁字状的毛,如灯台树、木兰的叶上的毛。

枝状毛　分枝如树枝状的毛,如毛泡桐叶的毛。

腺毛　顶端具腺点或与毛状腺体混生的毛。

(2) 腺鳞

圆片状,通常腺质,如胡颓子、茅栗叶下面的被覆物。

(3) 垢鳞

鳞片呈垢状,容易擦落,如照山白的枝叶和叶下面的被覆物,又称为皮屑状鳞片。

(4) 腺体

痣状或盾状小体,多少带海绵质或肉质,间或分泌少量油脂物质,通常干燥,为数不多,具有一定的位置,如合欢、油桐的叶柄和樟科第三轮雄蕊的基部所着生的腺体。

(5) 腺窝

生于脉腋内,如樟科有些种类的叶下面脉腋的窝,也有称腺体的。

(6) 腺点

外生的小凸点,数目通常极多,呈各种颜色,为表皮细胞分泌出的油状或胶状物,如紫穗槐、杨梅的叶下面的斑点。

(7) 油点

叶表皮下的若干细胞,由于分泌物的大量累积,溶化了细胞壁,形成油腔,在太阳光下,通常呈现出圆形的透明点,如桃金娘科和芸香科大多数种类叶子的油点。

(8) 乳头状突起

小而圆的乳头状突起,如红豆杉、鹅掌楸的叶下面所见的突起。

(9) 疣状突起

圆形、小疣状的突起,如疣枝桦的小枝、蒙古栎壳斗苞片上的小突起。

(10) 皮刺

表皮形成的刺状突起,位置不固定,如花椒、月季的枝叶上着生的刺。

(11) 木栓翅

木栓质突起,呈翅状,如卫矛、大果榆的小枝上的木栓翅。

(12) 白粉

白色粉状物,如蓝桉枝叶、苹果果皮上的一层被覆物。

11. 质地

透明　薄而几乎透明，如竹类花中鳞被的质地。

半透明　如钻天杨、小叶杨叶边缘的质地。

干膜质　薄而干燥呈枯萎状，如麻黄的鞘状退化叶的质地。

膜质　薄而软，但不透明，如桑树、构树叶的质地。

革质　坚韧如皮革，如栲类、黄杨叶的质地。

软骨质　坚韧，常较薄，如梨果内果皮的质地。

骨质　似骨骼，如山楂、桃、杏果实内果皮的质地。

草质　质软，如草本植物茎、干的质地。

肉质　质厚而稍有浆汁，如芦荟叶的质地。

木栓质　松软而稍有弹性，如栓皮栎树皮、卫矛枝上木栓翅的质地。

纤维质　含有多量的纤维，如椰子中果皮、棕榈叶鞘的质地。

角质　如牛角的质地。

小结

被子植物的主要特征：木本或草本，单叶或复叶，叶多宽阔。次生木质部具导管及管胞，韧皮部具筛管及伴胞。具典型的花；胚珠包藏于由心皮封闭而成的子房内，胚珠发育成种子，子房发育成果实。全世界共424科约25万种；中国产240科约25 000种，其中木本植物占1/3，约8000种。被子植物分双子叶植物和单子叶植物。本项目主要介绍全国双子叶植物重要科园林树木的常用中文名、学名、识别要点、分布、习性、繁殖及其在园林中的应用，为园林类专业其他课程的学习打下良好的基础。

思考题

一、比较题
1. 枸橘与柑橘　　2. 臭椿与香椿　　3. 栾树与复羽叶栾树
4. 三角枫与枫香　5. 元宝槭与五角枫　6. 七叶树与欧洲七叶树
7. 金钟花与迎春花　8. 小叶女贞与小蜡　9. 梓树与楸树
10. 凌霄与美国凌霄　11. 泡桐与毛泡桐　12. 十大功劳与大叶十大功劳

二、简答题
1. 芸香科植物的果实有几种类型？柑橘类、橙类、柚类之间有哪些主要区别？
2. 臭椿的主要用途是什么？在园林绿化中应用的臭椿有哪些品种？简述其观赏特性。
3. 臭椿和香椿分别属于什么科？它们在形态上有哪些主要区别？
4. 米兰和九里香分别属于什么科？它们有哪些主要区别？
5. 无患子科中果实可用于食用的树种有哪些？它们在形态上有何区别？
6. 无患子与龙眼如何区别？它们有何主要用途？
7. 举例说明栾树和黄山栾的观赏特性及园林应用。
8. 槭树科与漆树科在形态上有哪些主要区别？
9. "世界五大行道树"是什么？为什么说七叶树是世界著名观赏树种之一？
10. 木樨科的主要特征是什么？开黄花、适于丛植的植物有哪些？适于作绿篱的植物有哪些？

11. 桂花品种群可分成哪几个？主要特征是什么？
12. 在园林绿化中，栽植夹竹桃科树种时应注意哪些问题？哪些树种可用于垂直绿化？
13. 茜草科树种的托叶、花各有哪些显著特点？
14. 茜草科有哪些树种为著名的香花植物？哪些树种可作地被和矮篱使用？
15. 梓树属与凌霄属有哪些异同点？园林配置上有何差别？
16. 马鞭草科植物的花有何特点？园林上有何用途？
17. 紫薇的花期有何特点？在园林中如何应用？
18. 泡桐在园林中有何用途？

数字资源

单元 4
单子叶植物识别与应用

学习目标

【知识目标】
(1) 掌握单子叶植物及其各科的主要特征。
(2) 掌握单子叶植物重要属与种的识别要点、分布及习性。
(3) 掌握单子叶植物在园林中的应用。

【技能目标】
(1) 能根据单子叶植物的主要形态特征，利用检索表鉴定单子叶植物中的树种。
(2) 能利用单子叶植物的专业术语描述当地常见单子叶植物中园林树种的主要特征，正确识别常见单子叶植物中的园林树种。
(3) 能熟练选择单子叶植物中的耐湿树种或耐旱树种，常绿树种或落叶树种，科学和艺术地配置在园林中。

[70] 棕榈科 Palmaceae

常绿乔木或灌木，稀藤本。茎干直立，常不分枝，粗壮或柔弱；有刺或无刺；干部常具宿存叶基或环状叶痕。叶常丛生于枝顶，掌状或羽状分裂，稀全缘；叶柄基部常扩大为纤维状的鞘。花小，辐射对称，两性或单性，排成圆锥或穗状花序；佛焰苞 1 至多数，包围花梗和花序的分枝；花被 6 裂，2 轮，分离或合生；雄蕊 6，稀为多数；子房上位，1~3 室，很少为 4~7 室，每室有 1 胚珠。果实为浆果或核果。种子富含胚乳。

全世界共约 217 属 2500 种，分布于热带地区；我国有 28 属 100 种，主要分布于南部各地。

分属检索表

1. 叶掌状分裂。
  2. 丛生灌木；干细如指；叶柄两侧光滑，无齿或刺；叶裂片 30 以下 ············ 棕竹属 *Rhapis*
  2. 乔木或灌木；干粗 15cm 以上；叶柄两侧有齿刺；叶裂片 30 以上，裂片顶端通常 2 裂。
    3. 叶裂片分裂至中上部，端深 2 裂而下垂；叶柄两侧有较大的倒钩齿 ······ 蒲葵属 *Livistona*
    3. 叶裂片分裂至中下部，端裂较浅，常挺直或下折；叶柄两侧有极细的锯齿 ··· 棕榈属 *Trachycarpus*

1. 叶羽状分裂。
　　4. 叶为 2~3 回羽状全裂，裂片菱形，边缘具不整齐的啮蚀状齿 ………… 鱼尾葵属 *Caryota*
　　4. 叶为 1 回羽状分裂，裂片线形、条状披针形、长方形或椭圆形。
　　　　5. 叶轴上近基部裂片变成针刺状 ………………………………… 油棕属 *Elaeis*
　　　　5. 叶柄和叶轴均无刺。
　　　　　　6. 叶裂片基部耳垂形 ………………………………………… 桄榔属 *Arenga*
　　　　　　6. 叶裂片基部不为耳垂形。
　　　　　　　　7. 果较大，径 15cm 以上，内果皮有 3 个萌发孔 …… 椰子属 *Cocos*
　　　　　　　　7. 果较小，径 6cm 以下，内果皮无萌发孔 ………… 槟榔属 *Areca*

1. 棕竹属 *Rhapis* L.

丛生灌木。茎细如竹，聚生，直立，上部常为网状叶鞘包围。叶聚生于茎顶，叶片扇形，折叠状，掌状深裂几达基部，裂片 2 至多数，叶脉显著；叶柄纤细，上面无凹槽。花单性，雌雄异株，无梗，组成松散、分枝的肉穗花序，雄花花萼杯状，3 齿裂，花冠倒卵形或棒形，3 浅裂，裂片三角形，镊合状排列，雄蕊 6 枚，着生于花冠管上，2 轮；雌花花萼与雄花相似，花冠则较雄花短，心皮 3 枚，分离，胚珠 1 枚。果球形或卵形，稍肉质。种子单生，球形或近球形。

全世界共约 15 种，分布于亚洲东部及东南部；我国有 7 种或更多，产于广东、广西、云南、贵州、四川等南部和西部。

(1) 棕竹(矮棕竹) *Rhapis humilis* Bl. {图[70]-1}

[识别要点]丛生灌木。茎高 1~3m。叶掌状深裂，裂片 10~24，条形，宽 1~2cm，端尖，并有不规则的齿缺，边缘有细锯齿，横脉疏而不明显。肉穗花序较长且分枝多，花单性，雌雄异株，花淡黄色。果球形，直径约 7mm，单生或成对着生于宿存的花冠管上，且花冠管为一实心的柱状体。种子 1 颗，球形，直径约 4.5mm。花期 4~5 月。

[分布]产于华南及西南地区。北方盆栽，在室内越冬。

[习性]生长强壮，适应性强。喜温暖湿润的环境，耐阴，不耐寒。宜湿润而排水良好的微酸性土。

[繁殖]播种或分株繁殖。

[用途]棕竹秀丽青翠，叶形优美，秆如细竹，为热带优良的观赏植物。造景时可作下木，常植于建筑的庭院及小天井中。也可盆栽供室内布置。茎干可作手杖及伞柄。根及叶鞘可入药。

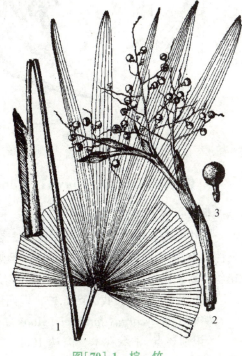

图[70]-1 棕 竹
1. 叶　2. 果枝　3. 果实

(2) 筋头竹 *Rhapis excelsa* (Thunb.) Henry ex Rehd.

与棕竹的主要区别：叶片5~10深裂，裂片较宽短，表面常龟甲状隆起，并有光泽；宿存的花冠管不变成实心的柱状体。

2. 蒲葵属 *Livistona* R. Br.

乔木。茎干直立，多单生而不分枝，具有环状叶痕。单叶簇生于干端，近圆形或扇形，掌状深裂至中上部，裂片顶端2裂，下垂；叶柄长，两侧具齿。花两性，佛焰苞多数，圆筒形，花萼、花冠均3裂，雄蕊6，花丝基部合生。核果球形或椭圆形，粗糙。种子1，胚乳均匀。

全世界共30种；我国有4种。

蒲葵 *Livistona chinensis* (Jacq.) R. Br. {图[70]-2}

[识别要点]乔木，高达10~20m。基部常膨大，树干端直，不分枝。树皮灰棕色，有环纹及纵纹。叶大，扇形，革质，光滑，掌状分裂，分裂至中上部，裂片末端2裂，下垂；叶柄两侧有较大的钩状齿。腋生肉穗花序，花黄绿色，无柄，较小，花苞棕色。核果椭圆形，熟时紫黑色。花期3~4月，果期10~12月。

[分布]我国广东、广西、福建、台湾等地广泛栽培。

[习性]喜光，也耐阴。喜高温多湿的热带气候。喜肥沃、湿润、富含有机质的黏壤土。生长慢，抗风力强。

[繁殖]播种繁殖。

[用途]蒲葵是热带地区重要绿化树种。叶可制作蒲扇。

图[70]-2 蒲葵
1. 树干　2. 叶　3. 叶缘锯齿　4. 果枝

3. 棕榈属 *Trachycarpus* H. Wendl.

乔木。茎干直立，具有环状叶痕，上部具黑色叶鞘。单叶簇生于干端，近圆形或扇形，掌状深裂至中部以下，裂片顶端2裂，几直伸；叶柄两侧具齿。花丛生于叶丛中，杂性或单性，小，雌雄同株或异株；佛焰苞多数，具毛，花萼、花冠均3裂，雄蕊6，花丝分离。核果球形，粗糙。种子腹面有沟槽，胚乳均匀。

全世界共10种；我国产6种，以西南、华南、华中、华东等地区为分布中心。

棕榈 *Trachycarpus fortunei* (Hook. f.) H. Wendl. {图[70]-3}

[识别要点]常绿乔木，高达10m。树干圆柱形，干径达24cm。叶簇生于顶，近圆形，径50~70cm，掌状裂深达中下部；叶柄长40~100cm，两侧细齿明显。雌雄异株，圆锥状肉穗花序腋生，花小，黄色。核果肾状球形，径约1cm，蓝黑色，被白粉。花期

4~5月，10~11月果熟。

[分布]产于我国，北起陕西南部，南到广东、广西和云南，西达西藏边界，东至上海和浙江。

[习性]棕榈是本科中最耐寒的植物，在上海可耐-18℃低温，但喜温暖湿润气候。有较强的耐阴能力。喜排水良好、湿润、肥沃的中性、石灰性、微酸性的黏质壤土，耐轻盐碱土，也耐一定干旱与水湿。根系浅，须根发达，生长缓慢。抗烟尘，有很强的吸毒能力。

[繁殖]播种繁殖。

[用途]棕榈挺拔秀丽，适应性强，能抗多种有毒气体，是园林结合生产的理想树种，常盆栽或桶栽用于室内或建筑前装饰及布置会场。叶鞘纤维拉力强，既耐磨，又耐腐，可用于编织蓑衣、渔网，搓绳索、制刷具、地毯及床垫等。老叶可制

图[70]-3 棕 榈
1. 树形 2. 果枝及叶

绳索。花、果、种子可入药。种子富含淀粉、蛋白质，能加工成很好的饲料。

4. 鱼尾葵属 Caryota L.

灌木、小乔木或大乔木。茎单生或丛生，具环状叶痕。叶大，聚生于茎顶，2~3回羽状全裂，羽片半菱形，状如鱼尾，具放射平行脉；叶柄基部膨大，叶鞘纤维质。花序生于叶丛中，下垂；花单性，雌雄同株，常3朵聚生，中间为雌花，两侧为雄花；佛焰苞3~5，花萼、花冠均为3。浆果近球形。

全世界共12种；我国有4种，产于华南、西南等地区。

(1) 鱼尾葵 *Caryota ochlandra* Hance{图[70]-4}

[识别要点]大乔木，高达20m。干直立，有环状叶痕。叶2回羽状全裂，大而粗壮，先端下垂，羽片厚而硬，形似鱼尾。花序悬垂，长达3m，多分枝；花黄色。果球形，熟时淡红色。花期7月。

图[70]-4 鱼尾葵
1. 树形 2. 叶 3. 果枝

[分布] 原产于亚洲热带、亚热带及大洋洲。我国福建、广东、广西、云南有栽培。

[习性] 喜温暖湿润气候，较耐寒。根系浅，不耐干旱。要求排水良好、疏松、肥沃的土壤。

[繁殖] 播种繁殖。

[用途] 鱼尾葵叶形奇特，供观赏，是华南地区优良绿化树种。

(2) 短穗鱼尾葵 *Caryota mitis* Lour.

与鱼尾葵的区别：小乔木，高5~9m。树干丛生，竹节状，环状叶痕上常有休眠芽，近地面有棕褐色肉质气生根。花序稠密，长60cm。果熟时蓝黑色。种子扁圆形。生长于海南。茎含淀粉，可食。

5. 油棕属 *Elaeis* Jacq.

直立乔木。干单生，叶基宿存。叶簇生于茎顶，羽状全裂，裂片基部外折；叶柄及叶轴两侧有刺。花序短，生于叶丛中；花单性，雌雄异序；雄花小，排成稠密的柔荑花序，花序轴先端芒状，雄蕊6；雌花大，近头状花序，子房3室。卵形或倒卵形聚合核果，果顶端有3萌发孔。种子1~3。

全世界共2种，原产于非洲热带地区；我国热带地区有栽培。

油棕 *Elaeis quineensis* Jacq. {图[70]-5}

[识别要点] 常绿乔木。叶大，顶生，长达7m，羽状全裂，裂片多数，线状披针形；边缘有刺。腋生复合佛焰花序，四季开花。坚果，卵形紫褐色，有光泽。

[分布] 原产于西非热带地区。我国广西、广东、台湾、福建等地有栽培。

[习性] 热带喜光树种，要求高温、高湿及光照充足的环境，不耐寒。喜深厚、肥沃、排水良好的沙质壤土，pH 4~6。不耐旱。

[繁殖] 播种繁殖。

[用途] 油棕是世界主要产油树种之一，有"世界油王"之称。也是良好绿化树种，用作行道树等。

6. 桄榔属 *Arenga* Labill

乔木或灌木。单干或丛生，被黑色、粗纤维状叶鞘残体。叶簇生于茎顶，羽状全裂，裂片顶端常不整齐啮蚀状，基部一侧或两侧呈耳垂形。腋生肉穗花序，总梗短，多分枝而下垂，自下而上抽穗开花，当最下部花序结果后，全株即死亡；花单性同株异穗，通常单生或3朵聚生，雄花居中。果球形或倒卵形。种子2~3。

全世界共约17种；我国有2种，产于

图[70]-5 油 棕
1. 植株 2. 雄花序 3. 果序

广东、广西、云南、福建等地。

桄榔 *Arenga pinnata* (Wurmb) Merr.

[识别要点] 乔木,高达 17m。叶聚生于茎顶,斜出,长 4~9m,羽状全裂,裂片每侧 140 余枚,顶端不整齐啮蚀状,叶缘疏生不整齐啮蚀状齿缺,基部两侧耳垂形,一大一小;叶柄粗壮,径 5~8cm;叶鞘粗纤维质,黑色。肉穗花序下垂。果倒卵形,棕黑色。种子 3,宽椭圆形。

[分布] 产于广东、广西、云南、福建等地。

[习性] 喜阴湿环境,在石灰岩山地上生长良好。

[繁殖] 播种繁殖。

[用途] 桄榔叶片坚韧,可制作帽子、扇子等。叶鞘可制作绳索、刷子等。

7. 椰子属 *Cocos* L.

直立乔木。树干具环状叶痕。叶簇生于茎顶,羽状全裂,裂片多数,基部明显向外折叠;叶柄无刺。花序生于叶丛中;花单性同株,同序;雌花左右对称,雄蕊 6;子房 3 室,每室 1 胚珠。果实大,椭圆形,微具 3 棱;外果皮革质,中果皮厚纤维质,内果皮骨质,坚硬,基部具 3 个萌发孔。种子 1,种皮薄,胚乳白色肉质,内空腔贮藏水液。

全世界仅 1 种,产于西南至华南热带地区。

椰子(椰树) *Cocos nucifera* L. {图[70]-6}

[识别要点] 高大乔木,高 15~35m。单干,直立,无刺,常弯曲,有环状叶痕。叶为巨型羽状复叶,长 3~7m,羽状全裂,簇生于干鞘。腋生肉穗花序,长达 2m;总苞舟形。大坚果,球形或椭圆形。几乎四季开花,果实 7~9 月成熟。

[分布] 产于华南地区。

[习性] 椰子是典型的热带喜光树种。喜高温、湿润、光照充足的环境,土壤以海滨深厚冲积土为好。根系发达,抗风力较强。

[繁殖] 播种繁殖。

[用途] 椰子是热带地区良好绿化树种,也是重要的木本油料树种及纤维树种。全身是宝,果实是重要热带佳果。

8. 槟榔属 *Areca* L.

乔木或丛生灌木。树干具环状叶痕。叶簇生于茎顶,羽状全裂;叶柄无刺。花序生于叶丛中,多分枝;花单性,雌雄同序,佛焰苞早落;雄花生于花序上部,雄蕊 3 或 6;雌花少而大,生于花序下部,子房 1 室,每室 1 胚珠。核果小,径不及

图[70]-6 椰 子
1. 树形　2. 果实

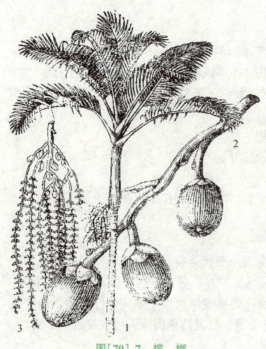

图[70]-7 槟榔
1. 树形 2. 果枝 3. 花序

6cm，果肉纤维质。种子1，种皮薄，胚乳嚼烂状。

全世界共54种；我国有1种，产于云南南部等地。

槟榔 Areca catechu L. {图[70]-7}

[识别要点] 乔木，高达20m。树干端直，有环纹，无分枝。羽状复叶，簇生于顶端；小叶片多数，狭长披针形。肉穗花序，花白色，有香气。坚果长圆形，橙红色。花期3~8月，果期12月至翌年5月。

[分布] 产于亚洲热带及美洲热带。我国广东、海南、台湾、云南有栽培。

[习性] 喜高温高湿气候，适生温度24~26℃，年降水量2000mm，不耐寒。要求富含有机质的冲积土或壤土。

[繁殖] 播种繁殖。

[用途] 槟榔是典型的热带风光树种。种子可入药。

[71] 龙舌兰科 Agavaceae

多年生草本，稀为木本。具鳞茎、根茎或块茎。植株直立或攀缘。叶基生或茎生，茎生叶多为互生，稀对生或轮生，平行弧形脉，少网状脉。花单生或组成总状、穗状、伞形花序，少数为聚伞花序顶生或腋生；花钟状、坛状或漏斗状；花丝离生或连合，子房上位，稀为半下位，通常为3室，常具中轴胎座，每室1至多数胚珠。果实为蒴果或浆果。种子多数，成熟后常为黑色。

全世界共约240属4000种，广泛分布于世界各地；我国有60属约560种，分布遍及全国各地。

分属检索表

1. 叶剑形，质地坚硬；花大，花被片分离，长3cm以上 …………………… 丝兰属 Yucca
1. 叶非剑形，质地较软；花大，花被片下部合生，长3cm以下 …………… 朱蕉属 Cordyline

1. 丝兰属 Yucca L.

常绿灌木或小乔木。茎分枝或不分枝。叶片狭长，剑形，顶端尖硬，多集生于干端。花杯状或碟状，下垂，在花茎顶端组成圆锥或总状花序；花被片6，离生或近离生；雄蕊6，较花被片短；花柱短，柱头3裂。蒴果卵形，通常开裂或肉质不开裂。种子扁平，黑色。

全世界共30多种，产于美洲；我国引入4种，各地都有栽培。

分种检索表

1. 叶质硬，多直伸不下垂，叶缘老时有少许丝线 ················· 凤尾兰 *Y. gloriosa*
1. 叶质较软，先端常反曲，叶缘有明显的白丝线 ················· 丝兰 *Y. smalliana*

(1) 凤尾兰 *Yucca gloriosa* L. {图[71]-1}

[识别要点] 灌木或小乔木，高可达 5m。干短，有时分枝。叶密集，螺旋排列于茎端，质坚硬，有白粉，剑形，长 40~70cm，顶端硬尖，边缘光滑，老叶有时具疏丝。圆锥花序高逾 1m，花白色，大而下垂。果椭圆状卵形，不开裂。花期 6~10 月。常见栽培品种有：

'金边'凤尾兰 'Variegata' 叶边缘金黄色。

[分布] 原产于北美东部及东南部。我国长江流域各地普遍栽植。

[习性] 适应性强，耐水湿。

[繁殖] 分株繁殖。

[用途] 凤尾兰花大、叶绿、树美，是良好的庭园观赏树木。常植于花坛中央、建筑前、草坪中、路旁，或栽作绿篱。叶纤维韧性强，可供制缆绳用。

(2) 丝兰 *Yucca smalliana* Fern. {图[71]-2}

[识别要点] 木本。植株低矮，近无茎。叶丛生，较硬直，线状披针形，长 30~75cm，先端尖或针刺状，基部渐狭，边缘有卷曲白丝。圆锥花序宽大直立，花白色，下垂。

[分布] 原产于北美洲。我国长江以南地区有露地栽培。

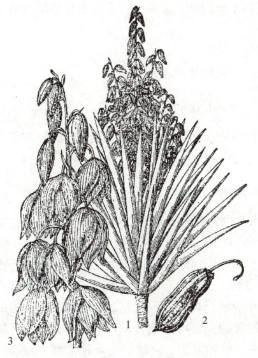

图[71]-1 凤尾兰
1. 树形 2. 果 3. 花枝

图[71]-2 丝兰
1. 叶 2. 花序 3. 植株

[习性]喜阳光充足及通风良好的环境,极耐寒。对土壤适应性很强。

[用途]终年常绿,树形独特,花序硕大,为花叶俱美的观赏植物。

2. 朱蕉属 *Cordyline* Comm. ex Juss.

灌木。树冠棕榈状。圆锥花序生于上部叶腋,大型,多分枝;花被片6,雄蕊6,子房3室。浆果。

全世界共约15种,产于热带及亚热带,多用于观赏;我国有1种。

朱蕉 *Cordyline fruticosa* (L.) A. Cheval. {图[71]-3}

[识别要点]常绿灌木,高达3m。茎通常不分枝。叶常聚集于茎顶,绿色或紫红色,长矩圆形至披针状椭圆形,长30~50cm,中脉明显;叶柄长10~15cm,基部抱茎。花淡红色至紫色,近无梗。叶色美丽,株形秀美,常盆栽用于室内装

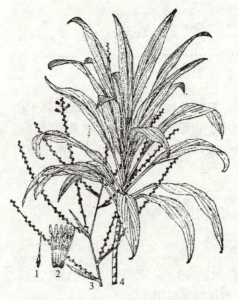

图[71]-3 朱 蕉
1. 雌蕊 2. 花纵剖面(示雄蕊)
3. 花序 4. 植株上部

饰,在南方栽植于庭院,供观赏。

[分布]产于华南地区。印度及太平洋热带岛屿亦产。

[习性]喜高温多湿气候,在干热地区宜植于半阴处。忌碱土,喜排水良好的腐殖质土壤。

[繁殖]采用扦插、分株、播种等方法繁殖。

[用途]朱蕉为观叶植物,多用于庭园观赏或室内装饰。

[72]禾本科 Poaceae

禾本科分竹亚科和禾亚科两个亚科。全世界约660属10 000种以上,广泛分布于各地;我国约225属1200余种。

竹亚科 Bambusoideae

乔木状或灌木状,稀藤本或草本。单叶互生,有两种形态的叶,即秆叶和叶;叶{图[72]-1}生于末级小枝顶端,由叶鞘、叶舌、叶耳、叶片、肩毛构成;叶鞘包茎,一侧开口;叶片条形或带形,中脉发达,侧脉平行。穗状、总状或圆锥花序;花{图[72]-2}由小穗组成,小穗基部具2至数枚颖片;小穗由颖、小穗轴和小花组成,小花有外稃和内稃各1枚,包围鳞被、雄蕊和雌蕊。竹的一个有性世代只开一次花,有的开几年,有的开几十年甚至几百年,依竹种而定。如果起源相同,可能成片同时开花。地下茎{图[72]-3}又称竹鞭,常分合轴丛生、合轴散生、单轴散生、复轴混生4种类型。竹鞭的节上生芽,芽长大称竹笋,竹笋上的变态叶称竹箨。竹箨{图[72]-4}由箨鞘、箨舌、箨耳、箨叶(箨片)和繸毛构成。竹笋生长成竹秆,竹秆{图[72]-5}是竹子的主体,分秆

柄、秆基和秆茎3个部分；秆柄是竹秆最下部分，与竹鞭或母竹的秆基相连，细小、短缩、不生根，是连接竹地上系统和地下系统的枢纽；秆基是竹秆入土生根部分，由数节至十数节组成，节间缩短、粗大；秆茎是竹秆的地上部分，每节分两环，下环为笋环，又称箨环，是竹笋脱落后留下的环痕，上环为秆环，是居间分生组织停止生长留下的环痕，其隆起的程度随竹种的不同而不同；秆环和箨环之间的部分称节内，其上生芽，芽萌发成枝；秆环、箨环、节内合称节，两节之间称节间，节间通常中空，节与节之间有节隔相隔。

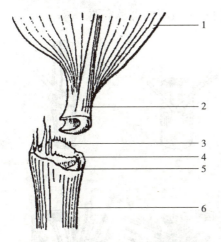

图[72]-1 竹叶构造

1. 竹叶　2. 叶柄　3. 肩毛　4. 叶内舌
5. 叶外舌　6. 叶鞘

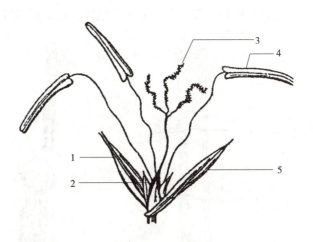

图[72]-2 竹花构造

1. 内稃　2. 鳞被　3. 雌蕊
4. 雄蕊　5. 外稃

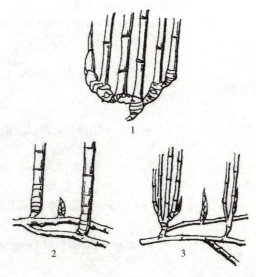

图[72]-3 竹地下茎

1. 合轴丛生　2. 合轴散生　3. 复轴混生

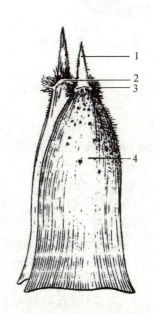

图[72]-4 竹箨构造

1. 箨叶　2. 箨舌　3. 箨耳　4. 箨鞘

竹的分枝(图[72]-6)有以下4种类型：单分枝型，竹秆每节单生一枝，如箬竹属、矢竹属；二分枝型，每节具2分枝，通常一枝较粗，另一枝较细，如刚竹属；三分枝型，竹秆中部节每节具3分枝，而上部节的每节分枝数可达5~7，如青篱竹属、唐竹属；多分枝型，每节具多数分枝，分枝近于等粗(无主枝型)，或其中1~2枝较粗长(有主枝型)。

全世界共70余属1200余种，主要分布于热带、亚热带地区，少数种类分布于温带和寒带。我国有40余属500余种，产于长江流域以南广大地区，向北延伸到黄河流域冲积平原或沟谷地带。

竹亚科是一类再生性很强的植物，是重要的造园材料和重要的森林资源。

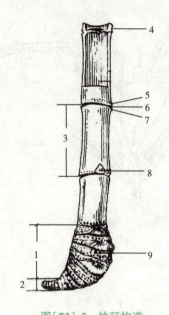

图[72]-5　竹秆构造

1. 秆基　2. 秆柄　3. 节间　4. 节隔　5. 秆环
6. 节内　7. 箨环　8. 芽　9. 根眼

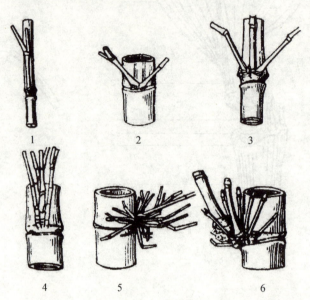

图[72]-6　竹的分枝类型

1. 单分枝型　2. 二分枝型　3. 三分枝型　4. 变异三分枝型
5. 多分枝型(无主枝型)　6. 多分枝型(有主枝型)

分属检索表

1. 地下茎为单轴型或复轴型。
   2. 地下茎为单轴型，分枝2；乔木状；叶片小 ………………………………… 刚竹属 *Phyllostachys*
   2. 地下茎为复轴型。
      3. 秆四方形 ……………………………………………………………………… 方竹属 *Chimonobambusa*
      3. 秆圆筒形。
         4. 主秆1分枝，枝较粗壮，叶片大 ……………………………………………… 箬竹属 *Indocalamus*
         4. 主秆分枝3或以上。
            5. 主秆分枝3 ……………………………………………………………… 茶秆竹属 *Pseudosasa*
            5. 主秆分枝3以上。
               6. 花枝短缩，侧生于叶枝下部的各节上，而不生于正常具叶枝的顶端 ………………
                  ………………………………………………………………………… 苦竹属 *Pleioblastus*
               6. 花枝延长，花序生于叶枝的顶端，稀生于叶枝下部的节上 …… 箭竹属 *Sinarundinaria*

1. 地下茎为合轴型。
　　7. 小枝有刺；箨鞘顶端仅略宽于箨叶基部，箨叶直立或外反 ············ 簕竹属 *Bambusa*
　　7. 小枝无刺；箨鞘顶端远宽于箨叶基部，箨叶向外反卷。
　　　　8. 秆节间表面常略被厚层白粉，节间甚长，50~100cm，秆箨硬纸质 ······ 单竹属 *Lingnania*
　　　　8. 秆节间幼时略被白粉，节间中等长，10~50cm，秆箨革质 ············ 慈竹属 *Sinocalamus*

1. 刚竹属 *Phyllostachys* Sieb. et Zucc.

乔木或灌木状。地下茎为单轴散生型；竹秆散生，圆筒形。节间在分枝一侧扁平或有沟槽，每节2分枝。秆箨革质，早落，箨叶披针形，箨舌发达，箨耳有缘毛。叶披针形或长披针形，有小横脉，上面光滑，下面常为粉绿色。花序圆锥状、复穗状或头状，由多数小穗组成，小穗外被叶状或苞片状佛焰苞；小花2~6，颖片1~3或不发育，外稃先端锐尖，内稃有2脊，2裂片先端锐尖；鳞被3，小；雄蕊3，雌蕊花柱细长，柱头3裂，羽毛状。颖果。

全世界共50余种；主产于我国，我国竹亚科中，经济价值最大、种类最多的属，主要分布在黄河流域以南至秦岭以北。

分种检索表

1. 老秆全部绿色。
　　2. 秆下部诸节间不短缩，也不肿胀。
　　　　3. 箨鞘有箨耳或鞘口缘毛。
　　　　　　4. 秆环不隆起，竹秆各节仅现1箨环，新秆密被细柔毛和白粉 ········· 毛竹 *P. pubescens*
　　　　　　4. 秆环与箨环均隆起，竹秆各节现出2箨环，新秆无毛、无白粉 ··· 桂竹 *P. bambusoides*
　　　　3. 箨鞘无箨耳及鞘口缘毛。
　　　　　　5. 秆表面在放大镜下有晶状凹点，分枝以下竹秆上秆环不明显或低于箨环 ··· 刚竹 *P. viridis*
　　　　　　5. 秆表面在放大镜下无晶状凹点，分枝以下竹秆上秆环均隆起。
　　　　　　　　6. 箨鞘无白粉，箨舌截平，暗紫色 ························· 淡竹 *P. glauca*
　　　　　　　　6. 箨鞘有白粉，箨舌弧形，淡褐色 ······················· 早园竹 *P. propinqua*
　　2. 秆下部诸节间不规则短缩或畸形肿胀 ······························· 罗汉竹 *P. aurea*
1. 老秆非绿色，或在绿色底上有其他色彩。
　　7. 老秆全部紫黑色 ··· 紫竹 *P. nigra*
　　7. 老秆绿色，而沟槽处为黄色 ··· 黄槽竹 *P. aureosulcata*

(1) 毛竹 *Phyllostachys pubescens* Mazel ex H. de Lehaie {图[72]-7}

[识别要点] 高大乔木状。秆高10~25m，径10~25cm，中部间可长达40cm；新秆绿色，密被柔毛，有白粉；老秆灰绿色，无毛，白粉脱落，逐渐变黑，顶稍下垂；分枝以下秆上秆环不明显，箨环隆起。箨鞘厚革质，长于节间，褐紫色，背面密生棕色毛及深褐色斑点；箨耳小，边缘有长缘毛；箨舌宽短，弓形，两侧下延，边缘有长缘毛；箨叶狭长三角形，向外反曲。枝叶二列状排列，每小枝保留2~3叶；叶较小，披针形，长4~11cm；叶舌隆起，叶耳不明显，有肩毛，后渐脱落。花枝单生，不具叶；小穗丛形如穗状花序，外被覆瓦状佛焰苞，小穗含小花。颖果针状。笋期3月底至5月初。常见变种、栽培品种和变型有：

①龟甲竹 var. *heterocycla* (Carr.) H. de. Lehaie. 较原种稍矮小，秆下部节间极度缩短、肿胀，呈龟甲状。

②'绿槽'龟甲竹 'Lvcaoguijiazhu' 竹秆下部一段的节交互歪斜，上、下节在一侧相连，而节间在另一侧肿胀呈龟甲状；竹秆黄色，节间具不规则绿色细纵条纹；分枝一侧纵沟槽绿色。叶片有淡黄色细纵条纹。

③麻衣竹 f. *exaurita* T. G. Chen 秆箨无箨耳和繸毛，秆纤细曲折呈"之"字形，梢部弯曲呈下垂状而区别于毛竹。

[分布]原产于中国秦岭、汉水流域至长江流域以南，海拔1000m以下山地。分布很广，浙江、江西、湖南为分布中心，陕西汉中、安康为分布北界。

[习性]喜温暖湿润气候，要求年平均气温15~20℃，年降水量800~1000mm；耐极端最低温度-16.7℃，喜空气相对湿度大。喜肥沃、深厚、排水良好的酸性沙壤土，干燥的沙荒石砾地、盐碱地和排水不良的低洼地均不利于生长。

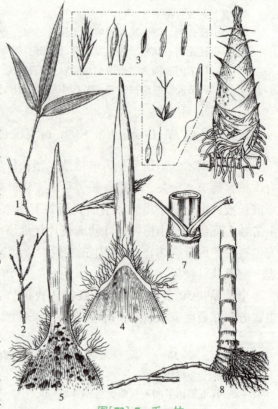

图[72]-7 毛 竹
1. 叶枝 2. 花枝 3. 小穗 4. 秆箨腹面 5. 秆箨背面
6. 笋 7. 秆节(示分枝) 8. 地下茎及竹秆下部

[繁殖]采用播种、分株、埋鞭等方法繁殖。

[用途]毛竹秆高叶翠，四季常青，秀丽挺拔。松、竹、梅誉为"岁寒三友"，可点缀园林。在风景区大面积种植，谷深林茂，云雾缭绕，林中小径曲折、幽静、深邃，形成"一径万竿参天"的景观。因其无毛、无花粉，故是精密仪器厂等地栽植的上等树种。也是良好的建筑材料、加工利用材料。竹笋鲜美可食。

(2) 桂竹 *Phyllostachys bambusoides* Sieb. et Zucc. {图[72]-8}

[识别要点]秆高11~20m，径8~10cm；新秆绿色，无毛、无白粉，有时节下有白粉环，秆环、箨环均隆起。箨鞘黄褐色底，密被黑紫色斑点或斑块，常疏生脱落性直立短硬毛，无白粉；箨耳小，1枚或2枚，镰形或长倒卵形，有长而弯曲的肩毛；箨舌微隆起；箨叶三角形至带形，橘红色，有绿边，皱折下垂。小枝初生4~6小叶，后常为2~3叶；叶带状披针形，长7~15cm，有叶耳和长肩毛。笋期4~6月。常见栽培变型有：

斑竹 f. *tanakae* Makino ex Tsuboi. 竹秆和分枝上有紫褐色斑块或斑点。

[分布]原产于我国秦岭、淮河流域以南。辽宁、河北、山西、山东沿海、河南、陕西都有栽植。

[习性]抗性较强，适应范围大。能耐-18℃的低温，属华北地区大型耐寒优良种。多生长在山坡下部和平地土层深厚、肥沃的地方，在黏重土壤上生长较差。

[用途]桂竹的观赏特性同毛竹，经济用途仅次于毛竹。竹笋味美可食。为"南竹北

移"的优良竹种。

(3) 刚竹 *Phyllostachys viridis* (Young) McClure. {图[72]-9}

[识别要点]秆高 10~15m，径 4~9cm；挺直，淡绿色，分枝以下的秆环不明显；新秆无毛，鲜绿色，微被白粉；老秆绿色，仅节下有白粉环，秆表面在放大镜下可见白色晶状小点。箨鞘无毛，乳黄色或淡绿色底上有深绿色纵脉及棕褐色斑纹；无箨耳；箨舌近截平或微弧形，有细纤毛；箨叶狭长三角形至带状，下垂，多少波折。每小枝有 2~6 叶，有发达的叶耳与硬毛，老时可脱落；叶片披针形，长 6~16cm。笋期 5~7 月。常见变型有：

①槽里黄刚竹(绿皮黄筋竹)f. *houzeauana* C. D. Chu et C. S. Chao 秆绿色，着生分枝一侧的纵槽为黄金色。

②黄皮刚竹(黄皮绿筋竹)f. *youngii* C. D. Chu et C. S. Chao 秆常较小，金黄色，节下面有绿色环带，节间有少数绿色纵条。叶片常有淡黄色纵条纹。

[分布]原产于我国，分布于黄河流域至长江流域以南广大地区。

[习性]抗性强，能耐-18℃低温。微耐盐碱，在 pH 为 8.5 左右的碱土和含盐量 0.1%的盐土中也能生长。

[用途]刚竹的观赏特性同毛竹。材质坚硬，韧性较差，可作小型建筑及农具柄材。笋可食。

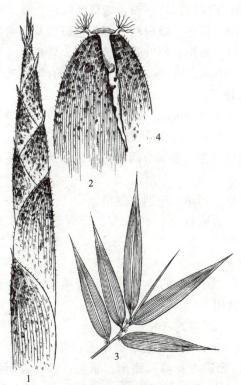
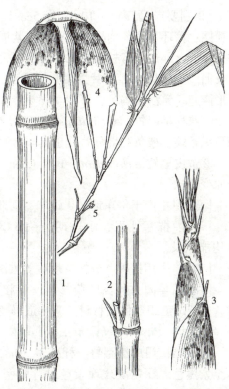

图[72]-8 桂竹和淡竹　　　　　　　　图[72]-9 刚 竹
1~3. 桂竹(1. 笋　2. 秆箨　3. 叶枝)　　1. 竹秆　2. 秆节(示分枝)
　　4. 淡竹(秆箨)　　　　　　　　　3. 竹笋(上部)　4. 秆箨　5. 叶枝

(4) 淡竹 Phyllostachys glauca McClure {图[72]-8}

[识别要点]秆高 5~12m，径 2~5cm，无毛；新秆蓝绿色，密被白粉，无毛；老秆绿色或灰黄绿色，仅节下有白粉环，秆环微隆起。箨鞘淡红褐或淡绿色，有紫色细纵条纹和紫褐色斑点，无毛；无箨耳；箨舌截平，暗紫色，微有波状齿缺和细短纤毛；箨叶带状披针形，绿色，有紫色细条纹，平直下垂或外展。每小枝2~3叶，叶片带状披针形或披针形，长 8~16cm；叶鞘初时有叶耳，后渐脱落；叶舌紫色或紫褐色。笋期 4 月中旬至 5 月底。常见变型有：

筠竹 f. *yuozhu* J. L. Lu 秆渐次出现紫褐色斑点或斑块。分布在河南、山西。竹竿匀齐劲直，秆色美观，常栽于庭园供观赏。竹材为河南清化竹器原材料，适于编织竹器及各种工艺品。

[分布]原产于我国。分布在长江、黄河中下游各地，而以江苏、山东、陕西等地较多。

[习性]适应性较强，在-18℃左右的低温和轻度的盐碱土中能正常生长，能耐一定程度的干燥瘠薄和暂时流水浸渍。北移到辽宁营口等地能安全越冬。

[繁殖]采用播种、分株、埋鞭等方法繁殖。

[用途]淡竹材质优良，韧性好，可编织各种竹器，也可作农具。笋味道鲜美，可食用。

(5) 早园竹 Phyllostachys propinqua McClure

[识别要点]秆高 8~10m，径 5cm 以下；新秆绿色，具白粉；老秆淡绿色，节下有白粉圈；箨环与秆环均隆起。箨鞘淡紫褐色或深黄褐色，被白粉，有紫色斑点及不明显的条纹，上部边缘有枯焦；无箨耳；箨舌淡褐色，弧形；箨叶带状披针形，紫褐色，平直反曲。小枝具叶2~3片，带状披针形，长 7~16cm，宽 1~2cm，背面基部有毛；叶舌弧形隆起。笋淡紫褐色，笋期4~6月。常见变种有：

①花秆早园竹 var. *viridisuicata* P. X. Zhang et W. X. Huang 新秆金黄色，节间有少量绿色纵条纹，枝条和部分竹叶也具非常明显的纵条纹，具很好的观秆效果。

②黄皮早竹 f. *chysoderma* T. G. Chen 秆和枝黄色，基部节间偶有绿色纵条纹而不同于原变型。

[分布]主产于华东地区。辽宁、河北、北京、河南、山西有栽培。

[习性]抗寒性强，耐短期的-20℃低温。适应性强，在沙土、轻碱地及低洼地中均能生长。

[繁殖]采用播种、分株、埋鞭等方法繁殖。

[用途]早园竹秆高叶茂，生长强壮，是华北园林中的主要竹种。秆质坚韧，为柄材、棚架、编织等优良材料。笋味道鲜美，可食用。

(6) 紫竹 Phyllostachys nigra (Lodd.) Munro. {图[72]-10}

[识别要点]中小型竹。秆高 3~10m，径2~4cm；新秆绿色，有细毛；老秆变为棕紫色至紫黑色。箨鞘淡玫瑰紫色，背面密生毛，无斑点；箨耳镰形，紫色；箨舌长而隆起；箨叶三角状披针形，绿色至淡紫色。叶2~3片生于小枝顶端，叶片披针形，长 4~10cm，质地较薄；叶鞘初粗毛。笋期4~5月。常见变种有：

毛金竹 var. *henonis* (Bean) Stapf 秆高大，可达 7~18m。秆壁较厚，新秆绿色，老秆灰绿色或灰色。

[分布]原产于我国。广泛分布于华北及长江流域至西南地区。

[习性]耐寒性较强，能耐-18℃低温，在北京可露地栽植。

[繁殖]采用播种、分株、埋鞭等方法繁殖。

[用途]紫竹秆紫黑，叶翠绿，颇具特色，常植于庭园供观赏。笋供食用。

(7) 黄槽竹 Phyllostachys aureosulcata McClure

[识别要点]秆高3~6m，径2~4cm；秆绿色，分枝一侧纵槽呈黄色，新秆有白粉。箨鞘质地较薄，背部无毛，通常无斑点，上部纵脉明显隆起；箨耳镰形，边缘有紫褐色长毛，与箨叶明显相连；箨舌宽短，弧形，边缘缘毛较短；箨叶长三角状披针形，初皱曲而后平直。叶片披针形，长7~15cm。笋期4~5月。常见变型有：

①金镶玉竹 f. *spectabilis* C. D. Chu et C. S. Chao 秆高10~15cm，径4~10cm；秆金黄色，有数条绿色纵条，分枝一侧纵槽绿色。

图[72]-10 紫竹
1. 叶枝　2. 笋　3. 秆箨
4. 秆箨顶端背面　5. 秆箨顶端腹面

②黄秆京竹 f. *aureocaulis* Z. P. Wang et N. X. Ma 竹秆全部鲜黄色，基部偶有少量纵条纹。秆型略小，材质坚韧。观秆。

[分布]原产于我国。北京等地有栽培。

[习性]适应性较强，能耐-20℃低温。在干旱瘠薄地，植株呈低矮灌木状。

[繁殖]采用播种、分株、埋鞭等方法繁殖。

[用途]黄槽竹常植于庭院观赏。

(8) 罗汉竹 Phyllostachys aurea Carr. ex A. et C. Riviere

[识别要点]秆高5~12m，径2~5cm；秆中部或以下数节节间有不规则的缩短或畸形肿胀，或其节环交互歪斜，或节间近于正常而于节下有长约1cm的一端明显膨大；老秆黄绿色或灰绿色，节下有白粉环。箨鞘无毛，紫色或淡紫色底上有黑褐色斑点，上部两侧有黏焦现象，基部有一圈细毛环；无箨耳；箨舌极短，截平或微凹，边缘有长纤毛；箨叶长三角形，皱曲。叶片长披针形，长6.5~13cm。笋期4~5月。

[分布]原产于我国。长江流域各地有栽培。

[习性]适应性较强，能耐-20℃低温。

[繁殖]采用播种、分株、埋鞭等方法繁殖。

[用途]罗汉竹常植于庭院供观赏。笋供食用。

2. 方竹属 *Chimonobambusa* Makino

全世界共约15种，分布于中国、日本、印度和马来西亚等；中国约3种。

方竹 *Chimonobambusa quadrangularis* (Fenzi.) Makino｛图[72]-11｝

[识别要点]秆散生，高3～8m，径2～4cm，节间长8～22cm，粗糙，横断面四方形；幼时密被黄褐色倒向小刺毛，以后脱落，在毛的基部留有小疣状突起；秆环基隆起；箨环幼时有小刺毛，基部数节常有刺状气根一圈，上部各节初有3分枝，以后增多。箨鞘无毛，背面具多数紫色小斑点；箨耳及箨舌均极不发达，箨叶极小或退化。叶2～5片着生在小枝上，叶片薄纸质，窄披针形，长8～29cm；叶鞘无毛，叶舌截平，极短。在肥沃之地四季可出笋，但通常笋期在8月至翌年1月。

[分布]我国特产，分布于华东、华南及秦岭等低山坡。

[习性]适应性较强，不耐寒。

[繁殖]采用播种、分株、埋鞭等方法繁殖。

[用途]方竹秆形奇特，为著名的庭园观赏竹种。秆可作手杖。笋味美可食。

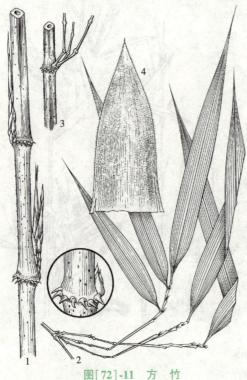

图[72]-11 方 竹
1. 秆及分枝部分放大(示气生根刺)　2. 叶枝
3. 秆节(示分枝)　4. 竹箨

3. 簕竹属 *Bambusa* Schreb.

乔木状或灌木状。地下茎合轴型。秆丛生，圆筒形，每节有枝条多数，有时不发育枝常硬化成棘刺。箨鞘较迟落，厚革质或硬纸质；箨耳发育，近相等或不相等；箨叶直立、宽大。叶片小型至中等，线状披针形至长圆状披针形，小横脉常不明显。小穗簇生于枝条各节，组成大型无叶或有叶的假圆锥花序；小穗有少至多数小花；颖1～4枚，内稃等长或稍长于外稃；鳞被3，雄蕊6枚；子房基部通常有柄，柱头羽毛状。颖果长圆形。

全世界共约100种，分布于东亚、中亚、马来西亚及大洋洲等；我国约60种，大多分布于华南及西南地区。

分种检索表
1. 秆2型，除正常秆外，尚有畸形肿胀的秆 ……………………… 佛肚竹 *B. ventricosa*
1. 秆仅1型，即仅有正常的秆；秆的节间绿色，无条纹 ……………………… 孝顺竹 *B. multiplex*

(1) 佛肚竹 *Bambusa ventricosa* McClure｛图[72]-12｝

[识别要点]乔木型或灌木型，高与粗因栽培条件而有变化。秆无毛，幼秆深绿色，稍被白粉，老时变成橄榄黄色；秆有两种，正常秆高，节间长，圆筒形；畸形秆矮而粗，节间短，下部节间膨大呈瓶状。箨鞘无毛，初时深绿色，老时变成橘红色；箨耳发

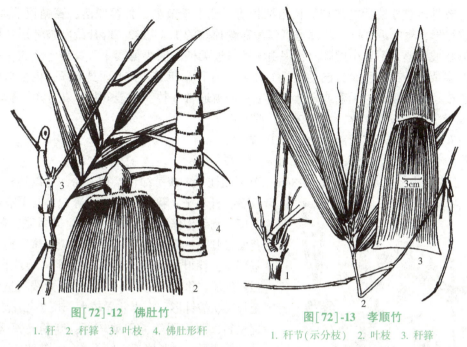

图[72]-12 佛肚竹
1. 秆　2. 秆箨　3. 叶枝　4. 佛肚形秆

图[72]-13 孝顺竹
1. 秆节(示分枝)　2. 叶枝　3. 秆箨

达，圆形或倒卵形至镰刀形；箨舌极短；箨叶卵状披针形，于秆基部直立，上部的稍外反，脱落性。每小枝具叶7~13片，叶卵状披针形至长圆状披针形，长12~21cm，背面有柔毛。

[分布]我国广东特产。

[习性]喜光。喜温暖湿润气候，抗寒力较弱，冬季气温应保持在10℃以上，低于4℃往往受冻。耐水湿。

[用途]佛肚竹为优良的盆栽竹种，盆栽或栽植于南方公园中。

(2)孝顺竹(凤凰竹)*Bambusa multiplex* (Lour.) Raenschel {图[72]-13}

[识别要点]秆在地面密集丛生，高2~7m，径1~3cm；新秆绿色，密被白粉和刺毛；老秆黄绿色，光滑无毛，节间绿色，无条纹。箨鞘无毛，硬脆，厚纸质；箨耳缺或不明显；箨舌不显著；箨叶三角形或长三角形，直立。每小枝具叶5~9片，排成两列；叶片薄纸质，线状披针形或披针形，长8~29cm；叶鞘无毛，叶耳不明显，叶舌截平。笋期6~9月。常见变种有：

凤尾竹 var. *nana* (Roxb.) Keng f.　比原种矮小，秆高1~2m，径不超过1cm。枝叶稠密，纤细而下弯。每小枝有叶10余片，羽状排列，叶片长2~5cm。长江流域以南各地常植于庭园或盆栽供观赏。

[分布]原产于中国、日本及东南亚地区。我国华南、西南至长江流域各地都有分布。

[习性]喜温暖湿润气候及排水良好、湿润的土壤，是丛生竹类中分布最广、适应性最强的竹种，可以北移引种。

[用途]孝顺竹植丛秀美，多栽培于庭园供观赏，或种植于宅旁作绿篱，也常在湖边、河岸栽植。

4. 单竹属 *Lingnania* McClure

乔木型或灌木型。地下茎合轴型。秆丛生，通常直立；节间圆柱形，极长；秆环平；每节具多数分枝，主枝和侧枝粗细相仿，丛生于节上。秆箨脱落；箨鞘顶端甚宽，截平或弓形；箨叶近外反，基部宽度仅为箨鞘顶端的1/4~1/2。叶片线状披针形、披针形或卵状披针形，不具小横脉。花序由无柄或近无柄的假小穗簇生于花枝上组成，小穗有小花多朵，小花紫色或古铜色；颖1~2枚，外稃宽卵形，无毛而具光泽，内稃与外稃近等长或比外稃稍长，无毛或脊上被纤毛；鳞被通常3枚，雄蕊6枚；花柱单一，有时极短或近乎缺，柱头3枚，极少2枚，羽毛状。

分布于中国南部和越南；中国有10余种。

粉单竹 Lingnania chungii McClure {图[72]-14}

[识别要点]秆高18m，径6~8cm；节部圆柱形，淡黄绿色，被白粉，尤以幼秆被粉较多；秆环平；箨环木栓质，隆起，其上有倒生的棕色刺毛。箨鞘硬纸质，坚脆，顶端宽，截平，背面多刺毛；箨耳狭长圆形，粗糙；箨舌比箨叶基部宽；箨叶淡绿色，卵状披针形，边缘内卷，强烈外反。每小枝有叶6~7片，叶片线状披针形至长圆状披针形，大小差异较大，长7~21cm，基部歪斜，两侧不等，质地较厚；叶鞘光滑无毛；叶耳较明显，被长缘毛；叶舌较短。笋期6~8月。

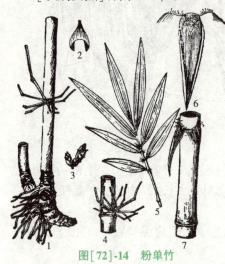

图[72]-14 粉单竹
1. 地下茎 2. 外稃 3. 假小穗
4. 秆节(示分枝) 5. 叶枝 6. 箨鞘及箨耳
7. 秆一段(秆箨平，箨环具刺毛)

[分布]产于我国华南各地。分布于广东、广西和湖南等。

[习性]喜温暖湿润气候及疏松、肥沃的沙壤土。

[繁殖]采用播种、分株、埋鞭等方法繁殖。

[用途]粉单竹为优良绿化用竹。节间长而节平，为中上等劈篾用材。竹髓和竹青供药用。

5. 慈竹属 Sinocalamus McClure

乔木型。地下茎合轴型。秆丛生，梢部呈弧形弯曲或下垂如钩丝状，节间圆筒形。秆箨脱落性，箨鞘硬革质，大型，基部甚宽，顶端截形而两肩宽圆；箨耳缺或不显著；箨舌颇发达，有时极显著地伸出，且具流苏状毛；箨叶小，常外反，极少直立，基部远狭于箨鞘顶部。每节具多数分枝，主枝较粗而长。叶片宽大，叶耳通常缺，叶舌显著。假圆锥花序无叶或具叶，小穗簇生或呈头状聚集于花枝每节上，每小穗有花多朵；颖片宽卵形，外稃较颖大，内稃约与外稃等长而较狭；鳞被通常3，雄蕊6。花柱单一，柱头2~4，羽毛状。

全世界共约20种，多分布于非洲东南部；我国有10种。

分种检索表

1. 竹秆高大，基部数节具明显气生根或根眼，节间无毛，秆壁厚，枝下各节有芽，主枝粗长 …………………………………………………………………………… 麻竹 S. latiflorus
1. 竹秆中等大小，基部数节无明显气生根或根眼，节间有刺毛，秆壁薄，枝下各节无芽 …… ……………………………………………………………………………… 慈竹 S. affinis

(1) 慈竹 *Sinocalamus affinis* (Rendle) McClure {图[72]-15}

[识别要点]秆高5~10m，径4~8cm；秆壁薄，顶梢下垂。箨鞘革质，背部密被棕黑色刺毛；箨耳缺；箨舌流苏状；箨叶先端尖，向外反，基部收缩略呈圆形，正面多脉，密生白色刺毛，边缘粗糙内卷。叶数片至10余片着生于小枝顶端；叶片质薄，长卵状披针形，长10~30cm，上面暗绿色，下面灰绿色；侧脉5~10对，无小横脉。笋期6月，持续至9~10月。

[分布]原产于我国。分布在云南、贵州、湖北、湖南、四川及陕西南部各地。

[习性]喜温暖湿润气候及肥沃、疏松土壤，在干旱瘠薄处生长不良。

[繁殖]采用播种、分株、埋鞭等方法繁殖。

[用途]慈竹秆丛生，枝叶茂盛秀丽，于庭园池旁、石际或窗前、宅后栽植，都极适宜。笋味苦，煮后去水可食用。

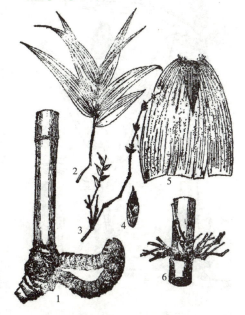

图[72]-15 慈 竹
1. 地下茎 2. 叶枝 3. 花枝 4. 小穗
5. 秆箨 6. 秆节(示分枝)

(2) 麻竹 *Sinocalamus latiflorus* (Munro.) McClure

[识别要点]秆高15~20m，最高达25m，径10~30cm；基部数节具明显气生根或根眼，节间无毛，秆壁厚，枝下各节有芽，主枝粗长，顶梢下垂；秆环平而微突；箨环木栓质，隆起。箨鞘大，革质，坚脆，背部平滑，无条纹；箨耳小；箨舌齿裂状；箨叶三角形或披针形，向外反。叶数片至10余片着生于小枝先端；叶片宽大，长圆状披针形或卵状披针形，长15~35cm，表面无毛，背面中脉凸起，有小锯齿；叶耳不明显；叶舌凸起，平截；侧脉5~10对，无小横脉。笋期早长，5月出土，持续至10~12月。

[分布]原产于我国。华南至西南有分布。

[习性]喜温暖湿润气候及肥沃、疏松土壤，在黏土上生长不良。

[繁殖]采用播种、分株、埋鞭等方法繁殖。

[用途]麻竹是良好的护堤绿化用竹。秆粗大，也是良好的建筑用材。笋期长，味美，主要笋用竹。

6. 苦竹属 *Pleioblastus* Nakai

灌木状或小乔木状。地下茎单轴型或短缩成复轴型。秆散生或丛生，圆筒形；秆环显著隆起，每节有3~7分枝。箨鞘厚革质，基部常宿存，使箨环上具木栓质环状物；箨叶锥状披针形。每小枝具叶2~13片，叶鞘口部常具波状弯曲的刚毛，叶舌较长或较短，叶片有小横脉。总状花序着生于枝下部各节；小穗绿色，具花数朵；颖2~5，有锐尖头，边缘有纤毛；外稃披针形，近革质，边缘粗糙；内稃背部2脊间有沟纹；鳞被3，雄蕊3枚；花柱1，柱头3，羽毛状。颖果长圆形。

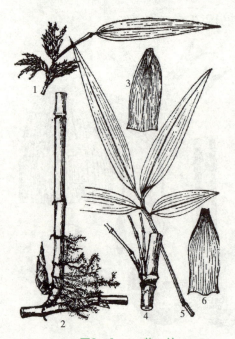

图[72]-16 苦竹
1. 花枝 2. 秆基及地下茎 3. 秆箨背面
4. 秆节（示分枝） 5. 叶枝
6. 秆箨腹部

全世界约 90 种，分布于东亚，以日本为多；我国有 20 余种。

苦竹 *Pleioblastus amarus* (Keng) Keng f. {图[72]-16}

[识别要点]秆高 3~7m，径 2~5cm；节间圆筒形，在分枝的一侧稍扁平；箨环隆起，呈环状木栓层。箨鞘厚纸质或革质，绿色，有棕色或白色刺毛，边缘密生金黄色缘毛；箨耳小，具直立棕色缘毛；箨舌截平；箨叶细长披针形。叶片披针形，长 8~20cm，质坚韧，上面深绿色，下面淡绿色，有微毛；叶鞘无毛，有横脉；叶舌坚韧，截平。笋期 5~6 月。

[分布]原产于我国。分布于长江流域西南部。

[习性]适应性强，较耐寒。在北京，在小气候条件下能露地栽植。在低山、丘陵、平原的一般土壤中均能生长良好。

[繁殖]采用播种、分株、埋鞭等方法繁殖。

[用途]苦竹常于庭园栽植供观赏。秆直而节间长，大者可制伞柄、帐竿、支架等，小者可制笔管、筷子等。笋味苦，不能食用。

7. 箬竹属 *Indocalamus* Nakai

灌木型或小灌木型。地下茎复轴型。秆散生或丛生，每节有 1 分枝，分枝通常与主秆同粗，分枝腋间有瘤状枕。秆箨宿存性。叶片宽大，有多条次脉及小横脉。顶生总状花序或圆锥花序，具苞片或不具苞片。鳞被 3，雄蕊 3；花柱 2，分离或基部稍连合，柱头羽毛状。

本属有 20 余种，均产于中国。

阔叶箬竹 *Indocalamus latifolius* (Keng) McClure {图[72]-17}

[识别要点]秆高 1~2m，下部径 0.6~1cm，节间长 5~20cm，微有毛，秆环平。秆箨宿存，微隆起，质坚硬，背部常有粗糙的棕紫色小刺毛，边缘内卷；箨舌截平，鞘口顶端有长 1~3mm 流苏状缘毛；箨叶小。每小枝具叶 1~3 片；叶片长椭圆形，长 10~40cm，上面无毛，下面灰白色，略生微毛，小横脉明显，边缘粗糙或一边近平滑。圆锥花序基部常为叶鞘包被，花序分枝与主轴均密生微毛，小穗有 5~9 小花。颖果成熟后古铜色。笋期 5 月。

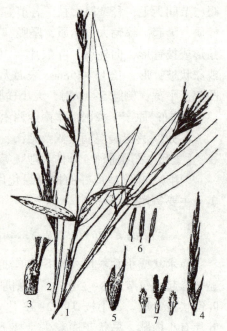

图[72]-17 阔叶箬竹
1、2. 花枝 3. 叶鞘顶端 4. 小穗
5. 小花 6. 雄蕊 7. 鳞被及雌蕊

[分布]产于河北、山东、河南、山西等地,向南分布于长江流域。北京有栽培。

[习性]稍耐阴、耐寒,喜湿润,不耐旱。

[繁殖]采用播种、分株、埋鞭等方法繁殖。

[用途]阔叶箬竹植株低矮,叶宽大,在园林中栽植供观赏或作地被绿化材料,也可植于河边作护岸材料。秆可制笔管、竹筷。叶可制斗笠、船篷等防雨用品。颖果称"竹米",可食用或药用。

8. 箭竹属 *Sinarundinaria* Nakai

全世界约8种,大多分布于我国中部和西部地区的山岳地带,其中分布于云南的种类最为丰富。

箭竹 *Sinarundinaria nitida* (Mitford) Nakai {图[72]-18}

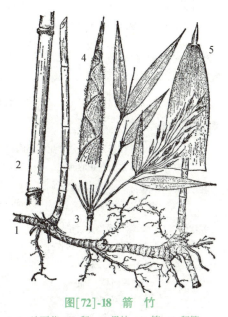

图[72]-18 箭 竹
1. 地下茎 2. 秆 3. 果枝 4. 笋 5. 秆箨

[识别要点]灌木状。地下茎复轴型。秆直立,高约3m,下部直径1cm,每节具3至多分枝;秆环平,不明显,箨环显著突出,新秆具白粉。秆箨微隆起,箨鞘具明显紫色脉纹;箨舌弧形,淡紫色;箨叶淡绿色。每小枝具叶2~4片,叶片矩圆状披针形,长5~13cm,次脉4对;叶鞘常紫色,具脱落性淡黄色肩毛。笋期8月中下旬。

[分布]产于甘肃南部、陕西、四川、云南等地。

[习性]适应性强,耐寒,耐旱,耐贫瘠。

[繁殖]通常采用播种、分株、埋鞭等方法繁殖。

[用途]箭竹是良好绿化竹种。秆可编筐。

9. 茶秆竹属(青篱竹属) *Pseudosasa* Makino ex Nakai

全世界共约50种,大多分布于中亚;我国有5种,分布于华南、华东地区南部。

茶秆竹(青篱竹) *Pseudosasa amabilis* (McClure) Keng. f.

[识别要点]秆直立,高10~13m,径2~6cm,每节具3至多分枝;新秆淡绿色,被淡棕色刺毛,后脱落,具白粉。秆箨厚革质,脱落晚,棕绿色,密被棕色刺毛,鞘口毛长1.5cm;箨舌弧形;箨叶三角状披针形。每小枝具叶4~8片;叶片带状披针形,长15~35cm,宽2.5~3.5cm。笋期3~5月,花期5~11月。

[分布]产于湖南、江西、华南等地。集中栽培于广东怀集、广宁等地。

[习性]喜温暖湿润的环境,不耐寒,不耐旱。喜酸性土壤,不耐盐碱。

[繁殖]采用播种、分株、埋鞭等方法繁殖。

[用途]茶秆竹节平、节间长,竹材通直、坚韧、弹性强、抗虫蛀,是良好绿化竹种及竹用材种。

10. 赤竹属 *Sasa* Makino et Shibata

小型灌木状竹类。全世界约37种,多产于日本;我国长江流域及其以南地区有分布。

菲白竹 *Sasa fortunei* (Van Houtte) Frori

[识别要点]地被竹。秆高10~30cm，最高可达80cm，地径0.1~0.2cm；圆筒形，光滑无毛；秆环平。秆箨宿存，无毛。每节1分枝，每小枝具叶4~7；叶鞘无毛，鞘口具白色繸毛。叶片短小，被毛，直立，披针形，长6~15cm，宽0.8~1.5cm，绿色而具有明显白色或淡黄色条纹。

[分布]原产于日本。我国东部及北京等地园林中常见栽培。

[习性]适应性强，耐修剪。

[繁殖]采用播种、分株、埋鞭等方法繁殖。

[用途]以观叶为主，常作地被材料，用于花坛、花境及山石点缀，也可盆栽。

 现场教学

单子叶植物识别与应用现场教学

现场教学安排	内容
教学目标	通过现场教学，使学生掌握园林中棕榈科、龙舌兰科、禾本科的绿化特点，各科的区别，以及园林绿化中存在的问题
教学地点	校园、树木园等有棕榈科、龙舌兰科和禾本科植物生长的地点
教学组织	1. 教师引导学生观察。 2. 学生观察并讨论。 3. 教师总结并布置作业
教学内容	1. 观察科、种。 (1) 棕榈科　Palmaceae 棕竹　*Rhapis humilis*　　筋头竹　*Rhapis excelsa*　　蒲葵　*Livistona chinensis* 棕榈　*Trachycarpus fortunei*　　鱼尾葵　*Caryota ochlandra*　　短穗鱼尾葵　*Caryota mitis* 油棕　*Elaeis quineensis*　　桄榔　*Arenga pinnata*　　椰子　*Cocos nucifera* 槟榔　*Areca catechu* (2) 龙舌兰科　Agavaceae 凤尾兰　*Yucca gloriosa*　　'金边'凤尾兰　*Yucca gloriosa* 'Variegata' 丝兰　*Yucca smalliana*　　朱蕉　*Cordyline fruticosa* (3) 禾本科　Poaceae 毛竹　*Phyllostachys pubescens*　　桂竹　*Phyllostachys bambusoides*　　刚竹　*Phyllostachys viridis* 淡竹　*Phyllostachys glauca*　　早园竹　*Phyllostachys propinqua*　　紫竹　*Phyllostachys nigra* 黄槽竹　*Phyllostachys aureosulcata*　　　　　　　　　　　罗汉竹　*Phyllostachys aurea* 方竹　*Chimonobambusa quadrangularis*　　　　　　　　佛肚竹　*Bambusa ventricosa* 孝顺竹　*Bambusa multiplex*　　粉单竹　*Lingnania chungii*　　麻竹　*Sinocalamus latiflorus* 苦竹　*Pleioblastus amarus*　　阔叶箬竹　*Indocalamus latifolius*　　箭竹　*Sinarundinaria nitida* 茶秆竹　*Pseudosasa amabilis* 2. 观察内容提示。 (1) 竹秆分枝 一分枝：箬竹属、矢竹属。 二分枝：刚竹属特有。 三分枝：短穗竹属、唐竹属、青篱竹属(大部分)。 (2) 竹箨的脱落或宿存、有无斑点；择耳、繸毛以及箨叶的形态(常为分种的重要依据)
课外作业	1. 地下茎为合轴型的竹种其地面的竹秆一定丛生吗？为什么？ 2. 应用于园林中的竹类主要有哪些？其观赏特性有哪些？

小结

单子叶植物多为须根系。茎内有不规则排列的散生维管束，没有形成层，不能形成树皮，也没有直径增粗生长。单叶，羽状或掌状分裂，有时裂片上有啮齿状缺刻，全缘，平行脉或弧形脉。花各部为3基数。种子的胚具1片顶生的子叶。单子叶植物种类约占被子植物的1/4，其中草本植物占绝大多数，木本植物约占10%。全世界共有69科约5万种；我国约47科4100余种，其中木本植物200余种。本项目主要介绍棕榈科和竹亚科园林树木的常用中文名、学名、识别要点、分布、习性、繁殖及其在园林中的应用，为园林类专业其他课程的学习打下良好的基础。

思考题

一、多选题

1. 棕榈科植物具有(　　)。
   A. 掌状复叶　　B. 掌状裂叶　　C. 羽状复叶　　D. 羽状裂叶
2. 下列属于棕榈科特征的是(　　)。
   A. 常绿　　B. 落叶　　C. 枝上具环状托叶痕　　D. 干上具环状叶痕
3. 下列树种具有掌状裂叶的是(　　)。
   A. 棕榈　　B. 油棕　　C. 椰子　　D. 蒲葵
4. 竹亚科植物具有的特征是(　　)。
   A. 常绿　　B. 落叶　　C. 单叶　　D. 复叶
5. 下列竹种秆具有2分枝的是(　　)。
   A. 孝顺竹　　B. 毛竹　　C. 刚竹　　D. 苦竹
6. 下列竹种地下茎为合轴型的是(　　)。
   A. 苦竹　　B. 麻竹　　C. 毛竹　　D. 慈竹

二、比较题

1. 棕榈与蒲葵　　2. 椰子与槟榔　　3. 鱼尾葵与散尾葵
4. 凤尾兰与丝兰　　5. 毛竹与桂竹　　6. 刚竹与淡竹

三、简答题

1. 棕榈科树木有何特点？生长习性如何？在园林中如何应用？
2. 百合科植物的主要特征是什么？在园林中如何运用？
3. 禾本科植物的花有什么特征？禾亚科和竹亚科的主要区别是什么？
4. 竹类植物的地下茎、竹秆、竹叶和竹箨有何特点？
5. 编制你所在地区常见竹种分属检索表。
6. 举例说明观赏竹类的观赏价值。

数字资源

实　训

园林树木识别与应用综合技能

实训 1　园林树木标本采集与制作

为了满足科研或教学需要，人们会把树木采集回来，制作成标本并以适当的方式保存起来。目前，园林树木标本的制作和保存有两种方法。一种方法是用甲醛溶液或其他防腐剂将植物材料浸泡起来瓶装，采用这种方法保存的标本称为浸泡标本。此法由于制作不太方便，不经济，且保存的数量有限，只用于大型花、果的保存，以及教学实验材料的保存。另一种方法用于保存大量长期用于教学和科研的标本，主要是用草纸将植物材料压干，装帧在洁白的台纸上，并按照植物分类的等级（纲、目、科、属、种）存放在特制的标本柜内，按一定的排列方式陈列在标本室内，采用这种方法保存的标本就是通常所说的腊叶标本。

一、任务与要求

学会园林树木腊叶标本的采集与制作方法，进一步利用植物检索表或工具书识别本地区常见园林树木。

二、材料与用具

采集箱、采集铲、枝剪、高枝剪、标本夹、标本绳、折尺、扩大镜、标本瓶、台纸（38cm×27cm的白色厚纸）、吸水纸（吸水力强的干燥纸）、标本签、采集记录卡、采集号牌、针线、胶水或两面胶条、玻璃瓶、变色硅胶、pH试纸；甲醛、乙醇、硫酸铜、冰醋酸、甘油、氯化镁等。

三、内容与步骤

1. 标本的采集

（1）按预定的线路采集有代表性的园林树木标本，尽可能采集有茎、叶、花及果（必要时还要有根,特别是一些中草药,药用的部分是根部)的完整植株。

(2)对于单性植株,必须分别采到两性的标本。

(3)对于有营养枝和生殖枝之分的,必须采全。

(4)对于有异型叶的植株,必须采集不同形状的叶并放在一起。

(5)标本枝条或植株大小以比8开台纸稍小为宜。

(6)标本一般要采集2~3份,采用同一编号,拴上号牌并尽快放入采集箱内。

2. 特征的记录

拴好号牌后,应认真进行观察,将特征记录在采集卡上。记录时注意:

(1)填写的采集号数必须与号牌相同。

(2)性状:填写灌木、乔木或木质藤本等。

(3)胸径:小乔木一般不填。

(4)叶:记载叶形、叶两面的颜色,以及有无粉质、毛、刺等。

(5)花:记载颜色、形状、花被、雌雄蕊的数目及着生的状态。

(6)果实:记载种类、颜色、形状及大小。

(7)备注栏可记载用途及其他。

园林树木标本记录卡

采集号:		份数:	
采集地点:		海拔:	m
生境:			
性状:	高度: m	胸径:	cm
树皮:			
叶:			
花:			
果实:			
科名:			
学名:		俗名:	
备注:			
采集单位:	采集人:	采集日期:	

3. 标本的整理和压制

将采回的标本进行初步整理,剪去多余的枝、叶、花、果实,保持其自然生长特征。将一片标本夹放平,上放5~10张吸水纸,然后把标本展在吸水纸上。叶子要展平,大部分叶子正面向上,少量叶子反面向上。压制标本时,应该注意今后观察的方向,压制的过程也就是定型的过程,因此压制的时候必须正、反两面叶子都能看到。叶、花都不要重叠。每隔5~10张吸水纸放一份标本(压制潮湿、肉质标本,要多放几层吸水纸)。整理时,要在阴凉处,以免标本萎蔫变形。当标本压到一定高度后,放上20余张吸水纸,盖上另一片标本夹,最后用绳子捆紧,置于通风干燥处。

肉质茎、块根、块茎、鳞茎等肉质标本不易压干,可事先用开水或乙醇进行处理,或把它们放入开水中烫半分钟,切成两半后再压制。

新鲜的标本都含有很多水分,因此要经常换纸。尤其最初几天,以及梅雨季节里采集的标本,换纸要特别勤,每天换纸1~2次,换下来的吸水纸及时晒干或烘干,以备再用。在换纸过程中,如果有叶、花、果脱落,应及时将脱落部分放入小纸袋中,并记上采集号,附于该份标本上。换纸次数可以逐日减少直至标本干透,否则标本容易霉变,轻则叶子发黑,重则叶子脱落。标本一般经10~20d才能压干。有条件的学校,可使用微波炉烘干标本。

4. 标本的装帧

压干的标本可以装帧在洁白的台纸上,台纸采用38cm×27cm的白色厚纸。装帧的时候,应将标本放在适当的位置,必要时可做一定的修剪。用线把标本钉在台纸上,每个枝条或较大的根,每隔3寸*左右钉一针,或用很窄的较厚的纸条在适当地方把枝、叶粘在台纸上。最后在台纸的左上角贴上标本记录卡,并将写有中文名、学名的标本签贴在台纸的右下角,这样就制成一份完整的腊叶标本。另外,有的标本为了预防虫蛀或霉变,必须严格消毒(通常采用升汞涂抹或甲醛熏蒸)后,再上台纸。

园林树木标本记录

中文名:		采集号数:
学名:		采集日期:
科名:		采集地点:
采集人:	鉴定人:	鉴定日期:

5. 腊叶标本的保存和入柜

凡经上台纸和装入纸袋的园林树木标本,正式定名后,都应放入标本柜中保存。腊叶标本在标本柜内的排列方式主要有以下几种:

(1)按分类系统排列:各科可按当前较为完善的分类系统进行排列,如恩格勒系统、哈钦松系统等。对于一些专门研究某个科的人,按分类系统排列,整理和查找起来比较方便。目前,一般较大的标本室各科的排列都采用这种排列方式。

(2)按地区排列:把同一地区采集的标本放在一起,这样研究某地区植物时比较方便。如按省(自治区、直辖市)排在一起,如北京市植物、江苏省植物等。

(3)按植物学名字母顺序或中文名笔画、拼音的顺序排列:科、属、种的顺序全按学名的字母顺序来排列,对于熟悉科、属、种学名的人,查找标本极为方便。但对于不熟悉科、属、种学名的人,查找起来是很困难的。因此,也有在标本不太多的情况下,采用中文名笔画或拼音的顺序排列,这对于不熟悉植物学名的人是极为方便的。

四、课后作业

1. 每人至少交5份腊叶标本。
2. 每人交1份本地区的树种名录。

---

* 1寸≈0.33cm。

实训 2　园林树木物候期观测

一、任务与要求

（1）学会园林树木物候期的观测方法。

（2）掌握树木的季相变化，为园林树木种植设计，选配树种，形成四季景观提供依据。

（3）掌握园林树木的物候期，为园林树木栽培与养护（包括繁殖、栽植、养护与育种）提供生物学依据。如确定繁殖时间；确定栽植季节与先后、周年养护管理方案、催延花期等；进行亲本选择与处理，有利于杂交育种和不同品种特性的比较试验等。

二、材料与用具

围尺、卡尺、记录表、记录夹、记录笔；5%的盐酸等。

三、内容与步骤

（一）观测方法与步骤

1. 观测时间与方法

一般3~5d进行一次。展叶期、开花期、秋季变色期及落果期要每天进行观测，时间为每天14:00~15:00。冬季休眠可停止观测。

2. 观测地点选定

观测地点必须具有代表性；可多年观测，不轻易移动。观测地点选定后，将其名称、地形、坡向、坡度、海拔、土壤种类、pH等详细记录在园林树木物候期观测记录表中。

3. 观测目标选定

从本地露地栽培或野生的树木中选择生长发育正常并已开花结实3年以上的树木（盆栽不宜选用）。对于雌雄异株的树木，最好同时选定雌株和雄株，并在记录中注明性别。观测植株选定后，应做好标记，并绘制平面位置图存档。

4. 观测部位选定

应选向阳面的枝条或中上部枝（因物候表现较早）。高树不易看清，宜用望远镜观察，或用高枝剪剪下小枝观察。观测时，应靠近植株观察发育状况，不可远站进行粗略判断。

（二）观测要求

1. 观测记录

物候观测应随看随记，不应凭记忆事后补记。

2. 观测人员

物候观测须选责任心强的专人负责。人员要固定，不能轮流值班观测。专职观测者因故不能坚持观测时，应由经过培训的后备人员接替，不可中断观测。

(三)观测内容与特征

1. 根系生长周期

利用根窖或根箱,每周观测新根数量和生长长度。

2. 树液流动开始期

以新伤口出现水滴状分泌液为准。如核桃、葡萄(在覆土防寒地区一般不易观察到)等树种的观测。

3. 萌芽期

萌芽期是树木由休眠转入生长的标志。

(1)芽膨大始期:具鳞芽者,当芽鳞开始分离,侧面显露出浅色的线形或角形时,为芽膨大始期(具裸芽者如枫杨、山核桃等)。不同树种芽膨大特征有所不同,应区别对待。

(2)芽开放期或显蕾期(花蕾或花序出现期):当鳞芽的鳞片裂开,芽顶部出现新鲜颜色的幼叶或花蕾顶部时,为芽开放期或显蕾期。

4. 展叶期

(1)展叶开始期:从芽苞中伸出的卷须或按叶脉折叠着的小叶,出现第一批1~2片叶平展时,为展叶开始期。针叶树以幼叶从叶鞘中开始出现时为准;具复叶的园林树木,以其中1~2片小叶平展时为准。

(2)展叶盛期:阔叶树以其半数枝条上的小叶完全平展时为准。针叶树以新针叶长度达老针叶长度1/2时为准。

有些树种开始展叶后,很快就完全展开,可以不记录展叶盛期。

5. 开花期

(1)开花始期:一半以上植株有5%的花瓣完全展开时(只有一株亦按此标准)为开花始期。

(2)盛花期:观测树一半以上的花蕾都展开花瓣或一半以上的柔荑花序松散下垂或散粉时,为盛花期。针叶树可不记录开花盛期。

(3)开花末期:观测树上残留约5%的花瓣时,为开花末期。针叶树和其他风媒树木以散粉终止时或柔荑花序脱落时为准。

> **小贴士**
>
> 有些一年一次于春季开花的树木,在有些年份于夏季或初冬会再度开花,这些树木即使未选定为观测对象,也应另行记录,并分析再次开花的原因。记录内容包括:①树种名称、是个别植株还是多数植株、所占比例;②再度开花日期、繁茂和花器完善程度、花期长短;③再度开花原因,如与未再开花的同种树树龄、树势比较情况,生态环境上有何不同,当年春季温度、干旱情况、秋冬温度,树体枝叶是否因冰雹、病虫害等损伤,以及养护管理情况等;④再度开花树能否再次结实及结果数量、能否成熟等。

---

6. 果实发育期

自坐果起,至果实或种子成熟脱落为止。

（1）幼果出现期：子房开始膨大（苹果、梨果实直径0.8cm左右）时，为幼果出现期。

（2）果实成长期：选定幼果，每周测量其纵径、横径或体积，直到采收或成熟脱落为止。

（3）果实或种子成熟期：有一半的果实或种子变为成熟色时，为果实或种子成熟期。

（4）果实脱落期：成熟种子开始散布或连同果实脱落时，为脱落期。如松属种子散布、柏属果落、杨属和柳属飞絮、榆钱飘飞、栎属种脱、豆科有些荚果开裂等。

7. 新梢生长期

由叶芽萌动开始，至枝条停止生长为止。生长的新梢分一次梢（习称春梢）、二次梢（习称秋梢）。

（1）春梢始长期：选定的主枝1年生延长枝上顶部营养芽（叶芽）开放，为春梢始长期。

（2）春梢停长期：春梢顶部芽停止生长，为春梢停长期。

（3）秋梢始长期：当年春梢腋芽开放，为秋梢始长期。

（4）秋梢停长期：当年二次梢（秋梢）腋芽停止生长，为秋梢停长期。

园林树木物候期观测记录表　（No：　　）

观测地点：　　地形：　　坡向：　　坡度：　　海拔：　　土壤种类：

观测项目		树种					
萌芽期	芽膨大始期						
	芽开放期或显蕾期						
展叶期	展叶开始期						
	展叶盛期						
开花期	开花始期						
	盛花期						
	开花末期						
果实发育期	幼果出现期						
	果实成长期						
	果实或种子成熟期						
	果实脱落期						
新梢生长期	春梢始长期						
	春梢停长期						
	秋梢始长期						
	秋梢停长期						
秋季变色期	秋叶开始变色期						
	秋叶全部变色期						
落叶期	落叶初期						
	落叶盛期						
	落叶末期						

观测者：　　记录者：　　观测时间：　　年　　月　　日

8. 秋季变色期

这是指由于正常季节变化，树木出现变色叶，其颜色不再消失，并且新变色之叶不断增多直到全部变色的时期。注意不能与因夏季干旱或其他原因引起的叶变色混同。常绿树大多无秋季变色期。

(1)秋叶开始变色期：全株有5%的叶变色。
(2)秋叶全部变色期：全株叶片完全变色。

9. 落叶期

(1)落叶初期：全株约5%叶片脱落。
(2)落叶盛期：全株有30%~50%叶片脱落。
(3)落叶末期：全株有90%~95%叶片脱落。

四、课后作业

1. 分别找出本地区常见观花树种、观果树种的最佳观花时期及观果时期。
2. 通过本地区园林树种物候期的观测，列出本地区春季、秋季的观叶树种及其观叶的最佳时期。

实训 9　园林树木形态及立地条件观测

一、任务与要求

通过对本地区常见园林绿化树种的观测，掌握其形态特征，了解其生态习性、繁育方法及园林用途。

二、材料与用具

本地区常见园林树木30~50种；植物检索表、卷尺、放大镜、解剖刀、解剖针、镊子、记录夹、记录纸等。

三、内容与步骤

1. 形态观测及记录

(1)树木类型：常绿、落叶；乔木、灌木、木质藤本。
(2)树木生长状况：高度、冠幅(南北、东西)、分枝方式。
(3)叶：叶形、正反面叶色、叶缘、叶毛的分布及颜色、叶长及叶宽、叶脉的数量及形状。
(4)枝：颜色、枝长。
(5)皮孔：大小、颜色、形状及分布。
(6)树皮：颜色、开裂方式、光滑度。
(7)皮刺(卷须、吸盘)：着生位置、形状、长度、颜色、分布情况。
(8)芽：种类、颜色、形状。

（9）花：花形、花色、花瓣的数量、花序的种类。
（10）果实：种类、形状、颜色、长度、宽度。

2. 立地条件调查及记录

（1）土壤：种类、质地、颜色、pH 值。
（2）地形：种类、海拔、坡向、坡度、地下水位。
（3）肥力评价：对土壤肥力状况进行评价。

四、课后作业

总结本地区园林树木的形态特征、立地条件、园林用途，并对其观赏价值做出评价。

园林树木观测记录表

树木名称：_____ 类型：_____ 高度：_____ 冠幅：南北_____ 东西_____
分枝方式：_____
叶：叶形_____ 叶色_____ 叶缘_____
　　叶毛分布_____ 叶毛颜色_____ 叶长_____ 叶宽_____
　　叶脉数量_____ 叶脉形状_____
枝：颜色_____ 枝长_____
皮孔：大小_____ 颜色_____ 形状_____ 分布_____
树皮：颜色_____ 开裂方式_____ 光滑度_____
皮刺（卷须、吸盘）：着生位置_____ 形状_____ 长度_____
　　　　　　　　　　颜色_____ 分布情况_____
芽：种类_____ 颜色_____ 形状_____
花：花形_____ 花色_____ 花瓣的数量_____ 花序的种类_____
果实：种类_____ 形状_____ 颜色_____ 长度_____ 宽度_____
土壤：种类_____ 质地_____ 颜色_____ pH 值_____
地形：种类_____ 海拔_____ 坡向_____ 坡度_____ 地下水位_____
肥力评价：_____
总结：
　园林树种的形态特征_____
　适宜生长地_____
　园林用途_____
　观赏价值_____
调查者：_____ 记录者：_____ 调查时间：_____

实训 4　园林树木检索表编制及利用

一、任务与要求

学会利用检索表鉴定园林树木的方法；了解常见园林树木检索表的种类及编制方法。

二、材料与用具

枝剪、放大镜、镊子、解剖刀、解剖针、记录夹、记录笔及记录纸等；本省（自治区、直辖市）植物志、当地树木志、园林树木检索表等；本地区园林树木标本5~10种。

三、内容与步骤

1. 认识常见园林植物检索表的种类、编制方法及要点

植物检索表是植物分类的重要手段，也是鉴定植物、认识植物种类的工具。检索表的种类有分科检索表、分属检索表、分种检索表，分别用来识别科、属和种。检索表有多种形式，目前广泛采用的有两种检索表，即二歧检索表（又称齐头平行检索表）和定距检索表，只要掌握了检索表的形态术语，认真细致地逐条加以对照，就能检索到所要鉴定的植物。下面将根据两种检索表的编制方式，以松科、柏科7个树种为例编制分种检索表，以供参考。

二歧检索表（齐头平行检索表）

1. 常绿乔木 …………………………………………………………………………………… 2
1. 常绿匍匐灌木 ……………………………………………………………………………… 3
2. 叶鳞形或刺形 ……………………………………………………………………………… 4
2. 叶条形 ……………………………………………………………………………………… 5
3. 同一植株上叶鳞形或刺形 ……………………………………………………………… 砂地柏
3. 叶全为刺形 ……………………………………………………………………………… 铺地柏
4. 叶全为鳞形 ………………………………………………………………………………… 6
4. 叶刺形或鳞形 …………………………………………………………………………… 圆柏
5. 叶2针一束或2~3针一束 ………………………………………………………………… 7
5. 叶5针一束 ……………………………………………………………………………… 华山松
6. 枝条垂直排列在一平面上 ……………………………………………………………… 侧柏
6. 枝条水平排列在一平面上 …………………………………………………………… 北美香柏
7. 枝轮生，叶2针一束，皮条状开裂，无花斑 ……………………………………………… 8
7. 枝散生，叶3针一束，皮片状剥落，有花斑 …………………………………………… 白皮松
8. 叶长小于10cm，扭曲，皮淡红色 ……………………………………………………… 樟子松
8. 叶长10cm以上，不扭曲，皮灰黑色 …………………………………………………… 油松

定距检索表

1. 常绿匍匐灌木。
    2. 同一植株上叶鳞形或刺形 ……………………………………………………… 砂地柏
    2. 叶全为刺形 ……………………………………………………………………… 铺地柏
1. 常绿乔木。
    3. 叶鳞形或刺形。
        4. 叶全为鳞形。
            5. 枝条垂直排列在一平面上 ………………………………………………… 侧柏
            5. 枝条水平排列在一平面上 ……………………………………………… 北美香柏

4. 叶刺形或鳞形 …………………………………………………………… 圆柏
3. 叶条形。
　　6. 叶 5 针一束 ……………………………………………………………… 华山松
　　6. 叶 2 针一束或 2~3 针一束。
　　　　7. 枝轮生，叶 2 针一束，皮条状开裂，无花斑。
　　　　　　8. 叶长小于 10cm，扭曲，皮淡红色 ………………………………… 樟子松
　　　　　　8. 叶长 10cm 以上，不扭曲，皮灰黑色 …………………………… 油松
　　　　7. 枝散生，叶 3 针一束，皮片状剥落，有花斑 ……………………… 白皮松

　　从上面的例子可看出，两种检索表采用的特征是相同的，不同之处在于编排的方式上。这两种检索表在应用上各有优缺点，目前采用最多的是定距检索表。

　　要想编制一个好用的检索表，必须注意以下几点：

　　（1）要决定编制分科检索表、分属检索表还是分种检索表，并认真观察和记录植物的特征。在掌握各种植物特征的基础上，列出相似特征和区别特征的比较表，同时找出各种植物之间的突出区别。

　　（2）在选用区别特征时，最好选用易于区别的特征，如单叶或复叶、木本或草本。不能采用似是而非或不肯定的特征，如叶较大或叶较小。

　　（3）采用的特征要明显，最好是选用手持放大镜就能观察到的特征，防止采用难以观察到的特征。

　　（4）检索表的编排号码只能用 2 个相同的号码，不能用 3 个甚至更多相同的号码并排。

　　（5）由于生长的环境不同，同一种植物有时既有乔木，也有灌木。遇到这种情况时，在乔木和灌木的各项中都编进去，这样就能保证可以查到。

　　（6）为了检验编制的检索表是否正确，还应到实践中去验证。

2. 利用检索表鉴定园林树木

　　全国植物志和地方植物志的陆续出版，为人们鉴别植物种类提供了很大的方便。因为检索表的范围各有不同，既有全国植物检索表、各省（自治区、直辖市）植物检索表，也有枝叶检索表、花果检索表及观赏植物冬态检索表等，所以在使用时，应根据不同的需要选用不同的检索表，如绝不能使用草本植物检索表去鉴定木本植物。最好是根据待鉴定植物的产地确定检索表。例如，待鉴定的植物是从北京地区采集的，则可以利用北京植物检索表或北京植物志进行鉴定。

　　鉴定树木的关键，是懂得用科学的形态术语来描述树木的特征。通过营养器官进行检索，只要掌握树木的枝、叶、皮、干等各部位形态特征，与检索表一一对照，就能很快地检索出来。而通过生殖器官进行检索，则需要细致一些，特别是对花的各部分构造，要做认真细致的解剖观察，如子房的位置、心皮和胚珠的数目等都要搞清楚，一旦描述错了，就会错上加错，即使鉴定出来，结果也不会是正确的。关于如何描述，举例说明如下：常绿乔木；枝轮生；叶针形、2 针一束，叶长度大于 10cm，不扭曲；树皮灰黑色。根据这些特征，就可以利用上述检索表按次序逐项往下查，最后鉴定出该树种为油松。如果具有现成的分科检索表、分属检索表，首先要鉴定出该种植物所属的科，再用该科的分属检索表查出它所属的属，最后利用该属的分种检索表查出它所属的种。

> 小贴士
>
> **鉴定园林树木时的注意事项**
>
> (1) 标本要完整，除营养器官外，要有花、果。特别对花的各部分特征一定要观察清楚。
>
> (2) 鉴定时，要根据观察到的特征，按次序逐项往下查：在看相对的两项特征时，要看究竟哪一项符合待鉴定植物的特征，顺着符合的一项查下去，直到查出为止。因此，在鉴定的过程中，不允许跳过一项而去查另一项，因为这样容易发生错误。
>
> (3) 检索表的结构都是以两个相对的特征编写的，而两项的号码是相同的，排列的位置也是相对称的。每查一项，必须也要看另一项。假如只看一项就加以肯定，极易发生错误。只要查错一项，就会导致整个鉴定工作错误。
>
> (4) 为了检查鉴定的结果是否正确，还应找有关的资料进行核对，看植物标本的形态特征是否完全符合该科、该属、该种的特征，是否与资料中的图、文一致。如果全部符合，表明鉴定的结果是正确的；否则，还需要加以研究，直至完全正确为止。

四、课后作业

1. 自选本地区 8~10 种园林树木，编制检索表。

2. 列出毛白杨、新疆杨、华山松、木荷、玉兰、广玉兰、乌桕、梧桐、紫薇、樟树、枇杷、牡丹、月季、金橘、十大功劳、含笑、紫藤、木香、常春藤的枝、叶特征，利用常见园林植物营养器官检索表或本地区植物检索表进行检索，并写出检索方法。

3. 列出本地区重要园林绿化树种，并列出其识别要点。

实训 5 园林树木应用调查

一、任务与要求

通过实地调查，掌握本地区 150~200 种园林树种的形态特征、生态习性及园林用途，进一步识别园林树木，为合理配置园林树木，发挥其绿化美化环境的功能打下基础。

二、材料与用具

测高器、30m 皮尺、围尺、军用铁锹、记录夹、记录铅笔、记录表格若干、pH 试纸、海拔仪；5% 的盐酸溶液。

三、内容与步骤

1. 生物学特性调查

(1) 树木名称：学名、俗名、科名。

(2) 生长习性：常绿、落叶，乔木、灌木、木质藤本。
(3) 高度及胸径(乔木记录此项)。
(4) 观赏特性：观叶、观花、观果、观形、观皮、观根。
(5) 观赏部位特性：
① 观叶　记录叶形、叶色。
② 观花　记录花形、花色、花径、花序种类、花期。
③ 观果　记录果形、果色、果序种类、花期。
④ 观形　记录树冠形状，如球形、卵圆形、龙须形、平顶形、塔形、柱形、倒卵形、开心形(有干或无干)、螺旋形、伞形等；树干形状等。
⑤ 观皮　记录树皮颜色、开裂方式、光滑度。
⑥ 观根　记录根形、颜色、根类型(如龟背竹、春芋、榕树的气生根)等。

2. 生态习性调查

(1) 光照要求：喜光树种、耐阴树种。
(2) 温度要求：热带树种、亚热带树种、温带树木种、寒温带树种；耐高温树种、耐寒树种。
(3) 水分要求：喜湿树种、耐干旱树种。
(4) 土壤 pH 要求：喜酸树种、耐盐碱树种(通过土壤盐酸反应或 pH 试纸检测得知)。
(5) 土壤肥力要求：喜肥树种、耐贫瘠树种。
(6) 土壤质地要求：轻壤、中壤、重壤。

3. 地形调查

地形、海拔、坡度、坡向。

4. 园林用途调查

树种类型：行道树、绿篱、灌木、垂直绿化树种、棚架材料、防尘抗污染树种、庭荫树、水土保持树种。
树种配置：花坛、色带、插花材料、根雕材料、地被材料、盆景材料。
种植方式：对植、列植、丛植、孤植、中心植、片植等。

5. 经济用途调查

香料、药材、涂料、干果、鲜果、油料、纤维、淀粉等。

6. 填写园林树木应用调查记录表

园林树木应用调查记录表

树木名称：＿＿＿＿＿　生长习性：＿＿＿＿＿　栽植位置：＿＿＿＿＿
高度：＿＿＿＿＿　胸径：＿＿＿＿＿　观赏特性：＿＿＿＿＿
观赏部位特征：＿＿＿＿＿　配置方式：＿＿＿＿＿
生态习性：
光照：＿＿＿＿＿　温度：＿＿＿＿＿　水分：＿＿＿＿＿
土壤 pH：＿＿＿＿＿　土壤肥力：＿＿＿＿＿　土壤质地：＿＿＿＿＿
地形：＿＿＿＿＿　海拔：＿＿＿＿＿　坡度：＿＿＿＿＿　坡向：＿＿＿＿＿
园林用途：＿＿＿＿＿
经济用途：＿＿＿＿＿
调查者：＿＿＿＿　记录者：＿＿＿＿　时间：　　年　　月　　日

7. 填写园林树木统计表

依据园林用途、生态习性对本地区常见 150~200 种园林树木进行统计。

园林树木应用调查统计表

编号	名称	生长习性	观赏部位	生态习性	花期	果期	园林用途	备注

调查者：　　　记录者：　　　调查时间：　年　月　日

四、课后作业

每人交一份本地区园林树木应用调查报告。

参考文献

陈有民,2011. 园林树木学[M].2版.北京:中国林业出版社.
江苏植物志编委会,1982. 江苏植物志(上、下册)[M].南京:江苏科学技术出版社.
南京林业学校,1992. 园林树木学[M].北京:中国林业出版社.
姚腊初,刘颖,赵庆年,2013. 药用植物识别技术[M].武汉:华中科技大学出版社.
张天麟,2010. 园林树木1600种[M].北京:中国建筑工业出版社.
王庆菊,2010. 园林树木[M].北京:化学工业出版社.
孙居文,2003. 园林树木学[M].上海:上海交通大学出版社.
郑万钧,1983,1985,1997. 中国树木志(1-3)[M].北京:中国林业出版社.

中文名索引

A

阿穆尔小檗　295

B

八角金盘　152
八仙花　142
白花泡桐　301
白蜡树　267
白兰花　81
白梨　105
白栎　184
白皮松　47
白杄　39
白榆　190
柏木　60
板栗　178
薄壳山核桃　186
暴马丁香　271
北美鹅掌楸　83
北美枫香　164
薜荔　203
扁担杆　209
变叶木　217
槟榔　330
簸箕柳　174

C

草麻黄　70
侧柏　57
茶　219
茶秆竹　345
茶梅　219
茶条槭　262
檫木　90
长白鱼鳞云杉　40
长春蔓　281
常春藤　151
柽柳　207
赪桐　291

池杉　55
赤松　47
赤杨　176
翅荚香槐　139
重阳木　215
臭椿　247
臭冷杉　36
川桂　87
川楝　249
垂柳　172
垂丝海棠　104
慈竹　343
刺柏　63
刺槐　134
刺楸　151
刺桐　131
粗榧　66

D

大果冬青　228
大果榉　193
大果榆　191
大花溲疏　142
大花紫薇　298
大叶冬青　227
大叶黄杨　228
淡竹　338
灯台树　144
地锦　236
棣棠　111
东北红豆杉　67
东北珍珠梅　95
东京樱花　116
冬红　290
冬青　227
豆梨　106
杜鹃花　223
杜梨　106
杜松　64
杜英　210

杜仲　203
短穗鱼尾葵　328
钝齿冬青　227
多枝柽柳　208

E

峨眉含笑　81
鹅掌柴　153
鹅掌楸　83
二乔玉兰　77

F

法桐　166
方竹　340
飞蛾槭　264
菲白竹　346
榧树　69
粉单竹　342
粉花绣线菊　94
风箱果　95
枫香　163
枫杨　188
凤凰木　123
凤尾兰　331
佛肚竹　340
佛手　246
扶芳藤　229
扶桑　213
福建柏　61
复叶槭　263
复羽叶栾　251

G

柑橘　246
刚竹　337
葛藤　132
珙桐　148
枸骨　226
枸橘　244
枸杞　299

构树　201
观光木　82
光蜡树　268
光叶榉　193
光叶子花　196
桄榔　329
广玉兰　78
桂花　272
桂竹　336

H

海棠果　103
海棠花　103
海桐　206
海仙花　154
海州常山　291
含笑　80
旱柳　172
合欢　127
河柳　173
核桃　187
黑松　49
红豆杉　68
红豆树　137
红果榆　192
红楠　88
红皮云杉　39
红瑞木　144
红杉　42
红松　45
厚皮香　221
厚朴　77
胡颓子　231
胡枝子　136
槲栎　184
槲树　183
蝴蝶绣球　159
花椒　243
华北落叶松　41
华山松　46

362

中文名索引

化香 186	筋头竹 326	**M**	南洋杉 33
槐树 138	锦带花 154	麻栎 182	楠木 89
黄波罗 243	锦鸡儿 136	麻叶绣线菊 94	宁夏枸杞 299
黄槽竹 339	榉树 192	麻竹 343	女贞 273
黄蝉 279	君迁子 238	马尾松 48	糯米条 160
黄刺玫 111	**K**	马缨丹 288	**O**
黄花夹竹桃 280	苦槠 179	满山红 223	欧洲七叶树 265
黄槐 125	苦竹 344	曼地亚红豆杉 68	**P**
黄金树 286	阔叶箬竹 344	杧果 255	炮仗花 286
黄荆 292	阔叶十大功劳 296	毛白杨 169	枇杷 99
黄兰 81	**L**	毛刺槐 135	平枝栒子 96
黄连木 256	腊肠树 125	毛梾 145	苹果 102
黄栌 257	蜡梅 120	毛泡桐 301	铺地柏 63
黄皮树 244	兰考泡桐 301	毛竹 335	匍匐栒子 97
黄山松 50	蓝果树 150	茅栗 179	葡萄 235
黄檀 130	榔榆 191	玫瑰 109	蒲葵 326
黄杨 168	老鸦柿 238	梅 113	朴树 194
黄樟 86	冷杉 35	美国凌霄 287	**Q**
灰楸 285	李 112	美桐 166	七叶树 265
火棘 97	李叶绣线菊 93	猕猴桃 222	桤木 176
火炬树 259	荔枝 254	米兰 250	漆树 258
火炬松 51	连翘 268	茉莉花 275	铅笔柏 63
J	楝树 248	墨西哥落羽杉 55	青冈栎 180
鸡蛋花 280	辽东冷杉 35	木半夏 233	青杆 38
鸡毛松 65	裂叶丁香 271	木本绣球 158	青钱柳 189
鸡爪槭 263	凌霄 287	木芙蓉 212	青檀 195
檵木 165	流苏树 272	木瓜 101	青榨槭 264
加杨 170	柳杉 53	木瓜海棠 101	秋胡颓子 232
夹竹桃 279	六道木 160	木荷 220	楸树 285
假连翘 289	六月雪 283	木槿 212	雀梅藤 235
箭竹 345	龙船花 283	木蜡树 259	雀舌黄杨 168
江南桤木 177	龙吐珠 292	木兰 76	**R**
接骨木 160	龙牙花 131	木莲 79	日本扁柏 59
结香 206	龙眼 253	木香 110	日本花柏 58
金合欢 128	栾树 251	木油桐 216	日本冷杉 36
金橘 247	罗汉松 65	**N**	日本柳杉 53
金钱松 43	罗汉竹 339	南方红豆杉 68	日本落叶松 42
金丝梅 224	椤木石楠 100	南方枳椇 234	日本女贞 274
金丝桃 224	络石 278	南京椴 208	日本五针松 46
金叶女贞 274	落叶松 41	南蛇藤 230	日本小檗 295
金银花 156	落羽杉 55	南酸枣 256	
金银木 156		南天竹 296	
金钟花 270			

363

日本紫珠 294	四川苏铁 31	香槐 139	玉兰 77
绒毛白蜡 267	四照花 146	香水月季 109	郁香忍冬 157
肉桂 86	溲疏 141	响叶杨 171	元宝枫 261
软枝黄蝉 279	苏铁 30	象耳豆 129	芫花 205
瑞香 204		小蜡 274	圆柏 61
润楠 88	**T**	小叶女贞 274	圆锥绣球 142
	台湾相思 128	小叶朴 195	月季 108
S	太平花 140	小紫珠 293	云南黄素馨 276
三尖杉 66	探春花 277	孝顺竹 341	云南松 51
三角枫 261	桃 114	杏 113	云南樟 86
三桠绣线菊 94	桃叶珊瑚 147	雪松 44	云杉 38
桑树 200	天目琼花 159		
沙梨 106	天女花 77	**Y**	**Z**
山茶 218	天山云杉 40	盐肤木 259	杂种七叶树 266
山核桃 185	天竺桂 86	羊蹄甲 122	早园竹 338
山胡椒 91	甜橙 245	杨梅 175	枣树 233
山荆子 104	贴梗海棠 101	洋白蜡 268	皂荚 124
山麻杆 215	铁刀木 125	椰子 329	樟树 85
山梅花 141	铁坚杉 34	野含笑 80	樟子松 48
山乌桕 214	铁杉 37	野漆树 258	柘树 201
山玉兰 78		野蔷薇 107	浙江楠 90
山楂 98	**W**	叶子花 196	浙江樟 86
山茱萸 146	卫矛 230	夜香树 299	珍珠梅 95
杉木 52	猬实 155	阴香 86	珍珠绣线菊 93
珊瑚朴 194	文冠果 251	银木 86	桢楠 89
珊瑚树 158	蚊母树 164	银杉 37	栀子花 282
蛇葡萄 237	乌桕 214	银杏 31	枳椇 234
深山含笑 81	无花果 202	银芽柳 174	中华杜英 210
湿地松 50	无患子 253	英桐 167	朱蕉 332
十大功劳 296	梧桐 211	樱花 116	竹柏 64
石栎 180	五角枫 261	樱桃 115	梓树 285
石榴 225	五叶地锦 236	迎春花 276	紫丁香 270
石楠 99		楹树 127	紫花络石 278
柿树 237	**X**	硬骨凌霄 287	紫荆 122
栓皮栎 182	西府海棠 104	油茶 219	紫楠 89
水蜡 274	喜树 149	油杉 34	紫穗槐 132
水曲柳 268	细叶小檗 295	油柿 238	紫藤 133
水杉 55	狭叶山胡椒 91	油松 49	紫薇 297
水松 54	夏蜡梅 121	油桐 216	'紫叶'李 113
水枸子 97	香柏 58	油棕 328	紫竹 338
丝兰 331	香茶藨子 143	柚 245	棕榈 326
丝棉木 229	香椿 249	鱼鳞云杉 40	棕竹 325
四川泡桐 302	香桂 87	鱼尾葵 327	醉香含笑 82

学名索引

A

Abelia biflora 160
Abelia chinensis 160
Abies fabri 35
Abies firma 36
Abies holophylla 35
Abies nephrolepis 36
Acacia confusa 128
Acacia farnesiana 128
Acer buergerianum 261
Acer davidii 264
Acer ginnala 262
Acer mono 261
Acer negundo 263
Acer oblongum 264
Acer palmatum 263
Acer truncatum 261
Actinidia chinensis 222
Aesculus × carnea 266
Aesculus chinensis 265
Aesculus hippocastanum 265
Aglaia odorata 250
Ailanthus altissima 247
Albizzia chinensis 127
Albizzia julibrissin 127
Alchornea davidii 215
Aleurites fordii 216
Aleurites montana 216
Allemanda cathartica 279
Allemanda nerifolia 279
Alnus cremastogyne 176
Alnus japonica 176
Alnus trabeculosa 177
Amorpha fruticosa 132
Ampelopsis glandulosa 237
Araucaria cunninghamii 33
Areca catechu 330
Arenga pinnata 329
Aucuba japonica 147

B

Bambusa multiplex 341
Bambusa ventricosa 340
Bauhinia blakeana 122
Berberis amurensis 295
Berberis poiretii 295
Berberis thunbergii 295
Bischofia polycarpa 215
Bougainvillea glabra 196
Bougainvillea spectabilis 196
Broussonetia papyrifera 201
Buxus bodinieri 168
Buxus sinica 168

C

Calicarpa dichotoma 293
Calicarpa japonica 294
Calycanthus chinensis 121
Camellia japonica 218
Camellia oleifera 219
Camellia sasangua 219
Camellia sinensis 219
Campsis grandiflora 287
Campsis radicans 287
Camptotheca acuminata 149
Caragana sinica 136
Carya cathayensis 185
Carya illinoensis 186
Caryota mitis 328
Caryota ochlandra 327
Cassia fistula 125
Cassia siamea 125
Cassia surattensis 125
Castanea mollissima 178
Castanea seguinii 179
Castanopsis sclerophylla 179
Catalpa bungei 285
Catalpa fargesii 285
Catalpa ovata 285

Catalpa speciosa 286
Cathaya argyrophylla 37
Cedrus deodara 44
Celastrus orbiculatus 230
Celtis bungeana 195
Celtis julianae 194
Celtis sinensis 194
Cephalotaxus fortunei 66
Cephalotaxus sinensis 66
Cercis chinensis 122
Cestrum nocturnum 299
Chaenomeles cathayensis 101
Chaenomeles sinensis 101
Chaenomeles speciosa 101
Chamaecyparis obtusa 59
Chamaecyparis pisifera 58
Chimonanthus praecox 120
Chimonobambusa quadrangularis 340
Chionanthus retusus 272
Choerospondias axillaris 256
Cinnamomum burmanii 86
Cinnamomum camphora 85
Cinnamomum cassia 86
Cinnamomum chekiangense 86
Cinnamomum glanduliferum 86
Cinnamomum japonicum 86
Cinnamomum porrectum 86
Cinnamomum septentrionale 86
Cinnamomum subavenium 87
Cinnamomum wilsonii 87
Citrus maxima 245
Citrus medica var. *sarcodactylis* 246
Citrus reticulata 246
Citrus sinensis 245
Cladrastis platycarpa 139
Cladrastis wilsonii 139
Clerodendrum japonicum 291
Clerodendrum thomsoniae 292

Clerodendrum trichotomum 291	Elaeocarpus chinensis 210	Hydrangea macrophylla 142
Cocos nucifera 329	Elaeocarpus sylvestris 210	Hydrangea paniculata 142
Codiaeum variegatum 217	Enterolobium cyclocarpum 129	Hypericum monogynum 224
Cordyline fruticosa 332	Ephedra sinica 70	Hypericum patulum 224
Cornus alba 144	Eriobotrya japonica 99	
Cornus controversa 144	Erythrina corallodendron 131	**I**
Cornus walteri 145	Erythrina variegata var.	Ilex cornuta 226
Cotinus coggygria 257	orientalis 131	Ilex crenata 227
Cotoneaster adpressus 97	Eucommia ulmoides 203	Ilex latifolia 227
Cotoneaster horizontalis 96	Euonymus alatus 230	Ilex macrocarpa 228
Cotoneaster multiflorus 97	Euonymus fortunei 229	Ilex purpurea 227
Crataegus pinnatifida 98	Euonymus japonicus 228	Indocalamus latifolius 344
Cryptomeria fortunei 53	Euonymus maackii 229	Ixora chinensis 283
Cryptomeria japonica 53		
Cudrania tricuspidata 201	**F**	**J**
Cunninghamia lanceolata 52	Fatsia japonica 152	Jasminum floridum 277
Cupressus funebris 60	Ficus carica 202	Jasminum mesnyi 276
Cycas revoluta 30	Ficus pumila 203	Jasminum nudiflorum 276
Cycas szechuanensis 31	Firmiana platanifolia 211	Jasminum sambac 275
Cyclobalanopsis glauca 180	Fokienia hodginsii 61	Juglans regia 187
Cyclocarya paliurus 189	Forsythia suspensa 268	Juniperus formosana 63
	Forsythia viridissima 270	Juniperus rigida 64
D	Fortunella margarita 247	
Dalbergia hupeana 130	Fraxinus chinensis 267	**K**
Daphne genkwa 205	Fraxinus griffithii 268	Kalopanax pictus 151
Daphne odora 204	Fraxinus mandshurica 268	Kerria japonica 111
Davidia involucrata 148	Fraxinus pennsylvanica 268	Keteleeria davidiana 34
Delonix regia 123	Fraxinus velutina 267	Keteleeria fortunei 34
Dendrobenthamia japonica 146		Koelreuteria bipinnata 251
Deutzia grandiflora 142	**G**	Koelreuteria paniculata 251
Deutzia scabra 141	Gardenia jasminoides 282	Kolkwitzia amabilis 155
Dimocarpus longan 253	Ginkgo biloba 31	
Diospyros kaki 237	Gleditsia sinensis 124	**L**
Diospyros lotus 238	Glyptostrobus pensilis 54	Lagerstroemia indica 297
Diospyros oleifera 238	Grewia biloba 209	Lagerstroemia speciosa 298
Diospyros rhombifolia 238		Lantana camara 288
Distylium racemosum 164	**H**	Larix gmelini 41
Duranta repens 289	Hedera nepalensis	Larix kaempferi 42
	var. sinensis 151	Larix potaninii 42
E	Hibiscus mutabilis 212	Larix principis-rupprechtii 41
Edgeworthia chrysantha 206	Hibiscus rosa-sinensis 213	Lespedeza bicolor 136
Elaeagnus multiflora 233	Hibiscus syriacus 212	Ligustrum japonicum 274
Elaeagnus pungens 231	Holmslioldia sanguinea 290	Ligustrum lucidum 273
Elaeagnus umbellata 232	Hovenia acerba 234	Ligustrum obtusifolium 274
Elaeis quineensis 328	Hovenia dulcis 234	Ligustrum quihoui 274

Ligustrum sinense 274
Ligustrum × *vicaryi* 274
Lindera angustifolia 91
Lindera glauca 91
Lingnania chungii 342
Liquidambar formosana 163
Liquidambar styraciflua 164
Liriodendron chinense 83
Liriodendron tulipifera 83
Litchi chinensis 254
Lithocarpus glaber
Livistona chinensis 326
Lonicera fragrantissima 157
Lonicera japonica 156
Lonicera maackii 156
Loropetalum chinense 165
Lycium barbarum 299
Lycium chinense 299

M

Machilus nanmu 88
Machilus thunbergii 88
Macrocarpium officinale 146
Magnolia delavayi 78
Magnolia denudata 77
Magnolia grandiflora 78
Magnolia liliflora 76
Magnolia officinalis 77
Magnolia sieboldii 77
Magnolia soulangeana 77
Mahonia bealei 296
Mahonia fortunei 296
Malus baccata 104
Malus halliana 104
Malus micromalus 104
Malus prunifolia 103
Malus pumila 102
Malus spectabilis 103
Mangifera indica 255
Manglietia fordiana 79
Melia azedarach 248
Melia toosendan 249
Metasequoia glyptostroboides 55
Michelia alba 81
Michelia champaca 81

Michelia figo 80
Michelia macclurei 82
Michelia maudiae 81
Michelia shinneriana 80
Michelia wilsonii 81
Morus alba 200
Myrica rubra 175

N

Nerium indicum 279
Nyssa sinensis 150

O

Ormosia hosiei 137
Osmanthus fragrans 272

P

Parthenocissus quinquefolia 236
Parthenocissus tricuspidata 236
Paulownia elongata 301
Paulownia fargesii 302
Paulownia fortunei 301
Paulownia tomentosa 301
Phellodendron amurense 243
Phellodendron chinense 244
Philadelphus incanus 141
Philadelphus pekinensis 140
Phoebe bournei 89
Phoebe chekiangensis 90
Phoebe sheareri 89
Phoebe zhennan 89
Photinia davidsoniae 100
Photinia serrulata 99
Phyllostachys aurea 339
Phyllostachys aureosulcata 339
Phyllostachys bambusoides 336
Phyllostachys glauca 338
Phyllostachys nigra 338
Phyllostachys propinqua 338
Phyllostachys pubescens 335
Phyllostachys viridis 337
Physocarpus amurensis 95
Picea asperata 38
Picea jezoensis var.

komarovii 40
Picea jezoensis var.
  microsperma 40
Picea koraiensis 39
Picea meyeri 39
Picea schrenkiana 40
Picea wilsonii 38
Pinus densiflora 47
Pinus elliottii 50
Pinus koraiensis 45
Pinus massoniana 48
Pinus parviflora 46
Pinus sylvestris var.
  mongolica 48
Pinus tabulaeformis 49
Pinus taeda 51
Pinus taiwanensis 50
Pinus thunbergii 49
Pinus yunnanensis 51
Pistacia chinensis 256
Pittosporum tobira 206
Platanus acerifolia 167
Platanus occidentalis 166
Platanus orientalis 166
Platycarya strobilacea 186
Platycladus orientalis 57
Pleioblastus amarus 344
Plumeria rubra 280
Podocarpus imbricatus 65
Podocarpus macrophyllus 65
Podocarpus nagi 64
Poncirus trifoliate 244
Populus adenopoda 171
Populus canadensis 170
Populus tomentosa 169
Prunus armeniaca 113
Prunus cerasifera
  'Atropurpurea' 113
Prunus mume 113
Prunus persica 114
Prunus pseudocerasus 115
Prunus salicina 112
Prunus serrulata 116

Prunus yedoensis 116
Pseudolarix kaempferi 43
Pseudosasa amabilis 345
Pterocarya stenoptera 188
Pteroceltis tatarinowii 195
Pueraria lobata 132
Punica granatum 225
Pyracantha fortuneana 97
Pyrus bretschneideri 105
Pyrus calleryana 106
Pyrus pyrifolia 106

Q

Quercus acutissima 182
Quercus aliena 184
Quercus dentata 183
Quercus fabri 184
Quercus variabilis 182

R

Rhapis excelsa 326
Rhapis humilis 325
Rhododendron mariesii 223
Rhododendron simsii 223
Rhus chinensis 259
Rhus typhina 259
Ribes odoratum 143
Robinia hispida 135
Robinia pseudoacacia 134
Rosa banksiae 110
Rosa chinensis 108
Rosa multiflora 107
Rosa odorata 109
Rosa rugosa 109
Rosa xanthina 111

S

Sabina chinensis 61
Sabina procumbens 63
Sabina virginiana 63
Sageretia thea 235
Salix babylonica 172
Salix chaenomeloides 173

Salix leucopithecia 174
Salix matsudana 172
Salix suchowensis 174
Sambucus williamsii 160
Sapindus mukurossi 253
Sapium discolor 214
Sapium sebiferum 214
Sasa fortunei 346
Sassafras tzumu 90
Schima superba 153
Serissa japonica 283
Sinarundinaria nitida 345
Sinocalamus affinis 343
Sinocalamus latiflorus 343
Sophora japonica 138
Sorbaria kirilowii 95
Sorbaria sorbifolia 95
Spiraea cantoniensis 94
Spiraea japonica 94
Spiraea prunifolia 93
Spiraea thunbergii 93
Spiraea trilobata 94
Syringa oblata 270
Syringa persica 271
Syringa reticulata 271

T

Tamarix chinensis 207
Tamarix ramosissima 208
Taxodium ascendens 55
Taxodium distichum 55
Taxodium mucronatum 55
Taxus chinensis 68
Taxus cuspidata 67
Taxus mairei 68
Taxus × media 68
Tecomaria capensis 287
Ternstroemia gymnanthera 221
Thevetia perruviana 280
Thuja occidentalis 58
Tilia miqueliana 208
Toona sinensis 249
Torreya grandis 69

Toxicodendron succedaneum 258
Toxicodendron sylvestre 259
Toxicodendron vernicifluum 258
Trachelospermum axillare 278
Trachelospermum jasminoides 278
Trachycarpus fortunei 326
Tsoongiodendron odorum 82
Tsuga chinensis 37

Ulmus macrocarpa 191
Ulmus parvifolia 191
Ulmus pumila 190
Ulmus szechuanica 192

V

Viburnum awabuki 158
Viburnum macrocephalum 158
Viburnum plicatum 159
Viburnum sargentii 159
Vinca major 281
Vitex negundo 292
Vitis vinifera 235

W

Weigela coraeensis 154
Weigela florida 154
Wisteria sinensis 133

X

Xanthoceras sorbifolium 251

Y

Yucca gloriosa 331
Yucca smalliana 331

Z

Zanthoxylum bungeanum 243
Zelkova schneideriana 192
Zelkova serrata 193
Zelkova sinica 193
Ziziphus jujuba 233